21世纪高等院校教材

数字地球导论

（第二版）

承继成　郭华东　薛　勇　编著

国际数字地球学会（ISDE）中国国家委员会
中国科学院遥感所"数字地球原型系统"项目组
北京大学数字中国研究院

科学出版社
北　京

内 容 简 介

"数字地球"在全球变化的研究中具有特殊的作用,它不仅为全球变化研究提供了高科技平台,而且也创造了模拟的实验条件。全书共6章,内容包括:绪论,数字地球的信息基础设施,对地观测计划及应用技术系统,数字地球系统研究,模拟与实验,探索研究。同时,本书还重点介绍了与数字地球密切相关的最新高技术,包括互联网的第三次浪潮Grid、Google Earth、Virtual Earth、Glass Earth及World Wind等内容,全面反映了数字地球领域的最新技术、最新发展战略目标和研究计划。

本书可作为地理信息系统、遥感等专业本科生教材,同时也可供从事空间科学、地球科学的研究者和工程技术人员参考。

图书在版编目(CIP)数据

数字地球导论/承继成,郭华东,薛勇编著.—2版.北京:科学出版社,2007

21世纪高等院校教材

ISBN 978-7-03-019223-3

Ⅰ.数⋯ Ⅱ.①承⋯②郭⋯③薛⋯ Ⅲ.数字地球-高等学校-教材 Ⅳ.P208

中国版本图书馆CIP数据核字(2007)第114392号

责任编辑:杨 红 李久进/责任校对:张小霞
责任印制:徐晓晨/封面设计:陈 敬

科学出版社 出版
北京东黄城根北街16号
邮政编码:100717
http://www.sciencep.com

北京盛通商印快线网络科技有限公司 印刷
科学出版社发行 各地新华书店经销

*

2000年1月第 一 版 开本:B5(720×1000)
2007年8月第 二 版 印张:22 1/2
2019年11月第十一次印刷 字数:415 000

定价:68.00元
(如有印装质量问题,我社负责调换)

作 者 简 介

承继成，男，1930年生，江苏常州人。莫斯科大学理学博士，国际欧亚科学院院士，北京大学数字中国研究院学术委员会委员、教授，国际数字地球学会中国国家委员会委员。近期的主要著作有：《国家空间信息基础设施》（清华大学出版社，1999年）；《数字地球导论》（科学出版社，2000年）；《面向信息社会的区域可持续发展导论》（商务印书馆，2001年）；《城市如何数字化》（中国城市出版社，2002年）；《数字城市——理论、方法与应用》（科学出版社，2003年）；《遥感数据的不确定性问题》（科学出版社，2004年）；《精准农业技术与应用》（科学出版社，2004年）；《城市数字化工程》（上册）（中国城市出版社，2006年）；发表学术论文约80篇。

郭华东，男，1950年生，江苏丰县人。中国科学院遥感应用研究所研究员、博士生导师；历任遥感应用研究所副所长、所长（1988~2002年）；国家863计划信息获取与处理技术主题专家组专家与组长（1992~2000年）；国际SAR工作组成员，国际科技数据委员会（CODATA）执委，国际数字地球学会（ISDE）秘书长及其中国国家委员会主席，全球空间数据基础设施协会（GSDI）理事；国际数字地球杂志（IJDE）主编，中国科学技术大学、南京大学、浙江大学、北京航空航天大学、中国科学院研究生院等7所大学兼职教授；获国家科技进步奖二、三等奖3项，中国科学院等部级自然科学奖一等奖2项，科技进步奖特等奖、一等奖、二等奖6项；发表论文210篇，出版著作13部；培养博士、硕士生30余名；先后被评为国家有突出贡献的中青年专家和全国先进工作者。

薛勇，男，1965年生，江苏徐州人。北京大学理学学士、硕士，英国DUNDEE大学博士。中国科学院遥感应用研究所研究员、博士生导师，英国皇家特许物理学家（CPhys），IEEE计算机学会和地学遥感学会高级会员，英国物理研究所学术成员（MInstP），英国遥感和航空测量学会专业会员（AFRSPSoc），"International Journal of Remote Sensing"杂志编辑。已培养博士生6人，硕士生3人，其中4人获得中国科学院院长优秀奖。1990年以来已发表学术论文103篇（国际期刊和国际会议论文集），其中被SCI收录47篇、EI收录36篇，发表专著一部（合著）。多年来从事遥感与地理信息系统研究，主要研究方向为定量遥感反演和高性能地学计算。

序

　　该书是承继成、郭华东、薛勇三位教授通力合作的又一新著,对"数字地球"作了全面、系统的介绍。内容非常丰富,图文并茂、深入浅出,对于我们加深理解和形成共识,必将产生深远的影响。

　　作者在书中对美、英、欧洲及国际学术组织的有关原始文档,进行了大量分析,并系统反映了我国在该领域的工作进展,覆盖了对数字地球的各种理解和多样的工作计划。"数字地球"的基本理念,在美国前副总统戈尔之前早已开始酝酿、萌发。美国国家航空航天局(NASA)等,先后组织推动了大量实质性的科学计划。例如,人与生物圈计划(IGBP)中的 8 个核心计划和 2 个集成计划,着重提出对"地球系统综合分析与模拟计划"(AIMES)。2000~2010 年再次提出"地球科学事业风险计划"(QUEST)。日本提出的"全球变化与地球模拟",比尔·盖茨提出"数字地球神经系统"、"数字地球工程",英国 2002 年成立地球-电子-科学(Geo-e-Science),等等。显而易见,这些都是着眼于信息时代如何进一步"量化和理解地球系统"。该书通过对数字地球研究历史发展过程的梳理,明确地引导我们加深对"数字地球"的理解:它不是地球的"数字化"游戏,而是从 e 量化入手去掌握地球系统规律的认知,学以致用,为人与自然的和谐、为全球化社会经济持续发展、为世界持久和平提供信息服务。

　　作者以敏锐的目光,着重介绍了"网格计算"的快速发展,特别详细地阐述了它在地球系统观测与调查研究中的广泛应用前景,几乎占用了全书 1/6 的篇幅。这是很有远见的。以网格计算为核心的第三代互联网浪潮,已广泛波及天文学、生命科学、高能物理和环境科学等诸多领域。对地球科学的贡献和支撑更是不言而喻的。格网计算能对时空分析与布局实时地预警、反应,取得又好又快的效果。这是信息时代的脉搏,是信息科学与地球科学互动、双赢的核心技术。格网计算又是凝聚各行各业分布式数据库群和计算机网络能力,推进信息共享平台建设,实现海量数据场景的检索、漫游和虚拟技术的必由之路。该书关于格网计算的详述值得读者细读和深思。

　　中国政府和人民应对"数字地球"的挑战是积极的,而且是卓有成效的。为实现跨越式发展,努力缩小数字鸿沟,与世界接轨,促进信息共享,中国对推动数字地球做出了许多世界性的重大贡献:一方面,立足本国,重测了珠穆朗玛峰的高程,填补了西藏高原的研究空白;提高了东部地区数字地形模型(DTM)的精度;完成了全国范围地质、地貌、土地利用等格网数据库;参加了国际地理信息空间数据标准的制订和亚太地图的编制；研制部署了以曙光 A-4000 为节点的国家通信网络；组建了"对地观测与数字地球科学中心"与"数字中国"研究院，发起并建立了"国际数字地球学会"等学术机构，推动数字城市、数字省区、数字流域的实验和推广应用。另一方面，随着经济、贸易的全球化和资源分配、区域重组，中国对资源、能源的需求迅猛增加。数字地球的工作正在从实验走向实用，从国内走出国门，更广泛地开展国际合作，与国际接轨的"数字地球"浪潮方兴未艾，如日中天。

该书详尽地介绍了谷歌（Google Earth）与世界风（World Wind）的功能。但应该指出，这些只是数字地球应用的雏形。武汉大学开发的吉奥之星软件（Geo-Star）也具备类似的检查、检索功能。但是，这些都只是序幕，远不是高潮！还需要大力开发、提高数字地球的数据挖掘和知识创新能力；只有加强数理统计和空间分析的能力和算法模型的设计，数字地球才能发挥更大的作用。从数据升华为信息和知识，才能更好更快地为社会、经济持续协调发展、为建设和谐社会做出直接的贡献。此外，随着企业资源管理（ERP）和客户资源管理（CRM）趋向空间化，地球信息监管的作用将更加深化，也将使信息经管的功能更趋完善。

中国科学院院士
发展中国家科学院院士
国际欧亚科学院院士
国际数字地球学会执委

2007 年 4 月 20 日

"数字地球"北京宣言

(代　序)

我们来自 20 个国家的 500 余位科学家、工程师、教育学家、管理专家以及企业家，汇聚历史名城北京，于 1999 年 11 月 29 日至 12 月 2 日参加了由中国科学院主办、19 个部门和组织协办的首届"数字地球国际会议"。全体与会代表认为，即将进入新的千禧年之际，人类仍然面临着人口快速增长、环境恶化以及自然资源匮乏等方面的严峻挑战，这些问题仍然威胁着全球可持续发展。

我们注意到 20 世纪全球的发展，是以科学技术的辉煌成就对经济增长和人类生活的巨大贡献为特征。21 世纪将是一个以信息和空间技术为支撑的全球知识经济的时代。

我们高度评价美国副总统戈尔"数字地球：21 世纪认识我们这颗星球的方式"的讲演和中华人民共和国主席江泽民纵论世界社会、经济、科学技术发展趋势时有关数字地球的论述。

我们认识到，在"联合国环境与发展大会"、"21 世纪议程"所作的决定，以及三届联合国外层空间会议和"关于空间和人类发展"的维也纳宣言中，除其他要旨外，一致强调综合的全球对地观测战略，建立全球空间数据基础设施、地球信息系统、全球导航与定位系统、地球空间信息基础设施及动态过程建模的重要性。

我们认识到数字地球有助于回应人类在社会、经济、文化、组织、科学、教育、技术等方面面临的挑战，它让人类洞察地球上的任何一个角落，获得相关信息，帮助人们认识在邻里、国家乃至全球范围内影响人们生活的社会、经济和环境等问题。

我们倡议政府部门、科学技术界、教育界、企业界以及各种区域性与国际性组织，共同推动数字地球的发展。

我们建议在实施数字地球的过程中，应优先考虑解决环境保护、灾害治理、自然资源保护，经济与社会可持续发展，以及提高人类生活质量等方面的问题。

我们进一步建议，数字地球亦应为解决全球问题和地球系统的科学研究、开发与探索有所贡献。

我们强调数字地球对实现全球可持续发展的重要性。

我们呼吁在如下方面给予足够的投资和强有力的支持：科学研究与技术开

发、教育与培训、能力建设、信息与技术基础设施。特别强调在全球系统观测以及建模、通信网络、数据仓库开发、地球空间数据互操作等方面的投资和支持。

我们进一步呼吁政府、公有以及私人部门、非政府组织、国际组织之间的密切合作,以确保发达经济体和发展中经济体之间平等地从数字地球的发展中获益。

全体与会代表一致同意,把在北京举行的首届"数字地球国际会议"继续坚持下去,每两年举行一次,由有关国家或组织轮流举办。

第一届数字地球国际会议

北　京

第二版前言

地球是人类赖以生存的唯一的行星，但它能提供给人们的资源是有限的，现在地球已不堪重负，尤其是近100年来，人们在取得高度物质文明的同时，出现了人口爆炸、资源短缺、生态破坏、环境污染、灾害频逞、疾病蔓延，不仅影响当前人们的生活质量，而且更严重的是破坏了子孙后代的生存基础。因此，人们迫切地需要了解地球、理解地球，进而管理好地球，保护好人类共同的家园。

地球是一个开放的、复杂的，并具有组织特征的巨系统，需要以系统的观点和方法来认识它和研究它。尤其在信息化时代，还需要采用信息的观点和方法，特别是用地球空间信息（geo-spatial information）的观点和方法来研究地球。因此，要在信息理论、系统理论和方法的基础上来研究地球，于是就产生了数字地球（digital earth）这个新的概念。数字地球实际就是信息化的地球，就是运用地球信息系统的观点与方法，从描述地球到理解地球，从预测地球到管理地球。这也是数字地球的任务和目标。

数字地球既是一个新的学科领域，是介于地球科学、信息科学和系统科学之间的边缘科学、综合科学，同时又是一个工程技术系统。它由两大部分组成：第一部分为信息基础设施，包括最早由美国提出来并为很多国家所接受的"国家空间数据基础设施"（NSDI），后来欧洲提出了"全球空间数据基础设施"（GSDI）概念，内容是相同的，一些国家认为，数字地球的信息基础设施建设，首先要从建设自己国家的信息基础设施开始，两者是不矛盾的，基本内容都是包括标准与规范、计算机与网络、数据获取与数据库、数据共享与分析等；第二部分为应用与服务，包括全球性的资源与环境，尤其是灾害性环境问题的调查、监测与评估，达到保护资源和环境的目的，同时对区域和城市的发展也给予了高度的重视。数字地球的应用与服务和数字国家、数字地区相似，以资源环境的保护为主要目标，而数字城市则以"信息化带动传统产业改造、升级"为主要目标，包括e-政务、e-工业、e-服务业、e-信息、e-领域、e-社会等。数字社区则以提高人们的生活质量为主，所以它们之间是有区别的。

本书由综述、基础设施、对地观测、地球系统研究、模拟与实验、新方向的探索等6章组成，介绍了数字地球研究的最新动态和最新成果，包括：

第一，最新的地球信息技术。以互联网的第三次浪潮——格网（grid）及格网计算为主线，介绍了带动遥感、全球导航卫星系统、地球信息系统、数据库及管理信息技术的格网化，实现了在线的（on line）、全球的、异地的、异构的地球数据及信息技术，包括软、硬件及传感器，实验仪器及一切设备，实现共享，为数字地球战略目标的实现创造了条件。

第二，最新的地球观测任务。介绍了具有三高（高空间分辨率、高光谱分辨率、高时间分辨率），三多（多时相、多波段/多极化、多平台），三基（天基、空基、地基）特征的，从地球观测系统（EOS）到全球综合观测系统（GEOSS），从智能化的地球观测系统（IEOS）到地球观测系统的一个个星座（G-Sates），并具有传感器与传感器，平台与平台，平台与地面指挥中心，平台与用户，由网络相互联结和在轨处理（校正、特征提取等），事件驱动（event driven）等，高度自动化、智能化的特征，能将观测数据实时、准实时分发给用户，能满足用户需求，同时介绍了 Google 的"Google Earth"，NASA 的"World Wind"和 Microsoft 的"Virtual Earth"等技术系统。达到数字地球所述的宗旨。

第三，最新的科学实验计划。介绍了"NASA 的地球科学事业战略计划"（ESE），英国的"量化并理解地球系统计划"（QUEST），日本 NASDA 的"地球模拟器与模拟实验计划"（ES），剑桥大学的"全球变化模拟实验计划"，我国的"数字地球原型系统"等全球性的实验，这些实验只有在数字地球的条件下才能实现。

第四，最大胆的设想。"地球数字神经系统"、"地球电子皮肤"及"地球工程"等大胆的构想，也只有在数字地球的框架下才能实现。这个设想是对全球实现全面的、无缝的实时监测，地球上任何地点、任何时间，只要有任何微小的变化就能够监测得到，并能及时采取对策，犹如人的神经系统及皮肤那样敏感。

总之，本书的主要贡献是将国内外地球信息的最新成果进行了归纳和综合，也算是在"集成创新"方面做了一些应该做的事情。其中，NASA 的地球科学事业战略计划和英国的"量化并理解地球系统计划"引自由冯筠、陈春等翻译审编的气象出版社出版的《地球系统科学研究》一书。在本书编写过程中，还得到了中国科学院遥感应用研究所鹿琳琳博士、王剑秦博士、北京大学黄照强博士的大力帮助，谨此表示衷心的感谢！

由于水平有限，书中尚存一些不足之处，请批评指正。

编著者
2007 年 1 月

第一版前言

数字地球（digital earth）最初是由美国前副总统戈尔于1998年1月31日在加利福尼亚科学中心召开的Open GIS Consortium年会上提出来的，很快得到了很多国家的响应。他认为，数字地球是指以地球坐标为依据的、具多分辨率的、由海量数据组成的、能立体表达的虚拟地球。该项计划现由美国宇航局（NASA）协同其他部门组织实施，计划至2005年实现，到2020年正式建成。未来，数字地球将深刻地改变人类社会生产和生活方式，将促进社会经济的更大发展。

数字地球计划是继信息高速公路之后又一全球性的科技发展战略目标，是国家主要的信息基础设施，是信息社会的主要组成部分，是遥感、遥测、全球定位系统、互联网-万维网、仿真与虚拟技术等现代科技的高度综合和升华，是当今科技发展的制高点。

数字地球是地球科学与信息科学的高度综合。它为地球科学的知识创新与理论深化研究创造了实验条件，为信息科学技术的研究和开发提供了试验基地（test bed）或没有"围墙"的开放实验室。数字地球将成为没有校园的、最开放的、面向社会的、最大的学校，也是没有围墙的开放的实验室。数字地球建设将是一场具有更深远意义的技术革命。

数字地球将促进产业规模的扩大，创造更多的就业机会；同时还使某些行业被淘汰并诞生了一些新产业，它将把人类社会推向更高的发展阶段。所以数字地球不是一般的科技项目，而是具有导向性的发展战略目标。

数字地球在我国也引起了极大的关注，除了由于前面所提到的缘故外，主要因为它与我国的"国家信息化"或"国民经济信息化"的战略目标是相一致的。早在1984年，邓小平就提出了"发展信息产业，服务四化建设"；江泽民亦指出"四个现代化，哪一个也离不开信息化"。因为，更确切地说，数字地球就是信息化的地球，所以它与国家信息化的战略目标是完全相同的。

对于我国来说，数字地球也并不是完全"舶来品"，早在十年前，我国科学家就提出了"全数字化测图"的设想，与今天的数字地球思想是一致的。从20世纪60年代起，我国就发展了地学的计量革命，产生了"数学地质"和"计量地理学"。从20世纪80年代初开始，我国就积极地开展遥感工作，尤其是卫星遥感工作得到了很大发展，同时地理信息系统（GIS）、全球定位系统（GPS）也得到了很快的发展。所以在戈尔正式提出数字地球时，实际上我国在该方面已经有了较好的基础。

但是数字地球决不是卫星遥感、地理信息系统技术简单的应用范围的扩大，而是一个质的飞跃。数字地球将过去分散的局部的调查和观测技术，变为全局性的乃至全球性的观测。历来不同部门、不同地区的数据和信息系统，是彼此没有联系的"信息孤岛"；现在通过网络构成了整体，实现了信息共享，使信息发挥了它应有的作用，使得"一方面信息大量积压、无人利用和无法利用，而另一方面又迫切需要信息、又无从获得信息的现象"得到充分的解决。所以数字地球是一场新的技术革命。

由于数字地球是一个刚出现的全新的领域，正处在日新月异的发展之中，而且是一个需要不断完善的过程，所以本书采用的编写原则是：侧重介绍数字地球的基本概念、框架和应用前景。其内容主要包括以下几方面：

第一，数字地球的基础理论，包括地球系统的信息理论、系统理论和非线性与复杂性理论。

第二，数字地球的技术系统，包括数字地球的信息基础设施、对地观测系统、核心技术及其为共享服务的标准、规范与法规。数字地球的关键技术，包括空间数据的智能获取、网络数据库与分布式计算、数据仓库与数据交换中心、多种数据融合与仿真-虚拟、虚拟地球的系统模型、Open GIS 标准与互操作等数字地球的前沿技术。

第三，数字地球的应用领域举例，包括数字中国、数字农业、数字城市及数字长江流域等。

本书充分体现了地球科学与信息科学技术的高度综合，将可供包括气象、海洋、地质、地理和农业、林业、牧业、水利、交通、城市建设，以及计算机、通讯科学技术领域的科学工作者和工程技术人员作参考，以有助于他们对这一新的科技领域的理解，并对其工作产生积极的影响。

本书是由北京大学遥感与地理信息系统研究所同中国科学院和香港中文大学地球信息科学联合实验室共同编写。参加整理、编辑工作的还有：中国科学院和香港中文大学地球信息科学联合实验室的黄波博士、龚建华博士、张良培博士、陈戈博士、孔云峰博士、于洪波先生；北京大学遥感与地理信息系统研究所的李琦教授、易善桢博士、赵永平博士、尹连旺博士、赖志斌博士和中国科学院资源与环境信息系统国家重点实验室的王盛博士。

本书是中国科学院地理科学与资源研究所资源与环境信息系统国家重点实验室的基金项目。在本书编写过程中，始终得到了陈述彭院士、徐冠华院士的关心和指导，同时得到中国科学院和香港中文大学地球信息科学联合实验室的经费资助，对此一并致以衷心感谢。

由于数字地球是一个全新的学科领域，更兼编写工作匆促，所以可能有许多不足之处，欢迎批评和指正。

编者

目　录

序
"数字地球"北京宣言（代序）
第二版前言
第一版前言

第 1 章　绪论 ······ 1
- 1.1　数字地球的发展 ······ 1
  - 1.1.1　数字地球基本概念 ······ 1
  - 1.1.2　数字地球的国外研究现状 ······ 4
  - 1.1.3　数字地球的国内发展状况 ······ 10
  - 1.1.4　数字地球的作用和意义 ······ 14
- 1.2　数字地球的理论基础 ······ 17
  - 1.2.1　地球信息理论 ······ 17
  - 1.2.2　地球系统理论 ······ 26
  - 1.2.3　地球系统的耗散结构理论 ······ 39
  - 1.2.4　地球系统的自组织理论 ······ 41
  - 1.2.5　分形维与自相似理论 ······ 46
- 1.3　数字地球的基本框架体系 ······ 49
  - 1.3.1　数字地球的内涵 ······ 49
  - 1.3.2　对数字地球框架的理解 ······ 51
  - 1.3.3　中国数字地球框架体系的思考 ······ 56
- 思考题 ······ 58

第 2 章　数字地球的信息基础设施 ······ 59
- 2.1　地球信息的国际标准与规范 ······ 59
- 2.2　互联网的第三次浪潮——Grid ······ 63
  - 2.2.1　网络技术进展综述 ······ 63
  - 2.2.2　Grid 的基本概念 ······ 66
  - 2.2.3　Grid Computing ······ 69
  - 2.2.4　Grid 的功能 ······ 75
  - 2.2.5　国外格网计算研究进展 ······ 77
  - 2.2.6　中国格网计算进展 ······ 86

2.3 遥感信息系统网络进展与 Grid RSS ……………………………… 90
　2.3.1 高分辨率卫星遥感技术 ……………………………………… 90
　2.3.2 中分辨率卫星遥感进展 ……………………………………… 93
　2.3.3 其他卫星遥感进展 …………………………………………… 95
　2.3.4 对地监测卫星的进展 ………………………………………… 96
　2.3.5 航空遥感 ……………………………………………………… 98
　2.3.6 遥感格网 ……………………………………………………… 98
2.4 格网化全球导航卫星系统 …………………………………………… 99
　2.4.1 全球导航卫星系统进展 ……………………………………… 99
　2.4.2 格网化全球导航卫星系统 …………………………………… 99
2.5 地理信息系统技术进展与 Grid GIS ……………………………… 103
　2.5.1 Grid 对 GIS 的影响 ………………………………………… 103
　2.5.2 Grid GIS ……………………………………………………… 109
2.6 数据库与数据格网（Data Grid）到格网数据库（Grid DB）…… 112
　2.6.1 数据库技术进展 ……………………………………………… 112
　2.6.2 数据库及其管理系统简介 …………………………………… 115
2.7 现代管理的新模式与 Grid MIS …………………………………… 116
　2.7.1 现代管理的体制与机制 ……………………………………… 116
　2.7.2 管理技术的空间化与 Grid MIS ……………………………… 117
　2.7.3 从 IT 管理到 IT 治理 ………………………………………… 120
2.8 数字地球的综合技术 ………………………………………………… 121
　2.8.1 球面三维技术 ………………………………………………… 121
　2.8.2 在线虚拟技术 ………………………………………………… 122
思考题 ……………………………………………………………………… 122

第 3 章　对地观测计划及应用技术系统 ………………………………… 123
3.1 行星地球使命与新千年计划 ………………………………………… 123
　3.1.1 MTPE 与 NMP-EOS 总体计划 ……………………………… 124
　3.1.2 EOS 的技术系统 ……………………………………………… 126
　3.1.3 下一代的 EOS——智能对地观测系统 ……………………… 128
　3.1.4 地球观测星座及其编队飞行技术 …………………………… 130
　3.1.5 载人航天飞机 ………………………………………………… 135
　3.1.6 宇宙空间站计划 ……………………………………………… 136
3.2 全球综合地球观测系统——GEOSS ……………………………… 136
　3.2.1 GEOSS 的概况 ………………………………………………… 136
　3.2.2 全球空间数据基础设施 ……………………………………… 138

3.2.3 GEOSS 的特点 ……………………………………………… 140
3.2.4 GEOSS 的应用与服务 ………………………………………… 140
3.3 Google 公司的 Google Earth ……………………………………… 151
3.3.1 Google Earth 简介 …………………………………………… 151
3.3.2 Google Earth 的基本功能 ……………………………………… 152
3.3.3 Google Earth 系统介绍 ………………………………………… 154
3.3.4 Google Earth 的相关资源 ……………………………………… 158
3.3.5 Google Earth 走进三维地图时代 ………………………………… 159
3.3.6 Google Earth 与免费漫游地球 …………………………………… 160
3.3.7 Google Mars ………………………………………………… 161
3.3.8 Google Earth 的应用 ………………………………………… 162
3.4 Microsoft 公司的 Virtual Earth …………………………………… 166
3.4.1 Virtual Earth 平台 …………………………………………… 166
3.4.2 Virtual Earth 解决方案 ……………………………………… 167
3.4.3 Virtual Earth 实例——Windows Live Local …………………… 168
3.5 NASA 的 World Wind …………………………………………… 173
3.5.1 World Wind 概述 …………………………………………… 173
3.5.2 主要功能 …………………………………………………… 173
3.5.3 附件和插件 ………………………………………………… 174
3.5.4 相关资源 …………………………………………………… 176
3.6 Skyline 公司的 Skyline Globe …………………………………… 176
3.6.1 Skyline TerraSuite 软件简介 ……………………………… 176
3.6.2 SkylineGlobe 三维数字地图服务简介 …………………………… 179
3.7 Leica 公司 Leica Virtual Explorer V3.1 ………………………… 185
3.8 Glass Earth Australia …………………………………………… 190
3.8.1 Glass Earth 计划内容 ………………………………………… 190
3.8.2 Glass Earth 的研究与开发 …………………………………… 191
思考题 …………………………………………………………………… 191

第4章 数字地球系统研究 ……………………………………………… 192

4.1 数字地球原型系统（DEPS/CAS）………………………………… 192
4.1.1 概述 ………………………………………………………… 192
4.1.2 数字地球原型系统研究内容 ……………………………………… 194
4.1.3 数字地球原型系统的系统结构与组成 …………………………… 196
4.1.4 数字地球原型系统的应用 ……………………………………… 205
4.2 数字地球系统的模式框架（ESMF）……………………………… 209

		4.2.1 空间信息网格（SIG）	210
		4.2.2 空间信息格网（SI-Grid）	211
		4.2.3 地球空间信息的格网计算	212
		4.2.4 基于GSI-Grid的地球系统模式（ESMF）	217
	4.3	数字地球的Grid Computing	220
		4.3.1 数字地球的特点	220
		4.3.2 与数字地球有关的Grid Computing	222
		4.3.3 空间信息Grid Computing	226
		4.3.4 在Grid环境下的遥感数据处理、服务和共享	228
		4.3.5 数字地球的Grid Computing	231
	思考题		233
第5章	模拟与实验		234
	5.1	地球系统研究计划综述	234
		5.1.1 国际地圈生物圈计划	234
		5.1.2 全球变化的研究计划	236
		5.1.3 探索和预测地球的环境与可居住性研究计划	238
	5.2	NASA地球科学事业战略计划	239
		5.2.1 了解地球系统	239
		5.2.2 战略计划的框架	242
		5.2.3 NASA ESE路线图	243
		5.2.4 当前的计划（2002年）：描述地球系统的特征	243
		5.2.5 未来（2002~2010年）：认识了解地球系统	245
	5.3	英国量化并理解地球系统计划	266
		5.3.1 简介	266
		5.3.2 QUEST计划的目标	267
		5.3.3 QUEST计划的预期成果	268
		5.3.4 研究计划	268
		5.3.5 培训	271
		5.3.6 涉及的学科	271
		5.3.7 与其他计划的合作及联系	272
		5.3.8 经费情况	272
		5.3.9 计划管理	272
		5.3.10 数据管理	273
	5.4	日本JAXA的全球变化与地球模拟研究	273
		5.4.1 全球变化研究计划简介	273

5.4.2　日本地球模拟器及模拟实验计划 …… 278
5.4.3　2005 年开展的主要研究项目 …… 283
5.4.4　开展的国际合作项目 …… 285
思考题 …… 285

第 6 章　探索研究 …… 286
6.1　数字地球神经系统 …… 286
　　6.1.1　数字神经系统 …… 286
　　6.1.2　数字地球神经系统 …… 289
6.2　数字地球工程 …… 290
　　6.2.1　德国研究联合会的《地球工程》 …… 291
　　6.2.2　清洁能源与降低气候变暖工程 …… 292
6.3　e-Science 与 Geo-e-Science 进展 …… 294
　　6.3.1　e-Science 综述 …… 294
　　6.3.2　英国的 e-Science 状况 …… 295
　　6.3.3　Geo-e-Science/互联网地理学 …… 296
思考题 …… 298

主要参考文献 …… 299

附录 A …… 301
　A.1　国家空间信息基础设施的框架体系简介与汇编 …… 301
　A.2　移动通信卫星资料 …… 303
　A.3　中国 Grid 发展大事记 …… 303
　A.4　102 个数据库名录 …… 309

附录 B …… 314
　B.1　国际数字地球学会 …… 314
　B.2　关于欧洲议会和欧盟理事会在欧共体内建设空间信息基础设施指令（条例）的提案和 EEA 相关的文本 …… 316
　B.3　美国等八国《全球信息社会冲绳宪章》 …… 329
　B.4　美国提出新一代 GPS 建议 …… 333
　B.5　伽利略验证卫星 GIOVE-A …… 335
　B.6　遥感平台及传感器列表 …… 336

第1章 绪　论

1.1　数字地球的发展

1.1.1　数字地球基本概念

数字地球（digital earth）是美国前副总统戈尔于 1998 年 1 月在一篇报告"The Digital Earth：Understanding Our Planet in the 21st Century"中首先提出来的。他对数字地球下的定义是：数字地球是指可以整合海量地理数据的、多分辨率的、真实地球的三维表示，并可以在其上增加与地球有关的数据，实现在不同分辨率水平上对地球进行三维浏览的虚拟地球系统。数字地球这个概念，很快得到了广泛的认可与很多国家和地区的响应。

1. 数字地球概念的由来

"数字地球"概念并不是戈尔突然灵机一动冒出来的想法，它是科学发展的必然结果和在广泛的社会需求下应运而生的。1991 年美国政府智囊团首先提出了"信息社会"（information society）的新概念。1992 年西方七国集团在比利时的布鲁塞尔召开了"信息技术部长会议"，会上通过了建立信息社会的原则，从而正式提出了建设全球信息社会的构想。

1993 年 2 月，美国时任总统比尔·克林顿签署法令，为了建立信息社会，在全美开展"国家信息基础设施建设"（national information infrastructure，NII），即全国性互联网（internet）建设，人们俗称它为"信息高速公路"（information super highway）。但是仅仅有了"路"是不够的，还需路上跑的"车"和车上载的"货"。于是 1994 年 4 月，比尔·克林顿又签署了 12906 号行政令："协调地理空间数据的获取与查询：国家空间数据基础设施（national spatial data infrastructure，NSDI）"建设，即为国家信息基础设施（NII）配套以国家空间数据基础设施，即生产和提供海量的地理空间数据。因此，1998 年 1 月，在上述背景下，戈尔提出了"数字地球"的构想。

1996 年 5 月，联合国在南非约翰内斯堡召开了"信息社会和发展大会的部长级会议"，会上讨论了以互联网建设为标志的信息社会的到来会引起世界深刻的变化及国际合作问题，会上通过了互联网的建设计划，全球环境与资源管理计划，全球紧急情况（如特大自然灾害）的管理计划、全球卫星计划（包括遥感卫星在内）和海洋信息社会建设等重大计划。2000 年，西方七国在日本冲绳会议上正式宣布当今社会进入"信息时代"（information era）。

美国信息技术标准研究所在它出版的《1993~1994年鉴》中以《知识经济：21世纪信息时代的本质》为总标题，发表了6篇文章，讨论了"明天信息社会"的特征和本质。并明确提出："信息和知识正在取代资本和资源、能源成为能创造财富的主要资产，如同资源和能源在200年以前取代土地和劳动力一样。"知识经济社会的特征是信息化和全球化。信息流决定了物质流、能量流的流向、流速和流量，信息在快速的流动中产生价值。信息化的结果必然导致全球化，原来具有地方特色的资源、能源、资金和人才，现在已不再受地域或国界的限制，将在全球范围内流动，已经成为一种势不可挡的大趋势。因此，"数字地球"应运而生。

2. "数字地球"的发展过程

"数字地球"是一个全球性的概念，它要由很多国家联合起来进行协作与共同建设才能完成，而对于任何一个具体国家来说，主要是进行"国家信息基础设施"建设和"国家空间数据基础设施"建设。只有按照国际统一的标准和规范分别进行自己国家、地区与全球建设才能完成数字地球建设，现在大部分国家主张将 NII 与 NSDI 合并称为"国家空间信息基础设施"建设。

自从1998年戈尔提出"数字地球"的概念后，立刻得到了 NASA 的响应。NASA 联合了其他部门和商业公司成立了"数字地球"指导委员会，联邦政府部门间的"数字地球"工作组，以及"数字地球"共同体会议。并召开了多次不同类型的研讨会，讨论了"数字地球"的主要目标，重点领域和主要工作内容等。

"数字地球"的主要目标是：利用简单、方便的多分辨率的三维表达界面，允许公众基于地理定位访问整个地球的有关资源、环境、经济、社会等方面的信息，并建立能促进经济与社会可持续发展和构建和谐社会的技术系统。

2000年，美国数字地球指导委员会与美国联邦地理数据委员会（FGDC）、州地理空间信息协调组织建立了合作关系。同时，美国数字地球指导委员会还与联邦信息合作计划（CFIP）、数字政府计划（DGI）、国家公共管理科学院（NAPA）、数字图书馆计划、全球空间数据基础设施计划（GSDI）、全球灾害信息网计划（GDIN）、电子商务社区网站计划及电子商务制图网站合作。另外还与开放的地理信息系统集团（OGC）、数据库管理系统公司（Oracle）、国际摄影测量与遥感协会（ISPRS）建立协作关系。

3. 数字地球国际会议

1999年，在中国召开了第一届数字地球国际会议，并发表了"北京宣言"。

2001年，在加拿大召开了第二届数字地球国际会议，有30个国家共600余名专家参加了会议。

2003年，在捷克召开了第三届数字地球国际会议。

2005年，在日本东京召开了第四届数字地球国际会议。

目前，数字地球的概念已经远远超出了戈尔的范围，主要有以下特点：

第一，已与国际信息化、全球化建设密切相关，并起到了促进作用；

第二，促进了 e-政府、e-农业、e-工业、e-服务业、e-领域、e-社会、e-区域（含城市）的全面发展；

第三，是空间定位与现代通信技术相结合所形成的"基于地理定位的"信息服务的基础，进一步发展到格网计算（grid computing）。

4. 数字地球与有关术语的关系

1）数字地球与 NSDI、NII 的关系

NII 与 NSDI 是数字地球的重要组成，而 NII 与 NSDI 两者的关系十分密切。

国家信息基础设施（NII），又称信息高速公路（information super highway）。它和一般高速公路（super highway）的区别是 NII 上跑的不是运输车辆，而是信息。相似的地方是：公路是由四通八达、覆盖全国、不同等级的公路以及各种交通标志、交通规则，各种交通车辆，包括客运、货运及其附属设施，如加油站、餐饮点、休息处及通信设施等组成，甚至还包括了客源和货源等在内；NII 也一样，它包括了各类网络，如广域、局域、一般、宽带、有线、无线等，还有各种标准、规范、安全和保密等规则在内。而国家空间数据基础设施（NSDI）相当于高速公路上行驶的货运与客运的各种车辆及其组织的运行规则，以及客流与物流源的状况等。它是 NII 的主要组成部分和主要内容，如果没有行驶的货运和客运车辆，其核心是丰富的客流中物流资源，而不是 NII。所以 NSDI 是 NII 的必不可少的组成部分，换句话说 NII 应包括 NSDI 在内，美国在 1994 年颁发的总统令第 12906 号 "协调地理数据获取和访问国家空间数据基础设施" 中作了明确的说明。

NSDI 是 NII 中的重要组成部分与主要内容。它是指由 NII 连接信息中心或数据库的节点的数据，互操作及共享的数据（或信息）流及其标准与规范，政策和法规等。所以 NSDI 与 NII 是密不可分的，而 NSDI 为主，所以人们把 "NSDI" + "NII" = "NSII" 称为国家空间信息基础设施（NSII），就是把 "数据" 改为 "信息"。因此人们把数字地球与 NSDI 或 NSII 相等同了起来。NII 实际上就是国家信息系统。NSII 或 NSDI 实际上就是国家级的空间信息系统，即以地理坐标为基础的国家信息系统。现在 NII 已发展成为 NIG，NSII 已发展成为 NSIG，NSDI 已发展成为 NSDG，其中 G 为 grid 的缩写。

2）数字地球与数字国家、数字地区及数字城镇的关系

数字地球可以划分为以下 3 个层次。

全球层：指以整个地球为对象，主要包括全球气候变化、全球植被与土地利用、土地覆盖变化、生物多样性变化、全球海平面及海洋环境变化、全球地形变

化及地壳运动监测（地震）及全球经济发展水平监测与评估等。

国家层：指以一个国家、一个省区为对象的，包括资源、环境、经济、社会、人口的动态监测与分析作为研究对象，尤其对于农作物种植面积、长势及估产、洪涝、干旱、火灾、虫害等的监测，交通及经济状况监测等。

城镇层：指城市、集镇、农村、社区作为对象，包括信息化带动传统产业改造和升级、经济社会发展态势、管理、服务等。

3) 数字地球与信息化、信息社会的关系

数字地球是信息化或信息社会建设的空间信息基础设施。数字地球不仅是全球资源、环境数据获取与管理的主要手段，而且也是全球经济、社会、人口数据的整合的基础，尤其是空间整合的基础。所以数字地球与国家信息化、国民经济信息化是密切相关的，与城市信息化、地区信息化、省区信息化密切相关的，是空间信息基础设施。

M. F. Goodchild 认为"数字地球"具有以下的特点：

(1) 它的空间分辨率至少超过 4 个等级序列，涵盖了从 10km 到 1m 分辨率的变化范围；

(2) 数字地球要以用户为中心，要为用户服务；

(3) 数字地球中模糊信息问题，由于它在支持协同工作中的主要性，必须被解决；

(4) 数字地球必须用符号和图标来表示；

(5) 数字地球的查询要制定明确的权限和入口，因此在"数字图书馆"、"数据交换中心"（clearing house）和 Web 方面有很多技术问题要解决，还有数据质量、诚信度等要能够鉴别，知识产权及安全问题也应解决；

(6) 数字地球应具有虚拟环境的可视化表达；

(7) 数字地球不仅要重视当前的数据，也要重视过去的数据；

(8) 数字地球要有统一的标准与规范，要有一致的数据结构和查询（元数据）方案；

(9) 数字地球的数据（影像、地图）要无缝链接，能无级缩放（至少要满足 4 个以上等级的缩放）；

(10) 数字地球的制图技术，正射影像地图技术需要合适的机构来生产和协调。

1.1.2 数字地球的国外研究现状

据最新资料统计，现在正在开展或筹备开展 NSDI 或 NSII 建设的国家和地区已扩展到 127 个。下面挑选其中有代表性的国家和地区进行介绍。

1. 美国的国家空间数据基础设施

美国重视对国家信息基础设施（NII-NTG，G-grid）和国家空间数据基础设施（NSDI-NSDG，G-grid）的研究，但以后者为主。国家空间数据基础设施（NSDI）是指地球空间数据获取处理、查询、分发以及有效引用所需的技术、政策、标准和人力资源。其主要内容包括：地理空间数据框架、空间数据交换网络、空间数据法规与标准及空间数据协调管理机构等4个部分。

联邦地理数据委员会（FGDC）成立于1990年，由内政部主管，16个部门组成，分为11个委员会与7个工作组负责协调国家空间数据基础设施的建设。通过FGDC，相关部长与州、地方政府等协作，共同建立"国家地理空间数据交换中心"（national spatial data clearing house），将地球空间数据的生产者，管理者和用户连接成一个网络。美国联邦政府每年投入10亿～20亿美元用于NSDI建设，并通过税收和法规政策等促进私人企业投资。1996年，在芝加哥召开了NSDI发展战略会议，提出的目标和任务如下：

1) 发展前景

现势性好的、精度高的地球空间数据对地方、国家和全球事务和对经济增长、环境质量改善和社会进步等方面发挥巨大的作用。

2) 目标与任务

(1) 通过技术推广和培训，加强公众的NSDI概念的理解和应用的认识；

(2) 研究地球空间数据的产生、查询和应用的统一办法，满足用户需求；

(3) 通过有关社会各界的共同采集，扩大和维护合理的决策所需的地学空间数据；

(4) 各组织之间建立良好的合作关系，以支持NSDI的持续发展。

3) 分工

美国地质调查局（USGS）、国家测绘局（NMD）负责国家地理空间数据框架建设，包括正射影像、高程、交通、水文、境界、地籍和大地控制网等建设。框架将提供数据共享的基础，任何组织和机构可以在其上叠加其他专题数据或信息以供应用所需。

NMD主要承担全国1：24万比例尺的矢量数据（DLG）、数字高程模型数据（DEM）、正射影像数据（DOM）和栅格图形数据（DRG）、土地覆盖土地利用数据、地名数据的生产和分发，还实施国家定期航空摄影计划（NAPP）。

NASA主要负责卫星对地观测任务，包括1999年发射的第一颗载有5种观测地球状况和监测全球变化的先进的仪器的地球观测卫星EOS AM-1，与1998年发射的Landsat-7，1999年发射的Meteor 3M/SAGlll，2000年发射的Jason-1、EOS PM-1等共同组成地圈、水圈、气圈、冰雪圈和生物圈等多领域收集数据和图像资料。EOS平台上安装了10余种高精度的多波段高光谱分辨率的高灵敏度对地观测仪器。这些仪器具有频率高、覆盖宽、多视角的遥感能力，为天气预报、气候变化预测及生态变化监测等环境变化等重大问题，提供了强有力的科学手段。

"奋进号"航天飞机于 2000 年 2 月，利用干涉雷达测量技术，仅用了 9 天时间，就完成了 80% 的全球地形测量工作，绘制了 4600 余万张地形图，可以用来生成 1∶5 万比例尺的高程模型，即数字高程模型（DEM）。

Space Imaging 公司于 1999 年发射的 IKONOS 卫星地面分辨率达到 0.82m，Quick Bird 分辨率达 0.32m，已降级供民用，使得详查成为可能。

2. 英国的国家地学空间数据框架（NGDF）

1995 年在英国地理信息协会的年会"AGI'95"上提出了"国家地学空间数据框架"（national geospatial data framework，NGDF）计划，并得到了英国测绘局的支持而发展起来，后来又得到企业和个人的支持。其目的是提高政府工作效率和效益，提供新的就业机会，促进地理信息应用市场的开拓等。

1) NGDF 的主要任务

(1) 数据基础设施建设，目的是给用户提供他们所需的信息，促进现有的和潜在的信息服务，进行对各种信息进行分类和评估。

(2) 建立地学信息的国家标准与规范，为信息共享打下扎实的基础，建立英国标准地理数据库（UKSGB）网点，为全国提供空间参考数据；建立 NGDF 支持标准的框架和指南，促进标准的推广。

(3) 促进地学信息的应用，扩大地学信息应用的效益，推动相关地理信息的集成和应用，支持和扩充 NGDF 工作的项目接口。

(4) 提高数据的质量及它的一致性，及元数据（metadata）的应用。

(5) 给政府部门提出地理空间信息管理的政策、法规等方面的建议，并取得政府的支持。

英国从 1970 年开始数字化制图工作，已完成了全国的 1∶5 万～1∶25 万及城市的 1∶1250，农村的 1∶2500，山区的 1∶1 万的地图的数字化工作。现在进一步完成了全国道路、道路中心线、邮政编码分区、行政界线、地名等的数字化工作。

2) 实施阶段的划分

第一阶段：2001 年之前，任务是将已完成的数字化成果广泛应用，使更多公众了解它的作用及意义。

第二阶段：2001 年之后，开拓新的应用领域，创造更大的效益和制订相应标准、规范。

3. 加拿大国家地学数据基础设施（CGDI）

1) CGDI 的主要任务

通过联邦、州及地方政府合作完成以下目标：

（1）发展空间数据访问战略，设计相应的系统；

（2）发展数据访问协议，引导数据集成；

（3）建立现有数据资源的元数据库；

（4）改造现有的系统和数据库，确保其可互操作性；

（5）增强现有设备的功能，增加新的软、硬件，建立"公共窗口"，把数据提供给广大用户；

（6）CGDI 必须保证现有的大量数据能够有效地被访问和使用，从而使一个在线的、分布式的、能不断更新的和可综合集成的国家地理信息集成建设成为现实；

（7）提供一个数据基准图层作为可视化的参考系统，使各种新老数据集聚在地理空间上得以相互配准，并无偿提供使用；

（8）重视数据标准和规范建设标准要有实用性，产业部门根据标准生产运用数据产品。

2) CGDI 中核心部分

地学信息联网计划的主要内容有：

（1）地学信息快速访问计划，使 CGDI 成为主要的信息源；

（2）国家地理信息框架计划，将来自不同单位的数据分别建立分布式数据库并用网络连接，在应用可以将它们集成和综合分析；

（3）地学信息伙伴关系计划，建立联邦、省、地方的伙伴关系，促进数据共享；

（4）地学信息创新计划，主要指技术创新、管理创新和应用创新计划的制定；

（5）可持续发展社区计划，为社区规划、管理环境和社会发展的能力建设服务；

（6）国家地图集计划，为各级政府、企业及学校提供各类性质地图和专题地图，以满足不同用户的需要。

4. 欧共体空间信息基础设施（INSPIRE）

欧洲议会和欧盟理事会于 2004 年 7 月在布鲁塞尔通过了"在欧共体内建设空间信息基础设施指令的提案"[SEC（2004）980，共同体（2004）第 516 号决议，2004/0175（COD）] 和 EEA 相关的文本内容，节录于下：

欧共体空间信息基础设施（INSPIRE）是在各成员国名目建立的国家空间信息基础设施（NSII）的基础上建立起来的，它与各国的空间信息基础是没有矛盾的，而且高于各国的空间信息基础设施。

INSPIRE 的制定要基于共同体内区域的多样性，致力于高水平的环境保护。重视政策制定、事先和事后评估，要重视数据的可用性、质量、组织和可获得性，要与各国原有的基础设施的相互兼容并能共享。

INSPIRE 的主要内容包括：

第 1 章，总则。目的在于指导共同体内对环境有直接和间接影响的活动，并制定相关政策。主要内容包括元数据、空间数据、空间数据服务；网络服务技术；共享协议，访问和使用、协调和监督机制、流程和程序。

第 2 章，元数据。确定空间数据集和空间数据服务的元数据产生和更新，空间数据集的执行规则的适应性，使用空间数据和空间数据服务的权限，空间数据的质量和有效性；政府当局的责任等。

第 3 章，空间数据集和空间数据服务的协作。包括协调空间数据标志，空间数据交换，协调用户、生产商、增值服务提供者之间的关系。执行规则将指出空间数据的以下 5 个方面。①空间对象的独立识别系统；②空间对象的关系；③关键属性和相关的多意辞典惯常需要主题政策；④数据在时间维上的信息交换方式；⑤数据更新的途径必须是可交换的。

第 4 章，网络服务。网络服务要与元数据，协作规范的执行规则相一致，包括发现服务、显示服务、下载服务、转换服务、调用服务、服务的进入权限（安全与保密）、限制进入的基础等。

第 5 章，数据共享和重用。各成员国之间的空间数据集和空间数据服务的共享是关键。

第 6 章，协调和补充措施。要有专门组织或机构协调所有在空间信息基础设施上的利益、权宜和贡献。

第 7 章，最终规定。政府当局之间的共享协议，执行的成本和效益，有关空间信息基础设施以使用信息概要，并成立了"欧洲地理空间信息协调组织"（EUROGI）专门负责 19 个国家之间信息共享的关系。

附件，术语定义。"空间数据"指任何与区位或地理区域数据直接或间接相关的数据；"空间对象"指和地理空间有关的真实世界的抽象代表；"元数据"指为描述空间数据集和空间数据服务的信息，它是能帮助查找、存储和使用数据的方法。

5. 亚太地区空间信息基础设施（APSDI）

亚太地区包括了亚洲和美洲的太平洋沿岸国家和大洋洲的澳大利亚和新西兰，印度尼西亚在内的国家，于 2000 年在马来西亚的吉隆坡召开了地区性的空间信息基础设施建设会议。会议决定成立一个区域性合作机构，会议的常设机构设在吉隆坡。与会者的统一认识是亚太地区空间信息基础设施（APSDI）是一个连接分布在地区各国的分布式数据库网络。这些数据库分布在整个地区，实现数据共享，并为整个地区的经济，社会发展服务。

APSDI 的主要内容，包括框架体系、技术标准、基础数据和接口网络 4 个核心部分组成。

APSDI 的空间数据框架是其中的重中之重，它包括：

(1) 大地控制网，基础地理参考框架，大地测量控制点，大地测量参数；

(2) 高程数据，数字高程模型 (DEM)；

(3) 水系，天然和人工流域要素，包括江河、湖泊、运河、水体、海岸线和流域集水处；

(4) 交通，公路、铁路、港口码头、机场；

(5) 居民地，城市、集镇的地理位置、范围；

(6) 地名，正式承认的地理和人文要素的名称；

(7) 植被，天然植被、森林和农作物；

(8) 自然灾害，地震区、泛滥平原、火山等；

(9) 行政区，国界、省界等；

(10) 土地利用，农业、自然保护区、人口分布等。

APSDI 是在现有各国的 NSDI 的基础上建立的，支持各成员国中的 NSDI 的发展。

6. 全球空间数据基础设施（GSDI）

全球空间数据基础设施（GSDI）建设，把全球一些重要国家、区域及有关的国际机构在灵活、简单的原则框架下组织在一起。它支持全球的经济增长，实现各国的社会和环境目标是必不可少的。

(1) GSDI 的组织机构包括：执行委员会、顾问小组和一些专业委员会。

(2) GSDI 的框架体系主要由以下 4 个部分组成：①地理空间数据框架；②地理空间数据交互网络；③地理空间数据标准与规范；④地理空间数据协调管理机构。

(3) 当前 GSDI 的地理空间数据框架的侧重点放在 1：100 的全球 DEM 的生产和共享上。

(4) GSDI 自 1996 年成立以来已召开了 6 次国际会议，从总的趋势看，有以下几个特点：第一，大多数国家和国际组织对 GSDI 建设感兴趣并持支持的态度。第二，空间信息获取、处理技术发展迅速，如高分辨率卫星遥感技术，以数字激光测图、激光成像雷达、数字相机为主体的机载三维摄影测量系统，大容量数据存储技术和高速宽带网络技术的发展，使地理空间数据从快速获取、建库、更新到提供使用的水平不断提升，从而能应对现代信息社会对地理空间数据时空要求的挑战。第三，地理信息系统的网络化已成为一大发展趋势，无论是建库、数据传输、应用服务均在网上进行。加之空间信息应用技术的开发，如智能化系统、空间决策支持系统、虚拟现实技术的开发与应用，使地理空间信息数据的应用深入到各行各业乃至家庭、社会的各个角落。

（5）GSDI总的发展趋势是：①RS、GIS、GNSS等地学空间信息技术与Internet的集成发展已成为大趋势。全球定位系统技术日趋完善，美国、俄罗斯和欧洲等卫星定位系统不断加强，不仅服务于它自身的军事，而且也为快速、实时、精确定位，监测地壳运动，预测地震灾害创造了条件。全球定位技术（GPS）与无线通信（WAP）、掌上电脑（PDA）和地理信息系统（GIS）相结合，将全新改变人们的工作、生活方式，为公众提供信息服务，辅助公众行为决策，使地理空间信息的应用更加社会化、个性化，可以认为是未来信息社会的一个缩影。②资源、环境等地理信息与航天航空对地观测（EOS）信息等多源地理空间信息进一步融合，促进了地矿勘察、国土资源调查、精准农业、智能交通、城市管理、电子商务、远程教育的发展。③多源地理空间信息的网络集成与虚拟表达技术已成为主导模式。④各国都对基础地理信息的开放与应用十分重视。

（6）GSDI是由一些国家机构和其他组织一起发起的国际组织，在澳大利亚政府的资助下，对GSDI的发展目标进行了调研，包括需要明确以下几个问题：①GSDI是一个全球性的SDI，或是国家和区域联合的SDI。②GSDI与发展中国家的关系如何，是政策与技术援助。③GSDI是一个过程，一个总的框架，还是一个综合性数据库。④GSDI建设由谁来投资，产业化有前景吗？

GSDI的可操作性尚待深入研究。

1.1.3 数字地球的国内发展状况

1. 我国的"数字地球"

中国政府和科技界对"数字地球"的发展一向十分重视。1998年1月自从"数字地球"概念出现以来，北京大学、国家863计划信息获取与处理技术主题专家组和国家遥感应用工程技术中心等组织联合召开了研讨会，中国科学院地学部于1998年11月初在北京香山召开了"资源环境信息与数字地球"研讨会，在此基础上，于1999年1月20日向国务院提交了"中国数字地球发展战略的建议"。建议书中提出："数字地球不是一个孤立的项目，而是一个整体性的、导向性的发展战略措施，它反映了科学技术乃至经济和社会的跨世纪发展的国家目标。""在中国跨世纪的发展中，实现经济和社会的可持续发展、保持和平安定的国际环境、发展科学技术的自主创新能力，是三项重大战略目标。从我国的国家目标出发，我们迫切需要一个中国数字地球或数字中国。"李岚清在1999年北京的数字地球国际会议上强调，无论是促进社会的可持续发展，还是提高人们的生活质量；无论是推动当前科学与技术的发展，还是开拓未来知识经济的新天地，

"数字地球"都具有重要意义。另外政府高度重视数字地球的作用，实施"需求牵引、统筹规划、阶段发展、共建共享"的方针，力争在数字地球建设中实现跨越式发展。中国现时和未来的社会需求是发展数字地球的巨大驱动力。我们需要从数字地球的战略高度，在全球、国家和区域 3 个层次上，长远地规划地球表层信息的获取、处理、应用等相关工作，从系统论和一体化的角度整合已有的或者正在发展的与数字地球相关的工作，从而更广泛、深入地为社会提供服务，造福人类。

2000 年 4 月，经国务院批准，由国家发展与改革委员会牵头，科技部、国防科工委、财政部、信息产业部、国土资源部、建设部、农业部、中国科学院、国家测绘局和解放军总装备部等 11 个部委组成国家地理空间信息协调委员会，其主要任务是研究我国空间信息基础设施和地理信息系统的发展战略，统筹规划和协调我国地理信息系统技术、产业和应用系统的发展，促进空间信息基础设施和地理信息系统及相关产业的高起点、高效率建设。并于 2001 年出版了《国家空间信息基础设施发展战略研究》（中国物价出版社）文件，系统阐明了对《国家空间信息基础设施》建设的意见和措施。

2001 年 7 月，国务院办公厅转发了国家计委等 11 个部门"关于促进我国国家空间信息基础设施建设和应用若干意见的通知"（国发 [2001] 53 号文件）。《意见》提出，"为了进一步促进我国地理空间信息的共享和广泛应用，充分发挥地理空间信息在我国国民经济和社会信息化以及经济结构战略性调整中的作用，需不失时机地加快我国国家空间信息基础设施建设，健全地理空间信息标准和政策法规，建立完善的公益性、基础性地理空间信息系统及其交换网络体系，为相关产业的发展创造条件。"《意见》对关于加强地理空间信息资源建设问题强调，"当前，要进一步加大投资力度，完善我国大地测量基准系统，遥感和卫星定位导航信息服务体系，国家基础地理信息系统，人口、资源环境与地区经济信息系统，宏观经济社会地理信息系统。"

2001 年 5 月，国家测绘局成立了"构建数字中国地理空间基础框架总体战略研究课题组"，提供了以下研究成果：

（1）构建"数字中国"地理空间基础框架总体战略研究。

（2）构建"数字中国"地理空间基础框架中"数字省区"地理空间基础框架建设纲要。

（3）构建"数字中国"地理空间基础框架中建设"数字城市"地理空间基础框架的研究。为我国的"数字中国"建设提供了宝贵的意见。

2002 年，国家信息产业部信息化推进司正式颁布了"中国城市信息化建设指南"，并设立了若干个试点城市，取得了很好的效果。

2004 年，国家建设部出台了"城市数字化示范应用工程技术导则"及"关于加快建设系统信息化进程的若干意见"中提出:"建设系统的信息化是实现城乡现代化的重要前提条件。我国已进入全面建设小康社会和社会主义现代化建设的新的发展阶段,在城乡现代化进程中,建设系统担负着城乡规划、建设、管理、服务的重要职能,管理着城镇正常运转所必需的水、气、热、交通、环卫、生态、建筑等生命线工程,掌握着大量城市基础信息资料、统计数据和动态数据,如城乡规划信息、市政以用信息、建设工程信息、工程建设标准信息、地籍地质信息、房地产开发交易管理信息等,这些信息数据既是建设系统重要的业务资源,也是国民经济各行业发展所需的重要信息,这些信息数据能否实现有效地管理、传递、共享,是衡量城乡现代化水平的重要标志。""城市地理信息系统(UGIS)是城市信息化建设的关键"。"城市地理信息系统围绕业务所涉及的人地关系这一管理的中心环节,实现数据共享,可以大大地提高管理的质量和效率,减少因缺少科学家信息共享所造成的工作失误,同时也可以为政府其他部门及企业和市民提供更多的信息查询服务。因此,城市地理信息系统是城市各管理系统的基础平台,是建设系统信息化建设的重点内容,应当引起建设主管部门的高度重视。"

国土资源部召开国土资源信息化工作会议,提出国土资源信息化建设的总体目标,即以满足国家社会经济发展和国土资源管理的需要为宗旨,在现代信息技术的支持下,建立结构完整、功能齐全、技术先进并与国土资源工作现代化要求相适应的国土资源信息系统,建立完善的国土资源信息化体系,全面实现国土资源调查评价、政务管理和社会服务3个主流程的信息化。

到目前为止,全国已有20个省(自治区)已经开始或正在筹建数字省,如数字山西、数字辽宁、数字江苏、数字浙江、数字福建、数字江西、数字安徽、数字河南、数字湖北、数字湖南、数字广东、数字海南、数字广西、数字四川、数字云南、数字陕西、数字黑龙江、数字吉林、数字青海、数字贵州等。

到目前为止,全国已有约200个城市启动了数字化建设,100余个城市正在或正筹备数字城市建设,如数字北京、数字上海、数字重庆等。

2. 国家对信息化的方针与政策

2000年10月党的十五届五中全会明确指出:"大力推进国民经济和社会信息化是覆盖现代化建设全局的战略举措。以信息化带动工业化,发挥后发优势,实现社会生产力的跨越式发展。"

2000年10月中共中央关于制定国民经济和社会发展第十个五年计划的建议中指出:"信息化是当今世界经济和社会发展的大趋势,也是我国产业优化升级和实现工业化、现代化的关键环节。要把推进国民经济和社会信息化放在优先位置。顺应世界信息技术的发展,面向市场要求,推进体制创新,努力实现我国信息产业的跨越式发展。""要在全社会广泛应用信息技术,提高计算机和网络的普及应用程度,加强信息资源的开发和利用。政府行政管理、社会公共服务、企业生产经营要运用数字化、网络化技术,加快信息化步伐。"2001年3月九届人大四次会议通过的《国民经济和社会发展第十个五年计划纲要》把加速发展信息产业,大力推进信息化,加强信息资源开发,强化公共信息资源共享,推动信息技术在国民经济和社会发展各个领域的广泛应用和建设基础国情、公共信息资源、宏观经济数据库及其交换服务中心,完善地理空间信息系统等列入"十五"计划。1994年,国家成立了有15个部委参加的"国家信息化联席会议",并成立专门办公室,负责领导和组织国家空间信息基础设施的项目启动。1997年4月,国务院在深圳召开了"全国信息工作会议",会上正式提出了"国家信息化"的号召和实现国家信息化要坚持"统筹规划,国家主导;统一标准,联合建设;互联互通,资源共享"的方针,力争在2001年初形成一定规模和比较完整的国家信息系统[即国家信息基础设施(NII)],并指出要把信息资源的开发利用作为信息化的核心。

由国务院转发的原国家计委等11个部委的《关于促进我国国家空间信息设施建设和应用的若干意见》(国办发[2001] 53号),是国家信息化建设的重要依据之一。

2002年10月,国家信息化领导小组正式批准颁布了《国民经济和社会发展第十个五年计划信息化重点专项规划》,提出了"十五"期间推进国民经济和社会信息化的发展方针、发展目标、主要任务及政策措施。《专项规划》是我国编制的第一个国家信息化的规划,是一份规范和指导全国信息化建设的纲领性文件。

2002年11月,党的十六大政治报告进一步指出,实现工业化仍然是我国现代化进程中艰巨的历史性任务;信息化是我国加快实现工业化和现代化的必然选择;坚持以信息化带动工业化,以工业化促进信息化,走出一条科技含量高,经济效益好,资源消耗低,环境污染少,人力资源优势得到充分发挥的新型工业化道路。

3. 我国空间数据基础设施发展情况

我国基础地理信息的获取与应用方面随着国家改革开放政策的实施,国民经济和社会高速发展,在基础地理信息强劲需求的带动下,取得了飞速的发展。以卫星定位系统、遥感、地理信息系统和计算机网络为主体的数字化测绘技术已取代了传统的测绘技术,成为获取基础地理信息的主要手段,国家基础地理信息系统在加速发展完善。

(1) 在测绘基准的平面基准建设方面,在完成了1954年北京坐标系、1980年西安坐标系的全平面控制网的基础上,建成了一批SLR、VLBI站和GPS跟踪站,布设了1300余点的A、B级,一、二级GPS网和1000点组成的中国地壳运动观测网；在高程基准方面我国建成了以1985年国家高程基准的近23万km的全国一、二等水准网；在重力基准方面，在已建立的1985年第二代国家重力基本网的基础上，开始建设2000年国家重力基本网。利用地面重力、GPS、水准等数据，使我国大地水准面不断精化，东经102°以西地区精度达到0.4~0.6m，分辨率为30′×30′，以东地区精度达到0.3m，分辨率为15′×15′，从而为GPS定位技术应用于高程测定奠定了一定的基础。

(2) 我国国家基础地理信息系统的建设，起步于20世纪80年代，完成了全国1∶400万、1∶100万、1∶24万地形和高程模型数据库、重点江河洪水防范区的数字高程模型数据库，几十个城市大比例尺地图1∶500~1∶2000数据库，并开始1∶5万、1∶1万地形数据库的建设。从1999年开始启动建设的《国家基础测绘设施项目》，使我国在航空航天遥感数据的处理、基础地理信息管理服务、基础地理信息数据生产、基础地理信息数据传输网络等方面的基础设施有了明显的改善和加强，建立了1个国家级基础地理信息中心，31个省级基础地理信息中心，3个国家级（兼所在省的）基础地理信息数据生产基地和28个省级基础地理信息数据生产基地，并构成了以"航空航天遥感数据处理系统"、"基础地理信息管理服务技术体系"、"基础地理信息数据生产技术体系"、"国家基础地理信息系统数据传输网络"4个单项工程为骨干的从基础地理信息数据生产到信息服务的基础框架，从而使我国基础地理空间数据的规模化生产能力上了一个新的台阶。

(3) 在对地观测方面，随着我国航天事业发展的长足进步，我国发射了风云一号、风云二号气象卫星，资源1号、资源2号卫星，实施国家定期的航空摄影计划，从而为基础地理信息的获取提供了数据源，同时也为利用遥感数据在国家经济建设中的应用创造了条件。

(4) 国民经济各专业部门大力进行专题地理信息系统数据库的建设。据对全国各地区各主要经济专业部门的调查统计，建成覆盖全国、全省的大型地理空间数据库、专题数据库超过100个，数据总量超过1250GB，覆盖全国航片500万张以上，已有卫星影像50余万景，数据量达140TB。2000年全国对RS、GIS、GPS建设投入资金总量为6.1亿余元人民币。据建设部测算估计，城市数字化工程的实施，可带动城市国民经济增长1个百分点，"十五"期间，城市数字化工程项目的直接经济效益为474.7亿元，间接经济效益为1289.4亿元。

1.1.4 数字地球的作用和意义

1. 数字地球是全球战略的一个重要组成部分

美国从"星球大战"计划到"信息高速公路"，再到"数字地球"是全球性战略的一个重要组成部分。"星球大战"是冷战时期的产物，它既可以用于军事目的，又可以民用。尤其是数字地球的空间分辨率可以达到米级和厘米级，几乎地表的一切都能清晰可见，所以通过它可以及时地掌握全球的动态信息，达到"对全球信息了如指掌"的目的。就数字地球的民用意义来说：

第一，随着人类社会进入信息化和全球化的时代，尤其经济全球化正以势不可挡态势发展，所以了解全球信息已成为十分重要的发展战略目标。

第二，人们不仅认识到经济全球化是当前的大趋势，而且资源利用的全球化，环境影响的全球化已成为大家的共识。

数字地球正是解决以上两个战略目标的重要手段。

2. 数字地球是当前科技发展的制高点

数字地球是当代高新技术发展的制高点。它集中了当前最尖端的科学技术，如信息技术和空间技术，包括了计算机与高性能计算技术、宽带通信技术、微型化纳米技术与智能自控技术、航天航空技术及各种传感器与敏感元器件等，既可民用，也可用于军事目的，而且数字地球还可以带动很多高科技的发展，所以它是科技发展的推动力和催化剂。

第一，数字地球为地球科学发展提供了现代科技平台。

地球科学的发展滞后于物理学、化学和生物学的原因之一是：过去地球科学虽然也有一些诸如地球化学、地球物理、测年代技术、矿物分析、地质模拟实验等，但它与物理、化学不同，地球科学要求以整个地球作为研究对象，才能获得科学的结论，而数字地球为全球研究提供了科学和技术平台，为天气过程、海洋环境及植物等的全球变化的监测和预测创造了条件，提供了科学平台。例如，地球观测使命（MTPE）和 EOS、IEOS 计划、地球风险事业任务（ESE）计划、地球模拟器及模拟实验、全球气候变化模拟实验等。

第二，数字地球为经济社会的可持续发展和构建和谐社会提供了必要条件。

经济社会的全球化与资源环境的全球化已成为大趋势。数字地球不仅可以为灾害天气过程，如洪涝、干旱及其他灾害进行监测和预报，还可以对全球的农作物的播种面积、长势进行监测与产量的估计，对草场、森林资源进行监测及评估，对全球的荒漠化的动态变化进行监测和预测，甚至还可以对由于气候变暖引起的海平面变化，植被带的迁移，农作物带的变化进行监测和预测，为社会经济的可持续发展与构建和谐社会战略目标服务（图 1.1）。

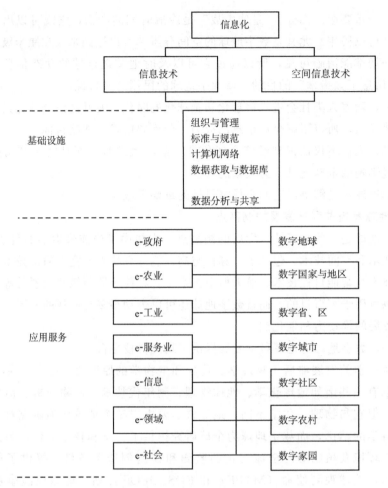

图 1.1 数字地球与相关领域之间的关系

图注：
数字地球：全球及地区的环境、资源、灾害的调查、监测、评估、预测；
数字国家与地区：国家、地区的资源、环境、经济社会的客观调查、监测、评估、预测；
数字省、区：省、区的资源、环境、宏观经济、社会调查、监测、评估、预测；
数字城市：信息带动工业化，带动 e-政府、e-工业、e-服务业、e-信息、e-领域、e-社会、城市规划、城市基础设施建设与管理，城市基本功能建设与管理；
数字社区：以提高市民的工作效率与效益及市民的生活质量为主要目标；
数字农村：以信息化能带动农民的生产产业化和提高教育、医疗水平和生活质量为目标；
数字家园：以提高市民的生活质量，方便和丰富生活内容为主要目标；
e-政府：以信息化改造管理与服务方式提高工作效率，包括十金工程；
e-农业（一产）：以信息化提高农业、林业、牧业、渔业、养殖业的生产水平，加速产业化；
e-工业（二产）：以信息化提高制造业、石化业、电力工业、钢铁、轻纺业的生产效率和效益；
e-服务业（三产）：以信息化改造金融、商业及交通运输、物流业等，提高管理水平与效益；
e-信息（四产）：以信息化提高信息、数据、通信、计算机的硬件、软件业的水平与效益；
e-领域：以信息化带动测绘、气象、水文、海洋、环境、地矿、土地等部门的发展和水平提高；
e-社会：以信息化带动教育、科技、医卫、社保等事业的发展和水平提高。

1.2 数字地球的理论基础

除了"地球信息理论"和"地球系统理论"是公认的"数字地球"理论基础外，还有诸如於崇文院士的巨著《地质系统的复杂性》（地质出版社，2003），承继成编写的《地球系统的确定性与不确定性》（高等教育出版社，2006）等，都与数字地球的理论基础有关。

地球信息科学是一门全新的学科领域。早在 10 余年前在国际文献中就出现了"Geo-Informatics"，中文译作"地球信息科学"或"地学信息工程"等，同时又出现了"Geo-Information Science"，中文译作"地球信息科学"或"地理信息科学"。可见国外也都承认地球信息科学的存在。陈述彭院士在我国倡议建立"地球信息科学"已有 10 余年的历史，并专门创办了《地球信息科学》杂志，取得了很大的成绩，产生了巨大的影响。

地球信息科学作为一门全新的科学分支，已经得到了国内外广泛的承认。既然作为一门学科的分支学科，它就得要有自己独立的理论。

关于地球信息科学的理论应该包括些什么？至今尚没有统一的认识。从理论上说，地球信息科学理论应该包括地球系统科学理论和信息科学理论，至少是它们的结合部位的有关理论。地球科学理论，应该包括地球物理、地球化学、地球生物、地质、地理、气象、水文、海洋、生态环境、资源，甚至社会经济在内，既庞大，又复杂，且大部分地学工作者都熟悉，因此不作介绍，而侧重介绍与地球信息科学密切相关的信息科学、系统科学理论，并包括耗散结构与自组织理论，分形与自相似理论在内。因为地球信息科学，要以信息科学和系统科学作理论基础，它们结合部位尤其是重点，如地球信息和地球系统就是重点。

地球信息科学的基础理论应由地球信息理论、地球系统理论、地球耗散结构与自组织理论和地球分形与自相似理论所组成。其中地球信息理论是基础，地球系统理论是核心，而地球耗散结构与自组织理论，地球分形与自相似理论是地球现象和过程分析的理论基础。现在分别简介如下。

1.2.1 地球信息理论

1. 信息的基本概念

1) 信息的定义

信息（information）又称咨询，最早出现在通信科学中，后来用于生物学、医学及许多科学技术领域及社会科学领域。尤其处在"社会信息化"和"信息社会化"的信息时代，信息这个术语已被广泛应用。关于它的定义至少有数十种，大体可以归纳为 3 类：

第一类，语言学的定义。如《辞源》中指出，信息就是指音讯、消息。在一般汉语字典中，它被解释为消息、情报、新闻。

第二类，哲学定义。如信息存在于物质和意识过程中，在本质上它是统一于物质的。信息是人和物质的精神实体的特征。信息是由物质到精神的转化。信息既是非精神的，又是非物质的、独立的第三态等。

第三类，自然科学定义。它又可以分为经典自然科学定义与一般自然科学定义两大类，现在分别介绍如下：

a. 经典自然科学定义

（1）狭义信息论。可以推信息论的创始人 R. V. L. Hartly 和 C. E. Shannon 作为代表。1928年，Hartly 是从"有多少个可能性"出发来建立信息论的，他建议："信息是消息（message）的不确定性的消除。"Shannon 则认为："信息就是两次不确定性之差"，即人们对某一事物先后两次认识的差别，或某人对某一事物获得了新的知识、新的消息。目前持有这种观点的人有清华大学的常迵院士，他认为信息有两个基本特征：①只有变化着的事物才有信息；②只有尚未确定的事物才有信息。因此，可以简单归纳为：信息是指对某一事物的新认识、新知识。

（2）广义信息论。可以推控制论的创始人 Norbert Winer 作为代表。他认为："信息是指主体（人、生物或机器）与外部客体（环境、其他人、其他生物或其他机器）之间相互联系的一种形式，即主体对客体的有关情况的消息或知识。当主体得到了客体的消息或知识后，加以识别、评价和采取相应的措施。"因此 Winer 认为，信息就是主体对客体所掌握的全部知识。但并不强调这知识是新的，还是旧的，是已知的，还是过去所未知。支持这种观点的人也很多，如联合国粮农组织（FAO）于1985年指出："信息是为一定目的服务的、一切有用的知识。"又说"信息是表征事物特征的一种普遍形式"。因此可以归纳为：信息是指为某一目的服务的或是有关某一事物的一切有用知识。更多的人已经把过去的图书馆和资料室工作已经改称"信息工作"，大学的图书馆学系普遍改名为信息管理科学系。

b. 一般自然科学的定义

一般自然科学的信息定义说法比较多，主要有"信息是物质和能量在时间和空间分布的不均匀度和运动状态的直接或间接的表达"，"信息是物质和能量状态的表象（征）"，"信息是物质和能量的形态、结构和状态的表征"，"信息是物质和能量的普遍属性"，"信息是事物的表征"，"信息是表征（象）事物状态和运动特征的一种普遍形式"，"信息是物质的外在表现"等。

c. 本书的定义

笔者基本上同意广义信息论和一般自然科学的信息定义。认为信息是客观世界的一切事物的性质、特征和状态的表征，对于人来说，信息是指事物表征的有用的知识,对于生物和机器来说是指主体对客体的或对环境的相互联系形式。信息是由物质和能量或一切事物产生的,并依附于物质、能量,是第三态。信息可以以文字、数字、图形、影像等作为载体而独立存在,并能为计算机处理和存储和通过计算机网络进行传输。

信息是由数据产生的,但信息比数据更能准确地反映客观世界的真实状况,是客观世界真实的描述。

John Naisbitt 指出,在工业社会中,资本是最重要的资源;在信息社会中信息替代资本成为主要资源。物质和能源为第一资源,资金为第二资源,信息为第三资源,而且是最重要的资源。信息使生产优化、信息使财富增值。

信息要成为资源,成为财富的一个必要条件是必须对信息进行科学管理,使信息有序化和组织化。随着信息社会化和社会信息化的迅猛发展,已由原来的"信息贫困"、"信息饥饿"状况变为"信息爆炸",不仅每年信息数量飞速增长,信息多得使人眼花缭乱,无所适从,加上还有"信息污染"、"信息垃圾",因此,只有通过科学管理,使信息有序化和自组织化后,才能成为资源和财富。

2) 信息模型

a. 信息的基础模型

信息与数据的关系模型,一般称为信息的基础模型。数据与信息的区别是,数据中包括了信息技术中的"噪声"(noise)或测绘与制图中的误差(error)和仪器测量中的干扰等,信息则不再含有"噪声"、"误差"和"干扰"。因此:

(信息) = (数据) - (噪声或误差)。

控制论创始人 Norber Winer 指出,一个系统中的信息量是它的组织化程度的度量;信息正好是熵的负数。信息与熵是互补的,信息就是负熵。

b. 信息的度量方法

(1) 信噪比法:即信息量与噪声含量之比,这是大家熟悉的。

(2) 信息熵方法:Claude E. Shannon 创立了信息论,提出了信息的度量方法,采用了"熵"这一术语。

$$H(x) = -\sum P(x) \lg P(x)$$

式中:$P(x)$ 为随机事件的概率;$H(x)$ 为事件整体的信息熵。

信息熵用来确定信息中的不确定性的度量。信息熵越大,信息的不确定性也越大。信息就是负熵($\lg 2N = -\lg 2P$,其中,P 为概率,N 为信息量)。

(3) 信息纯度是指信息中的有效信息量与总信息量之比,属于导出量。

(4) 信息的价值度量是指信息的知识价值量。

(5) 信息的效果测度是指信息作用于用户后所造成的实际作用和效益。

(6) 信息约束是指在信息的获取过程中,在一些条件限制下,信息不能达到自由状况下的差异度。

(7) 信息价值（information value）指信息所具有的能够满足人们某种需求的属性，即对人们的实用性，或信息对达到具体目标的有益性。

(8) 信息的总体价值，又称信息的绝对价值。

(9) 信息的使用价值，又称信息的相对价值是指信息对于接收者的利用价值。

3) 信息场（information field）

场是物质和能量存在的一种形式。布鲁克斯提出了"认识空间"与"信息空间"概念。认识空间与信息空间就本质而论是一致的。信息场可以看作是充满认识空间的信息存在的一种形式，相当于物理学中力场、电场、磁场和温度场。利用信息场中某一点状态的熵变 dH 及该点所具有信息势 μ，便可确定场中某点信息量的变化 dD。

$$dD = \mu dH$$

式中：H 为信息熵，任一信息在某一时刻的信息熵是确定的；μ 为信息势，表示信息对用户的相关程度，μ 的取值范围为 $[0, 1]$，$\mu=0$ 表示信息与用户无关；$\mu=1$，表示信息用户完全相关；$0<\mu<1$，表示信息与用户部分相关。

4) 信息耦合（information relationship）

信息耦合或信息的相关关系，是指信息之间交互影响的因果关系链所构成的信息联系。任一信息都不是孤立的，在它的产生过程中，必然会与其他信息发生各种联系，这种联系便是耦合的基础。

信息耦合的基本方式，主要有：①信息的串联耦合；②信息的并联耦合，包括直接并联耦合、间接并联耦合；③信息的反馈耦合；④信息耦合网络。

5) 信息的功能与作用

a. 自然信息的功能

自然信息反映了客观世界的物质，能量的现象和过程的性质，特征和状态的表征，是认识客观世界的先决条件。自然信息是人们发掘自然物质和能量资源的中介，通过自然资源信息的获取、处理、人们可以发现，开发和利用自然资源。自然信息对人类社会的作用导致自然科学和技术产品的形成，并将自然信息转化为能与社会信息相结合的信息社会。

信息是现象与现象之间、过程与过程之间、现象与过程之间、局部与整体之间、局部与局部之间相联系的纽带。

b. 社会信息的功能

社会信息是社会经济现象和过程的性质，特征和状态的表征，是认识社会经济的必要条件；社会信息是社会成员和组织、个人与集体之间沟通的纽带，是维持社会运行的动力机制；社会信息反映了社会的状况和内在机制，是社会经济发展状况的表现形式；社会信息与自然信息组合成的信息流是决定社会和经济或物流、人流和资金流的先决条件。

2. 地球信息的基本特征

1) 地球信息的定义

地球信息是指有地球实体与资源、环境、社会、经济的物质和能量性质、特征和状态的表征的知识。性质是指组成它们的物理的、化学的、生物的和社会经济的成分，结构及属性等；特征是指它们的形状、大小及各种物理的、化学的、生物的系统特征；状态是指它们所处的动态或静态及时空分布的变化特征。物质是指资源、环境、社会、经济等的实体；能量是指它们的力学（如重力）、磁力、电学的、热学的、光学的、电磁波的、生物的、社会经济学的无形的场。

2) 地球信息的基本特征

地球信息具有属性、空间和时间三大特征。地球信息的属性是指属于物质还是能量，是资源、环境、社会还是经济类型；空间是指它所处的位置，地理坐标或经纬网格；时间是指年、月、日的状况。地球信息必须具备以上 3 个必备要素才能称为完善的信息，缺少其中任何一个要素，都是不完善的信息，如"一片油松林"，是一个属性，它还不是完善的信息。"北京香山的一片油松林"，虽然有了属性和空间（即地点），但没有说明是现在的，还是明朝或清朝历史时期存在的，所以仍是不完善的信息。而只有"2003 年北京香山的一片油松林"，才是完善的信息。虽然还有一些要素并未表明，但基本上已经有一个完整的意思，可以称为信息。

3) 地球信息的载体

地球的物质、能量，包括资源、环境、社会和经济的单个要素本身可以成为信息的第一载体，但是在很多状况下，要有若干个要素才能共同组成信息的载体。例如，"梧桐落叶、柳色飞黄、大雁南飞、阳光和煦、微风送爽"等共同组成了秋天来临的信息。而如果只有其中的任何一点，还不足以证明是秋天来临的信息，只能称为资料（data），组合载体信息是地球信息的一种普遍的现象。

地理信息（geo-information）或地球空间信息（geo-spatial information）是指地球现象或过程的经过排除噪声或误差（即一切虚假成分的性质、特征和状态的表征）的文字描述、数字记录、图形或影像作为表达的载体，称为地球信息载体。

地球信息载体需要经信息化处理之后，才能被计算机处理和网络传输。地球信息载体如文字、图形等要经过信息化处理。地球数据或地球信息载体的信息化，包括了数字化、网络化、智能化和可视化在内。数字化又称数码化。"数字化"实际上是指数码化，即采用数字编码技术表达信息的载体，如门牌号、身份证号、汽车牌照号和地理对象的分类及编码体系等，也包括了一般的数字，如高度、距离等。所以数字化包括了"数码"和"数值"(数目)在内。

地球信息一般又称地理信息。"geo"可以是地球,也可以是地理,更确切的为地学。

4) 地球信息的基本类型

物质、能量和信息是客观世界的三大特征。信息是由物质和能量产生的,并依附于物质和能量而存在,因此,地球信息有两个基本类型:

(1) 地球的物质信息,即有关地球组成物质的成分、结构、形状,包括物理的、化学的、生物的和社会经济的性质,特征和状态的表征及其机理等;

(2) 地球的能量信息或场信息,即有关地球的重力场、磁力场、电子场、电磁场(温度场、光场)、风力场、生态场、社会及经济引力场等的性质、特征、状态的表征及其机理等。

地球的物质信息是由地球有形实体所产生的信息,而地球的能量信息或场信息是由地球无形的能量或场所产生的信息。前者是看得见、摸得着的实体,后者是看不见、摸不着但是感觉到它存在的能量或场。

5) 地球信息流的作用和意义

a. 客观世界的三大特征

地球的物质和能量,包括资源、环境、社会和经济诸要素转化为第三态信息之后,就可以用计算机处理和网络传输,即地球数据的信息化处理。

b. 信息流是关键

在地球系统的运行过程中,物质、能量和信息处于不断的运动之中,所以常常用物质流、能量流和信息流来表达。它们三者的关系和前面所讨论的相同。信息流是物质流和能量流的第三态,是由物质流、能量流所产生的,并依附于物质流和能量流而存在,也可从物质流动和能量流分离成为第三态,并以文字、数字、图形和影像作为载体而存在,并经过数字化后为计算机处理和存储,用网络进行传输,即实现信息化。

信息流和物质流、能量流关系是:信息流虽然由物质流、能量流产生,但它决定了物质流和能量流的流向、流速和流量。信息流在三者中间起到了决定作用。信息流远比物质流、能量流更加重要。

在地球系统的运行过程中,不仅物质流和能量流受信息流所制配,而资金流、人才流等一切的自然现象、社会经济现象,也都是由信息流所决定的。所以信息流是一切的基础。

c. 信息流是地球信息理论的核心

地球系统的运行过程,包括物质流和能量流及社会经济流全都由信息流所控制的。不论是物理学中的力学过程、化学中的化合与分解过程,还是生物学中的生长和遗传基因过程,地球系统的运行、系统的自组织等过程,都和自然控制论有关，而这种控制的机理也都受信息流的支配。自组织和自然控制过程也可以看作为信息流的过程。

地理信息系统或空间信息技术系统，也都是受信息流所控制，以信息流作为纽带的，否则就不能运行。信息流是地球信息系统运行的基础。

3. 地球的物质信息

1) 地球物质信息的基本概念

组成地球的物质包括气体、水体、岩石、土壤、动物、植物、微生物，各类人为的建筑及制成品，及社会经济的实体。长期以来，人们对于地球物质已经作了详细的、深入的研究，人们已经获得了大量的资料（data）和知识。现在的任务是在原来的资料和知识的基础上，根据信息科学技术的要求，将它们重新建立分类体系和编码体系，实现计算机和网络能接受的数字化，即信息化处理，即将已有的图书与资料转变为数据库，包括知识库和方法库，全面实现数字化或信息化。

a. 地球物质信息的定义

地球物质信息（earth material information）是指有关地球组成物质的成分、结构、形状，包括物理的、化学的、生物的及社会经济的物质和性质、特征和状态、表征及其机理的知识。包括它们的物质成分、物质的化学、物理特征（色泽、硬度、比重、大小、几何形状等）、生物学的遗传、变异与基因特征，社会经济的运行过程都是物质信息的表现形式。按照传统的方式，将上述的信息运用文字、数字、图形、影像作为载体，即资料形式进行记录。现在，它必须通过按照信息科学技术的要求，进行重建分类体系，尤其是建立编码体系，逐个进行数字编码，才能被计算机处理和存储，和网络进行传输，才算完成信息化的第一步。地球物质信息从传统的文字、数字、图形、影像通过数字编码，即转化成数码之后，才能成为真正意义上的信息，即能被计算机处理和网络传输的信息。

b. 地球物质信息的基本特征

地球信息的三大特征：信息的属性特征、信息的空间特征和信息的时间特征。三个要素缺一不可，少了其中的任何一个特征，都不可能称为完整的地球物质信息。以上信息三要素，仅仅是基本要素，其他很多第二级、第三级的要素还不包括在内。

（1）地球信息的属性要素（who）：主要指它是属于资源、环境、社会和经济哪一种类型，属于物理的、化学的、生物的和社会经济的哪一种类型。如果属于资源类的，它又属于矿产资源、水资源、土地资源、森林资源、农业资源的哪一种？如果是属于农作物资源的，它又属于小麦、水稻、玉米等的哪一种？

（2）地球信息的空间要素（where）：主要指它的空间位置，包括它的地理坐标，或经纬网格等，不仅空间位置是地球信息的重要组成部分，而且即使是同一类型的地物，由于它们的地理空间不同，它们的特征也有所区别。例如，生长在高纬度地区的小麦与生长在中纬度地区的小麦的生长特征是不同的。干旱与半干旱地区的河流特征与湿润地区的河流特征，甚至与湿润寒冷地区的河流也是不同的。

（3）地球信息的时间要素（when），主要是指什么时候获得的信息，信息具有很强的时间特征，即使同一属性、同一地点，但不同时间的信息是不一样的，很多地球的组成要素，如动物与植物是随时间而变的，甚至山水也随时间而变化。

2）地球物质信息的全息特征

全息（holography）这个术语最早出现在物理中，是指能记录物体的全部信息，并在一定条件下再现原物的三维图像的照相技术，即全息摄影。后来这个术语扩大延伸到其他许多领域，如信息科学、医学、生物学、地理学等。中医认为人体的局部，如耳朵、手掌等，能反映整个人体的健康状况的信息。陈传康把全息概念引进地理学，提出了全息地理的新概念。杨占生提出了全息经济学的新概念。

地球系统是一个相互联系、相互制约的整体，组成同一系统之间存在着相关性和相似性。系统的任何一个部分与整体之间存在着相互"映射"（imaging）的关系。如山的高度与地壳的厚度的关系，山的高度与气候的关系，与动、植物的关系，植物与气候的关系，房屋与道路和当地社会经济的关系，都是相互映射的。但这种相互映射的关系或全息关系，是有一定的存在条件的或有一定的部位的。例如，干旱地区的洪积扇地貌特征，它就是整个流域的全息体：它的形状如坡度大小和体积的大小，反映流域面积的大小和水文特征，如洪水或泥石流的状况；它的组成物的大小、成分、形状等映射了整个流域形状、地形、岩性组成，甚至植被生长状况。又如，一座建筑物的窗或门就可以映射整个建筑物的结构特征等，这就是全息。

B. B. Mandelbrot（分形维的创始人）指出，在一系统内，局部形状与整体形状的相似性是普遍存在的。局部映射整体，这是一种普遍规律。如一株树的枝杈状况，可以映射整个树的枝杈状况；黄土地区一条冲沟的状况，可以映射整个黄土地区的冲沟状况。但这种映射只能相似，而不能相等。

a. D. 爱佩尔推理

D. 爱佩尔把凡是子系统能映射整个系统特征的子系统称系统的"全息体"。他认为地球系统的"全息体"具有多级层次性特征。不同等级的"全息体"子系统、映射不同等级的母系统的全部或大部分信息。可以从全息体的多级层次性的具体关系分析，建立全息联系。D. 爱佩尔提出了推理模式，适宜于从时空方面去分析系统的全息联系形式。D. 爱佩尔的推理模式的主要内容如下：

(1) 结构型推理模式。按空间排列关系的周期性，或非周期性建立系统的全息联系。

(2) 演化推理模式。根据事物发展规律进行推理，或根据发展过程的时间关系建立系统的全息联系。

(3) 综合推理模式。根据要素的空间排列关系与发展过程的时间差别关系建立系统的全息关系。

由此可见，D. 爱佩尔是在地球系统的时空关系形式分析的基础上，推导地球系统的全息规律。

b. 地球系统的全息特征

地球系统的全息特征主要有以下几个方面：

(1) "局部映射整体"的特征。一个系统的支系统的状况，可以近似地映射整个系统的状况。地球工作者常常采用的标本、样品、样方及典型区是"局部映射整体"的体现，也可以认为是全息体。

(2) "局域（local）映射广域（area）"的特征。在同一类型的区域内，如同一自然景观区、自然区、地质区或社会经济区内的一个小面积或小范围的状况可以代表整个区域的状况，即可以近似地映射整个地区的状况，这个小区就是全息体。

(3) "现在映射过去，现在和过去映射未来"的特征。从地球系统的时空演化特征来看，现在状况是过去状况的延续，可以从现在状况来反演过去状况，同时，根据现在和过去的状态，即得出演化规律，于是就可以预测未来的状况，这也属于全息特征的一种表现方式。

3) 地球物质信息的记忆特征

记忆信息（memory information）或者有关历史的信息是地球物质信息的另一个重要的内容，如 Rock with memory、Soil with memory、Tree with memory 等，实际上是指岩石中保存了它的形成过程的信息，土壤中保存了它的发生发展过程的信息和树木中保存了它在生长过程中的气候变化的信息。

(1) 生物学的贝尔定律。生物学家贝尔发现某些动物在胚胎的发育过程中，再现了或重演了动物的演化过程，例如，很多动物的胚胎初期具有十分相似的形态，然后逐渐分异，形成不同类型的动物，再现了动物的从低级到高级的演化过程。

(2) 树木的年轮——记忆信息。树木的年轮不仅记录树木的生长年代（数），年轮的带宽和颜色反映了当时的气候状况。如果某一地区没有气象资料记录时，就可以根据千年古树的年轮的宽度推测当时的气温与降雨情况。

(3) 岩石的记忆信息。岩石的物质成分与结构特征，可以映射岩石生成过程及后来的环境变化状况。结晶岩的晶体的特征映射了岩浆活动状况及形成后的受力状况；沉积岩的物质成分和胶结构及其结构，映射了岩石的生成过程和后来的变化状况。

（4）土壤的记忆信息。1955年，赵其国院士提出了土壤记忆的概念，他指出，土壤的成分与结构可以映射形成时及形成之后的气候，水文生物的状况。

（5）地貌的记忆信息。地貌的具体状况、不仅记录了地质构造和岩性状况，而且还映射了地壳运动状况，气候变化状况，它还记录了整个环境变迁的状况。

4. 地球的能量信息

地球的能量信息（earth energy information）或称场信息（field information），主要包括重力场、磁力场、电磁场（光场、温度场、微波场）、介子场等，后来又进一步延伸到风场、波浪场、地震场，甚至扩大到生态场和城市的吸引力场等。

1）地球的电磁场信息

a. 地球的电磁场信息的基本概念

地球上的任何物质的温度只要大于绝对温度－273℃，都具有电磁波辐射特征，包括反射的和吸收来自外界的，如太阳的。不同的物质具有不同的电磁波辐射特征，可以根据电磁波的辐射特征来识别物质的属性。

b. 地球电磁波（或场）信息的一般特征

（1）任何地物都有电磁波辐射特征。

（2）根据电磁波特征的区别，可以区分地物的不同类型或不同属性。

（3）人们所看到的地物的形状、大小、色调的差别，都是地物可见光特征。温度的差别是热红外发射特征的差别，也可以反映属性的差别。地物的微波发射特征，也是人眼所看不到的，如热红外发射一样，以温度的差别来表示。

（4）地球能量信息的不确定性。由于同一类地物的物质结构，物质成分存在一定的变幅，所以它们的电磁波谱，包括吸收、发射都存在一定的变幅，而且变幅的大小，除了受物质成分，物质结构的影响外，还受环境因素及数据获取、处理及介质等技术因素的影响，因此，具有不确定性特征。

2）其他地球物理场信息简介

（1）固体地球物理场信息，包括重力场、磁力场、应力场（如压应力引起的地形变地震等）引力场（地球固体潮）等。

（2）气压与流体地球场信息，包括气压场、风场、温度场及海洋湖泊中的波浪场等。

1.2.2 地球系统理论

1983年11月，美国国家航空和航天管理局（NASA）顾问委员会任命了一个由许多知名科学家组成的"地球系统科学委员会"（ESSC），首先提出了把地球的各部分相互作用当作一个系统加以研究,并明确提出了"地球系统科学"(earth system science)这个概念。美国白宫科学技术政策办公室、国家科学基金委员会,国家研究委员会的空间科学部等,都接受了"地球系统科学"这个新概念。1985 年 8 月地球系统科学委员会(ESSC)提交了名为"地球系统科学"的研究报告,并于 1988 年由 NASA 正式出版,实际上该书是 NASA 提出的研究计划。1998 年,以陈述彭院士为主编,组织了全国有关的专家出版了《地球系统科学》巨著(250 万字)(中国科学技术出版社),全面反映了我国对地球系统科学研究的现状。

当然,地球系统科学的理论也应是地球科学理论与系统科学理论的综合,综合的理论就是新的理论。

1. 关于系统的基本概念

1) 系统的定义

根据 1973 年系统科学的创始人 Bertalanffy 的定义,"系统是指相互作用的诸要素的综合整体"。他认为"任何一个客观过程,不是单一要素决定的,而是由多个相互联系、相互制约和相互影响的要素之间的状态所决定的,而且这个状态包括了层次性、结构性和动态性 3 个特征。"Rober E Machal 归纳为,"系统是指由两个以上相互联系、相互制约的要素或过程所组成的,并具有特定功能和行为的,而且与外界环境相互作用能自动调节和具有自组织功能的整体。"钱学森指出,所谓系统是指由两个以上、相互联系、相互制约的部分组成的具有特定功能的整体。

综上所述,从小到分子或细胞,大到宇宙,从个人到整个人类社会都可以看作为一个系统。由数学语言来说:系统 S 就是元素(子系统)A 及其关系 B 的总和,表示为

$$S = \{A \cdot B\}$$

2) 系统结构与类型

从系统的规模来说,少则由两个要素以上所组成,多则由数十个、数百个要素所组成。前者称为小系统,后者称为大系统或巨系统。组成系统的各要素之间关系(包括相互联系、相互制约的状况)有的比较简单,有的则十分复杂。前者称为简单系统,后者称为复杂系统。系统除了受内部各组成的要素影响外,有的受系统之外的要素的影响。凡是仅受系统内部要素影响的,还受到外部要素的影响的系统称为开放系统。

1969 年,耗散结构理论创始人 Ilya Prigogine 提出,在不可逆过程的非平衡态热力学条件下,任何一个系统熵的变化都有两部分组成:$dS = d_eS + d_iS$。其中 d_eS 是指系统与外界交换物质和能量而引起的熵流,d_iS 是指系统内部自发产生的熵。根据热力学第二定律,对于任何一个总有 $d_iS \geqslant 0$,而 d_eS 则因不同的系

统而有不同的情况。他指出客观世界存在着 3 种不同的系统：

（1）孤立系统，它与外界不发生物质和能量的变换。$d_eS=0$，即熵流等于零。系统的总熵变化 $d_S \geqslant 0$，系统总是朝熵增加的方向发展，无序度不断增大，最终达到热平衡状态。

（2）封闭系统：它与外界只交换能量，属于线性非平衡状态，与平衡只有微小的差别，即 $d_eS \approx 0$。这种系统开始时存在一些有序状态，后来受到了内部无序（熵）的破坏，但不可形成新的结构。

（3）开放系统：它与外界既交换能量，又交换物质，属于远离平衡状态。在这种系统中，$d_eS<<0$，系统不断地从外界环境中获得物质和能量，结果使整个系统的有序性的增加大于无序性的增加，于是形成了新结构和新组织。这种结构称之为耗散结构，如生命系统、社会系统。

2. 地球系统概要

与地球系统的相关的概念，早在 2000 余年就提出来了，如易经就提出了"天人合一"概念，实际上就是今天的"人地系统"。"天"就是自然环境，包括资源在内，就是指地球。"人"就是指人类社会。"合一"就是组成了一个相互联系、相互制约的整体。"天人合一"就是指地球系统。

1）地球系统的定义

地球系统是指某一个特定时间、特定空间的由两个以上或无数个相互区别、又相互联系、相互制约、相互作用和相互调节功能或行为的，并与外界环境相互作用的地理要素组成的整体。地理要素是指气象、水文、生物、土壤、地质、地形及人类社会等。对整个地球系统而言，外界环境是指太阳及宇宙，对气象要素来说，它包括水文、地形、生物和人类社会等其他要素。

钱学森认为，地球系统是一个开放的、复杂的巨系统。地球系统是由无数个，甚至是无穷大的要素所组成。在这些要求之间具有相互联系、相互制约、相互作用，有的强，有的弱，而且是动态的，错综复杂的，与地球系统以外的太阳密切相关，甚至受到宇宙影响的巨系统。

本书认为地球系统是指由无数个大小子系统组成的，复杂的，有层次结构的，开放的，远离平衡的和具有自组织能力的巨系统。它不断地接受太阳能量，在大气圈、水圈、生物圈和岩圈层间进行能量和物质交换的，不断变化的和具有"自然控制"和"自组织功能"的"活体"。

地球系统具有明显的整体性与层次性，分异性并存，有序性与无序性并存，稳定性与动态性并存等，具有明显的复杂性的特征。除了系统本身内的气象、水文、生物土壤、地质、地形及人类社会的相互制约外，它还受到系统以外的太阳重大影响，甚至还受到宇宙的干扰影响，所以它具有开放性的特征。

2) 地球系统的特征

地球系统的差异（多元）性与整体理论。"差异性"或"分异性"是客观世界固有的特征，尤其地球系统的组成要素就具有明显的差异性。它首先可以分为物质和能量。物质的差异性非常大，例如，组成地壳的岩石的三级类型可达近千种，矿物的类型3000余种。生物类型就更多了。动物的三级分类可达150万种，植物的三级类型也可以达40余万种。能量的差异也很大，辐射能、重力、磁力和地球自身具有的运动力。以地球的电磁波能量来说，除了本身可以划分的X射线、γ射线、紫外线、可见光、红外线和微波外，还可以分为反射、发射和吸收等。150亿年前在一次"无中生有"的大爆炸中诞生了宇宙。60亿年前地球开始形成，38亿年前开始出现生命，后又经历了多次生命大暴发和天体的复杂演化过程。

地球系统的组成要素的属性，不仅种类繁多、丰富多彩，而且它们还是变化多端的。即使在同一属性某一树种，如梧桐树，它们整体树形，每一个枝杈和每一片树叶也不可能是相同的。对于同一属性的要素来说，不同个体之间，相似性大于相异性或差异性。而对于不同属性的要素来说，不同个体之间，差异性或相异性大于相似性。所以差异性与相异性是普遍的。

"整体性"是客观世界，尤其是地球系统的另一个固有的特征，地球系统的各组成要素之间存在着相互联系、相互制约、相互影响的关系，它们共同组成了一个特定系统的整体。所以对于一个系统来说，具有整体性的特征。对于系统的各要素来说，既有个性或分异性的一面，又有整体性的一面。正是它具有个性或分异性，它才能独立存在成为一个要素。整体性是针对要素与系统的整体而言，或要素与系统内的其他要素来说，存在着相互联系、相互制约的整体性特征。如植物、气候、土壤组成的生态系统中，对于植物来说，它是生态系统的一个要素，正是它和气候、土壤之间存在着本质的、属性的差异或个性特征，它才能成为一个要素而独立存在。但它的存在又与气候要素、土壤要素之间，存在着相互联系、相互制约的关系，所以它们之间存在整体性的特征。

整体性（wholeness）是系统的一个重要的特征，如系统的整体特性、整体功能、整体行为、整体状态等。如果把系统分解成若干要素之后，上述的特征就不再存在。系统与要素之间有一个质的飞跃。在系统与子系统之间，虽然没有上述的影响那么大，但也存在一定的质的变化。如果不存在质的变化，就不存在系统与子系统间的关系。以一条河流为例，它由5条支流组成一个系统。河流与组成支流之间，只有系统的规模效应，而没有系统与子系统的差别，而河流的子系统则由河流的水流，流淌的土质和岩石组成的河床，流域内地质、地能、土壤、植物及气候条件及人类社会经济活动所组成。而水流及土质、岩质河床，流域内的地质、地貌气候，社会经济活动等为支系统。即水流—河床子系统、流域状况子系统等。

综上所述，差异性与整体性是地球系统的一个固有的特征，NASA 指出："地球系统将地球视作各部分相互作用的整体系统；对这一系统的研究应当超越学科界限。"

3）地球系统的层次性与渗透性

地球系统的结构具有明显的层次性特征。从地球系统的整体来看，可以划分为大气层圈子系统、水体层圈子系统、生物层圈子系统、社会层圈子系统和地壳层子系统。一般称为一级子系统。

再从大气层圈子系统来看又可以划分为对流层二级子系统、平流层二级子系统、逆温层二级子系统、中间层二级子系统等。再从对流层二级子系统来看，又可以划分为对流天气三级支系统、气旋天气三级支系统、锋面天气三级支系统等。

水体子系统又可分为海洋二级支系统、湖泊二级支系统、河流二级支系统和地下水层二级支系统。再就海洋二级支系统来说，又可划分为表层三级支系统、中层三级支系统和底层三级支系统。

生物子系统又可以分为植物二级支系统、动物二级支系统和微生物二级支系统。植物二级支系统可以划分为被子植物三级支系统、裸子植物三级支系统。

地壳子系统又可分为岩石圈层二级子系统、莫霍面以下的塑性流体层二级子系统。岩石圈层二级子系统，又可以划分为沉积岩三级支系统、结晶岩三级支系统和变质岩三级支系统等。

地球系统的层次性是系统结构的一个重要特征，但层次与层次之间并不是彼此孤立而无相通之处。相反，层与层之间是相互渗透、相互联系的。如在岩层中既存在着气体，也存在着水体。在大气层中，不仅存在着由于沙尘暴带到空气层中的岩石碎屑，而且在平常的大气层中也存在着来自岩石风化的尘埃粒子即颗粒物。在水体层中，包括海水、湖水与河水中不同程度上都挟带了岩石风化后的微小颗粒或被水溶解的矿物。如水体底的各种沉积物，包括石灰岩的沉积都证明了层与层之间相互渗透的存在。

4）地球系统的动态性与力图趋向动态平衡特征

地球系统的各个要素，各个层次处在不断的运动和变化之中，这是地球系统另一个固有的特征。系统的各要素不仅随时间而变化，而且有些要素还不断发生空间变化。一般来说随时间变化是主要的、明显的而且还是普遍的，而随空间变化的现象则是相对次要的、局部的和不普遍的。除了那些本身就属于移动的、动态的要素外。

地球系统的物质和能量处于不断的运动之中，这是地球系统又一个固有的特征。地球系统的运动方式，主要有两种基本类型：一是引力造成的集中型，二是耗散型。集中型主要是由于重力、引力所造成的，如落体，从高处向低处的滚动、流动及城市的吸引力、诱导力，或利润的驱动力等。扩散型或耗散型主要是由于热力学、动力学原理所造成的。如高温向低温扩散、高压向低压处扩散、能量强向能量低处延伸、多向少的扩散等。

但是不论是集中型还是耗散型，都存在一个"理想的"平衡点存在。高与低、强与弱、多与少等运动都存在一个"平衡点"，都力图达到这个平衡点。而这个平衡点是很难达到的，即使达到了，很快又出现新的不平衡，如一条河流的纵剖面，由于坡度（高与低）的存在，水体挟带了泥沙还违反地运动。河流上游不断地被侵蚀，下游不断沉积，上游不断降低，下游不断填高和延伸长度，力图达到动力的平衡，即上游不再侵蚀，下游不再上升和延长。但是流动的水和挟带的泥沙破坏了平衡的存在。随着河流上的高度不断降低，水流速度变慢，挟带泥沙能力变小，泥沙就在上游河床中堆积，以达到一定坡度后，使水流有能力将泥沙带到下游去为止，使河流永远保持它的活力或生命力，这就是河流的"自组织"现象。

对于聚集型或集中型方式来说，集中也有一定的"容量"，超过了固有的"容量"，就会出现"溢出"现象。所以集中也是一个度量。"物极必反"，凡事都有一个"度量"，都有一个"界限"或"范围"，超越了这个界限，"真理"也成为"谬论"，这就是不确定性的基本原理。

5）地球系统的动力机制

1988年，NASA的地球系统科学委员会认为，地球系统运行的动力由两台发动机构成。

（1）第一台为地球内部发动机：主要由放射性和内部深处的原生热所驱动，它维持着形成全球地形的动力板块系统及大小及地质构造运动；

（2）第二台为地球外部的太阳驱动发动机，它长期维持着作用在海平面之上的风化、侵蚀过程及海内部的沉积过程。

实际上，除了地球"内部热力发动机"和"太阳驱动发动机"之外，还有地球的自转、公转等运动动力和地球引力（重力）等"动力发动机"，即第三台发动机，大气环流、海洋洋流及许多物质运动，甚至能量运动都是以上3台发动机协作完成的。第三台发动机可以称为"力学发动机"，包括运动的动力和引力两个方面。

另外，随着人类社会的科学技术不断进步，人类对地球系统的影响不断增强，对大气、水文（含海洋）、生物等的影响越来越大，尤其是破坏作用，引起了人们的关注。但是这种人为的动力或影响，比起上述三台动力机作用要小得多，但是，不能因为它小而不重视它。

在地球系统的内部与外部驱动系统的相互和协同作用下，地球系统发生了不断的变化。如发生了造山运动、造陆运动、板块运动、地球磁极变化、火山喷发、地震和构造运动、气候变化、冰期、干旱、洪水、海洋变化（海面升降）、生物出现和生物多次大绝灭，人类的出现等一系列的运动和变化。有的为渐变方式，有的则为突变方式，有的是大尺度的（时空），有的是小尺度的（时空）。从时间上说，地球系统中等尺度的变化，近100~1000年之间变化和人类关系最密切，最引人注意。尤其是大气和海洋中局部和不断变化的能量、通量以及这些能量对陆地表面和植物的影响，可在数天、数月、数季和数年内累加，并在气候和全球生物地球化学方面引起变动，从而对人类社会产生巨大影响。

NASA认为，在几千年至几百万年的时间尺度上，地球演化过程既受地球系统内部能量的驱动，又受来自外部太阳辐射能量所驱动。在几十年到几百年时间尺度上，地球系统变化过程，主要取决于物理气候系统和生物地球化学的循环过程，而在这两种情况下，人类活动起着越来越重大的作用。

NASA进一步指出，地球系统是一个非常复杂的动力系统，它的所有的过程和变化，主要服从于地球系统内部的原生热力发动机和外部太阳能源驱动机的状况。为了能很好地研究地球系统动力学，首先确认相关过程的特征时空尺度。如天气系统以公里、钟点计，生物系统以几百公里、几年计，地壳系统则以几万公里、亿年计。不同的对象具有不同的时间和空间特征。地球科学是以各分支部门为基础的地球系统科学，通过对全球尺度的演化获得更广泛的全球变化观念，并将各分支学科的成果综合起来，形成全球的动力系统或地球系统动力学。

NASA指出，从当代地球科学研究中，可以得到两个重要的结论：

第一，具有行星尺度（即全球尺度）的变化是地球各子系统之间相互作用和反馈的结果。这些子系统包括大气、海洋、地幔、地壳、冰雪圈和生物系统。不仅如此，任何时间尺度的变化都包含发生在各种时间尺度上的地球系统过程之间的相互作用。

第二，地球科学中的每一个分支，都和特定的子系统、特定的时间范围内的某一结构和过程相联系。为了研究和认识那些具有全球尺度的变化，必须汇集地球科学的所有力量，并具有更广泛的全球性观念。

3. 地球系统科学

地球系统科学是一个开放的、复杂的，具有自组织功能的和非线性的巨系统。它包括了地壳的莫霍面到大气对流层顶的大气圈、水圈、岩石圈、生物圈、社会经济圈在内的各个组成部分之间的相互作用，包括物理的、化学的、生物的和社会经济的四大基本过程作为研究对象的科学。它是20世纪80年代中期才兴起的前沿科学分支。

地球系统科学是研究地球各层圈之间的复杂的相互作用的机制，系统变化规律及自组织机制的原理，从而建立全球变化的预测基础。

地球系统可以分为慢变化系统和快变化系统。快变化系统是由大气圈、水圈、生物圈和社会经济所组成。慢变化则由岩石圈所组成。大气圈和社会圈是最活跃的地球系统的动力。它的变化的时间尺度为几十年到100年。慢变化是指岩石圈的变化,它的变化的时间尺度为几千年到几万年。

地球系统科学的研究趋势和内容是:

(1) 全球化趋势;

(2) 集成化趋势;

(3) 多学科、跨部门综合研究;

(4) 由"科学研究功能"向"社会服务动能"转化;

(5) 由"科学导向性"向"问题导向性"转化;

(6) 地球系统的变化过程研究作为重点;

(7) 地球系统的各种"界面",如海-气、海-陆、陆-气界面研究成为重点。

1) 全球变化

全球变化(global change)是指近半个世纪以来的全球范围的气候变化和生态环境变化,海平面变化及其对人类社会经济产生的影响,是一个专门术语,其形成的原因有:

第一,自然因素。地球自诞生之日起,一直处在不断变化之中。而近期气候与生态环境变化非常明显,主要受气候系统与生物地球化学系统所控制。气候系统是由大气圈、水圈、陆圈、冰雪圈和生物圈所组成。生物地球化学循环系统是指碳、氮、磷等的流动及在环境中的活物质的相互影响作用。气候系统与生物地球化学系统两者相互复杂作用是形成全球变化的主要因素。

第二,人类活动的影响因素。由近来社会生产和生活的活动,大幅度地增加了大气中温室气体(CO_2、CH_4等)的排放,使得气候变暖,工业化引起的CFC气体的排放引起了臭氧层的破坏。而水质污染、土壤污染则是局部性的。

自然因素引起的全球化是有周期性的特征,而人类活动影响引起的全球变化则是单向性的。

全球变化研究内容,国际科联于1994年规定了5项内容:

a. 国际地圈生物圈计划(IGBP)

(1) 9个核心内容:①国际全球大气化学计划(IGAC);②全球变化与陆地生态系统(GCTE);③水文循环的生物学方面(BAHC);④海岸带陆海相互作用(LOICE);⑤全球海洋能量联合研究(JEOFS);⑥全球海洋与大气层研究(GOEZS);⑦过去的全球变化(PAGES);⑧土地利用和土地覆盖变化(LUCC);⑨全球分析、解释与建模(GAIM)。

(2) 两个技术系统:①数据和信息系统(DIS);②全球变化的分析、研究、培训系统(START)。

b. 世界气候研究计划

(1) 热带海洋和全球大气（TOGA）；

(2) 世界大洋环流实验（WOCE）；

(3) 全球能量和水循环实验（GEWEX）；

(4) 平流层过程及其在气候中的应用（SPARC）。

c. 全球环境变化中的人类因素计划（HDP）

(1) 资源利用的社会因素；

(2) 对全球环境状况及其变化的认识和评价；

(3) 地方、国家和国际社会、经济、政治组织与制度的影响；

(4) 土地利用；

(5) 能源生产和消费；

(6) 工业增长；

(7) 环境安全持续发展。

d. 全球观测系统（GOS）

(1) 全球气候观测系统（GCOS）；

(2) 全球陆地观测系统（GTOS）；

(3) 全球海洋观测系统（GOOS）；

(4) 全球环境监测系统（GEMS）；

(5) 全球观测系统（GOS）。

e. 生物多样性（biology diversity）计划

2) 全球变化研究

地球系统的全球变化的主要时间尺度，可以用 5 个不同时间长度来定义（NASA）。

第一时段：几百万年到几十亿年。在地球形成初期的 1 亿年之内，金属核（它产生磁场）与其上部的对流地幔和运动着的岩石圈分离，这个过程的时间尺度为几百万年。生命的演化及大气化学成分的演化具有类似的时间尺度。

第二时段：几千年至几十万年。冰期和间冰期之间的交替，土壤的发育，以及生物种类的分布。它们主要是由地球围绕太阳运动的轨道变化而引起的，这种轨道变化具有几万年的循环周期。

第三时段：几十年至几百年。如气候变化、大气化学成分变化、地表干燥度或酸度变化、地球和海洋生物系统的变化。

第四时段：数天至数个季度。天气现象、洋流中的涡旋、极地海冰及陆冰的季节增长和融化、地表径流及植物生长、地表风化、地球化学循环、地震、火山爆发，这些事件重复的周期为数天和数个季度。

第五时段：几秒至几小时。陆地、海洋、大气和生物的质量、动量和能量通量全部由时间尺度小于1天的过程所支配，它们都受逐步加热循环的影响。

NASA认为（图1.2）：

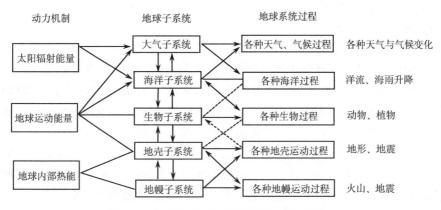

图1.2 地球子系统与地球系统过程概念模型

（1）全球变化是地球系统的各个子系统，如地核、地幔、岩石、水体、大气和生物子系统之间的相互作用和反馈的结果。

（2）对这些子系统之间的相互作用和反馈过程的科学认识需将地球作为一个统一的动力系统进行研究。

（3）对于未来十年至百年内全球变化趋势预报的改善取决于对地球系统相互作用的了解，其中，以人类活动对其他子系统的影响为主。

（4）为了认识某一时间尺度的过程，必须考虑其与其他时间尺度过程之间相互作用的影响。

（5）地球系统过程的概念模式和数值模式是认识地球演化和地球变化的关键组成部分。

（6）地球系统科学的信息系统对于实施这一研究和建立对地球系统的统一认识是非常重要的。

（7）地球自形成以来数十亿年中，经过多次湿热时期，如中生代和第三纪等等。例如，由大量森林所形成的煤层和在湿热环境下形成的红土等，其温度之高远远大于近几十年来气温上升的变化。

a. 大气圈层的变化

在地球形成的最初阶段，大气圈的成分主要为氢所组成。后来被氮和二氧化碳所替代，氢气占少数地位，类似于今天的金星和火星的大气层，再后来二氧化碳逐渐减少，现在只占0.03%比重，而氧气占20%，氮气占35%。大气圈的变化对能够进行光合作用和吸收二氧化碳放出氧气的单细胞水生植物藻类和蓝绿细菌起了决定作用。这些海洋藻类在35亿年前出现的，在最古老的石灰岩中可以看到这些藻类的化石。地球上分布的大量的石灰岩,都是海洋中的藻类吸收大气中的二氧化碳所凝结和死后沉淀而成的。同时氧气也由海洋中藻类所产生的。因此,海洋是"地球之肺"。

b. 海洋圈层的变化

在地球系统的全部水体中,海洋占 97%,陆地水占 3%,大气中的水仅占总体的 0.001%,因此,可以认为"海洋圈层"。在陆地水体中两极冰盖和云山冰川中的水占 77%,湖泊、河流、地下水只占 23%。在海水中,除了纯水以外,还有很多溶解物质,包括各种盐类,如氯化钠(2.3%)、氯化镁(0.5%)、硫酸钠(0.4%)、氯化钙(0.1%)、氯化钾(0.07%)等,其中氯占 55%,钠占 31%,镁占 3.7%,钙占 1.2%,钾占 1.1%,这些物质来自火山的排气和岩石的化学分解。河流每年把 3.5×10^{15}g 溶解物带入海洋中。现在海洋中的溶解物总量约 5×10^{22}g。另外,还有铜、银、镍、金、铀、钴和钼等微量元素。海洋中还有一些溶解气体,如氧气和二氧化碳,其中二氧化碳约为大气中的 60 倍。每年排入大气中的人类活动产生的二氧化碳,至少有 50%被海洋及其生物群落所清除。

c. 生物圈层的变化

在地球系统中生物圈数的变化是最明显的、世界最大的。地球的历史已有 60 亿年,而生命的历史只有 38 亿年,最早出现在海洋之中;最早的生物是原始的藻类,接着是鹦鹉螺(菊石)、三叶虫、裸子植物、被子植物、鱼类、爬行动物、两栖动物、恐龙、灵长类动物,最后是人类的出现。在这 40 亿年期间,还经历了多次生物大灭绝,生物圈层发生了重大的变化。

d. 地幔与地壳圈层变化

地幔加热主要是由于放射性元素衰变引起的,上升物质由于压力降低而部分熔融并生成岩浆。热能输送、对流驱动、化学分异及物质重组是地幔的核心问题。地幔密度变化可以反映温度或组分的变化,或反映出由于部分熔融所引起的物态的差异,导致可能引起变形和流动的重力场和应力扰动。应力与形变的流变研究,及其对地壳的水平与垂直运动的影响是地幔研究的重点。

地壳与板块构造是形成大陆与海洋结构的关键,山脉、高原、裂谷、盆地及转换断层、火山活动等,都是它们造成的。板块之间的相对运动的速率一般为 0~20cm/a,由于漂在密度较大的地幔上的较轻的由岩石组成的大陆块上,是长时间拼合和重新拼合而形成的。许多现存陆壳,至少形成于太古代时期,经历沧海桑田的变迁。F. B. Taylor 和 A. Wegener 的大陆漂移说再一次受到了重视。板块构造运动是由地幔对流驱动的。

地球内部的动力结果之一是产生各种地形,包括大陆、山脉和海盆。当地形受到外力发生侵蚀和沉积作用,形成了沉积矿床和沉积地形。当地形随着地幔及其上覆的板块的动力过程而变化时，沉积过程的性质也随之而变。

板块运动与板块变形（0～20cm/a），地极运动都能够进行量测和监测，这项任务是由全球定位系统和激光测距仪完成的，其中激光地球动力卫星1号（LAGEOS-1）发挥了重要的作用，同时还证明了磁场随时间变化的特征等。

地球的岩石记录了过去38亿年来的全球变化的证据。

e. 二氧化碳循环问题

（1）海洋生物群落在二氧化碳循环中的作用。NASA研究结果表明，海洋及其生物群落在碳循环中起着十分重要的作用。它们含90%以上的地球非沉淀性碳和营养物。

海洋及其生物群落对全球碳的收支起平衡作用，海洋洋流及表层水温起着十分重要的作用。深海海水中溶解的碳远远超过了大气中或陆面碳含量。由于二氧化碳的饱和浓度对温度的依赖性，温暖的热带表层海水不断地向大气释放二氧化碳，再被中、高纬度的海洋所吸收。大气二氧化碳浓度增加的主要自然控制取决于深海和斜（逆）温层更新速度表示的储热增加，以及这部分海水滞后的向表层的再循环。最终的汇集归因于表层寄居生物残骸（如贝壳和珊瑚）中的碳酸盐与深海沉积物的结合。碳酸岩（灰岩）是海洋集中、沉淀二氧化碳的证明。

海洋中的二氧化碳沉淀是非均匀性的，在时间和空间上都具有不确定性。因为浮游植物受海水运动的支配，海水的运动可变性造成了生物荣衰，决定了二氧化碳的集中强弱。

（2）陆地生态群落对二氧化碳循环的影响。过去认为"热带森林是地球之肺"，它能大量地吸收大气中的二氧化碳和释放氧气，它可减少"温室效应"和清洁空气。但现在研究表明，森林能够吸收二氧化碳，但也能释放二氧化碳，两者几乎平衡。森林在白天进行光合作用时吸收空气中的二氧化碳，但到了晚上释放二氧化碳。森林的躯干，即木材和枝叶，在腐烂和燃烧过程中又释放大量的二氧化碳。所以森林不能成为"地球之肺"。

气候变暖、二氧化碳增多，都有利于植物生长。植物生长茂盛，反过来又大量吸收二氧化碳，降低了温室效应，使气候变冷，于是形成了冰期。其原因是由于植物太多，太茂盛，吸收了大量的空气中的二氧化碳，失去了"温室效应"而走向相反，出现气温降低，因此形成了冰期。末次冰期（18 000年前）最盛期的从冰芯中保存的二氧化碳气体的含量，仅为工业革命前的60%，而且还多尘埃，表明那时全球呈现寒冷干燥的气候。第三纪末，气候湿热，植物繁茂，在山西等地湖泊与沼泽很多，泥炭与植物化石丰富，到了第四纪就出现了冰期。火山活动增多，可能也是一个原因。

3）地带性与非地带性理论

地球系统的空间结构与空间功能的传统理论是地带性理论与区位理论。

地带性（zonality），通常指地球系统的自然地理环境各组成成分及其构成的自然综合体大致向纬线方向展布，按纬度方向递变的现象，即纬度地带性，同时地球系统的自然地理现象还具有沿经度变化的现象。主要表现为干湿的变化，所以又称干湿地带性；还有沿地形高程而变化的垂直地带性等。

（1）纬度地带性，由于地球是一个球形体，太阳辐射能在各纬度分布不均，由此产生了气候、水文、生物、土壤等以及整个自然综合体大致沿纬线方向延伸分布而按纬度方向递变的现象。纬度地带性的区划主要有：①自然带。它是沿地表、沿纬线延伸的宽阔的平原部分，在它范围内有相近的净太阳辐射值和热力条件，有关的自然地理过程和现象，绿色植物的生产潜力相似，并有大体一致的景观结构。②自然地带。在自然地带内，某些部位由于局部地形和岩石的差异，或地下水埋深等影响，而形成与平坦地区不同的自然特征，称为隐域性部位。这是自然带的复杂性和不确定性表现。纬度地带性在大陆的不同纬度有不同的表现。在低纬度和高纬度，具有大致沿纬度平行的冻原带、泰加林带和赤道雨林带。但在中纬度地带，受海陆分布和地形的影响，在大陆东部、中部和西部具有明显的差异，如中纬度大陆东岸，由北向南顺序为：混交林带、阔叶林带、亚热带林地带；中纬度大陆内部，围绕大陆干旱中心呈马蹄形分，由外向内顺序是森林草地带、温带草原地带、温带半荒漠地带；中纬度大陆西岸，由北向南的顺序为混交林地带、阔叶林地带和地中海地带。

（2）经度地带性，又称干湿地带性。由于海陆相互作用，降水分布有自沿海向内陆逐渐减少的趋势，从而引起气候、水文、土壤、生物等以及整个自然综合体，从沿海向内陆变化，这种变化也只出现在中纬度地带，即季风带。而在副高压带的撒哈拉大沙漠、阿拉伯到印度西部那片，经度地带性就不明显。海岸带就是沙漠。也是复杂性和不确定性的表现。

（3）垂直地带性，又称高度地带性。在达到一定高度的山地、气候、水文、土壤、生物等以及整个自然综合体随高度增加而变化，主要是由于随气候变化而引起的。

（4）地方性。如一般山区的阳坡与阴坡它们接受的太阳辐射是不一样的，因此它们的气候、水文、土壤、生物也可能受到影响。还有迎风坡、背风坡及风口等主要是湿度和温度的不同（如迎风坡雨多，背风坡为高温、干旱的风等，还有温度走廊等），气候、水文、生物、土壤等的差异和自然景观的差异。

4）地球系统的区位理论

区位理论（location theory）是指说明和探讨地理空间对各种经济活动分布的影响和研究生产力空间组织的一种学说。它是经济地理学、空间经济学和地球系统科学相结合理论。区位理论有3条基本法则：第一，距离衰减法则；第二，空间相互作用原理；第三，中心地学说。

区位理论按其研究对象，可以划分为农业区位论、工业区位论、运输区位论、市场区位论等。资源的空间分布及其价格、生产成本及运输成本、市场需求（价格）等决定农业、工业、运输及市场的区位，具有明显的空间和系统的概念，如 E. M. 胡佛的运输区位理论，他以追求最低成本为目标，将区位费用因子分为运输和生产费用两部分，认为运输距离、方向、运输量及其他运输条件的变化，往往直接引起工业布局发生变化。所谓区位理论就是追求能达到最大效益的区位，空间因素，尤其是空间结构具有很大的影响力。"蜂窝状"是理想的市场区位结构。

1.2.3 地球系统的耗散结构理论

耗散结构（dissipative structure）是由获诺贝尔化学奖的 I. Prigogine 在 1969 年的《结构耗散和生命》文章中首先提出来的。该理论不仅解决了 Clausius 热力学的第二定律与 Darwin 进化论的结合问题，而且更重要的是解决了按照热力学的第二定律，宇宙将由热变冷，无序将不断增加，并逐步退化，即所谓"宇宙热寂说"的悲观论调的问题，但实际上并不是如此，根据耗散结构理论，宇宙还有另一种"由无序到有序"的作用存在，引起了生命由低级到高级的发展（进化）和形成了组织有序和协调发展的客观世界。Toffler 在《第三次浪潮》中认为"耗散结构"理论是 20 世纪的最重要科学理论之一和下一次科学革命的方向。

1. 耗散结构定义

"耗散结构"是指在远离平衡态情况下的一个开放系统，通过系统与外界进行物质和能量的交换，当达到一定阈值时，原有的结构发生无序变化或处于混沌状态，同时形成时间、空间或功能上的新的有序结构的开放系统。

开放系统既可以处于平衡态，也可以处于非平衡态，包括近平衡态和远离平衡态。处于平衡态的开放系统在一定条件下，具有有序静态结构，系统各部分的相互关系是线性的，即自变量与变量关系是一次方的关系。而处于非平衡态的开放系统，在一定条件下，同样呈现有序结构，但这是动态结构，系统各部分的相互关系是非线性的，同时各要素产生协同作用和相干效应，才能使系统从无序走向有序。系统固有的属性就是系统内各子系统的协同导致的有序；相干效应则是各要素之间相互制约、耦合而产生的整体效应，也就意味着要素独立性的丧失，线性叠加失效，出现了非线性特征，同时从无序走向有序。

对于一个与外界有物质、能量交换的开放系统来说，熵的变化可分两部分，一部分是系统本身由于不可逆过程引起的熵的增加 d_iS，它永远是正值，任何系统本身只能产生正熵；另一部分是系统与外界交换物质，能量而引起的熵流 d_eS，它可以是正、负，也可为 0 值。系统熵的变化是：

$$dS = d_iS + d_eS$$

整个系统的总熵 dS 等于熵产生和熵流之和。当 $d_iS>0$ 同时，$d_eS=0$ 时，系统变为无序状态。如 d_eS 为负值时，而且接近于 d_iS 时，系统趋向有序。

在热力学中，一个系统的宏观状态，在一定的外界条件下，不随时间的推移而变化的叫平衡态，随着时间的推移而变化的叫非平衡态。一般来说，只有在平衡态下才存在稳定有序的结构，而在非平衡态下是不可能呈现出稳定有序结构的。

扰动，也叫涨落，是指系统的某个变量或某种行为对平衡值的偏离。扰动是偶然的、随机的、杂乱无章的，在不同状态下的作用是不同的。耗散结构理论认为，在接近平衡态的线性非平衡区，扰动的发生只使系统状态暂时偏离，这种偏离状态不断衰减，直到回到稳定状态。而在远离平衡的非线性区，系统中的随机微小的扰动，通过非线性的相互作用和连馈效应被迅速放大，形成整体的宏观的"巨扰动"，从而使系统发生突变，形成新的稳定有序状态。即"扰动导致有序"原理。

2. 耗散结构形成的条件

第一，系统必须是开放的。孤立系统和封闭系统不可能发生由无序到有序的自组织现象。

第二，系统内部必须存在非线性相互作用机制，它是系统从无序向有序演化的内在动力。如正负反馈的非线性作用机制等。

第三，系统存在扰动（涨落）现象，它是推动系统从无序状态突变为有序状态的诱因，起着"催化剂"的作用。

3. 地球系统的耗散结构现象

耗散结构理论认为，一个开放系统，不论是物理的、化学的还是生物的，在远离平衡态的非线性区域时，一旦系统的某一个参数量达到一定的阈值，通过扰动，系统便可发生突变，即非平衡相变，就会由原来的无序的混沌状态，变成时间、空间或功能上有序的状态。

Prigogine 的耗散结构理论，除了在化学中产生了巨大的影响外，还扩大到了很多领域，如冷热物体相接触，热的会变冷，而冷的会变热，最后会达到相同的温度。在远离平衡的条件下，高温、高度，处于势能或者位能较高处的能量和物质，会向低处扩散，最后达到平衡。强的会向弱处扩散等，这是普遍的现象，这是一种"时间之矢"的不可逆过程。

地球系统是一个典型的开放的、不稳定的、非平衡的系统，甚至是远离平衡的系统，时间不对称，即具有"时间之矢"，是一个不断变化或演化的系统。不仅温度具有从高温处不断向低温处扩散的趋势，而且压力强度等都有从高处向低处扩散的趋势，位能和势能高的物质有向低处流动的趋势。这趋势看来是无序的，但实际上是有序。总的趋势是趋向平衡但永远也达不到真正的平衡，最多只能达到短暂的平衡，最终平衡会遭破坏。物质和能量的运动、变化是永远的。客观世界的发展、演化也是永远的。

不仅大气、海洋等过程具有耗散结构特征，地壳运动，地质与地貌形成过程也都遵循耗散结构的规则，动植物演化过程也符合耗散结构理论。

1.2.4 地球系统的自组织理论

客观世界是靠自身固有的自组织机制形成的。客观世界的自组织机制，不仅创造了丰富多彩的世界，而且还创造了人类智能社会，包括整个地球系统在内。客观世界或地球系统的过去现在和未来都是以它的自组织机制为驱动力的，即使人类智能社会出现之后，地球系统的发展仍然以自组织机制为主，人为的科技力量虽然是无限的，但只能在地球系统的自组织规律不产生一定的影响作用，不大可能改变这种"自组织"机制作用的基础的，"人定胜天"仅仅是一种激发人们创造力的一种口号。

1. 自组织理论

地球系统的"自组织理论"（theory of self-organization）是诺贝尔化学奖获得者 Prigogint 在耗散结构理论（theory of dissipative structure）原理上发展起来的。自组织是指系统在无外界强迫（制）条件下的，自发形成的有序行为。这一词来源于热力学中的热交流的"自我变化"行为。无论大到整个宇宙，小到一株小草，甚至微生物都具有自组织特性。协同论的创始人 Haken 对"自组织"下了一个定义，如果一个系统在获得空间和时间功能的结构过程中，没有受到外界的特定的干涉，不受外力强制下的，通过事物本身的调节，产生自发的有序化的过程，或有序程度低向有序程度高的发展过程。另外一种相反的过程称为"自非组织"指系统在无外力影响下的，由于本身的原因产生从有序变为无序或系统结构自动破坏的过程，或有序程度自我退化的过程。简而言之，"自组织"是指系统自动从无序到有序的过程，自非组织是指系统自动从有序到无序的过程。自组织过程往往导致进化，自非组织过程往往导致退化，或从一种结构转化为另一种结构的过程，使原来性质发生改变的过程。两者都是地球系统固有的特征。

2. 自组织的临界性

自组织的临界性（self-organized criticality，SOC）理论是由 Bak、Tang 和 Wiesenfeld 分别在 1987 年、1988 年、1991 年、1996 年提出来的，并得到了广泛的认可。该理论认为，当人们在沙堆的顶部增加砂粒时，如果沙堆达到临界状态，即稳定几何形态的极限时，或达到了沙堆的静止角休止角时，那时即使在沙堆的顶部增加哪怕是一粒沙，也会在沙堆的周边引起沙堆的崩塌（avalanches），如果将在临界状态发生的崩塌大小和频率绘成图，其结果符合幂函数规律，即崩塌发生的频率与沙堆大小的幂指数成反比。曾有人用计算机和实验方法模拟沙堆的变化行为，获得了一致的结果。原则上，当一粒沙坠落到呈临界态（即静止角）的沙堆上时，就会引起任意大小的崩塌产生，直至发生灾变，但不会偏离它的静止角，即沙堆的自组织临界性保持不变，而沙堆的高度和体积是可变的。表明沙堆的自组织临界性是确定性的，而沙堆的高度和体积是不确定性的。

2003年，於崇文院士指出，系统通过自组织机制产生特定的结构，而结构具有"变换-不变性"（transformation-invariance）关系。当系统通过自组织而自发地演化到自组织临界性时，系统将展示出长程时-空关联的固有特征，并具有分形（fractal）特征，分形生长过程的高度发展，表现宏观时空分形结构的形成。分形的本质是标度不变性，分形的形成是从自组织开始的。1993年Nottale指出，根据广义相对论认为时空是弯曲的，所以在时空标度相对性原理中，可以认为时空也是分形的，称为"分形时空"（fractal space-time），即时空具有分形结构特征。於崇文院士认为地球系统具有以下3个基本特征：

第一，过程的不可逆性和多重时间标度；

第二，变化行为的分形特征或自相似性，即标度不变性（分形的本质是标度不变性）；

第三，不同规模的阵发、崩塌方式进行的间歇性（变化过程具有阵发性的间歇性特征）。

以上3个特征共同组成了地球系统演化过程的，多数远离平衡的，分形生长过程或分形生长变化。地球系统还具有"时空延展变化系统"（spatio-temporally extended dynamical system）特征或"时空自由度系统"的特征。时空延展变化通过自组织过程自发地演化到一种临界状态，只要有一点微小的扰动就可以引发连锁反应，并导致灾变。向自组织临界态的演化无须对地球系统的初始状态作特殊的规定。同时，地球系统偏离自组织临界态之后将自动回归临界状态，所以稳定和不稳定是并存的，或确定性与不确定性是并存的，所以呈临界状态的地球系统常在时间和空间上呈现出分形结构特征。

3. 自组织三要素

自组织是耗散结构的一种具体表现形式。自组织系统一般属于远离平衡的系统。它自动通过与环境的物质和能量相互交换达到从无序变为有序的过程。这种自组织过程，Prigogine认为通常是由功能、结构和扰动三者决定的，即自组织三要素。功能是由物理、化学和生物过程产生的能量或动力；结构是指由不稳定引起的系统的时间-空间结构状态；扰动又称涨落，是指对"本征"的偏离，是引起不稳定的动力。三者相互作用，在一定条件下，使系统产生特定的有序状态，这就是自组织机制。

自组织机制主要有以下3个特征：

第一，非平衡系统失稳，导致产生新结构的内部依据是非线性机制和随机扰动的存在；

第二，非线性机制的发挥，以非平衡约束为存在的条件；

第三，随机扰动的放大，又以非线性机制和非平衡约束为存在的条件。

Prigogine 指出，扰动是随机的，无法预测的，且不可控制的。扰动既是干扰者、破坏者，又是引导者和建设者，所以扰动决定全局的结果，通过扰动达到有序。因此，自组织也具确定性与不确定性并存的特征。

在地球系统中，功能、结构和扰动 3 个要素中，在一段时间内，其中一个要素占主导地位，并支配着另外两个要素，规定它们的运动规则，过不久，原来的起主导作用的要素，将失去其主导地位，由一个要素替代它起支配作用，于是整个系统要按照占支配地位要素的规则运行，这样依次重复，但这种"占主导地位的要素的改变"是完全无规律的，是"混沌"的。地球系统的三要素之间混沌与协同，同时又交互起着作用。起主导作用的要素称序参数。各要素之间的协同作用具有序的，并形成了一定的结构形式。但占主导地位的要素的更替则是无序的，具有混沌特征。协同是有序的，混沌则是无序的，所以自组织过程是有序与无序并存，或确定性与不确定性并存的过程。

自组织过程中，还包括了 Darwin 的"生存竞争"在内，不仅生物界中存在着"竞争"，而且在无生命物质中也有存在着对立、矛盾和竞争。例如，在化学品体或矿物晶体的发生、发展的自组织过程中，晶体与晶体之间也存在着"生存竞争"的现象。在气体与液体的运动过程中，部分气体分子与液体分子的运动形式之间也存在"生存竞争"的现象。

4. 自组织与自非组织机制

一个远离平衡的系统具有动态结构特征，它们与外界环境的物质和能量交换过程也是动态的和不断变化的，而且还具有随机性的特征，所以是不确定的。系统过程可以出现与外界物质、能量的交换不断增强，系统结构由简单到复杂，由低级到高级的"进化"的结果；也可以相反，与外界物质、能量的交换不断减弱，系统从有序转化为无序，即出现"退化"或"衰亡"的结果。这种"进化"或"退化"（衰亡）的过程是确定性与不确定性或随机性并存，并具有不对称性特征。"自进化"和"自退化"或"自衰亡"也是对自组织理论的补充和发展，自进化是自组织的特征，"自退化"或"自衰亡"是"自非组织"的特征。

地球系统从无序到有序或维护有序的过程都有自组织机制。在无外力作用下，地球系统从有序到无序的过程，称为自非组织过程或自退化过程。自非组织过程是一种自无序过程或自混沌过程，它的发展趋势有两种，一为消亡，一为转变为另一种新的结构。自非组织过程往往是一种渐变的过程。根据热力学的第二定律所得出的"热寂理论"宇宙将自动消亡。这是"自非组织"过程，但自组织理论否定了"热寂理论",认为宇宙是可以长期存在或能维持存在的。但地球系统中的"沧海桑田"、"新陈代谢"的变化过程中的对于被变化了或消亡的原始现象来说是一种自非组织过程所造成的,但对于新生事物来说是属于自组织过程的。所以处在自组织临界状态时,自组织与自非组织是并存的。

森林遭毁坏后的自动恢复过程,动物种群的消、长周期过程,都是生物自组织功能的表现。森林越长越密,阻碍了新的树苗生长结果使森林退化衰落。当树的密度减少到一定程度时,新的树苗又能生长了,森林将恢复元气,这就是自组织功能。某种野生动物繁殖越来越多,食物就越来越少,动物因吃不饱而死亡,于是动物数量就开始减少,当减少到可以供养新生的动物时,动物的数量也将恢复原状,这也是自组织功能的结果。无机物质也有自组织过程,如化学反应,晶体的生成过程等都是自组织过程,地貌的发育与演化过程也是自组织过程。自组织过程是地球过程的普遍现象,也是主要过程之一。

5. 地球系统自组织的 Gala 假说

Gala 是希腊神话中的大地女神,是由英国地球物理学家 Lovelock 和美国生态学家 L. Margulis 借用来表示地球系统的《自组织理论》的假说。这假说认为地球系统是由水汽圈、水圈、生物圈和固体圈构成的复杂实体,是一个具有自动调节功能的自组织系统,这个自组织系统的关键是生物圈。他们认为,从地质记录和化石来看,至少在 6 亿年内全球大洋的酸度、盐度、氧化与还原状况没有多大变化,尽管在这个期间地球上曾出现过若干次大冰期。但最冷的时期地球热量平均温度下降也不超过 8℃,地球表层温度从来没有降到会使全球大洋冻结;地球上也曾经历过若干次高温期,但也没有使大洋由于温度升高引起蒸发到大洋干涸的程度。根据天体物理学家证明,太阳辐射强度至少比现在增长 30%,甚至增长 70%~100%。从理论上说,太阳辐射强度若增长 10%,大洋就会因蒸发而干涸,若减少了 10%,大洋就结成冰。虽然在地质史的平均温度变化幅度在 10℃以下,却没有造成大洋干涸或冰封。造成这种现象的原因是地球系统内部存在着自动调节和自组织功能的结果,而这个自组织功能要归功于生物圈的存在,生物圈起到了保护地球系统的稳定性。

生物调节着地球系统内的能量流、物质流调控着大洋的温度、盐度、酸度及元素的地球化学循环,这种机制称为 Gala 假说。

1990 年,德国地质学家 W. Krambein 和原苏联地质学家拉波夫等,提出了地球是一个"超级有机体"或"living body"(活体)。生物圈在整个地球系统中,起到了自动调节和反馈作用。此外他们还提出了地球是生物星体假说(bioid hypothesis)和地球生理学(geophy siology)等新概念。美国罗德岛大学一个科研小组在 1996 年指出,"生物圈可以平衡温室效应"。他们发现 1977~1985 年,植物吸收二氧化碳使植物生长旺盛。气温增高和二氧化碳增加有利于植物生长,形成大量"成煤"的原料。但由于繁茂的森林大量吸收二氧化碳,温室效应消失,气候变冷,形成了"冰期"。成煤期与冰期的交替就是地球自组织的例子。

6. 地球系统自组织过程的确定性与不确定性

地球是一个开放的、复杂的和远离平衡的,具有自组织功能的巨系统,它具有确定性、不确定性并存不对称的特征。

从整个宇宙系统来说,它可以用爱因斯坦的相对论来描述,时间、空间和物质的运动是不可分割的统一体($E=MC^2$)。当物体的运动速度充分大时,时间会变慢,空间会缩小,即时空会发生变化。当光线通过大质量的物体附近时,会发生弯曲,表明引力的存在,引力与时空的几何形态存在着的相关性是确定的。但宇宙是由无数个星体(物质)和黑洞(能量)组成的,它们处在不断运动、变化、生长和消亡之中。在地球能看到一颗颗星星,它们发射的光线到达地球时需要几亿年,到几十亿年,因此,人们看到的星体,有的可能早已消亡,有的新星体可能已经存在了几千几万年,人们还没看到它的第一束光到达地球,所以我们尚未能发现它。同时人们看到的星空结构图,还由于宇宙中的光不是直线运行的,人们不能用物理光学的概念去理解它,所以星空结构图也不是真实的。由于对宇宙的结构是测不准的,因此,它又是不确定性。在爱因斯坦相对论描述的确定性系统中,可能出现随机和不确定性现象,但以确定性为主,所以是不对称的。例如,在星空结构的不确定系统也存在确定性现象,但以不确定性为主,所以也是不对称的。

对于太阳系来说,除了相对论描述的确定性系统外,以百年千年的时间尺度来说,八大行星运行轨迹也是确定性的,但若以万年、十万年、百万年的尺度来说,八大行星运行的轨迹就和近期的不相同了。它们之间的距离远比现在的小,它们运行轨道半径也比现在的要小得多。大约在2亿年前,绕太阳公转一圈,只要260天,地球自转一圈,按现在的时间标准来说,也只有16h,因此从时间尺度上来说,太阳系的八大行星是确定性与不确定性并存的。

对于地球系统来说,以百年、千年或万年计,它的运行是确定性的,但从地球历史来看,经历了造山、造陆和大陆漂移、板块运动的沧桑巨变。地球的磁极轴也每隔20万年倒转一次,引起的气候变化,植物、动物的变化,增添了随机性和不确定性。如果有谁能正确预测地球的生态状况500年、1000年、10 000年之后是什么样子的,可以称之为是一位地地道道的确定论者,如果不能,则有被纳入不确定性论者的危险。

在我们的生活中,既存在着测得准的现象和过程,同时也存在着测不准现象和过程,但是人们往往很不愿意测不准现象和过程存在。即使对于同一件简单的事情来说,一个家庭的人口,一个村庄的人口,是可以算得清清楚楚的,但是一个省的人口,一个国家的人口,尤其像中国具有 13 亿人口的大国,人口的数目就测不准了。如果人口数能精确到第 13 亿个小孩在某地医院出生了,这样高的精度只有少数人能相信是真的,因为 13 亿人口这样大的数据量是测不准的。统计局采用了统计抽样调查法得来的数据,问题就更严重了。因为统计抽样是具有不确定性特征的,所以凡大数据量的数字,只能视为近似值。何况有些现象、对象或过程,从来也没有真值,也不能存在其值,因为它们是测不准。有些事物的"测不准"是客观世界的固有特征之一,所以确定性与不确定性并存是客观存在的。

1.2.5 分形维与自相似理论

1. 分形

分形(fractal)是由哈佛大学数学系教授、IBM 公司研究中心研究员 Benoit B. Mandelbrot 于 1975 年首次提出,并在他的专著 "Fractals: Form, Chance and Dimension" (1977),"Fractal Geometry of Nature" (1982) 中进行了全面、系统的阐明。分形或分形几何学是研究十分复杂的、不规则的,并具有自相似性(self-similarity) 特征的特殊几何形态学。分形是非线性科学的一个重要分支,它具有明显的不确定性。"分形"又称"分形分维",包括"分数维数集合"、"豪斯道夫测度集合"、"S 集合"、"非规整集合"和"具有精细结构的集合"等内容。

分形是指客观世界的某一现象或过程的局部与局部,局部与整体在形态、功能、信息、时间和空间等方面具有形态自相似性或统计自相似性和概率上的相似性特征。它是研究复杂形态、不规则形态的十分重要的工具。分形是对没有特征长度,但有某种自相似性的形体和结构的总称,它具有无标度性的自相似结构。它以自然界中常见的变幻莫测,不稳定的,不规则现象作为研究对象的几何学的分支。

Mandelbrot 认为,客观世界中的复杂的,不规则的几何形态可以用幂函数 D(即分形数)来表达:

$$D = \log[N(r)]/\log r$$

式中:D 为分形数;r 为形状的变量;$[N(r)]$ 为标度,指级别或以观测数目来描述。

分形是混沌现象或过程的一个度量参数,它弥补了传统科学的不足。J. A. Wheeler 指出,可以相信,明天谁不熟悉分形,谁就不能被视为科学界的文化人。

外表极不规则的几何形体也有它内在的规律性,但这种规律是一种统计规律,不确定的规律,主要包括:

（1）自相似性。它是不规则形体的一个主要特征，即不相同的物体之间存在一种内在的统一性或同一性，即自相似性特征。自相似性指局部与局部形态特征之间，局部与整体特征之间存在着相似性。这就是典型区典型案例的科学依据。

（2）层次性。形体中的不同等级，不同子系统都称为层次，如水系可划分为一级、二级、三级等水系的不同等级。自相似性也是指不同尺度上的对称性，即在不同尺度的条件下具有不同层次的相似性表现形式。

（3）仿射变换的相似性是不规则形体的又一特征。分形体的局部可以作拉伸、平移、旋转、压缩和放大等操作，可以跟整体相似而且还可以重替。只要给出一个初始点和一个替代函数，就可以构绘出所需要的各种图样。

Mandelbrot 的《自然界的分形几何学》（"The Fractal Geometry of Nature"）揭示了在多尺度系统中，物理量是随尺度而变化的。关键的问题是寻找该系统随尺度变化的不变量。分数维（fractal dimension）就是这种不变量。物理学的临界现象中，越接近临界点，粒子之间的关联越来越大，从而形成各种尺度的"集团"、"涨落"，所寻找的临界指数也是这种不变量。

2. 分形维（fractal dimension）**数**

在欧氏空间中，称点为零维，线是一维，面是二维，体为三维，推而广之，时空是四维，高维抽象空间可以有五维、六维及任意 n 维（n 为整数）。这种整数的图形，经过拓扑等价变换，即拉长、压缩、扭曲后，仍然是不变的，称为拓扑维数。维数是描述系统状态所需要的独立坐标的个数。一般要了解系统的状态，系统的结构和系统的行为或功能就需要了解维数。低维一般为简单系统，高维一般为复杂系统。

自相似结构可以用分形维数来表达，这个维数可以是分数，也可以是一个连续变数。以普通整数空间为例，d 代表它的维数。若 d 维空间的一个几何形体的线度（如边长）放大 L 倍，整个形体就被放大 $K=L^d$ 倍。在二维空间中，一个正方形的边长放大 L 时，则该正方形扩大 L^2 倍。同样在三维空间中，立方体的边长放大 L 倍时，得到 $K=L^3$ 个原来的立方体，空间维数 d，线度（边长）放大倍数 L 和数 K 之间有如下关系：

$$d = \frac{\ln K}{\ln L}$$

因此，如果将一个几何形体的线度（边长）放大 L 倍时，它本身相应放大 K 倍，则

$$K = L^d$$

式中：d 为该几何形体的维数。

分形维数是对复杂性程度，或不规则程度的度量，是指衡量形集的"不规则"程度的尺度。分形维数已突破一般拓扑的整数维的界限，与分形维数有密切

关系是相似维数（similarity dimension）。如某图形由把整体缩小为 $1/A$ 的 A^d 个相似图形构成的，那么此指数被称为相似维数。Hausdorff 维数是指包括随机图形在内的任意图形，对于一个有确定维数的几何体，若用与它相同维数的尺度去量，则可有一确定的数值 N；若用低于它的维数的去度量，则结果是无穷大；若用高于它的维数的尺度去量，则结果是零。其数学的表达式为

$$N(r) \sim r^{-D}$$

对上式两边取自然对数，并进行简单运算后，便可以得到下式：

$$D = \ln N(r)/\ln(1/r)$$

分形维数，简称分维，常见有相似维数、Hausdorff 维数、容量维数、量规维数等，它们有各自的、不同的应用。

3. 分形、分维数的特点

（1）分形集都具有精细结构。

（2）分形集不能用传统的几何语言来描述，它既不能满足某些条件点的轨迹，也不是某些简单方程的解集。

（3）分形集具有自相似性特征，包括近似自相似性，或统计自相似性。

（4）分形维数一般大于它的拓扑维数。

（5）分形集可由非常简单的方法定义，可能以变换的迭代产生。

（6）自然界的分形不是按一定规则构造出来的有规则的分形，而是一种具有自相似特征，随机特征的、无规则的几何形状。

（7）自然分形的自相似性层次是有限的，分形只存在于被一定限制的范围内，不存在无限的自相似层次。如一条河流的分支，一棵树的分叉，都不是无限的。

4. 自相似原理与分开的应用

自相似（self-similarity）原理是分形、分维的理论基础。该理论认为，凡是物质成分与结构相似，所处环境尤其是生成环境相似的形体特征应该是相似的。分形是对形体特征的描述指标，分维是复杂程度的描述、标志，是不规则程度的尺度。

地球系统各类地物的形体特征是非常复杂和不规则的，现在已采用分形方法来进行描述，并获得了较好的效果，尤其在气象、水文、地质、地貌，包括山脉形体、流域水系、断层节理等的分析中，已经广泛应用。在城市生物研究中，也已经采用作为分析的手段。

1997 年 Princeton University 的 Ignacio Rodriguez-lturbe 等出版了一本叫作"Fractal River Basins—Chance and Self-organization"的长达 542 页的巨作。该著作运用了自组织理论系统地研究了流域地貌的分形特征，与笔者于 1986 年出

版的《流域地貌的数学模型》(科学出版社)基本相一致。在黄土高原的条件下，流域地貌有如下的规律：

(1) 在任何一个流域内，水系的平均分枝比，接近于一个常数。一般为3～5。

(2) 在任何一个流域内，不同级别的水道数目与级别之间，成一半对数的直线关系。在不同的自然条件下，其回归系数接近于一个常数。

(3) 在任何一个流域内，水道的平均长度与级别之间，成一半对数的直线关系。不同级别的水道长度，接近于递增的几何级数，其第一项是第一级水道的平均长度。

(4) 在任何一个流域内，各级水道的总长度与级别之间，成半对数的直线关系。不同级别的水道总长度，接近于一个反对数的几何级数，其第一项是最高级水道的总长度。

(5) 在任何一个流域内，各级水道的平均比降，构成按级别的递减的几何级数，其中的第一项是第一级水道的平均比降。

总之，地球系统的任何形体符合"自相似理论"的都可以用分形，分维来度量。分维是无规则形状的度量，而熵则为无序程度的度量。两者有相似之处。

1.3 数字地球的基本框架体系

1.3.1 数字地球的内涵

1. 戈尔对数字的理解

戈尔在他的"The Digital Earth: Understanding Our Planet in the 21st Century"报告中指出，"数字地球"是指一个多分辨率的，可用三维表示的，并可以在其上添加许多与我们所处的星球有关的地学数据的虚拟地球。他还对数字地球作了如下生动的描述，"设想有一个小学生在一个地方博物馆参观数字地球的场景。当她戴上显示头盔时，她便可以看到与从太空中看到的一样的地球。然后，通过数据手套她便可以对所看到的地球影像进行放大，从而可以看到各大洲，不同地区、不同国家、不同城市、乡村，随着分辨率不断增加，她甚至看到房屋树木以及其他自然或人造的对象。当她发现感兴趣的地区时，她可以通过三维地形显示方式对这一地区进行研究。通过系统的声音识别能力，可以听到地球上的各种声音，如同身临其境。同时对地球上的植物、动物进行重新分配和布置，并进行种种模拟实验。她还可以与地球上其他地区或国家的学生在全球项目中收集到的一些环境信息，并通过数字地图将它们无缝地连接在一起。她还可以通过对看到的对象进行点击，便可以通过超链接看到更详细的信息，如可以看黄石公园的喷泉、野牛和山羊等在国家公园内漫游，还可以到其他任何想去的地方进行虚拟旅游。除了在空间上的全球漫游外,数字地球还应具有时间上的回顾著名的历史事件。如领略一下侏罗纪恐龙时代的虚拟壮景也是可能的。"戈尔所描述的数字地球壮景,今天有的已经实现了部分设想,如 Google Earth 和 Google Mars 等,从星球到马路上的车辆、行人,从大高山、大峡谷到一块石头,都可以呈现在人们的面前。不仅如此 Grid Computing 把数字地球应用的深度和广度推到更高的境界,如可以进行某些计算的实验等。

戈尔的数字地球概念的核心是:

第一,用数字化和空间化技术结合与地球有关的数据;

第二,最大限度地利用与地球有关的信息资源;

第三,不仅可以在空间维上漫游,而且还可以在时间维上漫游;

第四,为地球科学实验创造了条件。

2. 数字地球与信息基础设施

数字地球是以地理坐标为框架,能整合与地球有关的资源、环境、经济、社会和人口的现时的、过去的历史数据,并能进行计算机存储、管理、处理、分析及网络传输的和三维、四维虚拟表达的 Cyber Space 地球、虚拟地球。

数字地球是最大的开放实验室,知识创新的实验场。数字地球是现代科学技术发展的制高点,它不仅能推动地球科学的发展,而且还能带动一切高科技的发展。数字地球是一所没有围墙的、开放的学校,任何国家的公众可以通过它学到很多生活和工作所需要的知识。

数字地球从空间概念来看,它包括了 3 个层次:地区、国家及全球。但以国家为主,因为国家层次可以起到承上(即全球)启下(即地区)的作用。而且数字地球的研究只有从国家一级,才能受到政府和公众的理解和支持。所以很多国家的也都是从数字国家开始的。

数字地球建设也是从信息基础设施和空间数据基础设施开始,因为只有有了通信网络和地理空间数据采集、处理和存储系统,数字地球工作才能展开。而这些通信网络和地理空间数据采集系统的建设也只有从国家层次上开始,才能扩展到即地区和全球。所以才有了国家信息基础设施(NII)和国家空间数据基础设施(NSDI)建设问题。

3. 数字地球的内涵

随着数字地球概念的提出,数字地球在科学界以及企业界的推动下迅速发展,关于数字地球的理论与新技术不断提出,数字地球的科学技术与相关应用得到迅速发展。

2001 年在联合国及美国等的推动下,成立了有 43 个国家参加的"全球空间数据基础设施(GSDI)",很快又成立了"欧洲空间信息基础设施"与"北美地区空间数据基础设施"和"亚太地区空间数据基础设施"等地区性数字地球协作机构。2003年7月31日第一次世界地球观测峰会在美国华盛顿特区召开，有40余个国家政府参加。我国是发起国之一，会上成立了政府间地球观测特别工作组（Ad hoc Group on Earth Observation）。其主要目标是制定和实验全球综合地球观测系统（Global Earth Observation System of Systems，GEOSS）计划，建立了一个综合、协调、可持续的全球地球观测系统，主要观测对象为天气，以及气候、大气、水、陆地、自然资源、生态系统、自然和人类活动引起的灾害及地球动力学等。在2005年2月16日比利时布鲁塞尔召开的第三次世界地球观测峰会上通过了GEOSS十年执行计划，并正式成立了国际地球观测组织（Group on Earth Observation，GEO）。我国参与GEO组织和GEOSS计划，并担任GEO联合主席/执行主席。GEOSS采用了最先进的空间技术，包括各类航天、航空技术，卫星星座和编队飞行技术，具有高空间分辨率、高时间分辨率、高光谱分辨率和全球化、智能化和实用化的特征。同时，还开展了一系列的研究计划，最知名的有："行星地球使命"（MTPE）和"新千年计划"（NMP），并开展了一系列的实验，如NASA的"地球科学事业（ESE）计划"，日本NASDA的"全球变化与地球模拟研究"实验，英国的"量化并理解地球系统"（QUST）和德国的"地球工程计划"（EEP）等，并取得了初步成果。

我国不仅参与国际地球观测组织和全球综合地球观测系统十年计划，而且我国还发起成立了设在中国的"国际数字地球学会"秘书处，中国科学院遥感应用研究所自2001年开始进行数字地球原型系统的研究，建立了中国第一个数字地球原型系统（DEPSCAS1.0），并于2006年3月通过院级成果鉴定。

1.3.2 对数字地球框架的理解

数字地球是真实地球的虚拟表达，是由高科技组成的技术系统。从数字地球的发源地美国来看，它的技术发展过程经历了：国家信息基础设施（NII）→国家空间数据基础设施（NSDI）→数字地球（DE）3个阶段。数字地球（DE）应该是由NII与NSDI两者综合而成。

1. 国外对数字地球框架的理解

戈尔在他的数字地球报告中，认为数字地球由以下两个方面组成：

1）技术部分

（1）宽带网。数字地球的数据是非常庞大，而且是由很多地区、国家和机构来完成的，所以只有一系列的分布式数据库，才能存储。而分布在不同地点的数据库之间需要由宽带网相连接而成，才能实现共享目的和达到数字地球的目标。

（2）卫星遥感数据。是数字地球空间数据的主要来源，包括从NOAA到IKONOS，从SAR到inSAR数据，将成为数据主要来源。

（3）海量存储（mass storage）。一般超过10^{15}字节的信息。NASA的EOS

计划，每天将产生 1000G 字节的信息，加上经济、社会、人口等与地球有关的非空间数据，所以数据十分庞大。

(4) 科学计算。是数字地球的核心技术。通过它才能解决辅助决策问题，同时还能促进产生知识的实验和理论方法创新。尤其是地球科学的实验，因为有的对象或过程不是太大，就是太小，有的速度太快或太慢，它们的跨度可以从十亿分之一秒到十亿年。在理论领域中人们无法预测复杂自然现象的结果，而现在则可以了。

(5) 互操作。数字地球需要不同层次的互操作，使得由一种应用软件产生的地理信息被一个软件读取的状况得到改变。OpenGIS 就是解决这些问题的方法。

(6) 元数据。元数据是关于数据的数据，是用于描述数据集的来源、日期、内容、质量、表示方式、空间参考（地理坐标）、管理方式以及其特征的信息。它是数据共享的重要工具。

2) 应用

数字地球的应用潜力、将超过人们想像力的限制，RS 与 GIS 的结合，可以方便地解决那些难以解决的问题，如：

(1) 指导虚拟外交；

(2) 打击犯罪，如通过 GIS 分析犯罪式和帮派活动的分布和频率等，并可以组织警力，指挥追捕活动等；

(3) 保护生物多样性；

(4) 预测气候变化；

(5) 增加农业生产等。

美国的"数字地球"是在"国家信息基础设施"（NII）与"国家空间数据"（NSDI）的基础上发展起来的。换句话说，数字地球由国家信息基础设施和国家空间数据基础设施两个部分组成。

地球空间数据框架指各类遥感数据，测绘制图数据，包括资源、环境、经济、社会、人口及它们的统计数据的空间化数据，包括经校正、审核按统一标准、规范建立分布式数据库及其管理系统。它包括了数据采集、处理、存储、管理及其共享的技术系统。地球空间数据交互网络体系包括空间数据仓库（clearing house）与宽带网的互操作的标准与规范、安全与保密等技术与管理体制的建设。

数据标准，包括元数据标准在内，是数据共享的核心。ISO/TC211 是国际公认的地球空间数据的标准。

空间数据协调管理机构可以分为国际的、地区的、国家的和地方性的协调机构。如美国的联邦地理数据委员会（FGDC），中国的国家地理空间信息协调委员会（NGIC）等都是国家级的协调机构。

美国的国家空间数据设施（NSDI），加拿大的地理空间数据基础设施（CGDI）、澳大利亚的空间数据基础设施（ASDI），欧洲19国的地理信息基础设施（EGll），英国的国家空间数据框架（NGDF），面向对象的地理信息系统协会（OGC），虽然叫法不同，但都认为国家空间信息基础设施，应包括以下4个部分：

（1）首选要有统一的政策与法规、标准与规范、安全与保密的规定；ISO/TC211，NGDF。

（2）要有统一的规划与设计，包括统一的框架体系和基础地理框架。

（3）确保分布式异构地理空间数据实现联网和共享，建立地理空间信息交换平台（即中心），如加拿大的 Geo Express、Access，英国的 utsBG，澳大利亚的 ASDD，OGC 的 Mapping Testbed，中国的国家地理空间信息协调委员会。

（4）确立强有力的协调和管理机构。如美国的 FGDC，加拿大的 IACG，澳大利亚的 CSDC 等。

简单地说：要有统一的标准与规范、统一的规划与设计，方便的数据交换与共享平台，强有力的管理体制与机制，即：

（1）标准与规范；

（2）网络层，具有很多信息资源节点的分布式网络平台；

（3）技术层，数据获取、科学计算、有线无线传输、存储与管理，包括空间信息技术、计算机、网络技术；

（4）数据层，指空间数据，非空间经济数据，资源环境、经济社会、人口等数据的组织、管理和应用；

（5）分析层，即分析、共享、虚拟表达；

（6）管理层，即管理的体制与机制。

2005年5月国际地球观测组（Group on Earth Observation，GEO）提出了全球空间数据基础设施（GSDI）框架。

（1）管理组织的体制与机制；

（2）政策与法规；

（3）标准与规范；

（4）天基、空基及地基的数据获取和处理技术；

（5）网络技术；

（6）分发与共享；

（7）应用示范。

2. 国家发改委的 NSII 规划

国家发改委的 NSII 规划是将形成联网运行的12个国家级的数据中心，建立由14个主节形成的国家地理空间信息交换网络系统，并达到运行水平；同时依托 12 个国家级的数据中心，建设省级或大区级的分数据中心。通过 12 个国家级的数据中心和 14 个交换中心的建设，形成共操作和信息共享体系和重点建设重点领域的应用示范点，促进地理空间信息资源的开发、应用和形成一定规模的产业。

NSII 计划开发涉及 12 个部门的、覆盖全国 31 个省区市，形成 18 个行业或区域性的地理信息系统，由 3 个基础地理信息系统的大型数据库网络管理软件系统和 10 个应用示范系统组成。NSII 是一个具有一定规模的跨部门、跨地区运行的大型的、分布式的网络应用集成系统，基本实现我国主要的资源、环境和地区经济重点数据库的集成及网络信息共享，建立的地理信息系统和地理空间信息交换平台（中心）及应用示范系统构成了 NSII 体系。它包括：

1) 国家地理空间信息交换中心（NSTC）或平台

它支持跨地区、跨部门、分布式、多专业的地理空间信息网络共享。NSTC 由 8 个国家级资源、环境信息交换分中心（平台）、2 个基础地理数据分中心、4 个地理空间信息交换中心，以及设在国家地理空间信息协调委员会的国家地理信息交换中心主站点构成。各专业分中心和地区分中心将根据各专业和地区的信息网络向第三级站点延伸。NSTC 设有空间元数据系统，通过它和网络共享平台，支持站点之间多层次的空间信息共享服务。在国家级的数据中心及分中心 NSTC 的支持下，组成分布式的 NSII 集成系统，形成比较完善的信息发布、共享、交换技术服务体系。在已形成的 8 个 NSII 专业数据库和专业分站，1 个 NSII 综合数据库和主站点的基础上，增加农业、环保、交通、民政、中编办等 6 个国家级重点数据库的空间集成和新的专业站点建设。

2) NSII 的分级管理规划

（1）土地、经济、社会按行政区划分为 4 级管理，即国家、省（区市）、（县区）、乡级；

（2）水资源按 3 级管理，即国家、大流域、省级；

（3）测绘、海洋、森林资源按 3 级管理，包括国家、大区和省级；

（4）交通按 3 级管理，指国家、省、城市级；

（5）气象、矿产、环保和人力资源按 2 级管理，即国家、省（区、市）级。

3) 完善和开发应用示范系统规划

（1）应用示范系统规划的完善包括：①全国农作物估产和农情速报系统；②全国灾害监测系统（洪涝、干旱及流行病等）；③全国地区经济监测和预测系统；④全国土地利用遥感动态监测系统；⑤城市地理信息系统。

（2）应用示范系统规划的开发包括：①区域可持续发展评价系统；②重大国土整治工程动态评估及辅助决策系统；③西部地区资源开发和生态动态监测评估系统；④城市和产业结构布局调整动态虚拟系统；⑤区域和城市智能交通综合管

理地理信息系统。

4）NSII 的关键技术规划

（1）地理空间信息网络共享技术的重点指，①NSII 标准与规范；②NSII 网络共享平台；③NSII 的地理空间信息的组织管理及空间数据仓库技术；④NSII 地理空间元数据管理技术；⑤NSII 信息网络传输技术；⑥NSII 地理空间信息交换技术。

（2）地理空间信息互操作与 WebGIS 技术主要有，①地理空间信息处理互操作技术与层次服务接口规范；②地理空间信息分布式构件技术；③动态可缩放的群集 WebGIS 服务器技术；④空间智能信息代理与空间智能搜索引擎。

（3）NSII 信息服务系统与示范系统主要有：①地理空间信息专题处理方法、模型及实现技术；②空间决策支持系统应用,人机结合的综合决策技术；③基于地理空间信息的虚拟现实技术。

综上所述，NSII 的框架体系是由国家信息基础设施（NII）中支持地理空间信息网络集成应用和共享的组成部分和国家空间数据基础设施（NSDI），即空间数据的获取、处理、存储及应用与服务的相关技术系统的基础设施共同组成，主要包括以下 4 个方面：

（1）国家公用地理空间信息获取、处理系统和通信网络体系，由航天、航空遥感平台及其地面设施、地面观测台站，以支持地理空间信息传输、交换的计算机通信网络系统组成。地理空间信息通信网络体系由国家地理空间信息交换网络、区域和行业的地理空间信息交换网络和各层次地理空间信息网络站点构成，整合在国家信息基础设施（NII）之中，是 NII 中承担地理空间高速传输，交换的基干网（网络）。

（2）国家地理空间信息网，由一系列的基础性地理信息系统及数据库服务系统构成。其信息范围应包括有关地球各个圈层的信息，主要有（数据）：①基础测绘信息和全国、区域的中、小比例尺的测绘数据；②卫星与航空遥感数据；③国家投资产生的资源、环境、经济和社会信息；④图书馆、信息中心存储的有关信息。

（3）标准与规范、政策与法规、安全与保密。

（4）管理体制与机制。国家地理空间信息协调委员会（陈宣庆、曾澜等）认为 NSII 的框架体系应包括：①制定地理信息系统建设与信息共享的规划和标准；②建设国家地理空间信息交换网络，形成多层次、分布式地理空间信息共享服务的公共网支持体系；③完善我国自主的对地观测体系，不断提高信息获取和处理能力；④开展应用示范工程，促进传统产业的改造和高技术化；⑤支持地理空间信息关键技术开发及其产业化。

NSII 的近期目标如下：

(1) 重点开展国家地理空间信息交换网络建设。其数据节点包括国家数据中心 10~15 个;地区或城市的区域中心节点 5~10 个;行业或企业数据节点 5~10 个,并形成国家级的地理空间信息网和应用的元数据库系统。

(2) 以国家级的对地观测数据中心和地理数据中心为重点进行信息资源开发及应用服务体系建设,建立与完善 10~15 个基础地理空间信息系统及信息中心。

(3) 建立 NSII 的建设和运行标准与规范。包括信息分类、编码及质量控制标准;地理空间信息之数据,信息交换、数据(库)集成,网络传输及安全与保密的标准与规范。

(4) 加强信息资源的开发与应用,建立稳定的信息资源获取的保障体系。

(5) 重点支持一批应用示范工程,促进应用和相应产业的发展。

(6) 促进 NSII 的关键技术的研发与产业化,如硬件、软件、交通导航及数据产业、咨询产业的形成与发展。

1.3.3 中国数字地球框架体系的思考

1. 成绩和问题

国际数字地球学会秘书处已经落户北京,已经成功地召开了 4 次"国际数字地球会议",得到了很多国家的支持,并成立了国际数字地球学会中国国家委员会。现在约有 20 个省区正在建设或筹备数字省区建设,约有 100 多个城市正在进行数字城市建设。我国已经成功地发射了气象卫星、海洋卫星和陆地资源等卫星,已经构建了航空遥感(高、中、低平台)、小卫星(低轨)、陆地卫星(中轨)和气象卫星、海洋卫星(高轨)主体的遥感体系,已经成功地研制了高光谱遥感器、雷达和航空数字相机等传感器,并完成农业林业、渔业、草场、地矿、土地、环境、生态及多种自然灾害的监测任务,同时也制订了政策与法规、标准与规范、安全与保密和人才培养、应用示范等工作。总之,我国在"数字地球"方面已经取得了长足的进步,但也暴露了一些亟待解决的问题,如低水平重复建设严重;设备和数据利用率低,共享程度差;应用水平低、效益不明显;标准与规范不统一,政策与法规不健全,安全保障差。

1) 亟待解决的问题与对策

(1) 健全领导体制与机制建设,做好顶层设计与统筹规划,建立全国协调中心。

(2) 建立科学的政策与法规、标准与规范、安全与保密的规章与制度。

(3) 打破单位与单位之间的"信息壁垒"、"技术封锁",互联互通,实现共享。

(4) 建立国家地理信息交换中心,实现跨部门、跨地区甚至跨国家的信息交换中心,落实信息资源共享。国家建立国家中心,各省市、各部委成立分中心,也可以由原信息中心承担。

(5) 卫星遥感、航空遥感、卫星定位及地理信息系统等必须要有统筹兼顾、统一规划，加强领导。

(6) 加强信息资源的开发和共享，政府制定强制性的信息资源开发与共享的政策与法规。

2) NSII 会后发展的工作重点

(1) 分布数据库及其网络集成 Web GIS 和 GIS service 和共享的规划和标准的制定；

(2) 建设国家级的地理空间信息交换中心（clearing house）以及各个部委、省区、多层次的分中心及共享体系；

(3) 支持地理空间信息关键技术的研发，创新及产业化；

(4) 应用示范，促进传统产业改造。重点支持农业、城市、交通及区域性专题发展。

2. "数字地球"框架体系的构想

综合以上所述"数字地球"的框架体系应包括以下两个部分：

1) 信息基础设施

(1) 网络层，相当于 NII。现在已从第一代的互联网（Internet），到第二代的万维网（WWW），再到第三代的格网（great global grid，GGG），已有 150 多个国家入网，而且 WebGIS 可以在手机及 PDA 上应用。网络不仅实现个性化，而且实现空间化。

(2) 数据层，相当于 NSDI 的一个部分。包括地理空间数据的采集与分布式数据库建设。卫星对地观测系统从 EOS 系列到全球性的 GEOSS 形成了对地球不同轨道角度的，不同分辨率的全天候的监测系统。空间分辨率从 AVHRR 的 1000m，到 IKONOS 的 1m，基本上可以满足需要。

(3) 技术层，包括科学计算、数据集成与分析、数据共享（元数据字典）及三维及四维的虚拟表达技术和辅助决策技术。

(4) 保障层，即政策与法规、标准与规范、安全与保密、管理体制与机制建设。

(5) 能力建设，指人才培养，应用示范和研发创新等。

2) 应用与服务

(1) 全球变化的研究：①全球气候变化研究；②全球植被变化与土地利用、土地覆盖变化研究；③全球海洋资源与环境（含海平面）变化研究，El Nino 和 La Nino 的监测与实验；④全球经济社会发展状况研究（灯光-能源-经济-社会）；⑤全球性自然灾害的监测研究（洪水、旱灾、沙尘暴、森林火灾等）；⑥生物多样性动态监测与分析；⑦全球沙尘暴与沙漠化、荒漠化动态监测与分析；⑧淡水资源的动态监测与分析（湖泊、水库、河流……）。

（2）国家及地区应用与服务：①农业监测与预测；②林业、牧业监测与预测；③渔业资源的监测与预测；④生态环境变化的监测与预测；⑤自然灾害（洪涝、干旱、森林草场火灾、虫灾、雪灾）的监测；⑥地质灾害的监测；⑦经济基础设施监测，主要是交通、能源、水利（水库、运河）。

（3）城镇应用与服务：①城市规划与城镇扩展的动态监测与分析；②城镇基础设施与基本功能的动态监测与分析；③城镇生态环境动态监测与分析；④突发事件的应急快速反应系统；⑤社区管理与服务；⑥数字家园。

（4）产业化：①以信息化带动传统产业的改造和现代化；②信息技术与数据的产业化；③咨询产业。

（5）提高行政能力：通过电子政务的实施，提高各级政府的行政能力，包括①监管能力的提升；②服务能力的提升。

（见附录 A.1）

思 考 题

1. 数字地球的基本概念是什么？
2. 论述数字地球战略目标的意义。
3. 为什么说数字地球是当今科技发展的"制高点"？
4. 数字地球有没有认证？如果有，是什么？
5. 数字地球的基本内涵与构成的框架体系是什么？

第2章 数字地球的信息基础设施

2.1 地球信息的国际标准与规范

地球信息的标准与规范是地球信息共享的基础,也是技术发展水平的衡量标志。数字地球建设是一个复杂的、开放的、巨大的系统工程,它是由很多国家共同来完成的。如果每一个国家都"各自为政"、"自行其是",没有统一的技术及数据标准和规范,各国所建的系统和获得的数据不仅不能共享,而且数字地球建设任务也是无法完成的。所以建立统一的地球信息的标准和规范是数字地球建设的基础,人们对于标准与规范建设十分重视,已经颁发的与数字地球有关的标准与规范主要有:

(1)《地理信息国际标准手册》,由全国地理信息标准化技术委员会,ISO/TC211国内技术归口管理办公室编译,由蒋景瞳,何建邦任主编,中国标准出版社出版,2004,主要内容有:

1) ISO/FDIS 19101,地理信息参考模型标准
2) ISO/PDTS 19103,地理信息概念模式语言标准
3) 地理信息术语标准
4) 地理信息一致性的测试标准
5) 地理信息专用标准
6) 地理信息空间模式标准
7) 地理信息时间模式标准
8) 地理信息应用模式规则
9) 地理信息要素编目方法标准
10) 地理信息基于坐标的空间参照标准
11) 地理信息基于地理标识符的空间参照标准
12) 地理信息质量基本元素标准
13) 地理信息质量评价程序标准
14) 地理信息元数据标准
15) 地理信息定位服务标准
16) 地理信息图示表达标准
17) 地理信息编码标准
18) 地理信息服务标准
19) 地理信息现行实用标准

(2)《地理信息国家标准手册》，由全国地理信息标准化技术委员会，ISO/TC211国内技术归口管理办公室编，蒋景瞳、何建邦主编，中国标准化出版社出版，2004年，主要内容有：

第一部分　主要地理信息及相关国家标准简介

1.《地理格网》（GB12409—1990）简介

2.《国土基础信息数据分类与代码》（GB/T 13923—1992）简介

3.《1∶500，1∶1000，1∶2000，地形图要素分类 5 代码》（GB 14804—1993）简介

4.《1∶500，1∶10000，1∶25000，1∶50000，1∶1000000 地形图要素分类与代码》（GB/T 15660—1995）简介

5.《地球空间数据交换格式》（GB/T 17793—1999）简介

6.《地理信息一致性与测试》（GB/T 19337.5—2003/ISO 19105—2000）简介

7.《国家基本比例尺地形图分幅和编号》（GB/T 13989—1992）简介

8.《全球定位系统（GPS）测量规范》（GB/T 18314—2001）简介

9.《地理表位置的纬度、经度和高程的标准表示法》（GB/T 16831—1997）简介

10.《1∶500，1∶1000，1∶2000 地形图数字化规范》（GB/T 17160—1997）简介

11.《数字地形图系列和基本要求》（GB/T 18315—2001）简介

12.《数字地形图产品模式》（GB/T 17278—1998）简介

13.《数字测绘产品质量要求》（GB/T 17941.1—2000）简介

14.《数字测绘产品检查验收规定和质量评定》（GB/T 18316—2001）简介

15.《地形数据库与地名数据库接口技术规程》（GB/T 17797—1999）简介

16.《电子海图技术规范》（GB/T 2260—2002）简介

17.《中华人民共和国行政区划代码》（GB/T 2260—2002）简介

18.《县级以下行政区划代码编制规划》（GB/T 10114—2003）简介

19.《世界公园和地区名称代码》（GB/T 2659—2000）简介

20.《地理信息基本术语》（GB/T 17664—1999）简介

21.《地图学术语》（GB/T 16820—1997）简介

22.《测绘基本术语》（GB/T 14911—1991）简介

23.《摄影测量与遥感术语》（GB/T 14950—1994）简介

24.《专题地图信息分类的代码》（GB/T 18317—2001）简介

25.《城市地理要素——道路、道路交叉口、街坊、市政工程管理编码结构规范》（GB/T 14395—1993）简介

26. 《城市地理信息系统规范》(GB/T 18578—2007) 简介
27. 《公路信息与代码》(GB/T 17734—1999) 简介
28. 《公路等级代码》(GB/T 17734—1999) 简介
29. 《公路的面等级与面层类型代码》(GB/T 920—2002) 简介
30. 《公路桥梁命名编号和编码规则》(GB/T 11708—1989) 简介
31. 《公路路线标识规则》(GB/T 11708—1989) 简介
32. 《干线公路宣传规则》(GB/T 18731—2002) 简介
33. 《国省道主要控制点编码规则》(GB/T 17730—1999) 简介
34. 《山路信息分类与代码》(GB/T 17735—1999) 简介
35. 《中华人民共和国口岸及有关地点代码》(GB/T 15514—1998) 简介
36. 《中华人民共和国铁路车站站名代码》(GB/T 10302—1988) 简介
37. 《地质矿产勘查测绘术语》(GB/T 17228—1998) 简介
38. 《地质矿产术语分类代码》(GB/T 9649) 简介
39. 《地质矿产勘查测量规范》(GB/T 18341—2001) 简介
40. 《地下水资源分类分级标准》(GB/T 15218—1984) 简介
41. 《土地基本术语》(GB/T 19231—2003) 简介
42. 《中国气候区划名称与代码》(GB/T 17297—1998) 简介
43. 《中国土类分类与代码》(GB/T 17291—2000) 简介
44. 《林业资源分类与代码》(GB/T 14721—1993) 简介
45. 《自然保护区》(GB/T 15778—1995) 简介
46. 《林木病害》(GB/T 15161—1994) 简介
47. 《林木害虫》(GB/T 15775—1995) 简介
48. 《脊椎动物》(GB/T 15628.1—1995) 简介
49. 《海沪生物分类代码》(GB/T 17826—1999) 简介
50. 《标准化工作导则：标准的结构和编写规则》(GB/T 1.1—2000)
51. 《标准化工作指南：采用国际标准的规则》(GB/T 20000—2001)
52. 《标准体系编制原则》(GB/T 13016—1991)
53. 《信息分类和编码的基本原则与方法》(GB/T 7027—2002)
54. 《分类的编码通用术语》(GB/T 10113—2003)
55. 《质量管理体系》(GB/T 19000—2000)
56. 《数据元和交换格式》(GB/T 7408—1994)
57. 《信息技术词汇》(GB/T 5271.1—2000)
58. 《软件程术语》(GB/T 11457—1995)
59. 《电子数据交换术语》(GB/T 14915—1994) 简介
60. 《软件工程标准分类法》(GB/T 15538—1995)

61. 《计算机软件分类与代码》(GB/T 13702—1992)
62. 《软件支持环境》(GB/T 15853—1995)
63. 《信息处理》(GB/T 1526—1989)
64. 《计算机软件说明编写指南》(GB/T 9385—1988)
65. 《计算机软件产品开发文件编制指南》(CB/T 8567—1988)
66. 《软件文档管理指南》(GB/T 16680—1996)
67. 《软件维护指南》(GB/T 14079—1993)
68. 《计算机系统安全保护等级划分准则》(GB 17959—1999)
69. 《网络代理服务器的安全技术要求》(GB/T 17900—1999)
70. 《路由器安全技术要求》(GB/T 18018—1999)
71. 《信息技术：应用级防火墙安全技术要求》(GB/T 18020—1999)
72. 《信息技术：开放系统互连，网络层安全协议》(GB/T 17963—2000)

第二部分　制定中的部分地理信息国家标准

73. 《地理信息的数据》(送审稿)
74. 《全国河流名称代码》(送审稿)
75. 《全国山脉、山峰名称代码》(送审稿)
76. 《地理空间信息分类与编码》(送审稿)
77. 《基础地理信息数据分类与编码》(送审稿)
78. 《地理信息质量基本元素》(送审稿)
79. 《导航电子地图数据模型与交换格式》

第三部分　专业领域的标准化

80. 数字化测绘
81. 国土资源
82. 海洋领域
83. 交通
84. 铁路
85. 城市规划、建设与管理
86. 农业
87. 林业
88. 水利
89. 气象气候

第四部分　地理信息标准化出版物

90. 《地理信息系统名词》(ISBN 7—03—010828—0)
91. 《测绘学名词》(ISBN 7—03—002105—3)
92. 《地理学名词》(ISBN 1—03—001152—X)

93.《城市地理信息系统标准化指南》(ISBN 7—03—006780—0)

94.《数字林业标准与规范》

第五部分　主要地理信息国家标准文本及目录

95. 地理格网（GB 12409—1990）

96. 国土基础信息数据分类与代码（GB/T 13923—1992）

97. 地球空间数据交换格式（GB/T 17798—1999）

98. 电子海图技术规范（GB 15702—1995）

99. 世界各国和地区名称代码（GB/T 2659—2000）

100. 专题地图信息分类与代码（GB/T 18317—2001）

101. 城市地理信息系统设计规范（GB/T 18578—2001）

102. 公路信息分类与代码（GB/T 17734—1989）

103. 公路等级代码（GB/T 919—2002）

104. 公路路线标识规则（GB 917.1～917.2—2000）

105. 水路信息分类与代码（GB/T 17735—1999）

另外还有一些标准与规范，如《电子政务标准化指南》分上、中、下三册，约500余万字，由标准化出版社于2002年出版，由国信办和国家标准化委员会联合编辑，内容很多，主要涉及电子、通信、计算机等方面的标准。

2.2　互联网的第三次浪潮——Grid

Grid 不仅是互联网的第三次浪潮，IT 界的一次重大革命，而且还是数字地球重要工具。这两年来，影响全球的网络发展首先要推 Grid 的出现和进展，引起了广大信息技术界的关心。但是 Grid 的发展与互联网的发展分不开的，而且它本身就是互联网的组成部分和发展的高级阶段。所以在讨论 Grid 的进展时，应先介绍互联网的进展，尤其是万维网（WWW）的进展，而且与数字地球也是密切相关的。现在分别介绍如下：

2.2.1　网络技术进展综述

1. Web2.0 是全球 IT 界的新的风向标

（1）Web1.0 是以编辑为特征。网站提供给用户的内容是网站进行编辑处理后提供的，这是网站与用户的单向行为，如新浪、搜狐和网易等。

（2）Web2.0 是以网站与用户之间的互动为特征的。网站的内容基于用户提供网站的诸多功能，并由用户参与建设，实现了网站与用户双向的交流参与。Web2.0 已成为全球 IT 界的新的风向标，是 Reilly 公司和 Medielive 公司于 2004 年 10 月正式推出的。Web2.0 并没有清晰的定义，业内普遍的说法是"微内容"为它的关键词。"微内容"指一则网络日志，一个评论，一幅图片，收藏的书签，喜好的音乐列表，想结交的朋友等。Web2.0要解决的重点正是对这些微内容的重新发现和利用。Web2.0是以Flieker、Craigslist Linkedin等网站为代表，并以Blog、Tag、RSS等网络软件为核心，是互联网的新一代模式。Blog是Web Log的缩写，即网络日记，是一种极其简易便捷的网络出版形式，使得任何一位网民都可以在几分钟内拥有自己的个人网站，自由撰写。Tag是一种新的组织和管理在线信息的方式。它不同于传统的、针对文件本身的关键字检索，而是一种模糊的智能化的分类，是一种更为完美的技术。

2. Web3.0是继Web2.0之后的网络新成果

Web3.0不仅具有很好地执行人给它的命令的能力，而且还是能使计算机具有一定思维能力的软件系统，如它能提供辅助决策的建议，包括预测下一首畅销歌曲是什么，可以帮助人们制定理财计划，提供工作咨询等。Web3.0能够迅速、全面地搜索万维网，将链接文档的万维网转变成有链接数据的万维网（world wide database），通过搜索万维网而发现有价值的信息之间的关系。Web3.0的主要功能是程序（如绘制地图）和服务（如影像、图形数据的共享）在互联网上实现无缝链接。而Web3.0由于加入了意义层的概念，可以称为有语义的万维网。Web2.0是"混合搭建"的模式，如将租房网站与Google Earth的地图连接起来，就可以自动显示每一份租房清单的房屋的位置，从而创造了实用的服务，而Web3.0，即语义万维网，除了上述功能外还可以提供"合理的"房租价格，又如可以按照"气候温暖，还有一个11岁的孩子，有每月3000元房租的预算"要求的出租房子。如果采用Web2.0需要花几个小时才能获得答案，而Web3.0只要几分钟就可以解决。Web3.0与Google采用的网页评级技术，具有利用有关知识和判断、对搜索结果进行排序的能力。

雷达网络公司认为下一台数据库系统有关"关联信息的数据库"，而不是文本或数字等具体条目。Web3.0系统可以评价旅馆的温度、卧具舒适度和旅馆价格等概念和客人的要求对比，得出"非常满意"、"比较满意"和"基本满意"3个评价等级。

3. 下一版本的互联网协议：IPV6

现有的互联网是在IPV4协议的基础上运行的。随着互联网的迅速发展，IPV4定义的有限地址空间将被耗尽，IPV4采用32位地址长度，只有大约43亿个地址，估计在2005~2010年间将被分配完毕。为了扩大地址空间，通过IPV6重新定义地址空间，IPV6采用128位地址长度，几乎可以不受限制地提供地址。据保守方法估算IPV6实际可分配的地址，可供整个地球每平方米面积上分配1000多个地址。IPV6大幅度地扩大了地址空间满足了日益增长的需求和端到端连接的不断扩大的趋势，为互联网的普及与深化发展提供了基本条件。

4. ZigBee 为在小范围内实现无线通信创造了条件

ZigBee 是一种新兴的、近距离的、低复杂度、低能耗、低数据速率、低成本的无线网络技术，这是一种介于无线技术和蓝牙（blue tooth）之间通信技术，主要用于近距离无线链接。该技术依据 802.15.4 标准，在数千个微小的传感器，或其他仪器之间的相互协调通信。这些传感器或仪器只需很少的能量，就可以以接力的方式通过无线电波将数据从一个传感器传到另一个传感器，所以它们的通信效率非常高。

5. 第三代与第四代移动通信技术（3G 与 4G）进展

第三代移动通信（3G）是由包括一组支持无线网络的宽带语言，数据和多媒体通信标准。IMT-2000 作为 ITU 推出的 3G 标准，至少提供了 5 种多路接入途径（CDMA2000、WCMA、WCDM 的时分双工版本、36HS 及数字增强型无绳电话 DECT）。目前，国际电信联盟接受的第三代移动通信信息系统标准有 3 个：CDMA2000（美国提出）、WCDMA（日本提出）、TD-SCDMA（中国提出）。TD-SCMA 是基于 GSM 系统采用智能无线和低码速率技术，频谱利用率很高，能够解决人口密度大地区的频率资源紧张问题，并在互联网浏览等非对称移动数据和视频点播等多媒体业务方面具有突出优势。系统的基站天线是一个智能化的天线阵，能够自动确定，并跟踪手机的方位，发射波来始终对准手机方向。可降低基站的发射功率，并使硬件简化，成本降低。TD-SCMA 有采用了软件无线技术，使运行商在增加业务时，可在同一硬件平台上利用软件处理基带信号，通过加载不同的软件就可以实现不同的业务。同时，系统基站采用了高集成度和低成设计，节约了投资。但最近"三星"宣传"3G"的发展前景不明朗，甚至可能失败。

第四代移动通信技术（4G）于 2006 年 8 月首先在韩国的三星电子公司制成了原型。这一技术可用于手机、手提电脑（笔记本）等需要移动无线传输的产品上。这项新技术是现有的无线通信平台的升级，用户即使处于移动状态，也可以用它在 3s 的时间下载 100 个 MP3 音乐文件。如在高速汽车上可以方便下载 100 个 MP3 音乐文件。如果在静止时，多位用户同时链接的情况下，一次下载 32 个高清晰广播节目，同时使用宽带、视频通信等服务，影像画面清晰，无停顿和抖动。

4G 与作为 3G 的通信工具 WiBro 的无线宽频相比，4G 将保证数据和其他多媒体内容的更快，更无缝的传输。WiBro 在用户每小时移动速度高达 120km 的情况下，网速可达每秒 2～3Mb，而 4G 比 WiBro 的速度更快，估计到 2010 年，4G 将能投入商用（见附录 A.2）。

2.2.2 Grid 的基本概念

近年来在一些科学文献中尤其在 IT 领域，把 Grid 称为互联网发展的第三次浪潮，或互联网发展的第三阶段。第一次浪潮就是互联网 Internet 的出现与应用（1970 年），第二次浪潮是指万维网（world wide web，WWW 或 Web）的出现与应用（1990 年），第三次浪潮是指格网（great global grid，GGG 或 Grid）的出现与推广（1998 年）。

关于 Grid 有人直译为"网格"，有人译义为"计算机功能集成网络"或"分布式网上计算机及远程设备功能集成网络"。Grid 应该译为格网或格网，是第三代互联网。"网格"在地球科学尤其是地图学中是一个早已通用的术语，如"公里网格"等指的信息采样单元或公里为单位的地理坐标，所以主张译作"格网"。

1998 年，Grid 创始人 Ian Foster 的定义为：格网（Grid）是指将高速互联网、高性能计算机、大型数据库、传感器、远程设备等融为一体的分布式集成系统。Grid Computing 是指为海量数据的空间分析提供计算资源的支持；Grid Data 指为海量空间数据的分布式及存储、管理、传输、分析提供一体化的解决方法。

清华大学李三立院士认为 Grid 是先进的信息基础设施，它和互联网的区别在于互联网是信息传输和获取的信息基础设施，而 Grid 则是信息处理的信息基础设施。1999 年，Mambrett 认为 Grid 就是下一代的互联网。

中国科学院计算机所的李国杰院士指出，Grid 可以被称之为第三代互联网，其主要特点是不仅仅包括计算机和网页，而且还包括了各种信息技术资源，如数据库、软件及各种信息获取设备等，连接成一个整体，整个网络如同一台巨大无比的计算机，为每一个用户提供一体化的服务（http：//www.gridhome.com）。

网络的出现，改变了人们使用计算机的方式，而互联网的出现，又改变了人们使用网络的方式，而 Grid 的出现，使人们的利用互联网的方式又发生了巨大的革命。Internet 技术和 Web 技术实现了计算机和网页的连接，提供收发邮件、浏览和下载网页信息等相关服务，它的任务是如何使信息传输量更大，传输速度更快和更加安全。而 Grid 的任务是如何有效、安全地管理和共享连接到互联网上的各种资源，除了计算资源、数据资源外，还包括了各种传感器及任何仪器设备资源，并提供相应的服务，所以 Grid 的功能和 Web 相比，不论在深度和广度上都要大得多。Grid 向每个用户提供包括计算能力、数据存储能力，以及各种应用工具等一体化的透明服务，真正做到全面共享资源、全面应用服务。而 Web 只能提供信息的传输。互联网（internet）的第三次浪潮是要将万维网升级为 Grid（http//info.edu.hc 360com/html/001/70722.htm）。Grid 实际上就是集各类计算机资源、网络通信信息资源、数据及信息资源、仪器及设备资源，甚至各种人力资源等于一体的计算机网络系统。

Grid 是借鉴电力网的概念提出来的，Grid 的目标是使用户和使用电力网一样，不用管它来自何方，来自什么样的计算机设施，只需使用就可以。但是电力网中需要有大量的变电站对电网进行调控，Grid 也需要有大量的管理站来维护它的正常运行。Grid 的结构及调控远比电力网的复杂，因为它不再是文件交换，而是直接访问计算机软件、数据、传感器和其他仪器设备等资源。这就要求Grid 具备解决资源的任务分配和调度、安全传输与通信实时性保障，人与系统以及人与人之间的交互等能力。Grid 提供的资源是随时间而动态变化的，原来拥有的资源或功能，在下一时刻可能就会出现故障或拒绝被使用，而原来没有的资源，可能随着时间的进展会不断加入进来。

简单地说，Grid 是一个通过网络连接的异地、异构的计算资源、数据资源的集合，Grid 中间件通过聚合这些计算服务器、存储器、数据库，甚至包括各种在线的传感器及其他任何科学仪器或设备，数据用户提供对计算力随时随地的、透明的、远程的和安全的访问与服务。就像电力网把电力提供给墙上的每个插座一样，Grid 聚合各种资源后，把 CPU 处理资源的计算能力提供给网上的每一个用户，每一个用户可调用任何地方、任何实验室的，只要是闲置的任何计算资源和大型数据库中的数据资源。

据美国《福布斯》杂志预测，Grid 技术标志 2004～2005 年出现一个高潮，推动信息产业市场的持续高速度发展，到 2020 年将形成一个大产业。

Grid 的重大意义在于任何一台计算机通过 Grid 可以获得超凡的计算能力。可以通过互联网集中许多在线计算机的闲置能力，不仅可以共享在线的闲置的计算能力，共享大型数据库资源和大型专业实验室的设备技术，还可以进行复杂的、海量地球系统数据的计算。另外，Grid 作为信息通信技术（IT）和生物技术，纳米技术融合产生的跨学科领域中的有效工具，将改变科学研究方式。

Grid 如同"电力供应模型"一样，是一个概念，是指通过网络向用户提供可随时按需使用计算资源和信息资源的软件和软件环境。Grid 定义是指"网络环境"。在这一环境中，分布于互联网上的各种计算资源和信息资源，包括计算机、存储装置、视觉化装置和大型实验观测装置等，都可以作为一个虚拟组织成员的网络环境。通过每一站点的计算机内置的 Grid 中间件、虚拟网络计算机的功能得以实现。用户既可以利用自己的程序执行任一计算，又可以利用高级程序和从其他站点获得需要的处理好的数据开展应用服务。

Grid 的作用或优点有 4 个方面：

第一，Grid 向用户提供共享工具，可以在异地的环境中有效地进行合作研究。

第二，Grid 为有效利用分布式资源提供方便，可以利用在网上的分布在异地的每一个闲置资源，将它们集中起来可以获得相当于一台超级计算机的计算能力。

第三，具有分摊负载和提高计算可靠性的能力，由于资源是分布式的，即使单台计算机上出现大负载，也可以使负载分散到在线的其他计算机上。因此，每台计算机不必为系统准备峰值载量，只要整个网络装备了峰值载量设备就可以了。而且，即使有一台计算机出错，也不会影响耽误整个系统的运行。当系统的某一部分遭到网络袭击时，服务也不会中断，只要断开遭截击的部分就可以，因此安全性得以提高。

第四，Grid 与 Web 的不同主要表现为它不仅可以充分利用在线的分布式数据库中的数据，而且还可以共享一切软硬件设备，更主要的是还可以共享在线的一切仪器设备和传感器设备等。

但是"有了 Grid 就不需要超级计算机了"这种想法是错误的。因为 Grid 的计算速度是不能和超级计算机的运算速度相比的。同样"有了超级计算机就不需要 Grid 了"的观点也是错的，因为超级计算机不能与分布式数据库和其他实验的仪器实验共享。所以两者相结合是正确的。

1994 年，日本东京工业大学与电子技术综合研究所提出了"全局计算机的 Grid 基础设施"（NINF）计划，致力于设计和验证远程程序呼叫（RPC），是一种客户与服务器之间的一种协议，可以使客户使用网上的服务器执行计算。

Grid 的技术目标是基于互联网、万维网、高性能计算、大型数据库、传感器及其他远程设备等技术，采用开放标准，实现网络虚拟环境上的资源共享与协同工作。与它有关的技术有万维网服务（web service）、语义万维网（semantic web）、计算格网（computing grid）和高性能计算（high performance computing）等。

Grid 与互联网，万维网之间的差别在于：

第一，不仅仅实现了数据共享，而且还实现了硬件共享，即计算资源的共享，通过 Grid 可以将在线的一切闲置计算资源共享，软件资源也实现共享。一些原来计算能力较差的实验室，通过 Grid 共享具有一流计算能力的实验室的设备。

第二，不仅可以共享一切在线的计算资源、网络与通信资源、数据资源等外，还可以共享在线的所有传感器及一切在线远距离的仪器和设备。

Grid 受到了国内外广泛的重视。美国从 20 世纪 90 年代初就开始进行国家级的格网研究，用于基础研究的经费高达 5 亿美元，自然科学基金会（NSF）的信息部支持高能物理学领域的格网研究经费约 1500 万美元。美国国家能源部（DOE）、自然科学基金会（NSF）和欧洲核工研究中心正在建造大型强子对撞机（LHC）作为新一代的环球格网计算平台。美国军方对格网研究十分重视，正规划实施巨型格网计划，名为"全球信息格网"（global information grid），计划 2020 年完成。其中美国海军陆战部队另推动一项耗资 160 亿美元，历时 8 年的项目，包括格网系统的研发、制造、升级及维护。欧盟于 2000 年和 2001 年分别投资 1000 万欧元和 2000 万欧元，启动了欧洲格网计划（Euro grid）和数据格网（data grid），拟于近期内使格网在一些重要研究领域（如生物、医药、高能物理、天文等）实现具体应用。

2.2.3 Grid Computing

Grid Computing 是指运用分布式、异地的、在线的计算机资源对全球性，大数据量的和异构的数据进行整合、分析和虚拟表达的高性能计算的，并为各种科学和工程目的服务的科学计算的技术标准。

1. Grid Computing 具有狭义和广义两种概念

Grid Computing 即格网计算，是指在动态环境下的计算资源，数据和信息资源，通信资源，传感器资源及各种在线仪器设备资源的协调与共享，提高分析、解决问题与辅助决策问题的能力的计算过程。Grid Computing 是利用互联网或专用网把异地分布的，包括一个地区，甚至全国的计算资源互联互通在一起，构成虚拟的整合环境，并可进行互操作的计算机集成系统，包括超级计算机、计算机集群、存储系统（数据库）、可视化系统及终端组成的计算机集成系统。用户可以不受地区或部门的限制，通过虚拟共享组织，及各种协议和合作机制，实现复杂计算问题的解决。简而言之，它是为海量数据的空间分析提供了计算资源的支持的过程。

狭义概念指，"在计算机网络的环境下，对大数据量的、分布式的、异构的计算资源和数据资源进行统一管理和协同工作的计算机技术。"

广义的概念指除了上述内容外，还包括对在线的所需的仪器设备和传感器进行协同工作，为同一个目标服务。包括 Grid GNSS、Grid GIS、Grid MIS 和 Grid 遥感影像在内。

Grid Computing 的基本特征：

（1）协同资源，包括网络资源、计算资源、数据库资源、在线的传感器的仪器设备之间的协同运行是 Grid Computing 的基础。

（2）开放式的标准协议和框架，开放标准的使用提供了相互协作和集成的可能性，这些标准必须能用于资源发现、资源访问和资源协同。

（3）提供较好的服务质量。网络允许按协议的方式使用其成分资源，以提供各种各样的服务质量，如响应时间、允许能力，可利用性和安全性，还有协作配置多重资源类型以满足复杂的用户需求等服务质量，这种组合系统的效用大于各部分支系统的效用之和。

计算格网（computing grid）是指狭义上的 Grid，包括分布式或一切计算资源与超级计算机在内。

数据格网（data grid）是指数据超级格网，是新一代的异地的，异构的，在线的各种类型数据库，进行速度更快的集成，承受力更大的数据量的格网，主要是解决海量数据的共享。

服务格网（service grid or application grid），Grid 的目标是对任意时空"按需索取"的服务，协同运算与多媒体服务。

Grid 的应用和服务，主要有以下 3 种类型：

（1）Data Grid：主要是针对海量数据的应用与服务目的格网。

（2）Scientific Grid：主要解决科学研究问题的格网。如美国的"高能物理格网"、中国的"China Grid"和"织女星格网"（vega grid）等。

（3）Earth-System Grid：主要是研究全球环境问题的格网，它包括了 NASA 的 IPGrid 和地震格网等在内。

Grid Computing 的作用和意义，可以使用户群体进行实时传输和快速虚拟，仿真计算，如气候变化、环境污染等大数据量的复杂计算，还包括运用远程设备进行高级的复杂计算，模拟全球环境变化等大型计算任务，甚至可以在家中利用简单的计算机终端上进行，同时它还可以用于分布式的科研和教学。

Grid Computing 的安全问题应十分重视。通过认证、授权、协商和制定安全协议，从而创造、构建查询全球性的、分布式的计算环境和途径。现在有许多可用的工具和工具包，如 Globus、Condor、Legion、SRB、LDAP、OOFS 等。Globus 提供资源分配和管理（GRAM）、信息存储（MDS）和鉴定（GSl）等功能。Condor 通过具有检查的分布式网络工作站的功能，能提供巨大的计算吞吐量的计算任务。Legion 是一个基于对象的大规模的、分布式计算环境，它的设计是用来处理百亿数量级的计算对象的，资源存储中介件（storage resource broker）提供了管理包括多重拷贝的分布式仓库的信利工具。

许多异构的计算和数据资源需要统一管理，现有的各种虚拟、仿真和数据分析组件需要集成在一起，通过分布式资源协同工作的软件进行同步协调，不同的学科需要建立不同的应用标准。分布在不同地区的数据资源及计算资源需要统一的、协调的和安全的管理和维护。格网计算的执行管理工具（Condr-G）三重存储系统和全球元数据目录（Grid FTP 和 SRB/MCAT）统一的查询入口的数据服务等已被投入应用。

Grid Computing 已经有了成功经验的有以下单位：NASA 的信息资源格网计算（IPG）；美国能源部的科学格网计算（CSG）；欧共体的数据格网计算（EUDG）；英国 e-Science 格网计算（UK.e.SG）；US 的国家科学基金会（NSF）的超级计算机应用研究中心。

2. Grid 的标准化研究

由于 Grid 是全球化的网络技术,世界各国要参与共建、共享,因此标准化是关键。

1998 年底开始,由各国 Grid 研究人员组成了 Grid 论坛(GF)。随后出现了欧洲格网论坛(E-Grid)和亚太地区 Grid 论坛(AP-Grid)相继成立,其目的是促进本地区 Grid 的开发。2001 年 GF 与 E-Grid、AP-Grid 合并,成了全球 Grid 论坛,旨在从事 Grid 的全球标准化研究。目前成立了 7 个领域、14 个研究组,讨论制定 Grid 标准,每年召开三次全体会议。会议小组成员通过 E-mail 交换意见。标准制定工作的重点为各应用领域的共同系统软件的 Grid 中间件标准。Grid 技术覆盖的动能很广,不可能由一个软件包或新的中间件来支配。Globus Toolkit 等中间件是可以利用的。

Grid 的标准。互联网自 1970 年以来形成了 180 个标准,万维网自 1990 年以来共形成了 465 个标准,Grid 自 1998 年以来已产生了 10 个标准。

3. Grid Computing 的分类

格网计算涉及"在动态、多机构虚拟组织中进行协同资源共享和问题解决"[Ian Foster,Carl Kesselman,Steven Tuecke,The Anatomy Of the Grid:Enabling Scalable Visual Organizations,Int J. Supercomputer Applications,2001]。所谓格网计算通常是指集聚地理分布的计算资源实现高性能计算,从而形成庞大的全球性的计算体系。目前格网计算在计算领域是一个非常热门的话题。这里我们把格网计算定义为利用各种互联的计算资源,包括大大小小的计算机、PDA、文件服务器和图形设备,网络可以是各种各样的,从高速 ATM 网到无线网络,甚至调制解调器。利用这些互联的计算资源可以帮助地理分布的协作体的计算工作,简化远程使用计算机,实现我们设想的新的动态应用情景使在单台超级计算机上不可能进行的大规模仿真成为可能。

根据格网计算侧重点不同,格网计算分为分布式超级计算(distributed supercomputing)、大吞吐量计算(high-throughput computing)、即时计算(on-demand computing)、数据密集型计算(data-intensive computing)和协同计算(collaborative computing)5 种类型[1]。下面我们对这五种格网计算类型进行详细比较。

分布式超级计算侧重在集聚可观的计算资源(如一个国家所有的超级计算机或一个公司所有的图形工作站)来解决针对某个大型计算任务通常单台计算机计算资源不足的问题。例如,美国国防部的分布式交互仿真系统(distributed in-

---

[1] Ian Foster,The Grid:Blueprint for a New Computing Infrastructure,Published by Mogan Kaufmann,1998,21~26

teractive simulation，DIS）是一个大型的军事仿真系统。其中大规模虚拟现实场景仿真就涉及成百上千个实体（entity），并且每个实体都有非常复杂的行为模式，然而目前世界上最大的超级计算机只能大概处理 20 000 个实体。据加利福利亚州理工学院的研究人员研究表明，利用格网计算技术把多台超级计算机绑定在一起可以获得超过世界上最大的超级计算机的计算性能。从格网体系结构方面来说，目前分布式超级计算亟待解决的问题包括如何有效调度稀缺和宝贵的计算资源，对于成百上千个计算节点协议和算法的可伸缩性，延迟容许算法以及跨异构系进行计算时高性能的获得与维持。

大吞吐量计算侧重在针对大量松散绑定或独立的计算任务对计算资源进行调度，把通常来自工作站的闲置的计算资源（CPU 处理周期）收集起来用于单个问题的求解。与分布式超级计算相比，由于计算任务是松散绑定或独立的，导致不同的问题求解方法。例如，威斯康星大学开发的 Condor 系统可以管理由分布在全球大学和研究机构的几百个工作站组成的工作站计算池（computing pool），应用在诸如液晶分子设计、穿透性地面探测雷达研究和柴油机引擎设计等领域。

即时计算侧重在满足计算任务的短期计算资源需求，特别是当获得计算资源的费用支出较大而获得计算结果的收益不高以及在本地获取计算资源不是很方便的情况下。例如，某个用户在某个时间段内研究任务需要大量的计算资源，如果为了完成这个研究任务而购置超级计算机对于用户来说是不经济的，因为之后很长一段时间内购置的超级计算机将处于闲置状态，况且有时用户购置超级计算机也需要费尽周折，如等待到货、熟悉如何使用机器等。即时计算与分布式超级计算和大吞吐量计算相比其不同之处在于即时计算关注的是性能价格比而不是绝对性能。美国航天公司已经开发出一个能够动态捕获超级计算机资源的气象卫星数据处理系统，该系统还能够把云检测结果准时地分发给远程的气象学家。由于用户对计算资源需求的动态性以及某个时间段用户数量的动态性，目前即时计算亟待解决的问题包括资源分配、资源调度、代码管理、系统构造、系统容错、系统安全、支付机制等。

数据密集型计算侧重在计算过程中合成采自地理分布的数据仓库、数字图书馆和一般数据库的数据。数据密集型计算通常也是计算密集型和通信密集型的。现代天气预报系统就是大量采用数据同化方法合并遥感卫星的观测数据，在这个过程中，涉及海量数据移动和处理。目前数据密集型计算亟待解决的问题是如何构造复杂的、层次很多的、流量很大的数据流系统对数据进行调度。

协同计算侧重在通过构造虚拟共享空间增强研究人员之间的交互。协同计算同时具有上述 4 种格网计算类型的特点。例如，CAVE5D 系统支持远程协同探索大型地球物理数据集以及产生这个数据集的数学模型。由于人类感知心理要求和交互类型的多样性，因此协同计算最重要的问题是实时（real-time）性要求。

用户不能容忍在交互过程中的系统延迟，如虚拟现实环境中用户视线发生变化而场景却没有变化。

格网计算能够提供许多传统计算模式所没有的好处：①更好地利用资源。格网计算可以更加有效地使用分布式资源，提供更多可用的计算力。这可以减少对市场的响应时间，提高创新能力，为改进产品质量实现额外的测试和仿真。通过使用现有的资源，格网计算帮助保护 IT 投资，以不变的投资获得更多计算能力。②增加用户的生产力。通过提供对资源的透明访问，用户可以更快地完成工作。用户可以获得额外的生产力，因为他们可以专注于设计和开发而再为收集资源和人工调度和管理大量工作浪费宝贵的时间。③可伸缩性。格网可以随时间无缝地增长，允许成千上万的处理器集成为一个聚簇。组件可以被独立地升级，一旦需要就可以增加额外的资源，减少大量一次性支出。④柔性。格网计算可以在最需要的地方提供计算力，帮助更好地满足动态变化的工作负荷。格网可以包含异构的计算节点，允许根据指令增加或删除资源。

4. Grid 的体系结构

1) Grid 与 Globus 体系结构

Globus 是由美国 17 所大学和研究机构参加的 Argonne 国家实验室的研究项目，并得到了 Microsoft 的支持。Globus 是一种能对资源管理，安全，信息服务及资料管理等的 Grid Computing 的关键理论研究和开发，并能在各种平台上运行的工具软件（toolkit），能帮助规划和组建大型的 Grid 平台，开发适用于大 Grid 系统，运行大型的应用模式。

Globus 的最主要的成果是它的工具软件，是一种基于 Web Service 与 WindowXP 作业系统中提供用户认证 Grid 资源分配管理及 Grid Computing 的工具软件。其第一版已在 1999 年推出。Toolkit 源码是一种开放的，可以任意从其网站上下载的源代码。

按 Globus 的概念，大型应用系统应该由许多组织协同完成。它们形成一个虚拟组织，各组织拥有的计算资源在虚拟组织中共享。在 Globus 看来，现有的共享方案如 Internet、P-to-P、ASPS、SSPS、JAVA、CORBA、DCE 等，不论在它们的共用配置的灵活性上，还是在共用资源的种类上，都希望在上述的技术基础上，建立高层次的共享，因此需要开发一套通用的协议，用它来描述数据的格式和交换规则。

Globus 的 Grid Computing 协议是建立在 Internet 协议上的，以它的通信、路由、名字解析等功能的基础的。Globus 的协议分为 5 层，每层都有自己的服务，API 和 SDK，现分别介绍如下：

（1）构造层（fabric）是 Globus 的物理的或逻辑的实体。功能是提供 Grid 中可供共享的资源，包括处理能力、目录、网络资源、分布式文件系统、分布式计算资源及计算机集群等。Toolkit 中相应组件，负责侦测可用的软件、硬件资源的特性，当前的负荷、状态等信息，并将它们打包供上层协议调用。

（2）连接层（connectivity）是 Grid 中的网络事务处理，通信与授权控制的核心协议。它提供的各种资源间的数据交换，都在这一层的控制下实现。各资源间的授权验证，安全控制等也在这里实现。

（3）资源层（resource）的作用是对单个资源实施控制，与可用资源进行安全链接，监测资源运行状况，提供估计与付费有关数据。在 Toolkit 中有一系列事件，用来实现资源注册，资源分配和资源监视等。

（4）汇集层（collective）的作用是将资源层提交的受控制资源的汇集在一起，供虚拟组织的应用程序共享、调用。包括提供目录服务、资源分配、日程安排、资源监测诊断、Grid 启动、负荷控制、账户管理等。

（5）应用层（applications）是 Grid 的用户的应用程序，通过各层的 API 调用相应的服务，再通过服务调用 Grid 资源来完成任务。

Globus 只有以下 5 个方面的功能：共享、互操作、协议、服务和 API/SDK 等。实现共享需要互操作支持，实现互操作，需要有协议。

（1）共享：用户端与服务器（C/S），端到端（P-to-P）以及代理（proxy）共享，静态和动态的共享。

（2）互操作：支持各种资源直接应用，可以跨越不同的组织边界、不同平台、不同语言和编程环境。

（3）协议：实现互操作需要定义协议，使虚拟组织的用户与资源之间，可以进行资源使用的协商，建立共享机制。

（4）服务：使用的协议和实现的行为，确定了服务的定义，并抽象了与资源的相关细节。

（5）API/SDK：即应用编程接口，是附属于协议的，使得在建立 Grid 应用时，可以在抽象的基础上，提高编程级别。由于更多的应用是针对虚拟组织的，借助应用编程接口（API）和软件开发工具包（SDK）可以加速代码开发，实现代码共享，并增强应用的可移植性。

目前，Globus 技术已在 NASA Grid（NASA IPG）、欧洲的 Data Grid 和美国的 National Technology Grid（NTG）等 8 个专门的部门应用。

2）开放 Grid 服务体系结构

（1）OGSA 体系结构；

（2）OGSA 服务台组件；

（3）OGSA 与 Web Services 的关系；

（4）Web 服务资源框架（WSRF）。

2.2.4 Grid 的功能

1. Grid 的功能特征

（1）元计算可以同时利用分布在 Grid 上的超级计算机和微机等多台计算机，执行单台计算机系统实现的大规模计算，目的是创建一个虚拟的大型计算机。Grid 上执行的计算有两种基本方式：第一单程序计算，将计算分散在平行的多台计算机上进行；第二平行计算，将同一程序安装在多台计算机上，给予每一台计算机不同的数据库，并准备一台计算机将计算结果集中起来。

（2）虚拟实验室。建立一个由研究人员和研究机构组成的实验室，每一个参加者都可以通过网络获得该实验室的计算资源、数据资源和实验设备的共享权利。除了上述外，各研究人员还可以将他们的应用程序与他人的应用程序结合起来进行复杂的仿真。在以往的远程存取中，各站点拥有自己的软件。Grid 和远程存取提供共同的界面，因此可实现更为广泛的连接，也更便于操作。

（3）存取 Grid。提供一种相距遥远的研究人员共同相同画面和计算结果的环境，可以顺利、迅速执行共同研究的项目，并能提供优良的多媒体通信。

（4）数据 Grid 也称数据容量计算。由它可通过 Grid 进行远程数据存取，这些数据不是量太大，一处存储不下，就是分散在各个地点。Grid 主要是解决了大数据量的远程传输问题。

（5）计算服务 Grid。利用一个组织的 Grid 按需要提供计算能力，而用户不需要知道计算服务器的类型。计算服务 Grid 像虚拟计算中心一样工作，如东京工业大学的校园 Grid 是由分散的 800 余台处理器和 25 太字节的存储器组成。

（6）Grid 应用服务提供商（ASP）提供的服务，使远程用户可以借助网络发送数据，并取得结果。网络靠运行在高性能计算机上的应用程序运作，而 Grid ASP 不用自己编程序，可用现成的已有程序。

（7）微机 Grid computing。家用个人微机大部分时间是闲置的，微机 Grid 计算旨在集中这些闲置时间的计算能力去执行某些计算。由渗入者通常无偿地提供其闲置的计算能力，因此，Grid 最早是以集成异构计算平台的身份出现的，接着跨入分布式大数据量的数据处理领域，并在数据集成方面显示了很大优势，所以 Info-Grid 就是指通过统一的信息交换架构和大量中间件，向用户提供"随手可得的信息"式服务。

Info-Grid 的中心问题主要是如何描述信息、存储信息、发布信息和查询信息；如何在异构平台、不同格式、不同表达方式的信息间进行转换，实现信息无障碍交换；如何利用现有网络技术，如 HTTP、XML、WSDL、UDDI、SOAP 等，构建一个完整的服务链，信息的语义表示，即如何赋予信息的内涵，以及如何避免信息的两义性；如何对信息加密及保证信息安全等。

(8) Geo Info-Grid 主要指利用 Grid 对现有的地形上处于分散的遥感时空信息进行有效的管理，主要对各类遥感数据、测绘数据、专题元数据等存储、分发、组织和管理，高性能处理，分析和挖掘空间海量分布数据，以便于用户方便进行共享。传感器及仪器 Grid，还可根据"数字地球神经系统"、"数字地球电子皮肤"的要求，将各类传感器，尤其是廉价的传感器布置在全球需要的地方，24h 全天候获得所需的信息。Grid MIS 还可以扩大 ERP 和 SCM 的高度和深度，原来认为不可运用的仪器、机器及设置，都可以纳入同一个系统中，并进行协同工作。

2. Grid Computing 与传统分布式计算的主要区别

格网计算是一种新的高性能的分布式计算方法。格网计算作为新一代的分布式计算方法，与传统分布式计算的主要区别在于在没有集中控制机制的情况下，通过对计算资源进行大规模共享，满足应用对高性能计算的要求，并且这种对计算资源进行大规模共享是动态的、柔性的、安全的和协作式的。

传统的分布式计算通常采用 Master/Slave 的集中控制式结构。Master 机接受用户递交的计算任务并且负责把计算任务分配到各个 Slave 机，各个 Slave 机独立完成 Master 机交给的计算任务后把计算结果再递交给 Master 机，由 Master 机把各个 Slave 机的处理结果汇合以后再递交给最终用户。可见，这种采用 Masted/Slave 结构的分布式计算方法中各台计算机之间的关系不是对等的，即 Master 机完全控制 Slave 机，而各个 Slave 机之间没有计算任务的物理迁移。也就是说，各个 Slave 机独立使用自己的计算资源完成自己的计算任务。这种分布式计算体系结构没有充分利用空闲的计算资源，计算性能往往受到 Slave 机 CPU 资源的限制。而格网计算采用的是对等计算体系结构。格网计算系统中的计算机既是计算资源提供者，也是计算资源消费者，它与其他格网计算系统中的计算机的关系是平等的，不存在谁控制谁的问题。

注意，格网计算与聚簇计算（cluster computing）也是有区别的：聚簇计算是通过聚簇软件使组织或机构能够聚合组紧密连接的本地异构计算机的处理能力。聚簇计算通常被单个部门或组织采用。在许多情况下，聚簇计算系统必须专注于聚簇网络，它们可以是本地的，有潜力跨任意广阔的地域操作。在目前的组织情况下，格网必须能够跨越地理位置和行政管理区域，跨不同的硬件和操作系统进行操作。另外，贡献处理资源给格网的计算机不必专注于格网，以便个人或部门可以把没有充分利用的资源贡献给格网而像往常一样继续进行他们的工作。另一方面，格网除了计算资源以外还提供数据和应用资源的共享。一个拥有多个聚簇的组织可以从创建一个使聚簇统一起来的格网中获益，允许汇集资源。

2.2.5 国外格网计算研究进展

被称为第三代因特网技术的格网技术已经成为一些国家研究与开发的竞争焦点，这主要表现在各个发达国家大型格网研究项目不断启动。这些项目目的在于为不同应用和研究团体创建格网、开发格网技术及其框架。下面具体介绍美国、欧洲和亚太地区的格网计算研究进展情况。

1. 美国的格网计算研究进展

目前美国格网计算研究主要由美国能源部（DOE）、美国国家科学基金会（NSF）、美国国防部（DOD）资助，各个国家实验室、高等院校承担，各个大型公司积极参与。

其中由美国能源部资助的项目有：

（1）美国科学格网（DOE Science Grid）项目。该项目的目标是建立基于格网中间件（gridware）和系统工具的高级分布式计算基础设施（ADCI）使能源部科学计算体系的可伸缩性满足能源部内部科学研究任务要求。改变以前科学计算方法，使构建大规模计算系统和使用分散计算资源就像使用桌面环境一样简单。美国能源部的科学格网是一个为大规模科学研究服务的数据和计算基础设施，通过科学格网用户可以访问美国能源部科学实验室以及合作大学的资源和应用 [http://doesciencegrid.org]。

（2）远程分布式计算与通信（distance and distributed computing and communication，DisCom2）项目。由美国能源部高级仿真和计算计划（advanced simulation and computing，ASCI）资助。该项目的目标是创建一个用于访问美国能源部三个武器实验室的具有可操作性的格网，一个可以有效地使用远程高性能计算资源的大容量、高性能、柔性的分布式计算平台，发展信息、仿真和建模集成能力以支持国防计划中远程计算和分布式计算这两个关键战略领域复杂的分析、设计、制造、认证功能 [http://www.cs.sandia.gov/disxom]。

（3）地球系统格网（earth system grid II，ESG）项目。由美国能源部"通过高级计算进行科学发现（scientific discovery through advanced computing，SciDAC）计划"资助，为期3年，由阿贡国家实验室、加州大学伯克利分校劳伦斯国家实验室、劳伦斯立夫莫国家实验室（lawrence livermore national laboratory，LLNL）、国家大气研究中心（national center for atmospheric research，NCAR）、奥克来其国家实验室（oak ridge national laboratory，ORNL）5个实验室和科学信息学院的计算机科学家们承担。ESG将为气候研究组织机构分发和分析大规模气候模型和数据集。ESG项目的主要目标是解决全球地球系统模型分析和发现知识所面临的巨大挑战，通过格网技术和即将出现的集群技术的结合，超级计算机和大规模数据以及分析服务器的分布式联合将为下一代气候研究提供一个无缝的强大的虚拟协同环境。该项目将构建一个能够进行高级分析的"过滤服务器"并且把分析结果分发给用户［http：//www.earthsystemgrid.org］。

此外，由美国能源部资助的项目还有美国融合协作体格网，这是为美国数据融合研究团体创建的国家性计算基础设施。用于核武器研究的加速战略计算创新格网（accelerated strategic computing initiative grid，ASCI Grid）研究项目。

其中由美国国家科学基金会资助的项目有：

（1）元系统推进项目。由美国国家科学基金会高级计算基础设施计划 NPACI 资助，该项目的目标以装备有超级计算机的两所大学为中心，创建一个可以把地理分布的离散资源集成起来作为单一资源的可操作的元系统，通过高速网络与别的大学和研究机构互联构成计算格网，使大规模科学工程计算和海量信息处理以分布协作的方式完成。元系统推进项目将实现目前正在开发的阿贡国家实验室的 Globus、弗杰尼亚大学的 Legion、加州大学圣地亚哥分校 AppLes 和 NWS 的紧密集成［http://www.npaci.edu］。

（2）TeraGrid 项目/分布式 TB 级设施（distributed terascale facility，DTF）项目。由美国国家科学基金会（National Science Foundation，NSF）资助（5300 万美元），由阿贡国家实验室（Argonne National Laboratory）、加州理工大学的高级计算研究中心（Center for Advanced Computing Research，CACR）、伊利诺伊州立大学的国家超级计算机应用中心（National Center for Supercomputing Applications，NCSA）、加州大学的圣地亚哥超级计算机中心（San Diego Supercomputer Center，SDSC）4 个研究机构承担。它将为公开科学研究创建世界上最大的、最快的、最综合的分布式基础设施。该项目采用 Linux 聚簇（clusters）技术把分布在 4 个 TeraGrid 站点的计算资源紧密集成起来，使 TeraGrid 的计算能力可以达到每秒 13.6 万亿次，可以为格网计算存储管理 450TB 以上数据量的数据、高分辨率可视化环境和格网计算软件工具包。这些组件通过传输速度为 40GB/s（以后将升级 50～80GB/s）的网络紧密集成和连接起来［http：//www.teragrid.org］。

（3）国家地震工程仿真格网（network for earthquake engineering simulation grid，NEES Grid）项目。目标是通过格网整合地震工程师、实验设备、数据库、计算机，使研究人员可以对设备进行遥视和遥操作，根据各种地震工程实验和分析的需要进行高性能计算和数值仿真［www.neesgrid.org，2001］。

此外，由美国国家科学基金会资助的项目还包括研究开发用于物理领域数据分析的格网计算技术的物理格网（griphyN）项目［www.griphyn.org，2002］。格网应用开发软件（grid application development software，GRADS）项目，该项目的目的是为格网应用，深入研究格网编程技术，简化分布式异构计算，以便科学家能够为计算格网直接构建实际应用（TERENA，www.terena.nl）。美国国家科学基金会还成立了格网研究、集成、开发与支持中心，为格网教育研究集成和配置格网中间件基础设施。

由大学承担的项目有：

（1）美国威斯康星大学麦迪逊分校（University of Wisconsin at Madison）的 Condor 项目：该项目的目标是对支持高吞吐量计算（high throughput computing，HTC）的分布式计算资源的收集机制和政策的开发、实现、配置、评估，并且开发一个为计算密集型科学任务服务的工作队列机制、时序安排策略、优先级安排、资源监视和资源管理功能的专业化工作负荷管理系统。2002 年 6 月 Condor 项目小组发布了 Condor6.4 版本 [Condor Team，The Condor Project Homepage，July 17，2002，http：//www.cs.wisc.edu/condor]。

（2）Legion。由弗吉尼亚大学（University of Virginia）开发的一个中间件，它可以把不同体系结构、不同操作系统和不同物理位置的网络、工作站、超级计算机以及其他计算机资源连接成为一个系统。每个资源都是一个独立的元素，这些元素通过 Legion 提供的一致的框架合成一个元系统。用户可以利用这些合成的资源使计算复杂度很高的问题实现并行化处理，更加有效地运行程序而不必担心不同的编程语言、相互冲突的软件平台或硬件失效。Legion 可以实现在可以利用的合适的主机无缝地分发和确定进程运行时间，然后返回运行结果。用户会产生一种在单个虚拟机上工作的幻觉。Legion 的目标是利用广域和局域网上日益增长的宽带而不危及网络安全和网络功能，不要用户去处理不相互兼容的平台和体系结构之间复杂的协调问题 [Legion Research Group，2001 http：//www.es.virginia.edu]。

（3）可伸缩的校园内部研究格网（scalable intracampus research grid，SinRG）。田纳西大学开发的用于田纳西大学 Knoxville 校园内部计算生态学、医学图像处理、交互式分子设计、高级机械设计等跨学科研究领域的校园高性能计算基础设施 [SinRG Workshop，Scalable Intracampus Research Grid，http：//icl.cs.utk.edu/sinrg]。

此外，目前美国正在进行的格网计算研发项目还包括 Globus、美国航空航天局（NASA）的信息动力格网、美国国家技术格网、虚拟实验室项目、天体物理仿真合作实验室、国际虚拟数据格网实验室等。

（1）Globus 项目。这是一个格网在科学与工程计算领域应用的研究开发项目。Globus 目标是瞄准从这些活动中产生的技术挑战，构建一个格网软件基础设施。典型的研究内容包括资源管理、数据管理和访问、应用开发环境、信息服务和安全。Globus 工具包是一系列支持格网创建和格网应用的服务和软件库，包括安全、资源管理、数据管理、错误发现和可移植性。目前全球许多用户利用

Globus 工具包创建格网和开发格网应用 [http://www.globus.org]。

（2）信息动力格网（information power grid, IPG）项目。该项目由美国航空航天局（NASA）艾姆斯（Ames）研究中心计算信息与通信技术计划（computing information and communications technology, CICT）资助，为期20年。[http://www.ipg.nasa.gov] IPG 是美国航空航天局的高性能计算格网，它将实现高性能计算系统、大规模数据存储系统、专用网络、高级分析软件、协作工具的无缝集成，为美国航空航天局科学研究任务提供持续、可靠的计算动力源 [George Myers, What is the Information Power Grid?, 2002, http://www.ipg.nasa.gov]。

（3）美国国家技术格网（National Technology Grid）项目。该项目由美国国家计算科学联盟（National Computational Science Alliance, NCSA）资助，目标是创建一个无缝集成的协同计算环境原型系统，包括面向基础设施的计算格网和面向最终用户的访问格网 [http://www.ncsa.uiuc.edu]。

（4）虚拟实验室项目（virtual laboratory project）。致力于研究、设计、开发能够帮助解决数据密集的、涉及大规模计算的分子生物学问题的格网技术。虚拟实验室环境提供软件工具和资源代理，方便科学家在地理分布的计算和数据资源基础上进行大规模分子研究，帮助科学家检查或扫描蛋白质数据库（protein data bank）内数以百万计的分子，以识别那些在药物设计方面有潜在用途的分子。

（5）天体物理仿真合作实验室（ASC）项目。该项目的主要目标利用 Cactus 和 Globus 格网计算的研究成果为高级可视化交互和元计算提供大规模并行计算，实现在相对论天体物理学领域的大规模仿真。目前正在为他们的用户开发一个格网仿真门户和创建一个格网测试平台 [TERENA, Grid Computing: General Information and Related Projects, 2001, http://www.terena.nl]。

（6）国际虚拟数据格网实验室（International Virtual Data Grid Laboratory, IVDGL）项目。由欧盟的 Data Grid、美国的 Grid Physics Network 和 Particle Physics Data Grid 协作创建 [Ian Foster, The Grid: A New Infrastructure for 21st Century Science, Physics Today, http://www.aip.org, 2002]。

目前美国公司正在开发的项目有：

（1）Entmpia 公司的 DCGridTM。一个功能强大的、性能价格比比较高的通过聚集由基于 Windows 操作系统的 PC 机构成的网络中没有使用的处理循环提供高性能计算能力的 PC 格网计算平台。使企业比以前在更加少的时间内更快地达到商业目标，获得更大的计算吞吐量、更多有意义的结果，并且能够解决由于以前没有足够的计算力而不可能解决的新的更加困难的问题。DCGridTM 平台提供了一个开放的、安全的、企业级的，可以有效地管理、调度、配置和执行计算密集型应用的 PC 格网计算环境。DCGrid 采用的隔离技术可以避免用户 PC 环境以及分布式应用之间的干扰。基于用户和组织策略把没有使用的 PC 资源收集起来,并且通过一个基于 Web 的格网管理界面对 PC 资源进行集中监视和管理[Entropia PCGrid Computing,2001,http://www.entropia.com]。

(2) 企业格网(enterprise grid)。这是 Platform 公司功能强大的综合性格网计算解决方案。该解决方案由公共 Web 门户、公共负载交换中心(multicluster)、中央控制器(FTA)和负载管理器(LSF5)组成。公共 Web 门户在公共图形用户界面提供直观的、一致的信息分发;公共负载交换中心为地理分散的组织机构提供可靠的、可伸缩的、有效的共享和访问远程以增强生产率和得到结果的时间;负载管理器提供实时应用分布和执行信息。Platform 公司的企业格网解决方案已经应用于英国欧洲生物信息研究所和意大利国家能源与环境新技术局(ENEA)的格网计算 [Platform Computing Inc,Platform Enterprise Grid solution,http://www.platform.com,2002]。

(3) Sun 公司在 2000 年 9 月发行了格网引擎(grid engine)软件,紧接着又在 2000 年 4 月推出了格网引擎计划,按照与 SuSELinux 公司达成的协议,Sun 公司的 Gridngine5.3 版与 SuSE Linux 公司最新发布的 SuSE Linux 8.0 专业版一起发行,为日益增长的 Linux 用户群提供格网计算支持 [赛迪科泽,SuSE Linux 将发行 Sun 网格引擎软件,2002,http://www.ccidnet.com]。

(4) IBM 公司的 BlueGrid。连接 IBM 实验室的格网测试平台。目前 IBM 公司正在研制超级格网计算机,其设计运算速度为每秒 13.6 万亿次,存储能力达 600 万亿字节。2002 年 3 月,美国国家能源研究科学计算中心宣布与 IBM 公司达成协议建造美国能源部内部使用的计算格网,计划在 2002 年年底投入使用,IBM 还宣布了一项名为北卡罗莱纳生物信息科学格网的项目。IBM 公司在 2001 年宣布在格网计算领域投资 40 亿美元,开始大规模进入格网计算领域 [姜岩,全球网格技术领域竞争日益激烈,2002 年 6 月 18 日,http://202.84.17.73:7777]。

(5) Avaki 公司的 AVAKI2.5。AVAKI2.5 是提供在单个统一的操作环境中广域访问处理、数据和应用资源的综合格网软件,AVAKI 格网集成跨位置和管理域的不同硬件、操作系统、系统构架,创建了一个对于管理员来说是安全的、容易的环境,使数据密集的计算处理流线化,减少人工操作环节 [AVAKI,AVAKI2.5Grid Software,2001,http://www.avaki.com]。

(6) Data Synapse, Inc. 的 Live Cluster。这是一个虚拟的高性能的、容错的现有处理能力的计算池,它可以动态地、自适应地分布应用在计算池中繁忙的、空闲的或间断可得的 PC 聚簇、服务器、台式机,保证了应用的速度和可靠性,同时保证了任务的及时完成和服务及时执行 [Dma Synapse, Inc, Live-

Cluster features, http://www.datasynapse.com]。此外，HP、Oracle 等公司也在积极开发格网计算软件［李晓林，信息网格：下一代信息，服务平台，2002年5月8日］。

2. NASA 的信息能源 Grid Computing

NASA 的信息能源 Grid Computing 的大型科学计算环境或高性能计算环境包括超级计算机和大型数据库系统，不同在线设备、仪器从不同地区集成到一起而组成的目的是信息资源充分有效的高性能计算环境。

NASA 的信息能源 Grid Computing (IPG) 是一种可持续发展的、安全的、自组织性强的格网计算环境。信息能源 Grid Computing (IPG) 的目标是建立一个计算和数据网络，该格网提供一种统一的、用于动态的、大规模的解决分布式和异构信息资源共享的环境。格网计算是一种新的技术和新的结构，在结构中包括多种类型的中间体，它在学科接口、应用程序、计算机、数据、仪器之间充当中介。

NASA 的 IPG 的目标是应用中间体进行科学计算，在学科和工程方面引起重大变革。中间体提供大规模的、动态结构的和分布式异构数据资源的计算环境问题，并能使异地的分布式计算资源能满足学科与工程方面的、常规的应用。IPG 的意义还在于人们能够利用在线的计算机资源、大型的数据资源、各种仪器设备进行集成和协同工作，为某一学科或工程应用目的服务。

NASA 的 IPG 为用户提供访问 NASA 的计算机、数据和仪器、设备的操作标准、高效的接口等功能，而不必去了解上述资源所在的地点、所属的单位或类型特征等。Grid 将聚合的计算资源和计算能力按照这一规则提供给网上每一个用户使用。目前 IPG 一直集中在基础格网计算服务和基础结构上，将来要向 Web Grid 方向发展。

3. 欧洲的格网计算研究进展

欧洲的格网计算研究项目主要由欧盟和欧洲委员会资助。其中格网计算研究比较活跃的国家是英国、德国和意大利。由欧盟和欧洲委员会资助的项目主要包括欧洲格网（EuroGrid）项目、CrossGrid 项目、格网实验室（GRIDLAB）项目、数据格网项目、格网互操作（grid interoperability，GRIP）项目等。

欧洲格网（EuroGrid）项目时间是 2000 年 11 月 1 日到 2003 年 8 月 31 日，主要目标是在欧洲多个高性能计算中心之间建立格网基础设施，欧洲用户可以无缝地、安全地访问高性能计算（HPC）资源，以满足生物分子设计、天气预报、计算机辅助工程、土木工程结构分析、实时数据处理等领域的计算任务要求。通过 HPC 中心、主要 HPC 用户和技术提供者共同努力来促进欧洲计算格网基础设施的发展。HPC 利用信息技术加速科学发展，为解决科学领域更加富有挑战性的问题提供高性能超级计算环境，将其作为信息技术和计算科学研究开发组织之间技术传输代理。通过集成参与者的 HPC 环境配置欧洲跨国应用测试平台，并且为远程访问超级计算机资源和仿真代码开发了核心格网软件组件。项目主要开发内容包括生物格网、气象格网、计算机辅助工程（CAE）格网和 HPC 格网四大应用格网。此外，还包括格网在湍流研究、宇宙研究、燃烧研究、环境研究、n 超螺旋 DNA 研究等方面的应用 [EUROGRID: Application Testbed for European GRID computing, http://www.eurogrid.org Nov 12, 2001]。

英国独立承担的格网计算研究项目主要是英国 e-Science 计划和 GridPP 计划。e-Science 是指通过 Internet 开展的分布式全球合作的大规模科学，这需要访问容量极大的数据集、超大规模计算资源和高性能地将可视化的结果返回科学家。除了存储在网页上的信息，科学家要求非常容易地访问贵重的远程设备、计算资源和存储在专用数据库中的信息。由爱丁堡大学和格拉斯哥大学联合成立英国国家 e-Science 中心是为了引领英国国内 e-Science 的发展。英国的 GridPP 计划的目标是为粒子物理研究应用而在英国国内创建的格网 [Steve Lloyd, From Web to Grid, Building the next IT Revolution, September 2002, http://www.gridpp.ac.uk]。英国国家格网（U. K. National Grid）通过连接分布式高性能计算设施支持大规模 e-Science。此外英国还成立了英国格网技术支持中心，为英国国内格网工程提供技术支持。

德国的计算资源统一接口项目（Uniform Interface to Computing Recourses, UNICORE），由德国联邦教育研究部（German Federal Ministry for Education and Research, BMBF）资助。该项目的主要目的是采用现有和即将出现的技术开发一个能够访问高性能计算（HPC）资源的无缝的、安全的、创造性的软件基础设施，通过德国国内各个高性能计算中心之间互联构造两个高性能格网计算环境（high performance grid computing environment）[Dietmar Erwin, UNICORE and EUROGRID: Grid Computing in EUROPE, TERENA Networking Conference 2001, Antalya, Turkey, May 2001]。BMBF 目前正在进行的 UNlCORE 项目（2000 年 1 月 1 日到 2002 年 12 月 31 日）的目标是为工程师和科学家从 Internet 任何地方访问超级计算机中心开发一个格网基础设施和计算门户，并且以一致的和容易的方法进行强健的认证。平台之间的不同对用户来说是透明的以便为访问超级计算机、编译和运行应用程序、传输输入/输出数据创建一个无缝接口。UNICORE 的研究领域是资源建模、应用特殊接口、数据管理、工作控制流以及元计算（metacomputing）。除了目标系统接口（target system interface, TSI）是用 Peri 实现的，整个系统是用 Java 实现的。它提供对远程异构系统的一致性批量访问 [BMBF, UNICOREPlus, 2002, http://www.fz-juelich.De]。

意大利 PQE2000 计划在 1995 年启动，该计划的启动标志着意大利对格网技术研究的正式开始。计划由意大利国家研究委员会（Italian National Research Council，CNR）、意大利核物理研究所（Italian Institute for Nuclear Physics，INFN）、ENEA 和二次超级计算机公司（Quadrics Supercomputers World Ltd）组织进行。PQE2000 格网计算项目（1998 年 2 月到 2000 年 8 月）由意大利国家研究委员会组织，研究经费为 200 万欧元，是为 e-Science 而进一步加强在格网计算方面的研究，这个项目的主要目的是为新一代科学和商业应用的发展研究、评估、开发格网计算技术，其次是创建一个以技术水平很高的研究人员为核心的研究队伍，并且对其他研究人员、服务提供商、最终用户开放。INFN 目前正在研究开发一个允许 INFN 用户有效而且透明地使用分布在意大利研究网（GARR-B）上的 26 个 INFN 节点的计算和存储资源的 INFN 国家格网基础设施（INFN Grid），它将与欧洲其他国家、美国、日本正在创建的类似的格网测试平台集成。其中 INFN 格网测试平台原型的整个计算、存储、网络规模由高级分析（high level analysis，LHC）实验需要确定［Bruno Codenotti and Domenico Laforenza，Italian Initiatives in Grid Computing，ERCIM News No. 45，2001］。

欧共体（EU）的 Data Grid Computing 项目简称 Data Grid 项目的开发，实现和利用是基于大型数据库和 CPU 导向的计算机 Grid Computing。该项目是由 3 个分布在异地的 3 个不同学科的分布式大型数据库和 CPU 集约型的科学计算模型上进行的。该项目将开发必要的中间体与 Gird Computing 中的最前沿的核心技术协同工作的计算机 Grid Computing。该项目将通过提供欧洲企业进行开发所需的基础技术，知识和经验，为研发国际大型数据集约式的 Grid Computing 中的先进技术打下扎实的基础。

Data Grid 项目中包括 4 个主要部分，分别是：

第一，利用基于 Grid 的基本资源，如计算结构、大容量存储和宽带等；

第二，开发通用中间体，如安全性、信息服务、资源分配、文件复制等；

第三，建立应用服务，如工作安排、资源管理、过程控制；

第四，对三类学科应用的测试，如粒子物理学（LHC）、地球观测（EO）和生物科学。

Data Grid 项目的结构工作，包括定义 Grid 中间体的各部分，即 12 个子项目：

（1）WP1，Grid Computing 工作装载管理。

（2）WP2，Grid Computing 的数据管理。

（3）WP3，Grid Computing 的监控服务。

（4）WP4，Grid Computing 的结构管理。

（5）WP5，Grid Computing 的大容量存储管理。

（6）WP6 综合试验床（testbed），产品质量国际组织项目成功的核心。该工作包的整理、校核由技术工作包（WP1～5）得到所有的成果，并将它们综合到连续的各软件版本中去。它还收集从终端的应用实验的反馈信息并传送到开发者，从而将开发，实验和用户连接了起来。

（7）WP7，网络服务将给试验床和应用工作包提供必要的基础结构，以确保从终端到终端的应用实验可以应用于未来的欧洲 Gigabit/s 网络中。

（8）WP8，高能物理应用，提供终端到终端的应用实验，通过试验床工作包进行测试，并将结果反馈给中间体开发包。

（9）WP9，地球观测（EO）应用，同上。

（10）WP10，生物学应用，同上。

（11）WP11，信息传播和利用。

（12）WP12，项目管理，确保信息有效传播及专业化管理。

每个工作包的开发都会从搜集用户需求开始，然后将初期原型交给试验台工作包，接着就是对各部分进行实验和改进，直到项目结束。

4. 亚太地区的格网计算研究进展

亚太地区格网（APGrid）项目是一个亚太地区国家在格网计算方面的合作项目。APGrid 主要研究内容主要包括资源共享、格网技术开发、帮助用户创建新的应用，主要应用领域包括生物信息、环境、农业、远程协作等。APGrid 测试平台由分布在 3 个国家 5 个组织、日本的 AIST 和泰国的 Kasetsart University，KMITNB，NECTEC）的 14 节点的 42 个处理器构成。采用 Globus Toolkit 2.0 进行开发 [Putchong Uthayopas, Sugree Phatanapherom, APGrid Demonstration, August, 2002, http://www.apgrid.org]。

日本格网数据农场（grid data farm，GDF）项目由日本高能加速器研究组织 KEK、日本筑波高级计算中心电子技术实验室 ETL/TACC、东京大学和东京理工大学联合承担。项目涉及构造一个能够处理由在 2005 年欧洲物理研究所（CERN）建成的大强子对撞机（large hadron collider，LHC）实验产生的 100TB 到 PB 级数据的数据处理框架和一个 PB 级数据密集计算系统 [Ad Emmen, Grid Data Farm, 2001 http://www.hoise.com]。硬件设施采用数以千计的 PC 节点构成的聚簇结构。CERN 以大约 600M 的带宽把数据传输过来，系统的存储在各个计算节点，每个节点处理近 TB 级的数据 [Qsamu Tatebe, Grid Datafarm]，此外，澳大利亚 EcoGrid 项目的目标是为全球格网计算开发基于市场经济的资源管理与调度系统 [Grid Computing]。

分析上述国外格网计算研究进展可以发现以下两个特点：①从格网技术研究项目的分布来看，一个国家的格网研究项目的数量和规模与该国的经济实力和科技实力相关。美国由于雄厚的经济实力和科技实力，引领全球的格网计算技术的发展。欧洲各国在欧盟的组织下联合进行格网技术研究，其中科技强国也有一些独立研究项目。日本在格网技术研究方面也投入巨资。其他一些亚太地区国家（如泰国、澳大利亚等）也相继开展了一些研究工作。②从项目内容来看，主要分为系统开发、应用开发以及相关技术研究。其中系统开发集中在中间件和工具包开发方面；应用开发集中在物理（如天体物理、高能物理、粒子物理）、生物信息、实时仿真和可视化、全球变化等数据密集和计算密集等领域。

2.2.6 中国格网计算进展

1. 中国国家 Grid——CN Grid

1) 综述

中国国家格网（CN Grid）是指针对目前格网存在的共性问题，解决资源在多样、异格、动态环境下的共享问题，提供具有辅助智能的，单系统映像的，全局一体的格网互操作平台及其关键技术。

CN Grid 由底层资源、Grid 软件和基于 Grid 软件的 Grid 应用构成。Grid 软件将计算、软件和数据等资源服务化、虚拟化，以屏蔽访问它们的技术细节。通过 Grid 路由器网络实现格网环境下的资源发现与定位，并提供 Grid 的在线扩展功能。Grid 操作系统位于每个客户端，为处于顶层的 Grid 应用营造出统一的、单一入口的、且硬件无关的用户界面及开发环境。另外，其余的 GIS Grid 安全机制为 Grid 所有实体提供其余证书的安全认证和授权。

目前 CN Grid 软件已经发布了 1.0 版，可免费下载使用。这个版本实现了 CN Grid 中分布资源（包括北京、上海、西安、长沙、香港）的共享，其余 CN Grid 软件的应用正在移植开发过程中。

2) 应用 Grid

国家地质调查 Grid 集成与部署地质调查领域的海量数据、应用软件及相关设备，为行业应用与公众提供地质领域的相关服务，提供固体矿产资源评价应用系统和华北地下水资源评价服务系统等成果。

航空制造 Grid 实现多企业间的软硬件资源与数据共享。通过软件共享解决昂贵的软件资源在高峰设计时不足的问题，降低飞机新产品研制费用；通过数据共享为多企业异地设计制造提供平台支撑；通过计算资源共享解决复杂、高强度的计算问题。

科学数据 Grid 连接分布在全国各地的 40 余个中国科学院研究所的科学数据网格的示范应用系统——虚拟天文台。

中国气象应用 Grid 利用中国气象局行业内部的综合气象信息网络和高性能计算资源，为行业内部提供支持业务运行和开展数值预报技术协同研究的开发环境，实现数值预报应用层的互联互通、资源共享和协同工作。

新药研发 Grid 利用化合物三维结构和药物信息数据库及网格中的计算资源

等,提供高通量的计算机药物筛选服务,支持新药的研发。目前已在抗糖尿病、抗炎和抗 SARS 病毒等一些新药研究项目取得了重要进展。

生物信息应用 Grid 支持基因数据库、蛋白质数据库、代谢数据库等综合数据库的高效查询,提供网格化的常用生物信息学软件工具和基因预测、重复序列查找、功能分类等计算服务。

林业应用 Grid 通过森林资源监测与分析、退耕还林工程管理等应用示范,实现林业信息资源共享、应用互联互通和协同工作,从而有效地支持我国森林资源监测和林业生态工程的管理与决策。

教育 Grid 应用利用教育网及网上的资源,在生物信息学、图像处理、计算流体力学、大学课程在线、海量信息处理 5 个方面开展了 Grid 应用研究工作,并在教育科研领域发挥作用。

仿真实用 Grid 以支撑航天复杂产品前期论证与后期评估阶段的大规模协同仿真为重点研究,以突破仿真 Grid 部分关键技术和展示"仿真 Grid"应用特色为前期目标,建立仿真科研资源共享与协同大规模分布仿真系统。

城市交通应用 Grid 通过采集与分析上海部分交通线路的信息与数据,利用个人电脑、触摸屏和手机以电子地图的方式,提供实现实时路况信息服务、动态最优出行方案服务、公交车到站时间预测服务等。

油气地震勘探应用 Grid 建立中国石化油气地震勘探应用 Grid 系统平台,从 C4ISR 系统到 Gl-Grid/军用 Grid。

2. 中国教育科研 Grid——China Grid

中国教育科研 Grid——China Grid 计划,于 2002 年正式启动,旨在基于 CERNet 的基础上,实现信息技术资源、信息资源和所有在线的仪器设备,包括各类传感器、电子显微镜及其他实验设备的组成的共享平台,首批有清华大学、北京大学、华东科技大学、北京航空航天大学等 12 所高等院参加。China Grid,即校园计算机 Grid 平台,聚合了该 12 所院校的计算能力,聚合计算能力已超过 12 万亿次。基于 China Grid 支持平台,共开发了图像处理 Grid,生物信息等 Grid,大学课程在线 Grid,计算流体力学 Grid,大数据量信息处理 Grid 等五大专业 Grid。China Grid 是国际上第一个遵循国际 OGSR 标准框架的,参照 WS-RF 规范的 Grid 中间件的支持平台 CGSP,已成为 China Grid 标准的主要制定者,受到了国内外学术界的技术界的重视。

3. 中国科学院 Grid——Vega 计划

目前,网格计算在我国还处于研究阶段。从 1995 年开始,中国科学院计算研究所就建立了专门的网格研究队伍,开始进行相关技术研究。中国科学院计算研究所承担的 863 国家高性能计算环境(National High Performance Computing Environment,NHPCE)(亦称国家计算网格)是国家级高性能计算和信息服务的战略性基础设施，它将在全国范围内为各个行业提供各种一体化的高性能计算环境和信息服务，把我国 8 个高性能计算中心通过 Internet 连接起来，统一进行资源管理、信息管理和用户管理，并在此基础上开发了多需要高性能计算能力的网格应用系统，取得了一系列研究成果。清华大学计算机系承担的"先进计算基础设施（advanced computational infrastructure，ACI）北京—上海试点工程"——ACI 工程的目标是把分布在不同地理位置的高性能计算机、贵重仪器、数据库等用高速网络连接在一起构成一台虚拟机器，用户通过 ACI 共享资源、共同讨论、合作开展科研项目。目前清华大学的 ACI 系统已经形成了支持远距离联合研究的试验环境。

中国科学院计算研究所正在进行织女星计划（Vega 计划），该计划以元数据、构件框架、智能体（agent）、Grid 公共信息协议和网格计算协议（GCP）为主要研究突破点。在 Grid 硬件方面，中国科学院计算研究所在成功研制出曙光 3000 超级服务器后又着手研制下一代面向 Grid 的超级服务器——曙光 4000 和曙光 5000。在网格系统软件方面，中国科学院计算研究所正在研究开发 Grid 计算协议栈（grid computing protocol stack）以及有效支持网格计算协议的织女星 Grid 操作系统（Vega GOS）。在 Grid 应用方面，中国科学院计算研究所主要开展了信息 Grid 和知识 Grid 的研究工作。

目前网格技术已经引起中国专家的高度重视。2002 年 4 月，国家科技部在北京召开"Grid 战略研讨会"。科技部有关负责人透露，我国将通过"863"计划"高性能计算"专项的形式在"十五"期间支持网格的研究和应用工作，有关网格的其他一些重大战略决策也正在积极酝酿之中。

4. 《基于 SIG 框架的（上海）城市空间信息应用服务系统》——上海 Grid

这个课题是在 2002 年启动的，旨在以城市建设和管理领域应用为牵头，实现上海 SIG（空间信息 Grid）城市空间信息应用服务运行系统目标，在数字城市建设框架中具有极其重大的意义。该项目主要根据城市建设、管理与产业发展的需求，确立数字城市空间信息基础设施的框架和内容，并以此为基础建立和管理城市空间数据库，建立空间信息共享应用服务平台，实现多源空间信息继承、融合和共享服务。最终建立具有基本按需服务能力的数字城市服务系统，形成服务于政府，企业和公众的数字城市整体解决方案和可重复使用，易于移植和可控制的数字城市软件、硬件产品，促进"上海 Grid"的实现。

5. 格网计算对数字城市的影响分析

由于数字城市中许多领域都是数据密集、计算密集或访问密集的。如专业仿真型城市地理信息系统通常是数据密集加计算密集的；城市遥感影像实时处理也是数据密集加计算密集的；分布式虚拟现实城市地理信息系统和空间信息应用服务则是数据密集加计算密集再加访问密集。因此格网计算对数字城市诸多领域都将产生非常深远的影响，希望引起数字城市领域的研究人员的高度重视。下面从专业仿真型城市地理信息系统、城市遥感影像实时处理和虚拟现实城市地理信息系统 3 个领域来阐明上述观点。

城市地理信息系统是数字城市的重要组成部分。地理信息系统中的空间分析通常涉及海量的地图数据、遥感数据、地理数据，因此空间分析是典型的数据密集型计算问题。目前地理信息系统的空间分析功能还不是非常强大，但即便这样通常也需要配置高档微机、图形工作站。这样用户光是硬件投入就很大，在一定程度上给用户设置了较高的应用地理信息系统的门槛。随着地理信息系统软件的进一步发展，地理信息系统软件的空间分析功能也逐步增强，需要消耗的计算资源也越来越多，计算资源的短缺逐渐成为地理信息系统应用的瓶颈问题。目前正在发展的格网计算技术是有效解决这个问题的重要方法，采用格网计算技术，用户可以根据实践任务实际情况进行计算资源点播（computing resource on-demand）。随着地理信息系统应用的深入，通用平台型的地理信息系统逐步向专业仿真型的地理信息系统的方向发展。基于地理信息系统的系统仿真在数字城市中诸如城市交通流量仿真、城市环境污染扩散仿真、城市规划设计仿真等领域的应用日益广泛。这些基于地理信息系统的专业仿真系统通常需要强大计算力的支持，特别是对于那些实时性要求非常强的领域，这种计算力支持要求更加迫切。可见，格网计算在基于地理信息系统的专业仿真系统领域有着非常广阔的应用前景。

在数字城市中，许多城市应用领域部门希望即时得到经过处理的城市遥感影像。如气象部门要求获得某个时间的城市上空云图分布数据、交通部门要求获得某个时间的城市交通流量分布数据、环保部门要求获得某个时间的城市环境污染情况数据、公安部门要求获得某个时间的突发事件事态情况数据等，这些情况都要求对海量城市卫星遥感影像进行实时处理，而图像处理也是非常消耗 CPU 资源的。格网计算技术的出现使对海量城市卫星遥感影像进行实时处理成为可能，城市各个职能部门可以对相关部分进行实时监控、进行快速反应。

在数字城市中，虚拟现实城市地理信息系统（VRUGIS）的主要目标是通过采用虚拟现实技术实现城市景观建模和城市环境变量的可视化来建立人机和谐的虚拟城市。虚拟现实技术在城市规划、设计、管理方面非常重要。目前制约 VRUGIS 发展的瓶颈问题之一是实时场景渲染问题。由于用户与 VRUGIS 的交互方式是沉浸式的，为了消除场景的闪烁感和交互时场景变化的滞后感，通常要求场景刷新率比较高，即场景渲染实时性强。场景渲染涉及大规模的三角形绘制过程，这种图形绘制过程是非常消耗计算资源的，因此目前虚拟现实系统通常需要配备超级图形工作站，但这种超级图形工作站价格通常非常的高，一般用户是承受不起的。如果采用格网计算技术把若干普通 PC 连接起来构成一个虚拟超级计算机，那么用户的投资可以少许多。另外，也可以考虑把计算任务外包给专门的计算公司，用户就可以只要支出少量费用就可以完成获得需要的计算资源。（见附录 A.3）

2.3 遥感信息系统网络进展与 Grid RSS

遥感技术（remote sensing technology，RST）或称遥感信息系统（remote sensing information system，RSIS）是数字地球获取信息或数据的主要手段。它包括卫星遥感和航空遥感两大类，以卫星遥感为主。从 2004 年以来 NASA 每天可接收超过 3.5TB 数量的遥感数据，而且空间分辨也达到 $0.3 \sim 1m$，光谱分辨已超过 100 余个波段。由于采用了卫星星座技术，时间的分辨率也可以天计或半天计。并出现了"三多"和"三高"现象。"三多"指多传感器、多平台和多角度。"三高"指高空间分辨率、高光谱分辨率和高时间分辨率。

2.3.1 高分辨率卫星遥感技术

这两年来引起信息技术界十分关注的是高分辨力卫星遥感技术（空间分辨率优于 1m 的）及其网上在线服务（online service）的出现及普及，具有划时代的作用。尤其是 1m 空间分辨力的 IKONOS 卫星影像及 0.6m 的 Quick Bird 卫星影像不仅降低密级可供商用，而且还在互联网上供无偿下载服务，为遥感应用与推广起到了巨大的示范作用，现在分别介绍如下。

遥感影像是数字地球信息的主要来源之一，是数字地球的主要的支撑技术。它主要包括各类卫星遥感影像，尤其是高分辨率的卫星遥感影像，及各类航空遥感影像，已成为数字地球信息十分主要的数据源，加上它的在网络上的传输，尤其是 Google 公司的 Google Earth 网上服务，为数字地球建设的应用提供了很好的条件。

近年来高分辨率成像遥感卫星有了很大的发展，为城市信息提供了空间数据，在分辨率为 1m 和低于 1m 的遥感卫星影像上，城市的很多信息都可以依靠它来获得。现将高分辨率成像遥感卫星简要介绍于下。

1. 美国轨道观测高分辨率成像卫星

轨道成像公司（space imaging）又名地球之眼（Geo-eye）是一家全球性地球图像产品与服务供应商，利用数个数字遥感卫星和一体化的全球图像接收、处理与分发网。除了高分辨率的轨道观测-3 号卫星外，还有轨道观测-2 海洋与陆地多波段成像卫星（原名海星），提供渔业信息服务。该公司现在 3 个对地成像卫星，轨道观测-2、轨道观测-3 和 IKONOS 组成星座，并拥有一个全球地面站网和一个大型图像数据库。IKONOS 提供 1m 分辨率的全色和 4m 分辨率的多波段彩色图像。2003 年发射的轨道观测-3 卫星也提供了分辨率与 IKONOS 完全相同的全色图像和多波段数字图像。轨道观测-2 卫星则每天提供 1.1km 分辨率和 2800km 带宽的全球多波段图像，见图 2.1 天安门地区影像。

图 2.1　IKONOS 天安门地区影像

IKONOS 图像的参数

　　空间分辨率：全色 1m，多波段 4m

　　成像幅宽：单景 11km×11km，面积为 121km^2

成像波段：
  全色波段：0.45～0.90μm
  多波段：波段1（B）0.45～0.53μm
  波段2（G）0.52～0.61μm
  波段3（R）0.64～0.72μm
  波段4（近红外）0.77～0.80μm
轨道高度：681.8km
成像时间：上午10：30
成像周期：1m分辨率的2.9天，1.5m分辨率的1.5天
轨道周期：98min

  Space imaging（或Geo-Eye）公司计划于2007年发射轨道观测-5高分辨率成像卫星，全色片的分辨率为0.41m，多波段的分辨率为1.64m，它与轨道观测-3联手工作，每天能获得120万km²余的图像，任一地点的重复周期不到1.5天。

2. 美国"世界观测"高分辨成像遥感卫星

  (1) 数字地球公司（Earth Watch）于2000年发射了"Quick Bird（快鸟）"高分辨率成像卫星。它的全色片的分辨率为0.61m，多波段为2.44m，每年可有效的获得7500万km²以上的图像数据；预期寿命为7.5年，重访周期1.7天，定位精度2m，影像带宽星下点为16km。

  Quick Bird技术指标如下。
分辨率：全色片0.61m（星下点），多波段片：2.44m（星下点）
成像幅宽：单量16.5km×16.5km
成像波段：全色片：0.45～0.90μm
  多波段：波段1（B）0.45～0.52μm
  波段2（G）0.52～0.60μm
  波段3（R）0.63～0.69μm
  波段4（近红外）0.76～0.90μm
轨道高度450km
成像时间：上午10：30
成像周期：16天
轨道周期：100min

  (2) "世界观测"卫星：由数字地球公司负责，计划发射两个成像卫星，其中世界观测-1将于2006年发射，世界观测-2将于2008年发射。世界观测-1卫星的全色片的分辨率为0.5m，每天能成像50万km²面积，还能进行立体成像。世界观测-2卫星能提供全色片的分辨率为0.5m，多波段的分辨率为1.8m（R、

B、G 和近红外)。

3. 法国"昴星团"高分辨率成像遥感卫星

"昴星团"高分辨率成像卫星是由法国国家航天研究中心研制,由法国研究部和国际部共同管理。该卫星可提供全色片的分辨率为 0.7m,多波段的分辨率为 2.8m(4 个波段),每天可获得 450 幅图像,定位精度有控制点时为 1m,无控制点时为 2m。

4. 韩国多用途卫星-2

韩国多用途卫星-2,又称"阿里郎-2"目标是为资源、环境调整与减灾服务。它的全色片的分辨率为 1m,多波段的分辨率为 4m,定位精度高,可制作高分辨率地图。

5. 意大利 Cosmo-Sky 成像卫星星座

意大利航天局(ASI)制定了"地中海盆地观测用小卫星星座"(Cosmo-Sky Med)计划,它由 4 个卫星组成星座,每个卫星都装有一台 SAR 成像仪,能在任何能见度的条件下,可获得 1m 分辨率的 X 波段的 SAR 图像,同时还装有高分辨率(小于 1m)光学成像仪,包括全色和多波段在内,能满足城市在内的多种调查和监测工作。

6. SPIN-2 由俄罗斯与美国联合发射

分辨率为全色的是 2m,多波段的是 10m,全色 2m 分辨率的成像幅宽 40km×120km,多波段 10m 分辨率的成像幅宽 200km×300km。

7. "资源-DK1"号卫星

"资源-DK1"号人造卫星是苏联解体以来俄罗斯研制的第一颗高分辨率、多光谱遥感测绘卫星,其分辨率达到 1m。卫星数据以数字格式传回地面站进行处理,处理后的图像可供俄罗斯国内外用户使用。该卫星每昼夜测绘范围最多可达 70 万 km^2 余。

2.3.2 中分辨率卫星遥感进展

中分辨率卫星遥感进展,美国的 Landsat、TM/ETM、Aster、法国的 SPOTS6、欧盟的 ERSI、2,加拿大 Radarsat,日本的 JERS-1、ADEOS 及 ALOS,印度的 IRS1、2,中国的资源卫星(中巴 CBERS-1)及海洋卫星等,尤其是中国的"北京湾"引起了广泛关注。

1. 北京一号小卫星

在科技部"十五"科技攻关重大专项"高性能对地观测微小卫星技术与应用研究"支持下,北京一号小卫星于 2005 年 10 月在俄罗斯发射成功,并在 11 月成功获取了第一幅境内多光谱卫星遥感影像。运行一年来,一切正常。"北京一号"是由英国萨里卫星技术公司(SSTL)与中国合作研制成功的其技术指标如下：

  轨道：三轴稳定，太阳同步轨道

  轨道高度：686km

  轨道角度：98.1725

  成像方式：升交点成像，地方时 $10^{30} \sim 11^{30}$

  星上存储容量：240G 硬盘＋4G 固态存储器

  有效载荷：多光谱和全色片传感器

  数据传输：XBAND，40/20Mbps；SBAND：8Mbps

  侧摆：±30°

  设计寿命：5 年

  卫星重量：166.4kg

  分辨率：全色片 4m；多光谱（红、绿及近红外），32m

  成像幅宽：全色片幅宽面 24km，具有侧摆功能

    多波量幅宽为 600km

(1) 全色遥感器有一个线性 CCD 推扫式成像化，它的指标如下，

  星下点分辨率：4m

  则幅宽度：24.2km

  视场角：1.9°

  波段范围：500～800nm

  相机孔径：400mm

  焦距：1372mm

  探测器：线阵 ECD

  CCD 大小：8μm

  CCD 分类：6056

  量化值：10 bits

  重量：24.5kg

  侧摆：±30°

(2) 多波段 CCD 抓式成像化，它的主要指标为

  星下点分辨率：32m

  则幅宽度：600km

  视场角：37.9°

  波段范围：G 为 523～605nm

      R 为 630～690nm

      Nr 为 774～900nm

  相机孔径：100mm

焦距：150mm

探测器：线阵 CCD

CCD 大小：$7\mu m$

CCD 个数：10 000

量化值：8 bits

重量：7kg

2. ALOS 遥感卫星

ALOS 遥感卫星带有 3 个传感器。

(1) 全色遥感立体测绘仪（PRISM），其基本参数

波段数：1 个全色

波长：$0.52\sim 0.77\mu m$

空间分辨率：2.5m（星下点）

成像幅宽：70km（星下点）

成像范围：82°S～82°N

应用：用于高程测绘

(2) 先进的可见光与近红外辐射计-2（AVNIR-2）

波段数：波段 1 为 $0.42\sim 0.50\mu m$；

波段 2 为 $0.52\sim 0.60\mu m$

波段 3 为 $0.61\sim 0.69\mu m$

波段 4 为 $0.76\sim 0.89\mu m$

空间分辨率：10m（星下点）

成像幅宽：70km

成像范围：88.4°N～88.5°S

(3) 相控阵型波段合成孔径雷达（PALSAR）

空间分辨率：7.44m、14.88m、100m、24.89m

成像幅宽：40.70km、40.70km、250.35km、20.05km

成像范围：87.5°N～75.9°S

2.3.3 其他卫星遥感进展

低分辨率卫星遥感进展主要指新一代静止轨道业务环境卫星-N（GOES-N）。由美国 NOAA 与 NASA 联合研制的，新一代静止轨道业务环境卫星-N（GOES-N）已于 2006 年 5 月 24 日发射成功，该卫星入轨后更名为 GOES-13，即为第 13 颗 NOAA 卫星。它的主要目的之一是监测"飓风"，它的跟踪定位飓风的精度比上一代卫星要高 4 倍。由 NOAA 管理。GOES-13 卫星又称为"天眼"。

GOES-13 的目标是保持由两颗卫星每天 24h 连续发送气象数据以满足各类

气象业务的需求。目前 GOES 提供的图像及气象预报的信息，可以每天 24h，一年 365 天直接通过电视频道进入千家万户，减少"卡特里娜"那样造成的灾害。尤其对于预报强台风、强暴雪、龙卷风、飓风的监测和预报具有重要的作用。

GOES-13 成像仪主要采用了可见光近红外、中红外和远红外波段，像元的分辨率有 1km、4km 和 8km 不等。可以探测大气温度和湿度剖面图、地表温度和云顶温度及臭氧分布等，还包括太空环境监测器，如高能粒子感测器（EPS）、太阳 X 射线探测器（XRS）等。

GOES-13 的主要任务：包括日常气象预报，准确预报未来 3~5 天的天气状况、灾害性气象预报、监测森林、草原火灾，长期气候变化和环境监测，及太空环境监测和预测，如太阳光耀斑、地磁暴等。

2.3.4 对地监测卫星的进展

数字地球需要对地监测卫星的支持，不仅与其的精确测量有关，而且还与地震等监测预测有关，现在将它们的最新进展介绍如下：

1. 重力卫星

卫星重力探测技术（satellite gravity，SG）是借助于 GNSS 的连续精确三维定轨（3~4cm）技术，高灵敏度的星载加速度计的非保守力测定（10~9m）、高精度测距仪对同轨双星间距变化的感应（10~9m），以及星载高精度重力梯度仪，可以得到感应地球重力场的各种参数量，由这些参量可以反演地球重力场及其变化，主要为精确定位与地震预报服务。主要有以下探测技术。

1) CHAMP 卫星技术

CHAMP（CH Allenging Minisatellite Paylood）卫星预期寿命 5 年，圆形近极轨道，倾角 83°，偏心率 0.004，近地点约 470km，其主要任务是确定全球中、长波长的静态重力场及随时期变。载有双频 GPS 接收机，用来接收 GPS 卫星信号，以精准测定 CHAMP 卫星的轨道；载有三轴加速度计，安置在整个卫星系统的重心处，用以直接测定卫星所受的非保守力摄动影响。该卫星由若干高轨同步卫星跟踪低轨卫星轨道摄动确定扰动重力场，并通过卫星轨道扰动分析得到中、长波地球重力场的静态和动态模型。预期反演重力场的空间分辨率可达 500km，重力模型的精度提高 1~2 数量级，即 1000km 波长以上中、长波大地水准面测定精度达 1cm，测得的地球形状为"倾倒的鸭梨形"（图 2.2）。

2) GRACE 重力卫星技术

GRACE 重力卫星是由同一个轨道上的两个低轨卫星组成，两个卫星之间标称距离为 50km，圆形轨道，（$e<0.005$），轨道倾角为 89.5°，轨道的初始高度为 450~500km，设计寿命为 5 年，其原理是通过测定两卫星间的相对速率变化求得的引力位变化来确定位系数，所获得的地球重力场的精度比 CHAMP 卫星的高。

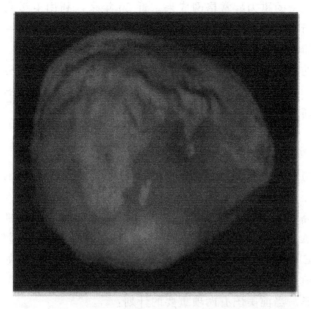

图 2.2 CHAMP 重力卫星测得的地球形状（宁津生，2004）

GRACE 可以测得前所未有精度，其中长波 5000km 分辨率的大地水准面期望精度可达 0.01mm，中波 500km 分辨率的大地水准面的期望精度为 0.01mm 即 0.1cm。以 2~4 星期时间将观测数据测定地球重力的时变量，测量大地水准面年变化的期望精度为 0.01~0.001mm/a。

3）GOCE 重力卫星

GOCE 是欧洲宇航局目前正在研发中的地球重力场探测卫星，计划于 2006 年发射。它的主要仪器有极高精度的卫星超导梯度仪，用于精确定轨的 GPS 接收机，用以补偿非保守力摄动的无阻尼装置。其工作原理是"卫星重力梯度测量原理"，即直接用卫星梯度仪测出低轨卫星处重力位的二阶导数，然后按边值反演出地球重力场。轨道倾角为 96.5°，设计确定大地水准面的精度在长于 200 km 的波段为 ±1cm。

2. 测高卫星

卫星测高（satellite altimetry，SA）的基本原理是利用星载微波雷达测高仪，通过测定微波从卫星到地球表面，再反射回来所需的时间确定星下点的高度。根据已知的卫星轨道和各种改正，来确定大地水准面的海拔高度。

卫星海洋雷达测高技术可精确测量全球海洋平均海面的大地高程。若将平均海面看作大地水准面，则可以用卫星测高技术直接测定海洋大地水准面。利用大地水准面高和重力异常之间的泛函关系，由大地水准面可反求出海洋重力异常获得高精度的、稠密的重力异常格网成果。近20年来，利用卫星测高数据推算的重力异常，其精度在1°×1°分辨率时可达±4mgal [1gal（UK）=4.54609L] 或更高，达到了船测重力精度的水平，但卫星的分辨率比船测得高。

近期发射的测高（SA）有Jason-1（2001年12月）、ENVISAT（2002年3月）、ICESAT（2003年1月）是专门带有激光测高系统（GLAS）可提供格凌兰和南极洲的高度数据。

2.3.5 航空遥感

航空遥感与卫星遥感之间存在着不可替代的互补作用。它具有灵活、机动和分辨率高的特征，适用于小范围遥感应用。

NASA装备了先进的大型航空遥感平台及技术系统，设在加州的阿默研究中心（NASA Ames Research Center），拥有最近研制的数十种遥感系统和由U-Z飞机改装的ER-2和C-130，C-141，DE-8等飞机平台，飞行高度可达24km，可进行综合对地观测。另外NASA的约翰飞行中心也装备了超高空飞机，为卫星遥感预研服务。当前美国有两项重要的计划：

(1) "NASA机载科学计划"（NASA Airborne Science Program）；
(2) "高空摄影计划"（High Altitude Photographic Program）。

主要任务是进行火山、地震、农业、病虫害、林火、污染监测。

另外，民用的私营TASC航空遥感公司，专门为农业遥感和土地遥感任务提供商业服务。

利用DGPS（数字卫星定位）和1NS（惯性导航系统）的组合，可形成航空/航天影像传感器的位置与姿态自动测量和稳定装置，从而实现定点摄影成像和无地面控制的高精度对地直接定位。在航空摄影条件下，几何精度可达分米级。在卫星遥感条件下，也可达5级。若与高精度激光扫描仪集成，可实现实时三维测量。

2.3.6 遥感格网

遥感格网（remote sensing grid，RSS Grid）由两个部分组成：第一部分指空基的或车载的由多个对地观测卫星组成的星座（group of OE satellites）的卫星与卫星之间的通信，包括星上传感器与传感器之间的通信，如Sensor Web，确保了星与星之间、传感器与传感器之间的协同工作，而且还确保了星座与地面控制中心、与广大用户之间的通信，使在轨的星座为地面用户直接提供所需的对地观测信息，如智能化的对地观测卫星（IEOS）系统就具有这个功能。第二部分指地面遥感格网，包括分布在异地的和异构的地面控制中心、接收站、图像处理中心、大型数据库、应用中心、实验室（包括传感器，各种仪器和设备）及广大用户，直接或间接连接，互联互通，协同工作，实现 Grid Computing 的功能。

美国的数字地球协会和 OGC 联合倡导的 WMT（Web Mapping Testbed 的缩写），是为目前实施数字地球计划而提出来的，是将目前站点提供的有关地球的影像、地图无缝链接起来，以基于 Web 的地图方式浏览空间信息。近来，Google 和 Microsoft 竞相推出"虚拟地球"服务，把网络发展从"信息高速公路时代"推向到"数字地球时代"。

2.4 格网化全球导航卫星系统

2.4.1 全球导航卫星系统进展

全球导航卫星系统（GNSS）是美国的 GPS（global positioning system，即全球定位系统）、俄国的 GLONASS、欧盟的 ENSS（欧洲导航卫星系统，即 Galileo）、日本的"准天顶"卫星系统（QZSS）和中国的"北斗"导航卫星等的总称。它既具有"定位"（positioning）和"导航"（navigating）的功能，又能覆盖"全球"（global）范围，即在全球范围内，不论何时何地进行全天候的通过定位来达到导航的目的。"定位"不仅能精确测定平面位置或地理坐标（经纬度），又能测定它的高程或海拔高度，即又有测量的功能，所以 GNSS 受到了广泛的关注，并取得了很大的进展。

首先美国政府于 2000 年决定撤销了原来公布的"人为降低 GPS 精度"规定，使得现在 GPS 的定位精度，比原来的提高了 10 倍。俄国 GLONASS 近期推出了改进型 GLONASS-M 系统，使它的定位的空间精度提高到 $10\sim15m$（原来水平精度为 16m，垂直精度为 25m），定时精度提高到 $20\sim30ns$，速度精度达 0.01m/s。欧洲的 ENSS（galileo）计划发射 30 颗卫星组成星体，现在已发射了 2 颗，其余正在积极的研发之中。

GNSS 技术正在研发精准单点定位（precise point positioning）技术简称"PPP 技术"，是实现全球精确定时，动态定位与导航的关键技术是 GNSS 的前沿课题。网络 PTK 技术是 PTK 与差分 GNSS 的基础上发展起来的新技术，具有覆盖面广和定位精度高，可靠性好，可实时提供厘米级的定位的特点。

2.4.2 格网化全球导航卫星系统

欧洲空间局在国际民间航空组织提出了全球导航卫星系统概念的基础上，可以实现全球高精度定位、定时和满足航海、航空导航、搜索、营救、进出港及飞机着陆的导航需要，它是由导航卫星星座、机载接收仪、地面监测、监视系统组成，它的特点是把所有的导航卫星功能集成组合，第一代 GNSS，包括了 GPS（24 颗）和 GLONASS（14 颗）星座组成。第二代 GNSS 除了 GPS 和 GLO-

NASS 星座外，还要包括 Galileo 导航卫星星座在内。第二代 GNSS 不仅可以实现全球范围的高精度定位，而且还有很高的系统可靠性，可以实现多个系统（GPS GLONASS 和 Galileo）之间的互补和兼容，利用所有导航卫星的信息，到 2008 年计划有 80 颗用于定位导航卫星（星座）供应用。

1. 格网化全球导航卫星系统

格网化全球导航卫星系统（Grid GNSS）是指把全球所有定位、导航卫星资源进行互联和整合成一台巨大的超级计算机系统，如图 2.3 及图 2.4 所示：

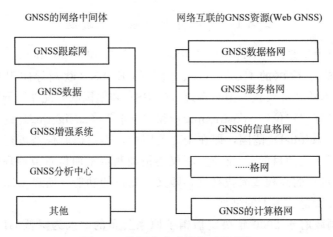

图 2.3　格网化全球导航卫星系统

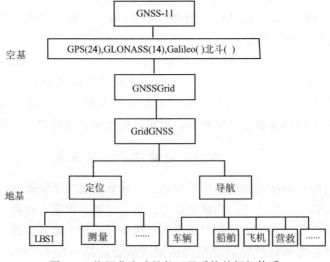

图 2.4　格网化全球导航卫星系统的框架体系

格网化全球导航卫星系统是指基于 Grid 的卫星导航系统，是建立在基于全球所有用于卫星导航、定位和其相关应用服务资源的专门的计算网络组成的卫星导航系统。

2. Grid GNSS 的功能

（1）基本的卫星定位导航，指单站观测的综合定位导航，即基于距离交会方法的定位导航的系统，在实现定位导航的同时，也成为 GNSS Grid 的外部信息资源。

（2）Grid DGPS/RTK。DGPS/RTK 指通过差分改正实现精确动态定位。传统方法是至少需要一台 GPS 接收机作为 GPS 基准站，用于计算差分改正信息。由于 Grid 资源非常丰富，基于 Grid GNSS 的 Grid DGPS/RTK 用户只需向 Grid GNSS 提出要求，就可以得到任何差分定位的差分信息，实现差分定位，同样也可以全由 Grid GNSS 代其完成定位计算。基于 Internet DGPS/RTK 技术是近期国际上研究的扭点，它可以利用现有的 Internet，资源进行差分定位数据发布，应用 Internet 和移动技术作为高精度 GPS 定位技术的数据传输链路，流动站用户采用 GSM/GPRS 无线上网接收数据完成定位。以 Internet 来代替数传电台作为 RTK/DGPS 定位的数传链路，可以改变原有的单向数据传输链路，实现双向通信方式。基于 Internet RTK/DGPS 技术研究是实现 Grid GNSS 的中间过程，最终会过渡到格网 Grid GNSS。

（3）格网虚拟参考站（grid virtual reference station，Grid VRS）。网络 RTK 是以多个参考站组成 GPS RTK 与控制中心间建立数据链路，由控制中心对各参考站的数据进行整合生成相应的改正信息，分发给网络内的流动用户。网络 RTK 分发改正信息的方式有两种：①虚拟参考站 VRS（virtual reference station）来替代传统的 RTK 作业前必须要建立参考站，其定位理论思想是利用网络内所有的固定参考站来合成虚拟参考站，即中央服务器接代网络内流动站向其提供的自身近似位置，并进行相关处理后，成为该流站生成一个"虚拟的参考站"，通过通信设备由控制中心传给流动站，从而使流动站完成 RTK 定位。由于 Grid GNSS 中包含了全球的 GNSS 数据资源、格网虚拟参考技术，理论上可以在全球任何地的 VRS，计算网络 RTK 差分改正信息，实现全球范围的网络 PTK 定位，用户只需向 Grid GNSS 提出信息请求，Grid GNSS 就可以按照用户需要完成服务，包括相关数据处理和定位格网计算（grid computing）。②RTG（real time GIPSY）技术是由 JPL 研发的实时高精度 DGPS 差分专刊技术。NASA 和 JPL 共同建立，并维护了 28 个 GPS 地面监测网，在全球范围内发布 RTG 双频改正信息，实现全球范围的高精度定位。RTG 替代了原来的 RTK（实时基准站技术），RTG（实时高精度 DGPS 差分专刊技术）采用在世界范围内的 28 个双频参考站对差分信息进行收集，并发往数据处理中心，经过处理后，形成一组差分改正数据,将其传送到国际海事卫星,然后向全球广播。采用 RTG 技术的 GPS 接收机在接收信号的同时,也接收卫星发出的差分改正信号,从而达到实时的高精度定位,因此也称为"星站差分"技术,它本身也是 Grid GNSS 具有的资源。

(4) VRGNSS 信息中心平台是整个 Grid GNSS 的中间体和应用平台,主要包括:①大量的异构资源共享;②大量的异构特征性数据管理;③高性能计算能力;④综合 GNSS 数据处理;⑤综合 GNSS 信息服务。Grid GNSS 主要是一个计算网络,而 VRGNSS 信息中心是 Grid GNSS 的核心。

(5) Grid GNSS 的研究内容。①多模式定位导航卫星技术:即 2008 年 GPS、GLONASS 和 Galileo 系统建成,那时天空将有 78 颗定位卫星,任何地方可同时收到 12 颗卫星的信号。②GNSS 资源的网络化和共享:将 GPS、GLONASS 和 Galileo 系统跟踪站和成千上万的移动卫星定位资源,数据处理中心实现联网和共享。③Grid GNSS 的中间体研究:主要构建 VRGNSS 信息中心平台,开发 Grid GNSS 的中间软件,开发科学数据格网的示范应用系统等。④GNSS的 Grid Computing:Grid Computing 是指基于格网的问题求解。GNSS 空间 Grid 主要的特征是实现 GNSS 的 Grid Computing。Grid GNSS 的主要功能就是基于 Grid GNSS Computing 的实现。因此 Grid GNSS Computing 的研究是 Grid GNSS 的最本质的内容。⑤VRGNSS 分析处理中心:是建立在 Grid GNSS 基础上的虚拟信息提供和发布中心,该中心依托分布在各地的计算资源、数据资源、信息资源,通过 Grid GNSS 的中间体,形成一个面向用户的虚拟分析中心,以满足用户各方面的需求。

(6) Grid GNSS 的实现。Grid GNSS 是建立在格网之上的网络化的全球定位导航卫星系统,它的发展过程如图 2.5 所示。Web GNSS 指基于当前的 Internet 建立的以网络服务为目标的过渡阶段,目标是实现计算机的互联,实现全球

图 2.5　Grid GNSS 发展过程

网页浏览。Grid GNSS 是解决 Grid computing 资源紧张目标服务的，以解决大气的计算问题。Grid GNSS 是指以 Grid GNSS 支持的全球定位导航系统，即实现了格网化的 GNSS（程鹏飞等，2005）。

2.5 地理信息系统技术进展与 Grid GIS

地理信息系统（GIS）技术是数字地球的核心技术之一，它不仅对地球数据进行管理，而且还对地球数据的分析和应用起到了十分重要的作用。近年来 Web GIS，Mob GIS/移动 GIS，3DGIS/三维 GIS，Com GIS/组件化 GIS，Interoperable GIS/互操作 GIS 及 Cyber GIS 或 VRGIS/虚拟 GIS 取得了飞速的发展。

Grid 的出现和迅速的发展，不仅在 IT 界发生了一场革命，而且对空间信息技术的发展起到了很大的促进作用。格网是利用高速国际互联网或专用网络把地理上广泛分布的计算资源、存储资源、通信资源、网络资源、软件资源、数据资源、信息资源、知识资源等连成一个逻辑整体，就像台超级计算机一样为用户提供一体化点播式的信息服务和应用服务，最终实现用户在格网这个虚拟组织环境上进行资源共享和协同工作，消除信息孤岛和资源孤岛，用户使用格网上的各种资源像用电一样简单。作为第三代 Internet 的格网必将对地理信息系统发展产生深远的影响，下面将从格网技术对地理信息系统空间分析的影响、格网技术对地理信息系统地理数据存储手段的影响、格网技术对地理信息系统开发方式的影响、格网技术对地理信息系统产业模式的影响等 4 个方面比较全面地分析格网技术对地理信息系统的影响，以期引起地理信息系统领域专家对格网技术的高度重视。

2.5.1 Grid 对 GIS 的影响

1. 格网技术对地理信息系统空间分析的影响

传统的分布式计算通常采用 Master/Slave 结构，Master 机负责把计算任务分配到各个 Slave 机，各个 Slave 机独立完成 Master 机交给的计算任务后把计算结果再递交给 Master 机，由 Master 机把各个 Slave 机的处理结果汇合以后再递交给最终用户。可见，这种采用 Master/Slave 结构的分布式计算方法中各台计算机之间的关系不是对等的：Master 机完全控制 Slave 机，而各个 Slave 机之间没有计算任务的物理迁移。也就是说，各个 Slave 机独立使用自己的计算资源完成自己的计算任务。这种分布计算结构没有充分利用空闲计算资源，计算能力往往受到 Slave 机 CPU 资源的限制。据美国 SUN 公司有关统计资料表明，世界上 80% 的 PC 机上的 CPU 都处于不同程度的闲置或欠载状态。随着计算机芯片技术的飞速发展，这种闲置或欠载程度变得更加严重。因此就有人设想如何最大限度地利用这些闲置或欠载的 CPU 计算资源为科学研究或商业应用上超大规模计算服务，而提供这些闲置或欠载的CPU计划资源的人却感觉不到，这就是格网计算的基本概念。

美国前副总统戈尔在提出"数字地球"概念的演说中提到数字地球的关键技术之一就是科学计算。但随着高速计算机的出现，我们可以模拟一些不能观测到的现象，同时也能够更容易地理解观测到的数据。通过这种渠道，计算科学可以使我们突破实验和理论科学的限制。实际上，计算格网就是一台全球性的虚拟超级高性能计算机，科学家利用计算格网可以用几分钟完成以前需要几个月甚至几年的计算任务，必将促进全球变化研究所需要的复杂计算的顺利进行，因此可以认为格网计算技术成为数字地球的关键技术之一。

数据密集型计算（data intensive computing）是一种非常重要的格网计算类型。地理信息系统中的空间分析通常涉及海量的地图数据、遥感数据、地理数据，因此空间分析是典型的数据密集型计算。目前地理信息系统的空间分析功能还不是非常强大，但即使这样通常也需要配置高档微机、图形工作站。这样用户光是硬件投入就很大，这在一定程度上给用户设置了较高的应用地理信息系统的门槛。随着地理信息系统软件的进一步发展，地理信息系统软件的空间分析功能也逐步增强，需要消耗的计算资源也越来越多，计算资源的短缺逐渐成为地理信息系统应用的瓶颈问题。目前正在发展的格网计算技术是有效解决这个问题的重要方法，用户可以实现计算资源点播（computing resource on-demand）。

随着地理信息系统应用的深入，通用平台型的地理信息系统逐步向专业仿真型地理信息系统的方向发展。基于地理信息系统的系统仿真在城市交通仿真、油田勘探仿真、环境污染仿真、水利工程仿真等领域的应用日益广泛。这些基于地理信息系统的专业仿真系统通常需要强大计算力（computing power）的支持，特别是对于那些实时（real-time）性要求非常强的领域，这种计算力支持要求更加迫切。可见，格网计算在基于地理信息系统的专业仿真系统领域有着非常广阔的应用前景。

综上所述，格网计算是解决地理信息系统深入应用中计算资源短缺瓶颈问题的强大手段，在基于地理信息系统的专业仿真系统领域有着非常广阔的应用前景。由于格网中的计算资源非常丰富，并且可以动态扩充，格网计算技术能够满足地理信息系统对计算力伸缩性要求。

2. 格网技术对地理信息系统地理数据存储手段的影响

地理信息系统的数据存储手段经历了文件系统、关系数据库管理系统、对象关系型数据库管理系统、数据仓库等几个阶段。在数据库出现以前，地理信息系统采用文件系统的存储方式。文件系统存储方式虽然比较简单，但是存储效率很低。之后，地理信息系统采用关系数据库管理系统的存储方式。随着面向对象技术的发展，人们又把面向对象技术引入数据库管理系统，因此出现了对象关系型数据库管理系统。随着 Grid 技术的广泛应用，人们又希望能够把地理分布的数据库管理系统联结起来，采用"分布存储、集中管理"的模式，进行在线数据联机分析，因此出现了数据仓库（data warehouse）。W. H. Inmon 认为数据仓库是面向主题的、集成的、时变的、鲁棒的（robust）、支持决策的数据集合。每个主题对应一个分析领域，与决策相关的多源数据经过抽取、转换、过滤和合并后按照主题存放。一个数据仓库通常有多条数据链，这些数据链负责从各个地理位置分散的数据库服务器中提取有关数据到数据仓库中。在地理信息系统领域，数据仓库主要应用在空间决策支持系统。如空间数据仓库就是在数据仓库的基础上引入空间维数据，增加对空间数据的存储、管理和分析能力。它以各种面向应用的地理信息系统为基础，通过元数据抽取和聚类规则将它们集成起来，根据主题从不同的地理信息系统截取不同时空尺度的地理信息，以业务的主题内容为主线对地理信息进行组织，从而为政府决策提供及时、准确的地理信息。

目前全球遥感卫星数据总量已经达到 PB 级水平，并且每天分布全球的遥感卫星地面站还接收大量的遥感数据。如何有效解决海量遥感数据的存储问题是建立数字地球的基础问题。美国正在建设地球观测系统，用于全球变化研究等民用目的和全球军事监控等军用目的，他们就非常重视海量遥感数据的存储问题，并且启动了一些研究项目来解决这个问题。

目前在地理学领域，访问和分析地理数据的研究人员数量众多，他们的位置是空间分布的，并且他们分别属于不同的组织机构。海量地理数据存储在各个地理研究机构组织，它们也是物理位置分布的。在协作式大型资源环境科学研究中，特别是在全球变化研究领域，研究人员会产生许多数据访问请求，通常每个请求都涉及访问 GB/TB 级数据，并且要求在广域网上实现 CB/S 的数据传输速度。现有的数据基础设施基本没有办法满足这种要求。

数据格网是海量数据分布式管理和分析的数据基础设施，它是一种全新的数据存储、提取、传输手段。数据格网就是把地理位置分布的数据资源、系统用户（数据生产者和数据消费者）、存储资源连成一个逻辑的整体。用户在应用过程中不必每次一个个地访问包含目标数据集的数据库，用户只要列出一个数据集清单递交给数据格网系统，如果用户所要的数据集是收费的，则数据格网系统返回报价，用户确认以后，在线支付系统把用户费用划到数据集提供者的账户中，同时把数据集发给用户，否则用户需要的数据就直接由系统自动地从各个数据库中抽取出来并且递交给用户。数据格网访问数据的方法对用户来说是透明的，用户不必关心他/她所要的数据集存放在哪个站点、哪个数据库中、是哪个机构提供的。采用数据格网为框架体系的空间数据基础设施是数字地球的重要组成部分。

空间数据格网（spatial data grid，SDG）是地球信息科学领域的数据格网。我们目前有待解决的关键问题包括高速数据缓冲问题、根据估计的系统性能引导数据复制、元数据驱动的数据提取机制以及如何采用高性能存储系统（HPSS）和分布式并行存储系统（DPSS）构建空间数据格网。

3. 格网技术对地理信息系统多维化发展的影响

地理信息系统的多维化表现在地理信息系统从二维地理信息系统（2DGIS）、三维地理信息系统（3DGIS）、时态地理信息系统（四维地理信息系统）发展到虚拟现实地理信息系统（VRGIS）。在采矿、地质、石油、城市地下管线管理等领域，传统2DGIS已经不能满足应用要求，迫切希望从真三维空间来处理实际问题。3DGIS与基于平面的2DGIS和基于曲面的2.5维GIS不同之处在于3DGIS不仅能够表达空间对象之间的平面关系，还能描述它们之间的垂向关系，可以对空间对象进行三维空间分析和操作。

虚拟现实（virtual reality）是一种利用计算机图形技术人工合成的可以按照用户的输入而变化的模拟仿真环境，一个多维信息空间，一个用户可与计算机系统自然交互的三维人机界面。虚拟现实的主要特点是"Immersion"（沉浸）、"Interaction"（交互）和"Imagination"（想像），也就是说用户沉浸式地与虚拟场景交互，获得一种身临其境的感受，从而激发用户的想像力。为了进一步提高用户与地理信息系统交互的深度和广度，突破传统图形用户界面，地理学家开始利用虚拟现实技术生成虚拟地理环境（VGE），这样可以极大地提高地理信息显示的真实感和对地理信息的可操作性，使我们更加容易理解地理数据。VRGIS的主要目标是通过采用虚拟现实技术实现景观建模和环境变量的可视化来建立人机和谐的虚拟地理环境。

目前制约VRGIS发展的瓶颈问题是实时场景渲染问题和海量场景数据存储问题。由于用户与VRGIS的交互方式是沉浸式的，为了消除场景闪烁感和交互时场景变化滞后感，通常要求场景刷新率比较高，即场景渲染实时性强。目前虚拟现实系统通常需要配备超级图形工作站，如Onyx2000。但这种超级图形工作站价格非常的高，一般用户是承受不起的。如果采用格网计算技术把若干普通PC连接起来构成一个虚拟超级计算机，则用户的投资可以少许多。

在数字城市中，采用1m分辨率的遥感图像数据生成的虚拟地表模型、采用地下勘探技术获取的城市地质模型以及在它们之上叠加的建筑物等地物模型是构成城市VRGIS的3个主要数据来源。无论地表模型、地质模型还是地物模型，它们的数据量都是非常大的，如何解决海量场景数据存储以支持虚拟城市场景实时生成是一个非常重要的问题。传统的数据库技术已经无法满足这种实时性很高的要求。数据格网技术为这个难题的解决带来了新的希望。基于数据格网技术的VRGIS场景数据存储方法不但可以实现高性能场景数据存储，而且用户对于场景数据来自哪一个数据库或存储节点来说是透明的。

综上所述，格网技术能够很好地解决目前制约VRGIS发展的瓶颈问题，因此格网技术的发展必将促进 VRGIS 的发展，VRGIS 广泛应用的那一天必将来临。

4. 格网技术对地理信息系统互操作的影响

目前困扰地理信息科学界的一个非常重要的问题就是地理信息系统互操作问题。首先，由于不同软件厂商提供的地理信息系统软件采用不同的数据模型和数据结构，他们提供的地理信息系统软件的文件格式也不一样，致使用户只能用特定的地理信息系统软件产品访问特定格式的地理信息资源。再次，不同领域背景的系统开发人员对同一地理现象的理解也不一样，对同一地理信息有不同的数据定义，如农业部门和林业部门对林地的定义就不同。

从地理信息系统互操作的层次来说，可以分为数据级互操作、语义级互操作和系统级互操作。GIS 互操作的目标就是实现地理信息系统的无缝集成，使用户不必关心地理数据/地理信息是由谁提供的、地理信息系统软件是由谁提供的、地理数据/地理信息和地理信息系统软件在哪里，处理结果以一致的描述方式呈现在用户面前。迄今为止，GIS 数据互操作已经有许多不同的解决方法，如空间数据交换标准（SDTS）等。2001 年 3 月，W3C 提出了语义网（Semantic Web）技术，为实现 GIS 语义级互操作提供了一定的技术参考。在国内，中国科学院地理与资源环境研究所的黄裕霞、陈常松、何建邦等进行了不少研究，提出了基于元数据调解器的 GIS 语义互操作实现方法。目前地理信息系统之间系统级互操作研究还不是非常深入，部门内部、部门之间的地理信息系统仍然是一个个孤岛。

格网技术就是解决异构系统之间的互操作问题的。在由空间数据库、属性数据库、元数据库、地理信息系统软件组成的格网系统中，当用户提出某个应用请求时，格网系统自动把任务分解，然后路由（routing）到特定的数据库提取特定数据并且把它传输到特定的地理信息系统软件，最后处理结果以一致的用户界面方式呈现在用户面前，数据访问和数据处理对用户来说是透明的，即用户不必知道处理过程中采用的是哪种地理信息系统软件、地理数据来自哪个数据库。

5. 格网技术对地理信息系统开发方式的影响

随着 Web 应用的快速发展和软件体系结构的演变，远程协作式软件开发方法和远程协同的工作模式已经成为新的发展趋势，传统的应用软件开发方法逐渐显露出其固有的局限性，可以从 SUN 公司推出的 SUNONE 和微软公司推出的 NET 为代表的新一代的软件开发平台看出这种趋势。

组件式地理信息系统（组件式 GIS 或 Com GIS）是随着软件和组件技术的发展而产生的，它具有标准的组件式平台，各个组件不但可以进行自由、灵活的组合，而且具有可视化界面和使用方便的标准化的 API。微软的基于 COM/DCOM 的 ActiveX 控件技术已经成为可视化程序设计的标准控件，新一代的组件式 GIS 大都是采用 ActiveX 控件搭建而成的，如 Intergraph 公司的 MapX，中国科学院地理信息产业发展中心的 SuperMap 等。GIS 应用开发人员只需熟悉 Windows 开发环境，知道组件式 GIS 各个控件的属性、方法和事件，而不必掌握专门的 GIS 开发语言就可以利用各种可视化开发语言（如 Visual C++等）实现 GIS 应用系统。尽管基于 DCOM 的 ActiveX 控件技术能够实现 GIS 网络应用，但这种方法对于用户具体应用来说缺乏柔性和智能化。

智能体（agent）技术是随着网络计算而发展起来的分布式人工智能技术。麻省理工学院的 Patie Maes 认为"智能体是驻留在复杂动态环境中的计算机系统，它们能够自治地感知环境，并且作用于环境，以实现特定的目标或任务集"。智能体具有自治性、社会性、持久性和移动性等特点和推理、学习、适应、复制等能力。智能体能够自动产生、适应、迁移、消失，利用已有的知识和用户的目标及愿望的某种表达方式独立地执行某个操作集。智能体技术为软件设计和软件开发提供了新的思路，采用面向智能体编程（AOP）方法开发分布式智能化软件是未来软件的开发趋势。

智能体组件技术是以智能体为基本单元的软件组件。由于智能体组件可以在网络上移动和复制，因此，智能体组件技术是一种更加灵活的软件开发技术。智能体组件技术与传统的组件技术的不同之处包括以下几个方面：①智能体组件具有"主动性"，它们可以根据实际应用情况自动地组合，并且这种组合是动态完成的，从而形成一个功能非常强大的软件体（software entity）。而传统的组件是一种"被动"组件，它们需要软件开发人员用手工的方式把它们组装起来。②智能体组件可以根据应用需要复制自己，也可以在任务完成之后自动解体。而传统组件是不能够自己复制自己的，需要人工进行代码重用，而且传统组件在应用任务完成之后也仍然存在，需要人工进行删除。③智能体组件可以在 Internet 上不断迁移，与其他智能体组件进行交互，交换各种资源信息。而传统组件需要人工发布，并且组件之间不能进行自动交互。

为了完成某项大型地理信息系统工程项目，通常需要不同的地理信息系统平台软件和地理信息系统应用软件。尽管目前各个地理信息系统平台软件和地理信息系统应用软件厂商都可以提供组件给用户进行客户化定制，但是由于目前各个地理信息系统平台软件和地理信息系统应用软件厂商采用不同的数据模型和数据结构，组件的接口定义差别很大，组件版本升级情况也不一样，因此不同地理信息系统软件厂商之间的组件兼容性很差，难以用它们组装成用户需要的软件体。

构建格网的目标之一就是要实现软件资源的真正协同，使格网成为一个虚拟的软件智能体组件的装配工厂。采用格网技术把软件智能体组件用逻辑的方式组织起来，并且建立智能体组件元数据库（AC-Metadata Database）。地理信息系统厂商负责组织人员开发软件智能体组件，用户根据工程项目需要提出软件需求，然后把软件需求通过应用门户（application portal）递交给格网系统，格网自动形成软件智能体组件组装方案和报价，格网是在线支付系统在用户确认以后从用户账户中划拨资金给提供软件智能体组件的各个厂商，这样可以彻底改变地理信息系统软件的开发方式。

6. 格网技术对地理信息系统产业模式的影响

我们平时用电的时候很少会想我们用的电是从哪个发电厂里来的，各个电网之间是如何划分的等。实际上，格网的目标就是让最终用户使用计算资源、存储资源、数据资源等各种资源像用电一样方便。

历史实践表明，任何重大技术的出现都会对已有相关产业产生一定程度的冲击。在当今网络时代，基于网络的应用是一种重要趋势。我们从桌面地理信息系统（Desktop GIS）逐步过渡到 Web GIS 就可以证明这一点。格网作为第二代的 Internet，不仅将深刻影响 Web GIS 的体系结构，而且也将深刻影响地理信息系统产业结构。地理信息系统产业中的一些新的商业模式必将出现。

目前，我国地理信息系统产业还处于起步阶段。如何实现我国地理信息系统产业跨越式发展是我们应该给予特别关注，进行深入思考的问题。空间信息格网（spatial information grid，SIG）是采用格网技术建立地球信息科学领域的信息格网，是一种全新的国家空间信息基础设施（NSII）。我国地理信息系统产业有关单位（主要包括国产 GIS 软件开发公司、地理数据生产单位）应该协作建立我国空间信息格网来发展我国地理信息系统产业，并且以采用空间信息格网架构的"数字城市"建设作为我国空间信息格网示范工程，进而带动我国地理信息系统产业新一轮的快速发展。

通过建立空间信息格网，可以为长期困扰我国地理信息系统业界专家的一系列重大技术问题提供一体化的解决方案，如海量空间数据快速处理问题、海量空间数据存储问题、地理信息分布式大规模计算问题、VRGIS 实时性问题、GIS 互操作问题、地理信息系统应用系统快速开发问题等。

2.5.2 Grid GIS

1. 综述

Grid GIS 是指实现在广域网 Internet 环境中的异地系统分布的多台 GIS 系统及海量数据的信息共享与协同服务 GIS 集成平台。其主要特征是：将异地分布的结构差异的各种 GIS 通过宽带网的连接实现大型计算服务，虚拟现实服务，同时将在线的闲置的 GIS 功能充分调动起来，实现原来由一台小型 GIS 所不能完成的任务。

Grid GIS 是以宽带网相连接的多台异地、异构的 GIS 集成网络，并能实现数据资源计算资源（软、硬件）共享和互操作的空间信息技术的集成系统。

2. Grid GIS 与 Web GIS 的区别

第一，两者的功能不同；Grid GIS 能将所有的资源，包括计算资源、存储资源、信息资源、知识资源等全面实现共享和互操作。Grid GIS 采用的是 WSC 标准，与平台无关，不受代理和防火墙限制，可以利用 HTTP 驻征模式，支持安全套接层（Secure Socket Layer SSL）。Web GIS 则强调利用网络实现 GIS 的互操作和数据共享，其基于 XML、CORBA、DCOM 等中间平台，要求客户端系统之间必须紧密耦合，无法实现跨平台的数据访问。

第二，实现的不同；Grid GIS 的基础架构是 Grid Computing，比 Internet 的功能要更强、更复杂。Web GIS 的基础是现有网络。

3. Grid GIS 的体系结构

Grid GIS 包括 Geo-spatial Data 的获取、处理、共享在内的技术框架，建立异构分布式、智能化的空间信息的 Grid Computing 环境，能实现异构网络环境下的跨平台计算，支持分布式用户的并发要求，实现最优资源调度，实现网络环境下的多级分布式协同工作机制。

4. Grid GIS 的体系结构

Grid GIS 的体系结构，可以分为 3 个层次。

（1）数据格网（data grid）资源层：它是构成 Grid 系统的硬件基础，包括各种计算资源、网络资源等在内。各种计算资源通过网络连接起来，并提供资源的调用接口等，实现计算资源在物理上的连通。但从逻辑上看，这些资源仍是孤立的。它只解决计算资源、物理网络资源等的共享和互操作。实现逐层协议需要一个计算资源及存储资源的智能管理机制，能实现计算资源的发现，动态调度，高层协议可以如同使用本地资源一样操作异地其他主机，实现计算资源的共享和互操作。

（2）格网服务（grid service）层：实现了上述数据格网资源无关的，和下面要讨论的应用也无关的功能。Grid Service 包括一系列协议和分布式计算软件，以解决计算资源的异地分布、异构特性问题，提供用户编程接口和相应的环境，提供更为专业的服务组件，用于不同类型的 Grid 数据应用，以支持格网应用的开发。

（3）格网应用（grid applications）层是体现用户需求的软件系统。在上述格网服务层提供的中间体平台的基础上，用户利用提供的接口和服务，完成 Grid 的开发、应用程序集成层对低层资源的调用等。

5. Grid GIS 的技术系统

1) 宽带网络技术

Internet 是 Grid GIS 的技术基础，它的传输速度要求比 Wed GIS 的快得多。通信能力直接影响 Grid GIS 的性能和效率，要求实现"即连即用"的 Grid computing，宽带网络是先决条件。

2）分布式对象技术

Grid 环境中的空间服务需要分布对象的支持。Grid 技术的飞速发展和面向对象技术的日益成熟，促使分布式对象技术也相应得到了发展。制订一套独立于硬件平台、操作系统和编程语言的对象接口描述语言 IDL 和数据变换协议，是分布式对象技术研究的主要内容，也是实现 Grid GIS 协同服务的关键。OMG 组织和 CORBA，Software 公司的 COM 和 Sun 公司的 EJB 是分布对象技术中比较成熟的分布式对象技术。Grid GIS 可以采用以上 3 种规范中的任何一种来构建异构环境中的分布式空间对象，但我国大多采用 EJB 和 COM 规范来处理分布式空间对象。

3）互操作技术

面向应用的互操作技术，是在应用层来处理互操作，用户方可以使用本地环境的接口直接调用服务方面的应用，同时也可以调用服务方某个对象来完成自己的任务，用户方和服务方接口的差异，可以通过外部的转换来消除。可互操作的构库也是按照应用框的规则进行组织的，并提供合适的辅助工具，方便互操作应用的开发。对象或过程作为应用的特例，也包括在面向应用的互操作范围之内。互操作需要设计面向 GIS 应用的互操作接口语言 GIAL，使互操作的接口文件较为简洁，并在一定程度上保证互操作的正确性和可靠性。

4）GML 共享技术

GML（geography markup language）是基于 XML 的空间信息编码标准，由 Open GIS Consortium（OGC）提出，得到了 Oracle、MapInfo 等的大力支持。Grid GIS 系统的互操作离不开 GML 的支持。地理空间信息的复杂性，决定了地理信息系统之间，在数据格式、软件产品、空间概念、质量标准和实体模型等方面存在的不兼容性，GML 开放而简洁的空间数据表达的优势，使得它不仅在空间数据的存储与交换方面表现突出，而且在空间数据的共享方面也颇具特色，建立基于 GML 的 Grid GIS 的元数据体系是实现异构 GIS 数据互操作和共享的基础。另外，Grid GIS 还涉及操作系统设计、中间体系统、Agent 技术、广域资源管理技术、用户管理机制、安全认证技术以及空间信息快速检索技术等。

6. Grid GIS 的服务组成结构

Open GIS 在 Grid GIS 的服务组成结构方面做了大量的基础性工作，制定了一系列的规范和标准。根据相关规范，GridGIS 主要有 3 个信息访问服务类型。

（1）网络地图服务器（Web map service，WMS）：规定了用于制作具有地理参照系的地图服务，定义了用户请求地图以及服务器的描述，指数据所采用的标准方式，定义了 Get Capabilities，Get Map 和 Get Feature Info 3 个操作系统。

（2）网络要素服务器（Web feature service，WFS）：它允许用户从多个地理要素服务上提取用 GML 编码的地理数据。WFS 定义的操作有 Get Capabilities、Describe Feature Type、Get Feature、Transaction、Lock Feature 等。

(3) 网络覆盖服务器（Web coverage service，WCS）：规范描述了如何实现在万维网（Web）上描述、请求和传输多尺度覆盖数据，包括 Grid Coverage、Multipoint、Coverage、TIN coverage、Segment Curve Coverage、Thiessen Coverage。WCS 由 3 种操作组成，Get Capabilities、Get Coverage 和 Describe Coverage Type（姜永发、闾国年，2005）。

2.6 数据库与数据格网(Data Grid)到格网数据库（Grid DB）

2.6.1 数据库技术进展

1. 关系数据库

目前，关系数据库技术仍然是主流数据库技术。关系数据库技术出现在 20 世纪 70 年代，经过 80 年代的发展到 90 年代已经比较成熟，在 90 年代初期曾一度受到面向对象数据库的巨大挑战，但是市场最后还是选择了关系数据库。无论是 Oracle 公司的 Oracle 9i、IBM 公司的 DB2，还是微软的 SQL Server 等都是关系型数据库。

虽然关系语言与常规语言一起几乎可完成任意的数据库操作，但其简捷的建模能力、有限的数据类型、程序设计中数据结构的制约等却成为关系型数据库发挥作用的瓶颈。面向对象方法起源于程序设计语言，它本身就是以现实世界的实体对象为基本元素来描述复杂的客观世界，但功能不如数据库灵活。因此，将面向对象的建模能力和关系数据库的功能进行有机结合是数据库技术的一个发展方向。

2. 非结构化数据库

非结构化数据库是部分研究者针对关系数据库模型过于简单，不便表达复杂的嵌套需要以及支持数据类型有限等局限，从数据模型入手而提出的全面基于因特网应用的新型数据库理论。这种数据库的最大区别就在于它突破了关系数据库结构定义不易改变和数据定长的限制，支持重复字段、子字段以及变长字段并实现了对变长数据和重复字段进行处理和数据项的变长存储管理，在处理连续信息（包括全文信息）和非结构信息（重复数据和变长数据）中有着传统关系型数据库所无法比拟的优势。

多媒体数据库是数据库技术的新兴领域。它研究的对象已从传统的单一的字符类型的信息媒体发展为包括图形、图像、声音和字符等多种类型的信息媒体。实现多媒体数据模型的方式包括：

(1) 基于关系数据模型的方法，即在关系数据模型中引入抽象数据类型，并对数据类型定义所必要的数据表示形式及其操作定义加以扩充。

（2）基于语义数据模型的方法，语义数据模型具备更自然地处理现实世界的数据及其联系的能力，并在实体类型的表示及其联系上很有特点。

此外，还有其他的方法，如基于面向对象的建模方法等。目前，对于多媒体数据模型的研究还很不充分，仍然缺乏完整的、具有普遍意义的理论。

3. 分布式数据库

分布式数据库系统是在集中式数据库系统的基础上发展起来的，是数据库技术与计算机网络技术的产物。一个分布式数据库是由分布于计算机网络上的多个逻辑相关的数据库组成的集合，网络中的每个结点（一般在系统中的每一台计算机称为结点）具有独立处理的能力（称为本地自治），可执行局部应用；同时，每个结点通过网络通信系统也能执行全局应用。所谓局部应用即仅对本结点的数据库执行某些应用。所谓全局应用（或分布应用）是指对两个以上结点的数据库执行某些应用。支持全局应用的系统才能称为分布式数据库系统。

分布式数据库系统具有如下特点：

（1）数据独立性。在分布式数据库系统中，数据独立这一特性非常重要，并具有更多的内容，除了数据的逻辑独立性与物理独立性外，还有数据分布独立性亦称分布透明性。

（2）集中与自治相结合的控制结构。各局部的 DBMS 可以独立地管理局部数据库，具有自治的功能；同时，系统又设有集中控制机制，协调各局部 DBMS 的工作，执行全局应用。

（3）适当增加数据冗余度。在不同的场地存储同一数据的多个副本，这样可以提高系统的可靠性、可用性，同时也能提高系统性能。只要一个数据库和网络可用，全局数据库可用，不会因一个数据库的故障而停止全部操作或引起性能瓶颈，故障恢复通常在单个结点上进行。

（4）全局的一致性、可串行性和可恢复性。对用户来说，一个分布式数据库系统逻辑上如同集中式数据库系统一样，用户可在任何一个地理位置执行全局应用。

分布式数据库系统的好处如下：可以适应部门分布的组织结构，降低费用；可以提高系统的可靠性和可用性；可以充分利用数据库资源，提高现有集中式数据库的利用率；可以逐步扩展处理能力和系统规模。

4. 数据仓库

数据仓库是在数据库已经大量存在的情况下，为了进一步挖掘数据资源、为了决策需要而产生的，它绝不是所谓的"大型数据库"。W. H. Inmon 对数据仓库的定义是"数据仓库是支持管理决策过程的、面向主题的、集成的、随时间变化的，但信息本身相对稳定的数据集合"。其中，"主题"是指用户使用数据仓库辅助决策时所关心的重点问题，每一个主题对应一个客观分析领域，如销售、成本、利润的情况等。那么，所谓"面向主题"就是指数据仓库中的信息是按主题组织的，按主题来提供信息。"集成的"是指数据仓库中的数据不是业务处理系统数据的简单拼凑与汇总，而是经过系统地加工整理，是相互一致的、具有代表性的数据。所谓"随时间变化"，是指数据仓库中存储的是一个时间段的数据，而不仅仅是某一个时点的数据，所以主要用于进行时间趋势分析。一般数据仓库内的数据时限为5~10年，数据量也比较大，一般为10GB左右。"信息本身相对稳定"是指数据一旦进入数据仓库，一般情况下将被长期保留，很少变更。

数据仓库中的数据通常分为早期细节级、当前细节级、轻度综合级、高度综合级4个级别。源数据经过综合后，首先进入当前细节级，并根据具体需要进行进一步的综合，从而进入轻度综合级乃至高度综合级，老化的数据将进入早期细节级。由此可见，数据仓库中存在着不同的综合级别，一般称之为"粒度"。粒度越大，表示细节程度越低，综合程度越高。数据仓库中还有一种重要的数据称为元数据（metadata），即"关于数据的数据"，如在传统数据库中的数据字典就是一种元数据。在数据仓库环境下，主要有两种元数据：第一种是为了从操作性环境向数据仓库转化而建立的元数据，包含了所有源数据项名、属性及其在数据仓库中的转化；第二种元数据在数据仓库中是用来和终端用户的多维商业模型/前端工具之间建立映射，称此种元数据为决策支持系统元数据，常用来开发更先进的决策支持工具。

数据仓库的体系结构分为数据提取层、数据组织层、数据挖掘层等多个部分。数据提取层把决策主题所需要的数据（当前的、历史的），从各种相关的业务数据库或数据文件等外部数据源中抽取出来，进行各种必要的清洗、整合和转换处理，再将这些数据集成存储到仓库中，数据提取层在数据仓库的整体系统应用中占有非常重要的地位。数据组织层以一定的组织结构存储各种主题数据，数据仓库包括多个主题，一个主题的数据通常存储在一个数据库中，包括该主题的一些综合性表，如主题中选择的事实表、维表，还有为数据挖掘生成的中间表等。数据挖掘层集成各种数据挖掘的算法，包含具有很强功能的数据挖掘工具，可以提供灵活有效的任务模型、组织形式，以支持各项决策的数据挖掘任务。

5. 数据格网

地理信息系统的数据存储手段经历了文件系统、关系数据库管理系统、对象关系型数据库管理系统、数据仓库等几个阶段。在数据库出现以前，地理信息系统采用文件系统的存储方式。文件系统存储方式虽然比较简单，但是存储效率很低。

1992年 W. H. Inmon 首次提出"数据仓库"的概念，认为数据仓库是面向主题、集成的、时变的、鲁棒的（robust）、支持决策的数据集合。每个主题对应一个分析领域，与决策相关的多源数据经过提取、转换、过滤和合并后按照主题存放。一个数据仓库通常有多条数据链，这些数据链负责从各个地理位置分散的数据库服务器中提取有关数据到数据仓库中。空间数据仓库则是在数据仓库的基础上，引入空间维数据，增加对空间数据的存储、管理和分析能力，根据主题从不同的地理信息系统中截取从瞬态到区段直到全球不同规模时空尺度上的信息。传统的空间数据库系统是面向应用的，只能回答很专门、很片面的问题，它的数据只是为处理某一具体应用而组织在一起的，数据结构只对单一的工作流程是最优的，对于高层次的决策分析未必是合适的。空间数据仓库是面向主题的，信息的组织应以业务的主题内容为主线更好地支持决策。每个主题基本对应一个宏观领域，如土地管理部门的空间数据仓库所组织的主题有可能为土地覆盖的变化趋势、土地利用变化趋势等。而按照应用来组织则可能是地籍管理、土地适宜性评价等，按照应用来组织的系统不能够为土地管理部门制定决策提供直接、全面的服务，而空间数据仓库的数据是面向主题的，具有"知识性、综合性"，能够提供及时、准确的决策支持信息。

空间数据仓库是为制定决策提供支持服务的，传统的 GIS 应用系统是其重要的数据源，为此空间数据仓库以各种面向应用的 GIS 为基础，通过元数据抽取和聚类规则将它们集成起来，从中得到各种有用的数据。提取的数据在空间数据仓库中采用一致的命名规则和编码结构。空间数据仓库的数据来自于不同的面向应用的 GIS 系统的日常操作数据，由于数据冗余及其标准和格式存在着差异等一系列原因，不能把这些数据原封不动地搬入空间数据仓库，而应该根据主题的分析需要，对数据进行必要地抽取、转换，提高数据的可用性。常见的有语义映射、集合运算、坐标转换、比例尺变换、数据格式转换等。

数据格网就是把地理位置分布的数据资源、系统用户（数据生产者和数据消费者）、存储资源连成一个逻辑的整体。用户在应用过程中不必每次一个个地访问包含目标数据集的数据库，用户需要的数据可以由系统自动地从各个数据库中抽取出来并且递交给应用系统。数据格网访问数据的方法对用户来说是透明的，采用数据格网为框架体系的空间数据基础设施是数字地球的重要组成部分。

空间数据格网（spatial data grid，SDG）的关键问题包括高速数据缓冲问题、根据估计的系统性能引导数据复制、元数据驱动的数据提取机制以及如何采用高性能存储系统（HPSS）和分布式并行存储系统（DPSS）构建空间数据格网。

2.6.2　数据库及其管理系统简介

最著名的数据库有 EROS Data Center 外，还有世界数据中心（WDC）、世界数据中心 A（WDC-A）、世界数据中心 B（WDC-B）、世界数据中心（WDC-

C)、世界数据中心 D（WDC-D）、国际科学联合会理事会数据中心、国家的或区域性的数据中心、Brown University 数据中心、Fairbanks University 数据中心、牛津大学地球科学数据中心、东京大学数据中心。

我国的互联网络上的信息资源主要有(见附录 A.4)：①网络中心、数据中心；②教育系统、大专院校；③科学院、科研院所以及它们的①FTP 服务器；②GOPHER 服务器；③WWW 服务器。

2.7 现代管理的新模式与 Grid MIS

现代经济社会发展的三大支柱是现代科技、现代管理与现代教育，重点讨论现代管理问题。因为它不仅严重地制约了现代科技与现代教育的发展，而且它还是很多社会弊病的根源。现代管理不仅包括政策与法规、标准与规范等方面的管理，而且还涉及构建新的管理体制和机制（如 CEO、CIO 等），还涉及新的管理模式（如从 IT 管理到 IT 治理），而且现代管理与现代科技、现代教育紧密相结合，是当前新的趋势。如管理信息系统（MIS），就是管理与技术相结合的例子，又如职业教育和在职教育就是现代管理与现代教育相结合的例子，现代管理已经渗入到经济社会发展的方方面面。尤其是现代管理与现代科技的结合，已经产生了很好的效果。不仅 IT 主流技术与现代管理相结合产生了很好的效果和效益，而且空间信息技术与现代管理相结合也是大趋势。2006 年 3 月 3 日，美国管理和预算办公室发布了《任命部门高级官员主管地理信息》备忘录，要求农业部、司法部、教育部等 27 个部门，应指派一名高级官员，负责整个部门地理信息相关事务。部门高级地理信息官员，可以由首席信息官或其他部门级官员担任。主要职能包括：监督和推进部门执行地理信息相关要求的政策和行动，并接受"管理和预算办公室"的审查，同时作为部门代表参与联邦地理数据委员会（FGDC）的相关活动。在美国的 27 个部门中把地理信息主管（地理信息 CIO）称为地理信息经理（geoinformation manager）。可见，美国的 27 个部门不仅要求进行现代管理，而且还要求进行地理信息监管，实行地理信息 CIO 的体制和机制。数字地球建设，也应采用现代管理的体制和机制，不仅仅企业需要进行现代管理，一些科技工作也需要采用现代管理办法。遥感、地理信息系统、全球导航系统、计算机网络技术的开发和运行管理也需要有现代管理技术，如 IT 管理技术的支撑。运用这些空间信息技术进行资源、环境、经济社会的调查代监测、评估等，更需要现代管理技术的支持。目前所遇到的很多问题，技术固然是一个问题，但更大的问题是缺乏现代管理的思想、体制和机制。

2.7.1 现代管理的体制与机制

美英等发达国家的政府主要部门都采用了企业的现代管理的体制和机制，如

CEO、SCIO 等的体制，但如何将传统的管理体制和机制与企业的现代管理概念相结合是一个复杂的问题。不管问题有多大的复杂性，但美国的 27 个政府部门都建立了信息主管和 CIO 体制，包括地理信息主管（地理信息 CIO）在内。对于一个重大的科技工程项目，如数字地球项目，或小一点的全球环境监测项目来说，也存在管理问题，需要采用现代管理模式，如各级主管负责制，部门经理和项目经理等分别负责。在企业主管（CEO）下设信息主管（CIO）、人力资源主管、财务主管、物资主管等，而其中最主要的是企业主管（CEO）和信息主管（CIO）。信息主管掌握企业的全部信息，对整个企业"了如指掌"，CEO 相当于作战部队中的指挥官，CIO 则相当于参谋长。

关于传统的大项目的领导体制与现代管理的体制如何相互衔接的协调问题，也是十分复杂的问题，如果全部放弃传统的管理体制也是不成，而只能结合。以数字城市建设为例，它的管理体制，由以下三大部分组成：

领导小组，是由市长或市长指定的人员和有关厅、局的负责人参加，任务是对数字城市建设项目进行组织和协调。采取项目的负责人制，项目负责人相当于 CEO，其小组成员，即各厅、局的主管，都是 CEO 的顾问和理事。都与项目的成败密切相关。

专家委员会，都是由这领域专家组成，承担对项目建设进行统筹规划，制订"顶层设计"或"总体规划"。在项目执行过程中，负责指导监理工作。专家组组长对项目应有全面了解，十分熟悉，相当于现代管理中的 CIO。

承担工程建设的各部分负责人，相当于项目经理或部门经理。

对于一些大型工程建设项目来说，还需要有专门监理组织，负责检查工程质量。

2.7.2 管理技术的空间化与 Grid MIS

IT 领域主要由计算机网络与管理信息技术两部分组成，除了计算机网络外，管理信息技术就成为 IT 的主要组成部分，而管理信息技术主要指管理信息系统（MIS）。所以管理信息系统（MIS）成了 IT 主流技术。地球上的一切，包括资源环境、经济和社会要素，都有它的时间和空间特征，都有它的空间位置，在一定的空间范围内运动。现代物流或电子物流需要靠空间信息技术，如地理信息系统（GIS）和全球导航卫星系统（GNSS）的支持。因此，电子商务也需要靠空间信息技术的支持，电子政务的四大数据库中，就有基础地理与资源环境数据库。全球约有 2/3 的大型石化企业采用了空间信息技术，100% 的轨道交通、公路、水道和航空交通运输企业都采用了 GIS 和 GNSS 等技术的支持，现代大型制造业采用了分散生产方式，都有一定的生产链，因此它也需要运用空间信息技术。现在尚有一些企业应该运用空间信息技术而未运用的原因，不是由于空间信息技术不能用，而是由于它们不了解空间信息技术，或不会运用空间信息技术。IT 主流技术（MIS）的空间化已成为当前的大趋势。同时，由于空间信息技术属于信息化技术的范畴，也需要为"信息化带动工业化，带动传统产业改造和升级"战略目标服务，而且 RS、GIS 和 GNSS 等空间信息技术也是可以为传统产业改造和升级服务的。作为 IT 主流的管理信息系（MIS）的企业资源规划（ERP）、客户资源管理（CRM）、供应链管理（SCM）与空间信息技术相结合，形成企业资源的空间规划、客户资源的空间管理和供应链的空间管理等不仅是可能的，而且也是必要的。

近年来，包括遥感（RS）、全球导航卫星系统（GNSS）和地理信息系统（GIS）等空间信息技术融入 IT 主流和包括企业资源规划（ERP）、客户资源管理（CRM）和供应链管理（SCM）等管理信息系统（MIS）为代表的 IT 技术和空间化已成为当前 IT 发展的大趋势。空间信息（包括 RS、GNSS、GIS 等）必须要为"信息化带动工业化，带动传统产业改造"服务，所以要与 IT 主流（主要指 MIS）密切相结合，同时以管理信息系统（MIS）为代表的 IT 主流，要必须进行空间化，而且也可以进行空间化，尤其对于大型企业来说，企业资源规划（ERP）改为企业资源空间规划，客户资源管理（CRM）改为客户资源空间管理，供应链管理（SCM）改为供应链的空间管理，不仅是必要的，而且也是可能的。电子政务中心的地理与自然资源环境数据库，电子商务与电子物流的 GIS 与 GNSS 技术的应用，都已经得到广泛的承认。大型制造业、石油化工企业、交通企业的信息化管理中，已普遍采用了 GIS 和 GNSS 技术，并取得了初步成效。因此空间信息技术与管理信息技术的结合已成为当前的趋势。下面主要讨论管理信息技术的空间化问题。

(1) 企业资源规划（ERP）及其空间化。ERP 是指在信息技术的基础上，通过对企业、事业和政府部门的各种资源，包括人力资源、生产资源、资金及市场资源进行科学规划和有效控制、管理，实现企业、事业及政府内部与外部资源的优化配置与组合，提高它们的生产、工作和管理效率。如果在原来的 ERP 管理模型中，加上一定的空间概念，并运用空间信息技术，如 GIS 和 GNSS 等，可以使管理效率和效益，得到提高，如一些大型企业，像石油化工企业，大约 2/3 已采用了 GIS 进行规划和管理；还有大型的制造企业，它的生产链是有空间分布特征的，也需要采用 GIS 技术进行规划和管理；在大型的物流企业中，除了传统的 ERP 外，GIS 和 GNSS 技术已成必不可少的组成部分，有时甚至还要运用 RS 技术。所以将传统的 ERP 技术进行空间化，即改为企业（事业，政府）资源的空间规划是科学的。ERP 的目标是解决企业、事业、政府资源优化整合和配置现代化管理问题，都离不开空间概念，需要空间技术的支持。现代管理包括采购管理、生产管理、销售管理及商务管理等，也都需要空间信息技术的支持。因此对于一个企业来说需要进行业务流重组问题，即企业资源按空间规划思想进行调整。

（2）客户资源管理（CRM）的空间化。对于企业来说客户是"上帝"，是资源，没有客户也就没有企业。对于事业单位来说，患者是医院的客户，是医院的资源；学生是学校的客户，学校的资源；公众、企业、事业部是政府的客户，是政府管理的和服务的对象，是政府的资源。但是企业的客户，医院的患者，学校的学生，政府的企业、事业及公众，都存在一定的空间分布特征，企业、事业和政府要对他们的管理与服务的对象进行科学管理，就需要有空间概念。如企业的连锁店的布局，医院与学校分布位置，政府的所在地等，都需充分考虑它们管理和服务对象的空间特征，才能进行有效的管理。需要运用 GIS 技术，将客户资源的空间分布标在电子地图上，进行连锁店、医院、学校的选址定位，这样才能方便公众和进行有效管理。从传统的 CRM 概念来说，客户的需求固然十分重要，他们空间分布特征也很重要，连锁店的布局，宣传广告牌的设置及售后服务等都需要有空间信息技术的支持。

（3）供应链管理（SCM）的空间化。对于任何企业来说，都存在一个供应链问题。有供应链就有它的空间分布特征，不论能源供应，还是供水或原材料，都有不同规模的布局问题。对于一个大型的企业来说，它的供应链，包括"上游"企业和"下游"企业之间存在着物流配送问题，因此它的优化的空间分布的重要性更加明显。它更需要 GIS 和 GNSS 的技术支持，有时甚至还需要 RS 的支持，供应链管理的空间化越来越受到广泛的重视。

网络技术也可以称为空间信息技术，它将分布在不同空间的，即异地分布的计算资源，信息资源，可以联结在一起，尤其是 Grid 技术，不仅异地的，而且还可以将异构的计算资源，异构的数据或信息资源（数据库）联结在一起实现共享。更为主要的是还可以将一个个在线的传感器，仪器和其他设备实现互操作和共享，使得空间信息技术"对传统产业改造和升级"的功能扩大了很多，传统的 ERP、CRM 和 SCM 所不能联结的资源，如仪器、设备等，由于采用了 Grid 技术成为可能。尤其是对计算机集成制造系统（CMIS）来说，原来认为不可能集成的，现在也成为可能了，扩大了计算机集成制造系统的功能，Grid 可以将在线的很多仪器和设备连接在一起协同工作，不仅改变了传统的计算机集成制造系统的观念，而且还创建了更新的领域，通过 Grid 计算机集成制造系统，将是一个全新的概念。

Grid 技术可以将计算机网上的一切传感器，监测仪器及各类统计报表，计划及任务完成状况的信息，进行实时的采集和分析，Bill Gates 的"企业神经系统"的幻想得到实现。1999 年，Bill Gates 在《未来时速——数字神经系统与商务新思维》一书中指出：如果说，20 世纪 80 年代是注重质量的年代，90 年代是注重再设计的年代,那么 21 世纪未来 10 年是速度时代,是企业信息的时代,是通过网络改变消费者的生活方式和企业期望的年代。企业数字神经系统是由布满企业的各种传感器和信息采集系统所组成,它提供全面的、集成的信息,在正确的时间到达系统的正确的地方,企业数字神经系统由数字过程组成,这些过程使得企业能迅速感知其所处的环境状况,并做出及时的反应,其中离不开空间概念和空间技术的支持。与企业数字神经系统十分相似的叫敏捷虚拟企业(AVE),是指"市场响应速度第一"的企业,包括以敏捷动态优化的形式组建新产品、新服务的开发与经营,通过动态联盟与有效协作,具有先进的柔性生产技术和高素质人员的全新集成,迅速响应客户需求,及时交付新的产品,都离不开高效的物质,即离不开空间技术的支持。企业数字神经系统实际上形成了一个虚拟企业,它通过 Grid 技术将整个企业从设计、生产到销售形成一个整体,以满足市场竞争的需要和实现"零库存",减少资金的积压,加速资金流动和增值的目的。

2.7.3 从 IT 管理到 IT 治理

IT 管理不仅指 IT 企业的管理理论和方法,而且还指一切现代企业、事业和政府部门需要采用 IT 管理的理念和方法。IT 管理主要包括目标管理、项目管理、知识管理和信息管理等,这是早为大家所熟悉,已经证明是现代管理的一种科学方法,在很多企业或大工程项目的管理中,产生了巨大效率和效益,但是一切都是不断发展的,IT 管理技术也要"与时俱进"。近些年来,IT 管理在取得长足进步的同时,出现了 IT 治理(IT governance)的新的理念和方法。它和 IT 管理的区别是:IT 治理是指现代企业,尤其是 IT 企业的整体化的现代管理理念和方法,而 IT 管理则是针对某一特定问题的管理方法。IT 管理是 IT 治理的基础,IT 治理是 IT 管理方法的集成和综合表现,是 IT 管理发展的高级阶层。IT 治理是企业的董事会和行政主管(CEO)的责任,而 IT 管理是企业的信息主管(CIO)的责任。IT 治理是企业管理的新的理念和方法,用于指导和控制整个企业的管理体制和机制,确立企业价值目标的实现。IT 治理的任务是解决企业的业务需求、风险控制和技术机制之间的沟通的难题,它为三者之间架起了一座必不可少的桥梁,以实现对企业的效管理的目标。Grid 和 Grid Computing 将为 IT 治理起到促进作用。

IT 治理引起了广泛的重视,国际标准化组织(ISO)、美国国家标准化局(BS)、英国商业部(OGC)等专门成立了研究机构,制定 IT 治理的标准模式,如 ISO17799、COBIT、ITIL、PRINCE-2(英国)和 PMBOK(美国)等著名的标准,已被很多国家的企业采用。这些新的管理模式,不仅适用于企业,也适用于事业、政府及重大科技工程项目的管理。Grid 及 Grid Computing 将在新的管理模式中发挥很大的作用。

2.8 数字地球的综合技术

2.8.1 球面三维技术

1998 年美国前副总统戈尔提出"数字地球"概念之前，人们就开始关注三维地球的可视化研究。Dutton 从 1984 年就开始对球形可视化实现方法进行研究，提出了地球三维建模的多种方法，如用菱形、多边形单元来绘制三维地球等，同时还对地形数据的球面投影进行了深入的研究，探讨了如何在球面上精确表示全球 DEM 数据的投影方法。Fekete 于 1990 年提出了适合于球形 DEM 数据压缩的四叉树结构，这种方法不仅能够对球面或曲面 DEM 进行压缩，而且能够保证球面上空间数据的拓扑关系，这种大数据量三维地球可视化的算法，为海量全球 DEM 数据的三维可视化提供了理论基础。Goodchild 和 YangShiren 等在 Fekete 研究成果的基础上进一步对球型数据的表示和压缩进行了改进，用二叉树三角网来表示 DEM 数据，用空间填充曲线来组织二叉树结点，极大地提高了数据访问的效率。这些算法主要解决了地球三维可视化的问题，但是都没有考虑到其他空间信息，如遥感影像数据，地面三维实体等在三维地球上的叠加：Lindstrom 等在长期从事地形可视化的基础上于 1997 年提出了一个三维地球的建设方案，这个方案可以针对单层的 DEM 数据进行实时 LOD 建模，也可以在三维地球上叠加道路、河流等非凸出地物和建筑。车辆等凸出的三维实体，对于虚拟三维地球的研究做出了很好的探索：后面有大量三维虚拟地球的研究都是以此为蓝本进行的，它的数字地球研究提供了技术基础。

2000 年微软公司推出了第一个以三维地球作为模型的地理教学软件 Atlas 2000，这个软件将全球的地理数据都反映在一个三维地球上，用户能够通过互联网由粗到细的浏览各种地理数据，并可以进行属性数据和空间数据之间的双向查询。由于这个软件主要用作多媒体的地理教学，它没有提供 GIS 中空间分析等功能，也没有涉及遥感影像的无缝组织。2001 年美国 Keyhole 公司开发了 Earth System，将大规模矢量、遥感影像和重要点位数据集融合成几个 TB 级的全球三维模型，这些数据可发布到 PCs、PDA 以及无线设备中，建立了迄今为止比较：完善的网络三维空间信息系统。但它对计算机的配置，特别是显卡要求很高，一般运行在配有 NVIDIA 显卡的客户端上，对于绝大多数普通用户来说，流畅的运行该系统是比较困难的。2003 年 ESRI 公司推出的 Arc GIS9 中，在 Arc GIS 3D 分析扩展模块中提供了一个新的 Arc Globe 应用程序，用来对多分辨率全球数据可视化。这个应用程序允许用户对很大的三维数据进行可视化和分析。2004 年美国 NASA 建立的 World Wind 系统，给科学家提供了一个开展地球现象模拟的工具，使得数字地球具备了实现的条件。

2.8.2 在线虚拟技术

NASA 负责的数字地球计划在 NASA 的数字地球网站上（http://www.digltalearth.gov/main.html）展示了相应的数字地球软件、硬件系统以及相关的一些计划，如 Web Mapping Testbed、数字地球沉浸式工作台（Immersion Work bench）、GeoView、今日地球（Earth Today）、从太空看地球（Global View From Space）、Web 图像表格浏览工具（Web image Spread sheet Tool）、Geo DE（Geo-Data Explorer）等，这些系统侧重于互操作标准的制定、提供地理空间数据的服务，以及虚拟地球技术的发展等方面，与美国大力发展 NII、NSDI 以及空间数据标准的制定和空间数据交换中心的建设是分不开的。

2005 年 6 月由 Google 公司推出的 Google Earth 将数字地球的科学技术应用推向一个新的高潮，该系统在数据、功能等方面集国际计算机技术、3S 技术于大成，给国际社会带来空前的震撼。Google 公司充分利用其功能强大的搜索引擎和遍布世界各地的网络服务体系，实现了互联网下基于海量遥感数据的自由浏览、查询、测量、路径分析、定位服务（与 GPS 设备相连）等功能，将数字地球科学技术的应用普及到网络上最基本的用户，实现了对普通公众的信息服务，使得数字地球技术为大众服务成为可能。

思 考 题

1. 国内外与数字地球有关的标准与规范有哪些？
2. 互联网的第三次浪潮——Grid 的基本特点是什么，它和 Web 有什么区别？
3. 当前与数字地球有关的空间信息技术有哪些重大进展？
4. 有哪些高空间分辨率卫星？它们的特点是什么？

第3章 对地观测计划及应用技术系统

3.1 行星地球使命与新千年计划

行星地球使命（MTPE）是由 NASA 于 20 世纪 80 年代提出来的，到了 90 年代改为新千年计划（NMP），两者同物异名。为了全面认识人类赖以生存的地球，美国联合欧洲和日本等，于 90 年代初开始实施庞大的"行星地球使命"(mission to planet earth，MTPE) 计划。该计划旨在通过发射多颗卫星，组成严密的全球对地观测网，对地球环境进行长期而全面的观测，摸清其变化规律，以便有的放矢地从根本上解决环境问题。这是人类首次把地球作为一个复杂的系统进行全面测量，其核心便是建造 EOS 系统。该系统以整个地球为对象，对陆地、海洋、大气层、冰以及生物之间的相互作用进行系统性的综合观测。此项计划旨在更好地了解我们的地球，为有效而合理地利用、保护和管理人类的环境和自然资源提供重要依据。

美国除陆地卫星外，正在实施大规模行星地球使命（MTPE）计划。按计划，第一阶段研制名为地球观测系统（EOS）的 6 颗卫星，即上午卫星（AM）、下午卫星（PM）、水色卫星（COLOR）、气溶胶卫星（AERO）、测高卫星（ALT）和化学卫星（CHEM）。这些卫星将与欧洲、日本的多颗卫星协调组网观测。MTPE 第二阶段计划研制 5 颗静止轨道卫星，以实现综合观测。

观测和研究人类赖以生存的地球是美国空间计划的一个重要部分。NASA 于 20 世纪 80 年代发起了名为行星地球使命（MTPE）的对地观测计划，制订了空间对地观测长远发展目标，目前正在建立对地观测计划中的核心部分——对地观测系统（EOS）。EOS 由全球的几十颗对地观测卫星组成，包括美国和其他国家的卫星。地球被作为一个完整的系统来进行观测和研究——地球系统科学（earth system science），其中又分 5 个领域：陆地覆盖变化和全球生产力、季节性和年性气候预报、自然灾害、长期气候变化、大气臭氧。

2010 年前，将通过观测来研究整个地球系统的特性，致力于大气、陆地、海洋、低温圈、太阳辐射等方面的 24 个全球环境变量的测量和分析。具体研究对象包括：臭氧和其他痕量化学物质、极地冰、海流、海色、海温、海平面、热带降雨与能量循环、陆地覆盖与土地利用、云雾与辐射平衡等。这些观测和遥感将通过具有更高空间分辨率和频谱分辨率的传感器来进行。还将通过对厄尔尼诺现象、全球植被和森林退化率、全球淡水循环量化特征等研究来了解地球系统的变化。

2010年后，将建成国际性的全球观测与信息系统，形成国际性的能力来预报和评估地球系统的"健康"状况。通过以下手段预报地球的"健康"状况：监测全球大气、海洋、冰盖和陆地，准确评估海平面的升高，使气候变化特征化，应用全球气候模型进行以10年为一周期的预报，集成化、区域性地评估土地和水资源及其利用。

"行星地球使命"（MTPE）包括了以下几个方面。

3.1.1 MTPE 与 NMP-EOS 总体计划

1983年美国地球和宇航局（NASA）就今后10～20年的地球科学目标和相应的空间对地观测需求进行了分析论证，指出目前的对地观测卫星不能提供大容量、高精度和多学科综合观测结果，明确提出以地球系统科学作为今后20年内的重大科学目标，发展极轨平台作为用于这一科学研究的最重要的地球观测系统（EOS）。

美国提出 EOS 计划之后，得到欧洲空间局（ESA）、日本空间发展局（NASDA）和加拿大政府的支持，他们把参加 EOS 计划作为自身空间科学和应用计划的一部分而协调发展。我国在2004年11月16日举行的国际卫星对地观测委员会第18届全会上宣布，加入全球对地观测系统，并将在2020年前发射100多颗卫星。我国加入该系统，意味着中国已经进入对地观测国际合作的大格局中。

1. EOS 计划的目标和任务

地球系统科学的目标实际上也是 EOS 计划的目标，主要是科学认识全球尺度范围内整个地球系统及其组成部分和它们之间的相互作用及其作用机理等，进而预测未来10～100年地球系统的变化及其对人类的影响。地球系统由两个相互作用的部分组成，即物理气候系统和生物地球化学圈。前者指大气和海洋之间的相互作用过程，它控制着地球表面温度和降水分布；后者指自然界中各种元素（如氢、氧、碳和氮等）的运动、分散、密集的规律及在生物体内物质的转移和代谢规律。这些规律都是通过地球系统实现的，也是地球生物化学系统与物理气候系统作用的结果。

地球系统科学涉及的全球变量描述地球系统尺度内的状态和演化的时间和空间的函数。为了获得地球系统的定量变化值，至少需要15年系统而连续的观测资料。为了实现这一目标，EOS 计划由以下3部分组成：

1) EOS 科学研究计划

科学研究是 EOS 计划的基础，它以美国 NASA 和其他研究机构及其国际合作伙伴的地球科学研究工作为基础，也需要适当进行补充。例如，在美国，通过 GCRP（全球气候研究计划）和 IGBP（国际地圈-生物圈计划），以及 WCRP

（世界气候研究计划）的密切配合进行研究。现阶段主要研究任务是：现有卫星资料的应用；EOS 资料应用的预告研究；发展对现有的和将来的观测资料进行同化分析或判释的数值模式。已取得的研究结果正在推动着 EOS 计划的其他两部分工作。

2）EOS 资料和信息系统（EOSDIS）

EOSDIS 的设计宗旨是：有利于 EOS 研究机构对 EOS 资料的充分利用；向用户长期提供可信度高的观测资料。系统具有能与轨道上的平均数据速率相适应的能力。在资料处理方面，要求一级产品于 48h 内完成，二级和三级产品于 96h 内完成。在历时 15 年的 EOS 任务期间，EOSDIS 具有数据回放、算法更新、产品分发和存档的能力，具有先进的网络设施、友好的用户界面，对地观测平台有指控能力。

EOSDIS 的建立，采用分阶段、逐步完善的方式。从 1991 年开始，首先使分散在各地的地球科学和应用资料系统能正常工作；其次是加强对计算设施方面的投资，逐步使众多单一的 EOS 平台发射测试。EOS 平台发射后，EOSDIS 将在使用中扩充功能。在数据系统技术方面更具先进性。

3）EOS 观测平台

EOS 观测平台（实际是 EOS 平台上的仪器仓库）与 EOSDIS 同步发展，从地球系统科学目标出发，要求 EOS 对地球同一地区做 1 天 4 次的观测。为了对热带地区加密观测，有些仪器要放到低倾角轨道卫星上。EOS 平台按 5 年寿命设计，为了完成 15 年的 EOS 计划，需要 3 组 6 个平台组成，其中包括 5 颗卫星（NASA 两个、ESA 两个、日本一个）和 1 个载人太空站。

1991 年 2 月 NASA 的第一个平台拟装载的观测仪器已选定，有 14 种之多。EOS 观测平台可以提供以下环境变量：① 云特性；② 地球和空间之间的能量交换；③ 表面温度；④ 大气的结构、成分和大气的动力，风、雷电和降水；⑤ 雪的增厚和消融；⑥ 陆地和表层水中的生物活动；⑦ 海洋环流；⑧ 地球表面和大气之间的能量、动量和气体的交换；⑨ 海水的结构和运动，冰川的发展、融化和速度；⑩ 裸土和岩石的无机物成分；⑪ 地质断层周围受力和表面高度的变化；⑫ 太阳辐射和能量粒子对地球的输入。

2. EOS 资料的使用政策

EOS 系统观测平台拟装载研究型和业务型仪器。对于研究型仪器，参加过的研究者使用 EOS 资料要付资料拷贝的成本费，其他国家的用户可以通过缔结研究合同的方式，仿效前者只付资料成本费，使用 EOS 成果（含产品和算法等）也可仿效上述做法。20 世纪 90 年代末或 21 世纪初 ESA 极轨平台将代替 NOAA 业务系统系列极轨卫星的上午轨道，除提供地球系统科学研究用的环境资料外，还将实时提供气象和海洋环境等方面的资料。业务型仪器资料处理、存档和产品分发仍由美国国家环境卫星资料和情报局（NESDIS）负责。

3. EOS 计划特点

EOS 计划具有以下主要特点：

（1）EOS 计划是一个史无前例的规模巨大的国际综合性空间计划。其核心是把地球看作一个复杂的集合体，从地圈、大气圈、水圈、冰雪圈等多学科领域收集资料，研究和解决地球系统科学问题。因此，EOS 有别于目前的执行单一任务的卫星遥感系统。

（2）EOS 计划是世界各国科学家集体智慧的结晶。计划的提出和实施过程都以科技研究为先导。例如，为了确保 EOS 计划的顺利进行，成立了世界著名科学家组成的 EOS 调研工作组（EOSIWG）和 14 个专家组（含大气、海洋、地球生物化学循环、定标和检验、物理气候和水文学等）。工作组的主要任务是确定研究课题，研究仪器性能，选择上星仪器，EOS 资料的判释和数值模式研究等。

（3）EOS 是空间、遥感、电子和计算机等世界领先技术的最高水平的集中体现。EOS 平台将安装 10 余种高精尖的多波段高光谱分辨率、高灵敏度的仪器。仪器频率覆盖宽，同时具有多视角多极化遥感能力。主动微波成像仪也将搬上极轨平台。预计这一新空间计划的实施将会给天气预报、气候预测以及全球生态变化监测地学和环境科学领域等一系列重大科学问题带来突破性的进展。

3.1.2 EOS 的技术系统

EOS 是地理空间信息技术（geo-spatial information technology，GIT）的重要组成部分。它的作用是提供研究地球系统各圈层及其相互作用的最新数据，促进地球科学及信息化的发展。EOS 能带动 Geo-Informatics 和有关技术的发展。EOS 包括的卫星除了 NOAA 的 AVHRR、ETM、SPOT、SAR 等遥感卫星外，还包括 Terra、Aqua 和 Aura 及其装载的 MODIS、AIRS、AMSU、AMSR-E、OMI 等遥感仪器。EOS 的预备计划（SPP）的极轨环境卫星 NPOESS 系统的 4 个重要传感器：可见光红外成像辐射组件（VIRS），航线交叉红外探测仪器（CrIS），先进技术微波探测器（ATMS）以及臭氧成图和廓线仪器装置（OMPS）等，可用于研究气候环境变化和天气变化。

1999 年 12 月发射的综合轨道平台 TERRA（AM-1）和 AQUP（PM-1）是计划中的两个。它是装有多种观测仪器的平台，包括"云"和"地球辐射探测系统"（CERES）将平流层污染监测仪（MOPITT），多角度成像光谱辐射计（MI-SK）、中分辨率成像光谱仪（MODIS）和星载热发射和反射辐射计（ASTER），集成了成像和非成像方式的对地观测技术，是大型的综合平台。

欧洲空间局（ESA）计划于近期发射的环境卫星（ENVISAT）是 EOS 的组成部分之一，ENVISAT 是一类似于大型卡车的庞大平台，重达 8200kg，载有

10种对地观测仪器,波长在 0.2 μm~10cm 连续范围之内。EOS 每天收集和处理的数据可达 2500GB,ENVISAT 每天的数据量可以充满 500 台微机的全部硬盘。

1) 先进的对地观测平台系统

(1) 先进的卫星对地观测系统。包括大型的综合卫星平台与小卫星星座。

(2) 平流层亚轨道平台系统。遥感研发、通信兼容、飞艇式平流层可控和定位的太阳能驱动平台系统。

(3) 先进的航空对地观测系统。研发和装备集合低、中、高空飞行作业的先进的航空遥感平台。它包括:① EOS-Earth Observing System;② IEOS-Future Intelligent Earth Observing System (Satellites) [未来智能地球观测系统(卫星)];③ GEO-Group On Earth Observation (对地观测工作组);④ IEOS-Integrated Earth Observation System (集成的地球观测系统)。

2) 遥感有效载荷系统

(1) 发展集高空间分辨率、高光谱分辨率、高时间分辨率(三高)于一体的光学遥感系统;

(2) 研制多频段、多分辨率、多极化、多测绘模态、干涉雷达(InSAR)对地观测和测绘系统;

(3) 研发对地面、大气、海洋某些物质成分和污染物等具有定性、定量和鉴定作用的新型对地观测遥感系统;

(4) 研究发展地球磁场、重力场和电场等地球物理参数的观测系统。

3) 地面数据保障服务体系

(1) 在有效整合现有遥感卫星地面系统的基础上,建立多卫星平台对地观测数据接收、海量数据的集成、高速处理、储存、查询、分发和服务的保障体系;

(2) 促进数据的广泛应用与共享,发挥其在经济社会可持续发展中的应用。

4) 对地观测定量化技术支撑系统

包括对地观测、监测、验证、定标、定量、真实性检验等在内的地面支持体系,以保证数据的标准与定量化。

5) 关键技术

(1) 高稳定度的大型的综合卫星平台技术;

(2) 多卫星组网的星座型虚拟平台技术;

(3) 平流层可控和定点平台集体、太阳生材料及蓄能技术;

(4) 集"三高"于一体的光学遥感器以及多模态合成孔径雷达技术;

(5) 海量(TB级)、高速(Gbs级)数据接收、传输和处理技术;

(6) 国家资源、环境综合预警技术;

(7) 突发事件的快速反应技术;

(8) 对地观测数据的定量化技术。

6) 加强空间信息获取能力建设

(1) 小卫星系统的持续发展,开发目前研发的"高性能微小卫星"系统的运行和应用与后续卫星的构想、设计、研制;

(2) 重视航空遥感系统的发展、运行和产业化;

(3) 重视"三高"、"全天候"遥感能力建设。

7) 加强空间信息应用体系与应用能力建设

(1) 建立国家级的应用系统;

(2) 建立国家级的空间数据中心,如同 EROS Data Center。

NASA 的 EOS-AMI 计划表明,它的数据量将是非常庞大的,即使是采用分布式数据库的方式,也将是一个难题。如果采用 IKONOS 的 1m 分辨率影像覆盖全中国的话,它的一次的数据量达 53TB 级。NASA 和 NOAA 已着手建立用原型并行机管理的、可存储 1800TM 的数据中心,数据盘带的查找可由机器手自动快速完成,可以在几分钟内就可以从浩瀚的数据海洋中找出所需的任何地点、任何时间的数据。元数据(metadata)库建设是关键。元数据是关于数据的数据,信息的信息。通过它可以了解有关数据的名称、位置、属性等信息,从而大大减少用户查询所需的时间。

3.1.3 下一代的 EOS——智能对地观测系统

从 2004 年 5 月以来,NASA 每天可接收超过 3.5TB 数量的对地观测数据,而且空间分辨率也达到 1m,甚至 0.3m,光谱分辨率已超过 100 个波段。由于采用了星座技术,时间分辨率也可以天计或半天计。因此,当前的遥感技术出现了三多(即多传感器、多平台、多角度)和三高(即高空间分辨率、高光谱分辨率、高时间分辨率的趋势)。

李德仁院士等指出,下一代的 EOS 将是智能对地观测系统(intelligent earth observing satellite, IEOS),数据获取、分析和传输等功能将都在轨集成和处理,并能直接的为用户服务。IEOS 采用了多层卫星网络结构,实际上是一种 Grid 结构:

第一层由 EOS 卫星组成,这些卫星一般轨道在 300 km 以上,能够实现全球覆盖。它们由很多 EOS 卫星组成,被分为一个个星座(satellite groups),同一星座的卫星搭载不同的传感器,并协助工作。每一个星座有一颗卫星称星座长(group lead),负责同其他星座的星座长和地球同步卫星通信,管理协同星座中的其他卫星。星座长的作用,相当于局域网服务器,负责同外部网络通道,并管理本局域网。

第二层则由地球同步卫星组成。由于 EOS 不可能同时向全球的用户提供数据，需要地球同步卫星与星座长，用户和地面控制中心通信。

这两层卫星组成的星座通过 Grid 进行通信和协同工作。用户使用 PC 机可以通过 Grid 直接获取卫星数据。用户通过 PC 机发出指令，系统认证后，使用专门的软件将需要的数据，以特定的频率传给用户，也可以通过无线网络接收，如同 TV 选择节目一样方便。由于卫星的自动化或自立性程度很高，地面控制中心的职能较现在减少，只要保留一些基本功能就可以，如较正卫星轨道参数。

在通常情况下，系统的每颗卫星利用各自搭载的传感器和在轨数据处理系统独立工作，在没有接到命令的情况下，不把数据传送给同步卫星、用户或地面控制中心。如果 IEOS 自动控制检测到了地面的变化，如林火、洪水等，卫星能自动调整角度和姿态，获取地面变化的信息，并自动通知同星座的其他卫星，协同工作，这也是 Grid 的功能。

IEOS 的主要特点有：在轨数据处理，可实现实时分发各类用户需求的增值数据产品；事件驱动的机制使用户可实时获取全球任何地区多角度、多分辨率和多波段的数据系统扩展增强，新型传感器，数据处理设备能够即插即用；卫星的体积小、重量轻、寿命短、更新快。

IEOS 的用户分为：实时用户（real time user），指军事应用，如每隔半小时（30min）提供一次信息；准实时用户（near real time user），如突发事件的应急系统，每隔 1 天或半天提供一次信息；离线用户（off line user），也就是一般用户，包括各类专业的用户和非专业性的用户，如农业、林业、地矿、城市、区域等，几天、十几天都可以。

IEOS 的关键技术，主要有在轨处理、高速通信的网络和事件驱动（event driven）技术。在轨处理包括影像处理、数据管理、数据分发、任务定制、制定规划等。高速通信网络是星座各个卫星空间的组网，通过它才能使星座内部的卫星协同工作，星座与星座之间协同工作，星座与地面控制中心和用户之间的联系和互动。"事件驱动"功能是 IEOS 智能化的另一个重要指标，通过这项功能使卫星能自动发现地球系统的异常现象，如林火、洪水等，并能使星座的卫星实时协同观测，把获得的信息实时分发回地面控制中心或主管用户部门。特别是高频率、大数据量的数据快速传输技术，是影响 IEOS 运行的关键技术。其次，传感器的高精度定位是实现影像数据在轨实时处理的基础，它必须要有高精度的定位参数。对于 IEOS 至关重要的是自动变化检测技术，目前停留在像元级的数据导引方法上，缺乏知识导引的特征级和决策检测方法。

李德仁院士进一步指出，IEOS 已经从理论走向实际，欧空局（ESA）提出的环境与安全监测计划（GMES）就是一个实现。它计划在未来的 5 年内欧盟各成员国的环境（包括自然环境、生态环境、人居环境等）和安全（包括生态安全、交通安全、生产安全、国家安全、生命安全等）提供天地一体化的空间信息实时服务系统。如2003年的阿尔及利亚地震，在震后一天内，欧空局利用震前震后的SPOT卫星图像迅速准确地圈定了各大灾区的范围，估算了倒塌的房屋和居民人数，为各国抗震救援队的行动提供了科学根据。日本航天局（JAXA）已为日本渔民全球海上作业服务的商业化实施捕鱼决策支持系统，通过对海洋环境的实时遥感监测，参照鱼类生活习性规律，及时向渔船发布各种鱼群的位置信息，为捕捞业服务。

不久的将来，全球IEOS用户可以通过终端设备，如PC，方便地获得任何地区，任何时间的地球系统的信息，那时，不仅提高了工作效率和效益，还提高了用户的生活质量。

3.1.4 地球观测星座及其编队飞行技术

地球观测星座（earth observing satellite groups，EOSG），又称地球观测星座或卫星星座（satellite groups，SG），它是由多个对地观测卫星组成。多个卫星可以分布在不同的轨道高度，包括低轨的高分辨率遥感卫星，中、高轨道的NOAA气象卫星、海洋卫星、ETM、SAR及Radarsat等遥感卫星和重力、磁力及测高卫星等组成。各卫星之间由网络互联互通、协同工作，如Sensor Web等。不仅卫星与卫星之间，传感器与传感器之间相互连接，形成整体的星座系统，而且还与地面，包括用户在内通过在线网络进行联结，形成从轨道到地面紧密相联的整体。

星座（SG）技术由在线网络相互联结，还包括了IEOS技术在内，如在轨处理技术（校正、特征提取等处理）和事件驱动（event driving）技术（即主动发现地面洪水、林火、大型地质灾害等，自动聚集、放大和报警等）等完全自动的功能。

1. 遥感小卫星星座

1）遥感小卫星的基本概念

总重量在1000kg以下的能满足载荷遥感器工作条件的遥感卫星称为遥感小卫星。由多颗功能单一的遥感小卫星组成的网络，并能完成特定的对地观测任务的遥感卫星群称为遥感小卫星星座。星座可以解决高空间分辨率和高时间分辨率不能同时兼得的难点。遥感卫星星座既可以提供高空间分辨率的遥感影像，又可以提供高时间分辨率的遥感影像数据，例如军事侦察卫星星座的空间分辨率为0.1m，时间分辨率为5min，这是卫星遥感的飞跃。

小卫星按照它的重量和研制成本，一般可以划分为6个等级（表3.1）：

表 3.1 小卫星等级

类型	重量/kg	研制成本/百万美元
Small-sat	500~1 000	20~50
Mini-sat	100~500	4~20
Micro-sat	10~100	1~4
Nano-sat	1~10	<1
Pico-sat	0.1~1	<1
Femto-sat	<0.1	<1

小卫星的核心技术是将全部电子器件集成在直径为 0.1m 的硅圆片上，采用镁或复合材料和一体式结构，就可达到卫星的重量最轻、体积最小、成本最低的目标。美国的宇航公司提出了硅纳米卫星的设想，即采用砷化镓太阳能电池、离子推进剂，具有 CCD 光电成像功能，将整个遥感卫星结构集成在一块硅片或镁片上。纳米遥感卫星的直径不超过 0.15m，高度也在 0.15m 左右。遥感小卫星除了以上的技术要求外，还要求小型化、轻型化、集成化、高度自动化和智能化。

电子技术：大量采用高性能的微处理器，低能耗的元器件和高集成的芯片开发出低耗能、高性能的星上电子系统。尽量采用成熟的商有元器件，加快开发步伐。功能器件的小型化是关键。（如以 ARM 为内核的低功耗微处理器组成的星上控制系统）。

微小卫星的结构与热控技术，包括电池帆板的薄片化、蓄电池的板块化，飞行任务仪器组件箱、飞轮组件、天线组件等的模块化。

微小卫星的姿轨控制是核心技术，要求定姿精度是一个难点，而且要求能建立柔性的模块化配置满足不同用户的需求。

微小卫星的供配电技术，采用高效的太阳能电池片、蓄电组的轻型化、配电一体化和能源的优化利用等技术。

2) 遥感小卫星星座的案例

（1）美国的 Starlite 卫星星座计划：军事侦察卫星。采用 24 颗卫星组成星座的重复周期为 15min；如采用 34 颗卫星组成星座时，重复观测周期为 8min；如采用 48 颗遥感卫星组成的星座时，重复周期为 5min。

（2）美国遥感 SAR 小卫星星座。该星座装备有 SAR 和 MTI（移动目标指示器）技术，难点是降低 SAR 天线重量和发射功率。以 SkyMED/COSMO SAR 卫星星座为例，它由以下两套星座组成：①光学遥感小卫星星座。轨道高度为 500km，太阳同步轨道。该星座由 3 颗小卫星组成，5 天可以覆盖全球；有些区域可以每天重复一次观测，全色片为 2m 分辨率，幅宽为 12km。多波段为 CCD

可见光-近红外 3 个波段，分辨率为 20m，幅宽为 120km。②SAR 小卫星星座，由 4 颗 SAR 小卫星组成，4 天可以完成全球覆盖，具有侧视能力，重复周期为 13h，采用 X 波段，分辨率为 3m，幅宽 40km，扫描式的分辨率为 9～12m，幅宽 80～100km。

(3) 掩星大气探测卫星星座 (constellation observing system for meterology ionosphere and climate, COSMIC) 计划，是由 6 颗卫星组成的星座，分布在轨道面上，轨道倾角均为 70°，轨道高度为 200km，计划运行 2 年。

(4) 高级大气与气候探测卫星 (ACE+) 计划。欧空局 (ESA) 提出的 Atmosphere and Climate Explorer，缩写为 ACE+ 计划，是 4 颗卫星组成的星座，分布在两个轨道面上，每个轨道的倾角为 90°，轨道高度分别为 650km，800km，升交点赤经相差 180°，即两个轨道上的卫星逆向运行。ACE+ 计划的目的是支持地球探测计划属于 EOS 的组成部分，其中对流层和平流层中的水汽和温度 (WATS) 计划是一种新型技术。

NASA 与哥达德航天中心正在设计如何用 100 颗每颗重量为 10kg 的小卫星组成的星座，用于调查地球磁场，称为"磁层卫星"。这些小卫星分布在 1.2 万 km 和 3.1 万 km，预期寿命为 2 年。

(5) 德国的雷达卫星星座系统。2002 年提供 0.5m 空间分辨率的 SAR 图像，星上存储 10 幅数据，预期寿命 5 年，是由 5 颗 X 波段的小卫星组成，分布在 3 个高度轨道上，卫星之间具有链路能力。

(6) 日本现在已发射了由 2 颗光学卫星和 2 颗 SAR 卫星组成的星座，目的是进行军事侦察。NASDA 计划发射 Hypersat 星座，每颗小卫星的重量小于 50kg，10 颗小卫星组成星座系统，其任务有通信、对地观测和测绘。现在 NASDA 正在设计包括可见光与合成孔径雷达小卫星组成的小卫星星座。

(7) 意大利 Prima 小卫星星座平台。是由意大利空间局 (ASI) 主持，Aleniq 公司设计由光学和 SAR 两种小卫星组成的星座。

(8) 意大利 Alenia 公司开发了一名为"地中海周边地区"的小卫星星座 (COSMO) 系统，以色列飞机工业公司建立了一个由 8 颗卫星组成的星座，这些卫星以 1995 年发射的"地平线一号"为基础，全色片的分辨率为 1.8m。

(9) 21 世纪技术卫星 (Techsat-21) 是由 16 颗 SAR 小卫星组成的星座系统，小卫星间有链路，采用星上信号处理机，每颗卫星不仅可以接收自动发射机的雷达回波，还可以接收其他卫星正交雷达信息，经过综合处理后，发现战术目标。

3) 小卫星的主要研究机构

美国的 Surry 大学。Surry 大学研究微小卫星已经具有 20 年的历史，先后开发了两个成功的平台：Micro-sat-70 平台和 Micro-sat-100 平台，重量为 50～

70kg，载荷 25kg，共发射了 14 颗平台。正在开发中的有 Mini-sat-400，将具有可能转动的太阳翼。

轨道科学公司（OSC）。OSC 是美国小卫星、微小卫星制造业的代表，已完成了一系列的低成本的预计任务及先进的制造水平。

ESA 的 Astrium 及法国的 Alcotel 公司。欧洲 EADS 的 Astrium 与 CNES 和 Alcotel 联合开发了 Mgriade 微小卫星平台，并具有广泛的适应性，还有 ESSAIM 和 DEMETER 等平台达到了很高水平，ESSAIM 卫星是 4 颗小卫星组成的编队飞行。

美国大学纳米卫星计划。NASA 空军科学研究所（AFOSR）、美国国防高级研究计划局（DARPA）和企业界发起了"大学纳米卫星计划"，预计研发 10 颗纳米卫星，包括亚利桑那州立大学、科罗拉多大学包尔德分校、新墨西哥州立大学、斯坦福大学、圣克拉克大学、犹他州立大学、弗吉尼亚工艺大学和州立大学、华盛顿大学、波士顿大学、卡内基·梅隆大学等大学。

2. 遥感小卫星的编队飞行

1）编队飞行的基本概念

遥感卫星的编队飞行，既适用于小卫星，也适用于大卫星。编队飞行的卫星星座之间的关系也十分密切。目前的验证大型复杂卫星功能可以由小型编队飞行卫星所替代，如 2003 年已由三颗小卫星组成的星座进行协同工作进行编队飞行。

编队飞行（formation flying，FF）是指若干个飞行器在一定距离范围内联合飞行，彼此协调，协同工作的卫星、航天器，尤其是小卫星组成的空间系统。编队飞行技术也被称为分布式空间系统技术和虚拟探测技术等，这是前沿技术。卫星编队飞行的目的是提高对地观测的时间分辨率。飞行过程中的两个卫星之间的距离可以很近，如 1km，也可以很远，如 500 万 km，要求小卫星之间相互关系和相对状态保持不变。

2）编队飞行案例

1998 年美国提出了大学纳米卫星计划，发展小于 10kg 的纳米卫星，验证微型平台技术，编队飞行技术及应用试验，有 10 所大学参加。

2000 年美国国防高级研究计划局（DARPA）采用母子星的方式，发射了 5 颗小卫星，其中 1 颗为"母星"，4 颗为"子星"，"子星"逐个从"母星"上释放进入空间，形似星座，并进行编队飞行试验。

NASA 卫星编队飞行的特征是：由多个小卫星组成，目的用于空间科学对地观测、导航定位和别的卫星难以完成的使命，每个编队飞行计划都有很强的针对性和关键技术，要求很高的协调性。

欧洲空间局（ESA）与 NASA 的小卫星编队飞行同时起步，在某些方面技术领先于 NASA，如 2002 年 ESA 发射了 GRACE 编队飞行卫星，修正了地球引力场模型,并具有高精度测量的能力,该编队飞行共由 3 颗卫星组成,在轨道上运行间距为 500 万 km,主要用于探测引力波,并验证 Einstein 的广义相对论。

NASA 和 ESA 联合进行了 LISA 使命计划,用于微米级的编队飞行试验,包括类行星搜寻者(terrestrial planet finder,TPE)计划和 DARWIN 计划,是由 5 颗小卫星编队飞行构成,目的是探测来自 45 光年的 150 个恒星的类地行星发出的微弱信息。DARWIN 计划是环绕太阳的地球公转轨道的编队飞行,目的是完成研究星系形成和探测地外生命的科学使命。这些编队飞行计划一般是由 5 颗重量约为 20kg 的微型卫星组成,其中 1 颗为主卫星,其余 4 颗为附属卫星组成的编队卫星群。TPE 和 DARWIN 计划同在 2014 年发射。

在编队飞行计划中,大多是由微小卫星来实现的,如美国的 Techsat-21 计划、及法国的 Essain 计划等都是由小卫星执行的。NASA 计划将大小如生日蛋糕,重量像台式计算机(20kg)和高自动化水平的 3 颗遥感卫星进行编队飞行试验。NASA 计划应用卫星编队飞行或密集分布式星座进行三维立体成像气象观测、天文观测和空间物理方面研究,密集分布式星座主要以卫星编队飞行为基础。编队飞行取决于两项技术,高精度目标测量与定位技术,与卫星大小和轻重无关。

3. 卫星星座的技术发展

1)先进的传感器

具有更高时空分辨率的主动式、大口径遥感仪。

(1)由被动式遥感体系(如陆地卫星遥感)产生的二维影像发展到主动式遥感体系(如雷达、激光雷达),使地表和大气产生三维景观。

(2)多波段、多极化的微波遥感技术,实现全天候观测。

(3)测量重力和磁场的传感器,增加了对地观测能力。将使人们能观测到地球内部结构,对火山喷发作出可靠的预报,甚至有可能对地震活动 1~5 年的预测。

(4)定量化、小型化,如很小的智能探测器阵列和被动遥感系统安装在很小的飞行器上,并能进行空间运算和处理。

2)传感器网络

形成智能化、可更换部件、可在轨恢复工作的星座,天地一体化的传感器网可对各种事物和事件进行观测。在轨的各种飞行器之间进行无线通信、联网,在轨飞行器运载传感器与地面的传感器之间进行无线联网。

3)计算能力和数据处理能力

(1)从现在每天 10Tbit 的数据到将来的每天 10Pbit 的数据量;

(2)综合能力:能实现数据融合、反演、快速反应、如同身临灾境的新的可视化技术的知识展示。

4) 传输能力

(1) 在飞行器上的数据融合，允许特制的信息产品直接送到用户终端；

(2) 费用不超过一次国际长途电话。

4. 对地观测体系的组织结构

(1) EOS：对地观测系统（earth observations system，EOS）；

(2) GEOSS：对地观测集团系统，或全球对地观测系统的系统（体系）；

(3) 集成的地球观测系统（integrated earth observation system）；

(4) 未来的智能对地观测卫星（future intelligent earth observing satellite）。

5. 研究内容的深化和综合

以人为本，树立全面、协调、可持续的科学发展观，促进经济社会的可持续发展。

(1) 了解并描述地球是怎样变化的（variability），识别并测定地球系统变化的主要原因和驱动力（forcing）；

(2) 认识地球系统如何响应（response）自然和人为变化的；

(3) 确定因人类文明进程而导致地球系统变化的后果（consequence）；

(4) 实现对地球系统未来变化的预测（prediction）；

(5) 研究地球内部的热损耗引起的地球重力场和磁场变化，导致地球深部的对流运动和引起地壳运动及地震、火山活动，包括地形变造上的海平面变化等；

(6) 建立几何与物性一体化的遥感定理方程；

(7) NASA 的"ESE"计划；

(8) 应用全面融入社会，空间信息技术与管理信息技术的融合。

3.1.5 载人航天飞机

"行星地球使命"（MTPE）之二的载人航天飞机设施作为特殊的综合平台，已有 20 多个国家参加，它的任务是对地观测，全面涉及陆地表面、海洋和大气的变化。任务虽然已经执行了 9 次，但由于安全问题没有能得到充分的保障，曾中断了较长时间。

航天飞机雷达测绘地貌工程（shuttle radar topography mission，SRTM）是美国国家图像制图局（NIMA，原国防制图局）和 NASA 共同主持的全球三维地图测绘科研项目，在 2000 年 2 月由"奋进"号航天飞机实施，德国航空航天中心（DLR）和意大利太空局（ASI）参与了该项工程的实施。

SRTM 是由安装在航天飞机上的通道干涉合成孔径雷达（SIR-C）和 X 波段合成孔径雷达（SAR-X）完成的，两种雷达都没有底部主元线和外侧伸缩天线。C-SAR 以大约 50km 的置于 SIR-C 的扫描宽度以内的和 52°偏底角和高分辨率模式，主天线仰角可以调整外侧伸缩天线，通过电子速引导实现对准。SRTM 采集了全球80%的人类主要活动区的地面高程信息,两个图像的原始振幅和相位数据在地面进行处理,最终产品是拼接形式的数字高程产品。

"挑战者"号和"哥伦比亚"号航天飞机失事,使得每年飞行30~60次的目标未能实现,在原来的设计中,没有出现意外时宇航员的逃生系统,现在给予了很大的重视。但布什总统在2004年宣布,随着国际空间站建设完工,航天飞机将在2010年全部退役,而被另一种可载人登月以及最终登陆火星的飞行器所取代。

3.1.6 宇宙空间站计划

"行星地球使命"(MTPE)任务之三是宇宙空间站计划。这是一个庞大的轨道空间实验,约有20多个国家参与空间站的共建工作。除了进行各种实验外,它也有一定的对地观测任务,所占比重虽然不大,但意义重大。凡是卫星和航天飞机不能进行的任务,可以由宇宙空间站来完成。

3.2 全球综合地球观测系统——GEOSS

全球综合地球观测系统(global earth observation system of system,GEOSS)是一个应用系统,是地球地测系统(EOS)的集成应用与服务系统。

2003年7月第一次世纪地球观测峰会在美国华盛顿特区召开,会上提出并建立了政府间地球观测特别工作组,其主要任务是制订和实施全球综合地球观测系统(GEOSS)计划,目标是建立一个综合、协调和可持续的全球观测系统,更好地认识地球系统,包括气象、气候、海洋、水文、陆地、地球动力、自然资源、生态系统、自然及人类引起的灾害等。2005年2月在比利时的布鲁塞尔召开的第三次世界地球观测峰会上通过了GEOSS十年执行计划,并决定正式成立国际地球观测组织(group of earth observation,GEO)。2005年5月在瑞士日内瓦召开了GEO第一次会议,选举了GEO第一届执行理事会和主席,审议了GEOSS十年执行计划、2006年的执行框架和关于支持建立全球对地观测系统中有关海啸和多种灾害预警系统的公报等,标志正式进入实施阶段。有60个国家的政府和欧盟等40多个国际组织正式参加GEO组织,中国是其中主要的成员之一。

3.2.1 GEOSS的概况

GEOSS的目标是:连续的监测地球的状况,增进对地球变化过程的了解,增强对地球系统的预测能力,促进执行国际环境公约义务,并由此满足正确决策所需的及时、高质量、长期的全球"信息"的基本要求。

GEOSS的定义是:由多个系统组成的综合系统。它由现有的和未来的若干个地球观测组织自愿共同组成,包括从初始观测资料采集到信息产品加工的全过程。参加 GEOSS 的地球观测系统如气象卫星、陆地卫星、海洋卫星、对地观测卫星,如重力、测地卫星等,保留了它们原有的责任和所有权,再附加上它们在 GEOSS 中所承担的任务。通过 GEOSS,加入其中的观测系统将作为 GEOSS 的一个整体来分享系统内的观测资料和数据产品,并通过支持共同标准和适应用户需求,来保证所共享的观测资料和数据产品的可获得性和可理解性。GEOSS 将提供总体概念和组织结构上的框架,来实现全球的综合地球观测,满足用户的需求。GEOSS 并不试图把所有的地球观测系统合并成为一个单一的、整体式的集中控制的观测系统,它的目的是改善对用户的数据供给,而不是将现有的观测系统和数据分发系统合并成一个新的系统。GEOSS 试图解决在这种多系统配置情况下没有充分协调所存在的一些缺点,因此,技术决策必须在系统体系能适应的最低层次上进行。

GEOSS 将有利于获取直接的观测资料,以及基于校正、拟合、插值和处理后获得的产品,它还将协调如数据需求、数据描述和数据交换标准的维护等。经由 GEOSS 提供的观测资料全部来源于成员国及政府间的和非政府的各个观测系统,这些观测将包括任何国家领土之外的,如公海、两极地的数据。

GEOSS 的工作范围及重点如图 3.1 所示,包括了"地球系统模式"、"地球观测系统"、"决策支持"、"政策决策"和"预报分析"等。

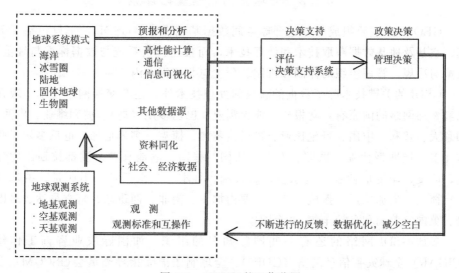

图 3.1　GEOSS 的工作范围

GEOSS 在总体上有以下几个功能单元:①强调确定的、用户的共性需求;②获取观测资料;③将资料统一规格处理成实用的产品;④交换、分发和存储共享数据、元数据产品；⑤对照那些有确定的需求和预期的效益，监视系统的绩效。

GEOSS 基于以下的主要原则：①GEOSS 将由用户的需求来驱动，支持多种实施方案，并对融入新的技术和方法，留有接口；②GEOSS 将重视计划中的和现有的观测系统，它们是用户需求的数据产品，是预报和有关决策服务所需要的；③GEOSS 包括资料观测、处理和分发能力，它们之间的互操作规范连接；④GEOSS 的观测资料和产品将按照规定的格式进行观测、记录和存储，具有元数据和质量指标，以便能搜寻和检索，并存储为可用的数据库；⑤GEOSS 将提供一个框架，确保观测系统未来的连续性和启动新的观测计划；⑥GEO 所有成员国家，有义务提供和共享其他成员国的观测资料，通过网络进行；⑦GEO 成员有权参加提供的各种业务培训、教育活动。

GEOSS 的 9 个社会受益领域：①减少因自然和人为诱因的灾害而造成的生命和财产损失；②认识环境因子对人类健康和福利的影响；③改善对能源资源的管理；④认识、评估、预测、减轻和适应气候变率与气候变化；⑤更好地理解小循环，改善小资源管理；⑥提高天气预报和预警水平，改进气象服务；⑦改进陆地、海岸带、海洋生态系统的管理和保护；⑧支持可持续农业，防治荒漠化；⑨认识、监测和保护生物多样性。

3.2.2 全球空间数据基础设施

GEOSS 的重要组成部分是全球空间数据基础设施（GSDI），不仅包括了天基、空基及地基数据获取技术和处理技术，而且还包括系统与数据标准与规范、政策与法规、管理组织的体制和机制、分发与共享等在内。

GSDI 的关键技术除了数据的获取和处理技术外，还有交换网络技术。现在已经参加网络的国家有：阿根廷、澳大利亚、巴巴多期（岛）、玻利维亚、巴西、加拿大、智利、中国、哥伦比亚、哥斯达黎加、捷克、多米尼加、厄瓜多尔、萨尔瓦多、埃塞俄比亚、欧盟、芬兰、法国、德国、危地马拉、洪都拉斯、匈牙利、印度、印度尼西亚、爱尔兰、意大利、日本、马来西亚、墨西哥、纳米比亚、荷兰、尼加拉瓜、挪威、波兰、塞内加尔、南非、西班牙、特立尼达、多巴哥、英国、美国和乌拉圭等 43 个国家。

参加 GSDI 网络的还有一些国际知名的组织，如国际农业咨询工作组（CIGAR）、全球灾害信息网络（GDIN）、全球制图国际指导委员会(ISCGM)、全球资源信息数据库（GRID）、全球性信息网络（GWIN）、欧洲空间信息基础设施（INSPIRE）、政府间气候变化专门委员会（IPCC）、国际地图生物圈计划（IGBP）、开放地理空间联盟（OGC）、亚太地区 GIS 基础设施常设委员会（PC-GIAP）、美洲 SDI 常设委员会、世界银行发展门户网站等。

GSDI 中的数据，除了 GEOSS，尤其是遥感所得的资源、环境数据外，还包括人口、交通、行政界线、土地所有权及社会、经济数据等，并通过网络实现共享。GSDI 的关键技术，除了天基、空基及地基的数据获取和处理技术外，就是交换网络和数据仓库。目前已超过 400 条目录，并含有综合的元数据在内。

美国法律和政策规定：NSDI 要保证多源（联邦、州、地方、乡村政府、研究机构和私营部门）的数据的信息获取，并易于集成，以提高我们对物质和文化世界的理解。这一政策对所有包括收集、使用、分发地理信息的机构提出了具体的要求，保证合成数据、信息或产品能够在联邦机构和非联邦用户间迅速共享和集成，并要有 SDI 数据和元数据标准，通过 GSDI 互联网在线访问获取所需的数据和信息。

GEOSS 的目标之一是建立能为地方、国家、区域和国际决策者提供及时的数据和信息的综合系统，为此，一些参与的系统将需要提供实时或准实时的监测和全球集成的观测。GEOSS 的观测需要连续性，不论是基本观测网，还是特定选择区域的加强观测，都需要观测的连续性。只有保证了观测的连续性，用户才能依赖数据集，放心地投入应用。对于大多数变量数据而言，需要提供长时间的连续观测的历史记录。

GEOSS 将推动模拟和分析技术中的一致性，应用包括模型和观测数据的质量标志及不确定性表征的技术。空间数据与非空间数据的同化技术，即非空间数据的空间代技术（CBS）也是关键技术。

GEOSS 提出了"基于开放标准"的理念，它不使用任何商业性或涉及所有权的标准。"开放标准"是一个没有使用限制的标准和规范，它不涉及知识产权（IPR）问题。GEOSS 互操作性协议也是基于无知识产权的、完全开放的标准。GEOSS 采用已达成共识的标准规范，这个标准可适用于很多领域。GEOSS 的互操作协议是将复杂系统看作是由许多子系统（组件）构成的集合，这些子系统（组件）的互操作主要通过网络服务传递结构信息来完成的。GEOSS 实现互操作无须提出诸如让所有相关系统都使用同样的数据格式这类要求，只要求所有相关系统提供对其数据格式和数据获取方式的精确定义。

GEOSS 的互操作需要从几千种描述服务界面的开放标准中，做出任何一个选择：

(1) CORBA，公共对象请求代理体系结构；
(2) WSDL，网络服务定义语言；
(3) WebXML，电子服务延伸标记语言；
(4) LLML，统一模型语言。

3.2.3 GEOSS 的特点

1. 实现系统共用和数据共享

所有 GEO 成员之间实现系统共用和数据共享，尤其是不同来源的资料融合在一起，是有效且经济的方法。

2. 观测战略的整体化

实现 GEO 成员国之间观测任务的分工合作，优化配置是非常主要的措施，一个集成的观测战略，比一个独立的战略更为有效，更加经济。一体化全球观测战略伙伴关系（IGOS·P）和地球系统科学联盟（ESSP）的全球碳计划（GCP）等就是很成功的例子。通过陆地和海洋的战略布局精心设计，观测精度高，并有严格标准，对地观测与地面实测相结合，实现全球整体化战略。

3. 合作填补观测空白

由于许多地球系统过程都是大尺度的、全球性的，因此，一个地区观测资料的缺失，会对地球系统进程分析产生影响，尤其是公海、两极观测往往是空白，需要组织观测。

4. 观测的完备性和连续性

观测的完备性指对地观测与地面实测的完备性，对地观测波段的完备性，卫星遥感与航空遥感的完备性等。连续性主要指时间的连续性和空间的连续性，由于观测对象和目的不同连续性的要求也不同。

5. 资料的传输和分发

气象卫星资料、海洋卫星资料的实时，准实时传输，主要指天气和海浪资料及预报信息传输给广大用户，要求能及时供给。

6. 统一的观测方法和标准

GEOSS 要求提供统一标准的数据，使用统一的参考基准，并进行相互统一定标，提高业务资料的同化水平，以确保数据实现共享。

7. 能力建设方面的合作

GEOSS 能力建设包括基础设施、人力资源和管理体制与机制三大方面。基础设施主要指硬件和软件设备；人力资源指工程技术人员、管理人员；管理体制与机制指政策、法规、规章、制度制订的科学性和可操作性。

3.2.4 GEOSS 的应用与服务

1. GEOSS 在能源管理中的应用

能源（包括石油、天然气、煤、水能、风能、太阳能、核能等）是经济和社会发展的动力。据世界经合组织（OECD）和国际能源署的分析，能源消耗还要不断扩大，而化石能源的储量是十分有限的，因此节约能源消耗和加强管理日益重要。

1) GEOSS在能源管理中的应用

(1) 能源分布调查：石油、天然气、煤、铀矿的地质调查，水能、风能、太阳能集中地的调查，地热能的调查等；

(2) 输油、输气管道，高压输电线路的勘测等；

(3) 漏气及其他事故发生地的调查，污染调查；

(4) 煤炭、石油生产过程中的污染监测；

(5) 极端高温、低温天气预测及能耗（供暖、冷气）预测，包括强度及持续时间。

2) 两年目标

(1) 建立能源包括化石能源、水能、风能及太阳能数据库；

(2) 建立极端天气（高温、低温）强度和持续时间预测数据库及监测预测系统；

(3) 开展油气管道及输电线路及基础设施优化空间结构，优化全局研究与设计；

(4) 建立油气管道、输电线路基础设施监测和管理信息系统；

(5) 建立能源生产基地的环境污染监测与管理信息系统。

3) 六年目标

(1) 从能源的探测、开发、运输和分配等方面进一步加强管理，包括节约资源科学分配和防治污染等，提高管理效率；

(2) 加强极端天气（热、冷）的中期（8~10天）预报，合理利用能源；

(3) 提高信息共享能力。

4) 十年目标

(1) 建立空基、天基、地基的对地能源观测体系；

(2) 建立极端天气变化，如高温、低温的强度与持续时间的预测系统；

(3) 建立油气管道、输电高压线路的安装管理系统；

(4) 建立能源生产与运输过程中可能造成的环境污染监测与管理系统。

5) 评估与说明

(1) 能源：①化石能源勘探，开发与生产；②化石能源运输对环境的影响；③可再生能源生产、运输对环境的影响；④电力生产、传输与分配预测；⑤能源管理，排放对环境影响条约及法规。

(2) 因素：陆地为①DEM；②土地利用与土地覆盖；③地质图；④土壤图；⑤地面沉降；⑥城市范围；⑦变量；⑧作物变量。大气为①天气预报；②极端天气；③空气污染；④大气参数。海洋为①海面梯度；②海冰；③海平面；④潮汐；⑤表层海流；⑥次表层洋流。

2. 水资源管理

1995年世界银行报告指出，全球已经有80个国家，40%的人口面临缺水（25亿人口），而且还不断增加，旱灾日益严重，尤其是非洲，现在已成立了"旱灾预警示"。水资源管理系统是将观测系统、资料同化系统、预报系统及决策支持系统进行集成而组成的综合系统。GEO及其下层GEOSS和GCOS将发挥主要的作用，水资源管理系统将致力于水循环观测计划。

1) 两年目标

(1) 与每一个国家的、世界的气象组织和UNESCO共同努力，使全球区域和国家等各级现有观测站网进行协调与优化，并进一步完善；

(2) 制定综合集成的现场观测站点的观测网计划，支持过程研究、算法和模型开发；

(3) 实现水文数据共享，并按规定要求监督和定期预告；

(4) 制订全球水循环数据，储存成系统的行动计划，集合现场观测、卫星遥感和数值模拟输出结果，为决策提供有用的信息；

(5) 通过GEOSS在互补轨道上装载被动微波辐射仪全球卫星星座，促进对降雨更准确、观测频率更高（3h）、空间分辨率更高和具有微物理细节的全球测量；

(6) 带动全球海洋联合系统（IGOS）在降水、温度、湿度等整合方面担负主要作用；

(7) 在GEOSS的支持下，对地表水质评估进行研究；

(8) 在GEOSS的支持下，运用卫星测量技术，测量径流和水体储量进行评估；

(9) 加强建立水循环观测站点及数据入库与分发的功能；

(10) 建立一套集成的水文预报体系，为用户提供有效的信息服务；

(11) 利用GEOSS和GEOS支持发展中国家综合水资源管理（IWRM），针对他们的情况开展有效的工作；

(12) 针对由于文化差异而导致的技术交流方面的障碍，组织各种讨论会进行沟通，增进理解，实现技术与资料的共享。

2) 六年目标

(1) 加强新的传感器的开发，提高观测的准确度和时空分辨率，尤其要重视融雪水与径流的观测；

(2) 加强国际间安全网络化的业务数据交换能力；

(3) 加强集成数据系统的巨型测试，包括水循环数据同化分析与可视化能力；

(4) 开展水质变化研究，支持水资源管理专家系统，并为日常循环观测数据的同化处理提供业务系统完整；

(5) 建立水情的日常处理系统，用于卫星遥感数据的验证和地表水储量监测；

(6) 开展精确的重力场研究，用于全球水储量监测；

(7) 制定计划，使地表水和能量通量的测量制度化；

(8) 加强各观测站之间的协调，并形成一个有机的网络；

(9) 利用全球观测网的资料，开展实验研究；

(10) 建立大流域的或区域的水量综合数据库；

(11) 建立水质监测及预测系统；

(12) GEOSS 与数值天气预报合作，进行数据产品的再分析，主要确定水循环变化的趋势；

(13) 制定水资源能力建设的培训计划。

3) 十年目标

(1) 开展基于多种时空尺度的长期水循环收支特征研究；

(2) 完全全球观测网，并对现场观测进行时间集成（多时相数据）；

(3) 通过评价及改进原型系统，建立业务化完备的数据集成系统；

(4) 加强水循环专家决策支持原型系统的数据和信息供应，包括地表和地下水的数量及质量；

(5) 改善天气和气候模型对降水、水循环及其变化的模拟和预测能力；

(6) 利用综合数据系统，建立一个用于监测水循环变化（包括云量和降水）的信息系统；

(7) 加强文献信息的综合，搞清楚已知的气候指数、洪涝灾害的频率、降水类型与强度关系；

(8) 利用遥感数据，地表水和地下水数据，将其同化，建立相应的日常指标。

4) 水资源评估

(1) 类型：水循环研究，短期水资源管理，长期水资源管理，人类对水循环的影响，生态系统的水质评估，土地利用计划，粮食生产，暴雨与洪水预报，干旱预测，气候预测，人类健康，渔业通信与导航。

(2) 因素：降水，降雨，蒸发，径流，土壤湿度，地下水储存量，地下水位，湖泊、河流分布，湖泊、河流水位，水库分布，水库水位，雪盖，地表冰，冻土冰川，云，风速，风向，气温，水汽气压，向下短波辐射，向上长波辐射反射率，地表湿度，植被覆盖，粗糙度，热通量，潜热通量，土壤热通量，地形/地理，植被类型，植被根系长度，植被高度，土地类型，土壤类型，海面盐度，海平面，海面湿度，水化学养分循环，灌溉面积，灌溉量，工业用水，饮用水，人口密度，自然保护区水需求量，生态系统水需求量，水污染面积。

3. 灾害监测及预测

根据国际减灾战略（ISDR）的报告《与风险共存》（"Living with Risk"）资料，1990～1999年的10年间，灾害事件约造成50万亿元人民币和7500亿美元的财产损失，主要包括地震、火山、林火、海啸、地面沉降、滑坡/泥石流、雪崩、洪水、干旱、极端天气事件和污染事件等。而且地震与洪水之后，往往伴有瘟疫爆发。以上主要是自然灾害，还有的与人的活动有关，如林火的监测和预测系统。根据卫星遥感资料，印度尼西亚东加里曼丹地区林地上堆积了很厚的枯枝落叶，而且长期没有大雪，预报该地区容易发生林火，结果不久真的发生了雷电林火。根据"应急快速反应系统"，及时发布了林火警报，制订了救援路线和战术地图，达到了减灾的目的。监测的时间间隔，如果需要的话，可以每小时一次。空间分辨率不一定要求很高，30m就可以满足灭火的要求。

另外还有地震海啸的监测、预测及灾情评估（A Monti-Guanieri 与 Bam 地区的环境卫星 ADAR 仪器监测，2003年），火山喷发的监测、预测及灾情评估，山崩、滑坡、泥石流的监测，预测及灾情评估，重大气象灾害如飓风、台风等热带气旋过程的监测、预测及灾情评估，洪涝、干旱、三害等监测，预测及灾情评估，环境灾害如大气污染、水（河、湖、海洋）污染、土地污染的监测与评估，生态灾害如沙漠化、石漠化、盐碱化等监测预测及评估，重大疫情如禽流感、SARS 等监测与评估等。

4. GEOSS 的防灾减灾目标

通过与防灾减灾机构协作，GEOSS 将实现以下2年、6年和10年的目标。

1）两年目标

（1）根据国际减灾战略和《空间与重大灾难国际宪章》，对洪水、地震和石油泄漏等灾害进行调查，并对可能发生的地点进行预测，应该包括全球范围。同时还要对当地人进行技术培训，提高他们的调查、监测和预测能力，特别是发展中国家。

（2）推动全球获得 NASA 航天飞机雷达测图计划（SRTM）产生的100m（C 波段）和30m（X 波段）水平空间分辨率的数据地形资料。

（3）努力扩展地震监测网络和当前的洋底压力传感器网络，并升级现有的全球网络（如全球地震观测网络 CGSN），以使所有的关键仪器能够实时传递数据，实时提供全球范围的海啸预警。

（4）在服务不足的多灾地区，主要振动示范性研究，如亚太地区的地震和火山减灾网络 DAPHNE（日本）建设。

（5）进一步推动能力建设，重点放在技术转让方面，把实时信息和预警信息及时传给用户和公众，这也是与联合国教科文组织（LINESEO）和世界气象组织（WHO）的要求是一致的。

（6）促进包括气象卫星在内的，现有地球同步卫星对非天气应用领域的有效监测，如火山爆发、火山灰云、林火和其他灾害的监测，并要求较高的时间分辨率。

（7）推动干涉合成孔径雷达（InSAR）技术和灾害预测预警系统，特别是与洪水、地震、滑坡、泥石流、火山有关的系统的集成。欧洲空间局的ERS（欧洲遥感卫星）和欧洲空间局环境卫星计划（envisat）已开始应用，并将发展成为全球性、长期性的对地观测卫星。同时加拿大空间局的雷达卫星观测系统-1（Radasat-1）任务也具有InSAR能力，Radasat-2将成为InSAR的数据源。日本发射的先进陆地观测卫星（ALOS）将载有L波段的SAR传感器。

（8）编制现有的地质灾害的分区图，并在图上确定灾害的类型及分布。

（9）推动全球化的空间数据基础设施（GSDI）建设，并利用它作为开展对地观测的基础。

（10）进行综合的差距分析，以对现有的灾害管理的能力建设计划、能力现状和区域布局进行评估。

2）六年目标

（1）推动激光雷达（LiDAR）和干涉合成孔径雷达（InSAR）技术的结合，在低洼地带及地形变监测（地震、地质灾害）。

（2）推动所有全球定位卫星星座，实现连续观测和数据兼容，如GPS与GALILEO、GLONASS（俄）、QZSS（日本：准天顶卫星系统）。支持全球大地测量网络服务，如甚长基线干涉测量（VLBI）和卫星激光测距（SLR），以达到精确定位的目的。

（3）通过对地观测卫星委员会（CEOS）的协调，推动GEOSS计划的实施，某些系统要成为业务运行系统。

（4）加强卫星图像和自动化识别的能力，以推进数字地形的制作及对灾害的监测。

（5）推动InSAR的数据处理能力，以便能制作地震区的地形变图、应力图、地面沉降及滑坡地区的地形变监测。

（6）推动灾害分区图与GIS技术的集成，并服从于统一的国际标准与规范。

（7）推动重要的航空遥感器如高光谱传感器、高分辨率的红外传感器和激光雷达结合和广泛应用。

（8）推动环境污染的，尤其是水质（河流、湖泊、海洋）的监测的质量和速度。

（9）建立能追踪评估各种灾害管理能力建设的进展，包括集成和共享等方面的能力。

（10）促进对数据进行实时获取、分析的能力，尤其对洋底地震的火山活动及海啸实时监测与处理能力。

（11）运用"全面禁止核试验条约组织"（CTBTO）的地震和次声监测数据分析地震与火山。

3) 十年目标

（1）推动利用表层和次表层传感器，包括对海底电缆的再利用，进一步开展对海底地震和火山活动以及海啸传播的实时监测。

（2）推动区域性计划如 DAPHNE、全球环境监测（GMES）的进一步开展和集成。

（3）推动满足人们对各类卫星传感器的各种需求，尤其重要的是灾害防治对 SAR 卫星（C 波段、L 波段和 X 波段），InSAR 的全球观测能力的需求。L 波段对林火的枯枝落叶层的监测是十分有效的，对高地震应力及大气污染监测有很好的效用，对土壤湿度监测也有效。

（4）推动开发快速确定浅层海洋测浪的系统方法，对于预测海啸、风景涌浪十分重要。

（5）对灾害管理部门的能力建设活动有效性评估。

5. 天气与气候变化的监测及预测

天气与气候系统既是外部环境如太阳辐射与火山活动的影响，又是系统内部扰动如温室气体排放量及下垫面状况的变化影响，监测天气与气候变化，确定引起变化的控制因素是十分重要的。

天气与气候系统的下垫面因素，包括陆地与海洋两大部分，尤其是海洋进行海气交换影响很大，全球气候观测系统（GCOS）与全球综合地球观测系统（GEOSS）的紧密结合，是科学的方法。如运用 GEOSS El-Nino 进行观测，并与 GCOS 的相结合对气候进行预报可能获得很好的效果，可以提高 GCOS 的预测水平。GEOSS 与 GCOS 相结合组成了地球系统协调观测和预报（COPES）计划是正确的、可行的。2001 年 IPCC 第三次评估报告指出了存在"不确定性"问题要加强研究和开展新的观测，如基本气候变量（ECVS）及其不确定性研究。

1) 两年目标

（1）建立包括全球大气监测（GAW）、全球海洋观测系统（GOOS）及全球综合地球观测（GEOSS）在内的全球气候观测系统（GCOS），并建立网络，实现数据共享；

（2）改善向国际数据和分析中心上报的观测数据数量、测量和时效；

（3）提高国际数据分析中心存档和分类数据的质量；

（4）建立观测单位、研究群体和用户之间的密切合作，进一步改进观测内容；

(5) 在 GCOS 实施计划的基础上，确定所有区域和国家实施全球气候观测系统的需求和解决方案；

(6) 建立政府间的陆地观测机制，编制并发布有关观测程序和数据管理的规章；

(7) 协调现场海洋观测系统业务化规章和指南；

(8) 加强古气候研究以提高对今天气候变化的认识。

2) 六年目标

(1) 增强全球气候观测系统（GCOS），涵盖了 GEOSS、GAW（全球大气观测）和 GOOS（全球海洋观测）等，与广大用户、研究团体之间的合作机制，实现最大化利用观测资料和分析产品；

(2) 支持 GCOS 实施计划；

(3) 促进所有的基本气候变量（ECVS）数据存档中心建设；

(4) 促进制度建设，提供对所有 ECVS 的一体化的全球分析；

(5) 开发数据集成软件和硬件，用于气候部门与其他社会经济领域之间交换数据信息；

(6) 通过融合自然科学数据和社会-经济数据以及加强古气候研究，加强探测古气候变化及其对灾害、公共卫生、水资源、生态系统和农业的影响；

(7) 研发运行新的地基和天基观测仪器，用于观测基本气候变量（ECVS），如云、气溶胶属性和变化、海洋碳和营养物土壤温度以及地下水、二氧化碳和其他温室气体。

3) 十年目标

(1) 支持有关观测、资料同化和模拟的长期战略计划；

(2) 支持全球气候观测系统（GCOS）的实施计划；

(3) 推动海洋、陆地和大气领域的新增和扩展的分析项目；

(4) 推动不同时间尺度的监测和预测；

(5) 建立气候产品应用于社会经济领域的评价机制。

6. 提高天气预报水平

GEOSS 对提高天气预报水平起到了十分重要的作用：

第一，对于更加专业的短期预报而言，GEOSS 提供了至关重要的、及时的、综合性的和准确性的预报模式所需的初始条件，大幅度提高了预报的准确性。

第二，GEOSS 通过提供综合性的观测，扩充产品类型，从而减少灾害天气对居民的影响，提高了减灾防灾水平。

第三，GEOSS 将帮助 GEO 的成员和参加组织，更加关注天气信息服务的需要，从而以更低的成本提供更多的服务。

数值预报将能利用改进的观测资料，提供质量足够高的天气预报。

世界天气监视网（WWW）通过国家机构建立和协调观测活动，包括天基、地基等的观测以及数据分发，也包括与数值预报中心，并通过气象卫星协调组（CGMS）完成协调任务。

数值预报技术在资料同化、预报模型（NWP）和后处理方面已经取得了很大进步，但还不能保证天气预报的精确度和可靠性，因为相关算法所需的资料没有得到保证，存在对初始条件的测不准问题，从而增加了模型计算结果的不确定性。造成不确定性或测不准的方面有：垂直湿度通量、扭带地区的云量、臭氧量遥感辐射的精确校准、地基测量数据的同化等。

1）两年目标

（1）提高关键数据，如大气、风、湿度、海洋蒸发、降水、土壤湿度等的精度，改进预报模式提高天气预报质量，尤其是预报正确率；

（2）支持帮助发展中国家的天气预报的准确性，实现防灾、减灾的目标；

（3）加强发展中国家的人员培训工作，有效地使用天气数据为防灾减灾目的服务；

（4）支援现有的天气预报能力建设，及时了解实施状况；

（5）支援世界气象组织的计划，探索把欧洲气象综合观测系统推广到其他地区的可行性。

2）六年目标

（1）支援世界气象组织协调全球天气监测及预测工程，改善观测资料和数据模式提高预报水平，建立区域的和当地的预警中心，提供防灾、减灾服务；

（2）支持世界气象组织在发展中国家建立新的区域预警中心，尤其提供临近的恶劣天气预报的准确性；

（3）支持世界气象组织采用欧洲气象综合观测系统（EUCOS）的模式，建立区域气象观测欧洲计划。

7. 危及人类健康的环境因素监测/公共卫生监测

GEOSS 对瘟疫如禽流感、SARS 等的疫情监测和预防方面具有积极作用，同时对空气、水体及土地污染，如有机污染物（POPS）、重金属、多氯联苯（PCBS）杀虫剂、病原体、紫外线、噪声等危及生活质量的环境因素，通过地基、空基和天基观测系统地面调查数据的同化以及地球系统科学联盟（ESSP）、美国公共卫生信息网络（PHLN）疾病控制中心的数据建立环境参数和疫情监测中心是可行的，也是必要的。综合资料是疫情监控，预警的有效工具。建立 UV-B 观测和预警系统，对减少皮肤癌、白内障的发病率有积极的作用。

世界卫生组织的全球环境监测战略（GEMS）把气象卫生观测列入公共卫生监测手段，红外成像光谱仪（AVIRIS）等遥感仪器在疫情监测方面，也都具有积极作用。

1) 两年目标

(1) 推动与公共卫生有关的新型、高分辨率的对地观测数据的获取。

(2) 通过GEOSS及时了解全球范围的有关疫情及其对策的情况,并针对现存问题协调各观测网络工作。

(3) 建立互动机制,对地球观测资料及其加工处理资料实现共享和交换。

(4) 推动公共卫生信息网络集成数据库的建设和发展,包括多尺度、多时间的对地球观测数据库建设和发展,并进行网络联系,支持全球共享。

(5) 促进地球科学数据库与公共卫生和流行病学信息库进行集成,如有关大气污染、水质污染的时空分布,疫情的时空分布等进行完全分析。

(6) 建立验证高分辨率遥感数据、环境因素数据与特定传染病(如疟疾、霍乱等)关系的试验区。关键是用这些资料建立它们之间的关系模式,如蚊虫与沼泽关系、蚊虫与疟疾关系、沼泽场地遥感关系等。

2) 六年目标

(1) 建立遥感数据、地基观测数据库及查询目录,并与已有公共卫生问题,如疟疾、霍乱、哮喘等卫生数据库联结和共享,分析预测环境因子与人类健康的关系;

(2) 建立环境污染(大气、水体、土地、噪声等)数据库与公共卫生信息库联网,分析污染与疾病的关系;

(3) 把公共卫生观测项目纳入地基观测(地面调查)和遥感观测(特殊传感器)能力的技术规范中;

(4) 通过GEOSS协调组织与公共卫生数据库联网,建立地区疾病与环境因素的关系,发掘疾病与环境因素之间的联系,最终建立疾病与环境之间的关系模型;

(5) 推动研发基于环境因子观测的人类健康指标;

(6) 建立通过环境变化来达到疫情预报的目标;

(7) 通过交通、人流、物流(含动物流向)状况及气象动态(风向、风力)及水文流向对疫传播与扩散进行模拟实验;

(8) 环境数据库及公共卫生数据库建设及资料共享并与GEOSS遥感数据库联网,实现数据共享。

8. 海岸带与海洋生态系统管理

生态系统是人类赖以生存的基础和必要条件。生态系统状况,又称生态系统健康,指生态系统可持续提供服务的能力。生态系统状况或健康指生态系统即使在干扰和压力的情况下,生态系统仍旧维持原来状态的能力。生态系统的弹性,即生态系统在受到内在和外在压力(外来物种入侵或遭火灾、破坏等)时抵制变化的能力,恢复原本面貌的能力,包括速度。生态系统如农业生态系统、林业生态系统、草场生态系统、河流湖的生态系统、海洋生态系统、湿地生态系统等。

GEOSS 的作用是调查、监测和预测生态系统的潜力和限度，目前，在全球范围内生态系统正承受着很大的压力，即是不可持续的，如过度捕鱼、过度放牧、过度砍伐等，生态系统退化是普遍的现象。是人类活动的不合理造成的，大气污染、山体污染及土地污染也严重影响了生态系统，外来物种的入侵、病虫害等也破坏了生态系统的可维持发展。

与生态系统有关的国际公约协定有：《约翰内斯堡宣言》、《防治荒漠化公约》、《生物多样性公约》、《联合国气候变化框架公约》、《湿地拉姆萨公约》、《海洋公约》及《联合国森林论坛》等，还有一些国际组织如非政府组织（NGOS）国际自然保护联盟（IUCN）、世界自然基金会（WNF）、世界野生动物基金会（WWF）等。

在国际卫星对地观测委员会（CEOS）的支持下，由全球海洋观测系统（GOOS）、全球陆地观测系统（GTOS）和全球大地测量系统（GGOS）等对全球海洋生态系统动力学项目（GLOBEC）、海洋地质和生物生境制图（GeoHob）、国际海洋碳合作研究计划（LOCCP）进行了研究。主要包括：①海洋带生态系统一体化观测；②土地覆盖陆地观测，侧重在森林和土地覆盖的动态复化监测；③碳循环观测，包括陆地与海洋在内。

另外对"有害藻类（赤湖）的预警"及"植被指数"全球监测等取得了重大进展。

主要任务包括：

（1）促进 GEOSS 的生态系统变量观测方法的协调统一；

（2）促进全球海陆碳（C）观测系统计划的落实；

（3）制订统一的生态系统分类方案；

（4）倡导中、高分辨率的地球观测卫星业务的连续性，以用于土地覆盖与海洋的动态监测；

（5）促进生态系统观测机构之间的网络建设；

（6）促进对用于生态系统特征测量的现有工具（如 SAR，高光谱成像仪）的验证；

（7）促进新传感器的研发如 LDAR 的研发等；

（8）促进实现 500m 分辨率的全球生态系统制图，并要求有统一的标准与规范；

（9）除碳的全球观测外，促进氮的全球观测；

（10）系统特征，如碳（C）、氮（N）、磷（P）和铁（Fe）通量及其变化的观测网络建设，并进行协调和发展；

（11）绘制具有足够分辨率，并可知其不确定性的地球基础资料图；

(12) 开展城市生态系统的监测。

3.3 Google 公司的 Google Earth

Google Earth 不仅可以通过计算机网络提供全球的遥感影像信息，包括 1m 甚至 0.6m 空间分辨率的任何地点、任何时间、只要是数据库中有的数据和在线的数据，而且还包括地形图、专题地图等各种空间信息，因此 EOS 及其应用系统 GEOSS 数据能够方便和广泛的应用，促进了数字地球战略目标的实现。

3.3.1 Google Earth 简介

"Google"，中文译名为"谷歌"，是一家全球性的网络公司，它专门提供遥感数据服务的部分称为"Google Earth"。Global Base 是另一家提供遥感数据服务的网络公司，但不如 Google 有名。这两家公司都可以提供遥感数据的网上服务，但 Global Base 仅为教学部门，经授权后才提供免费服务。

"Google"自 1998 年成立以来，发展迅速，尤其提供了遥感数据的网上服务，受到了全球用户的欢迎。Google 的核心技术是"搜索引擎"，方便而又快，它已逼近 60% 的全球占有率，同时还提供免费邮箱，高达 2G，可提供免费的遥感数据。目前全球手机使用人口已超过 15 亿人，远远超过了使用 PC 机的人类。Google 已开发出手机版用的搜索界面，只等 3G 启用和智能手机（smart phone）的普及，一旦手机上网后，Google 将占有市场，尤其遥感数据将可在手机上提供在线服务。

"Google Earth"是 Google 专门用于提供遥感卫星数据的专用窗口，运用 Google 的搜索引擎，用户可以十分方便地获得全球范围的各种比例尺的卫星遥感影像数据，并可以方便地下载。"Google Earth"不仅可以提供 IKONOS 和 Quick Bird 的遥感卫星影像数据，而且还可以提供一个地区的 NOAA 的 AVHRR 数据、Landsat 的 TM 和 ETM 数据、SPOT、ERS、SAR 及 MODIS 等的遥感卫星数据。

现在从 Google Earth 的专用窗口，可以免费下载中国的一些地区和城市的多种卫星遥感数据，也可以免费下载世界任何地区或城市的，只要是属于在线的遥感数据。问题是 Google 网络公司并不具有覆盖全球各种比例尺的遥感影像数据的数据库，每天都要更新的，包括近期的和过去的海量数据，任何公司都是不可能承担的。Google Earth 的多数遥感数据，大多来自"Digital Globe"公司所提供的。

Google Earth 可能被下载到个人电脑上的免费软件，可以用来实现在城市的、街道的、建筑物的、山坡、河流、森林、田野等上空飞行一样的感觉。用户只要输入美国、加拿大、英国的街道名，或任何地方的经纬度数据，甚至是"金字塔"、"泰姬陵"及"天安门"等词汇，Google Earth 就可以马上将该地名的遥感影像，迅速放大，显示在你面前。

Google 于 2005 年 6 月又推出了最新的地图搜索服务和三维显示的 Google Earth 窗口的 Google Map 服务，包括地图搜索服务。"Google Earth"不仅可以提供一个地区的 NOAA 的、TM 的、SPOT 的、ERS 的、MODIS 的、SAR 的遥感影像数据，而且还可以提供 IKONOS 的 1m 分辨率的遥感影像数据及一切在线（online）的遥感数据，包括小于 1m 的空间分辨率的遥感影像数据，为"Digital Earth"战略目标的实现提供了实质性的支持，为资源、环境、经济和社会的调查、监测、预测、评估、规划和管理目的服务。

Google Earth 是一个星球的三维界面，它提供了浏览、查询和发现的功能。Google Earth 提供了一个具体位置的详细信息，它把卫星影像、地图和 Google 搜索结合起来，可以让你在电脑上得到全世界的地理信息。无论是要做地理位置是一个关键因子的商业决策，还是单纯地进行浏览，Google Earth 都可以把你带到那里。快速的从空间放大的街道，并且把图像、三维地理、地图和商业数据结合起来，可以在数秒钟内得到全部的图像。例如，你可以从外部空间查询到你的附近区域，填入地址可以直接放大到该地点，查询学校、公园、酒店和旅馆，并得到驾车的方向，进行视线倾斜和旋转，可以浏览三维地形和建筑物，保存和共享你的查询结果和喜欢的地点，甚至可以添加你自己的注记。

Google Earth 不是一个单纯的产品，它是包括一系列的产品所组成的产品家族，其中包括：

免费版的 Google Earth，把一个星球的影像和其他地理信息放到你的桌面上，可以浏览一些偏僻的地点，例如茂伊岛和巴黎，也可以浏览一些自己感兴趣的点，例如本地的饭店、医院、学校等；Google Earth＋，是 Google Earth 的一种可选的升级软件，可以利用它进行浏览、查询和发现，它添加了支持 GPS 设备的功能，导入电子表格的能力，绘图工具和更好的打印功能，可以绘制三维对象和你旅游到的一个海滩的清晰的景象，Google Earth＋也是针对个人用户的；Google Earth 专业版，地址信息的最强大的查询、展示和协同工具，Google Earth 专业版是针对专业/商业用途的；Google Earth 企业版解决方案，在你的企业中可以进行 Google Earth 的一站式的部署，它包括了 3 个部分，Google Earth Fusion 集成了你定制的数据——点、矢量、地形、栅格影像和大部分格式的 GIS 数据，Google Earth 服务器使数据流流向客户端软件（Google Earth EC），Google Earth EC 展示、打印、发布和共享地理数据。

3.3.2　Google Earth 的基本功能

2006 年 01 月 26 日 http://tech.tom.com 上报道，Google 对 Google Earth

软件和 Google Local 搜索中的卫星图片服务进行了升级,主要增加了两个缩放级别,从而允许用户实现对观察对象更近距离的接触。

Google Earth 团队成员 Chikai Ohazama 说:"现在,你可以查看世界上很多地方的更多细节了,比如看看伦敦白金汉宫门前站立的人们,或者跳过海面看看纽约的自由女神像。"现在的 Google Earth/Local 拥有 20 个缩放级别,最大精度为 50ft(15m,$1ft=3.048 \times 10^{-1}m$)。不过这次升级还是只限于部分地区,不是每个地方都能享受更高级别的待遇。

网络搜索巨头 Google2006 年宣布针对苹果 Mac 机用户推出 Google Earth 服务。Mac 机用户现在就可以获得 Google Earth 服务提供的身临其境的浏览地图体验,方便地查找和标注全球任一地方。针对苹果 Mac 机的 Google Earth 服务现在就可以从网站 http://earth.google.com 上免费下载。

Google 表示,Google Earth 有点类似于网站浏览器,只不过它是从多个平台提供用户所需的相关信息。针对 Mac 10.4OS 的 Google Earth 测试版与针对个人电脑版的 Google Earth 功能相同,可提供如灵活的导向、放大、缩小、3D 建筑物俯瞰等其他一些功能。Google Earth Plus 和 Google Earth Pro 现在还无法在 Mac 机上使用。Google 还表示,针对个人电脑的 Google Earth 现在已经推出了正式版本,使用测试版本的用户现在可以升级至最新版本。与 Google 组织全球信息,使之可被广泛地获取和利用的使命相一致,Google 将为全球所有用户继续改进和丰富 Google Earth 的内容及其可利用性。

CNET 科技资讯网 2005 年 12 月 21 日国际报道推出 Google Earth,集卫星和航拍图像、地图能力于一体的免费服务时,Google 强调了它作为教学和导航工具的有效性。Google 还为 Google Earth 的埃菲尔铁塔、大本钟、金字塔的高清晰航拍图像的娱乐价值大做广告,自今年夏季推出后,这一服务受到了异乎寻常的关注。数个国家的政府官员已经对其详细的政府办公机构、军事设施、其他重要设施图像提出了警示,法律严格限制使用卫星和航拍照片的印度表现得尤其"直言不讳"。印度联邦科学和技术部的部长 V.S. Ramamurthy 在谈到 Google Earth 时说,它会严重地威胁到一个国家的安全。印度的测绘局局长 HaiGen.M.GopalRao 说,他们应当征询我们的意见。类似的观点已经出现在其他国家的新闻媒体上。韩国官员曾表示,他们担心 Google Earth 会泄露军事设施的秘密。泰国的安全官员说,他们计划要求 Google 封杀容易受到攻击的政府办公机构。Itar-Tass 援引俄罗斯联邦安全局的分析师 Lt.Gen.Leonid Sazhin 的话表示,恐怖分子不再需要对他们的攻击目标进行侦察了,一家美国公司已经替他们做了。

但是,除了抗议外,他们似乎无计可施。Google Earth 是网络世界日益开放的最新例子,过去保密的信息可以被广泛地提供在个人电脑上。许多安全专家也认为，这种日益提高的透明度和它带来的不方便是互联网日益强大和普及的不可避免的副产品。美国政府部门以及非政府部门的安全专家普遍认为，Google Earth 是安全威胁的想法是不正确的，Google 提供的图像来自商业性图像公司。例如，Google Earth 的大多数卫星图像来自 Digital Globe。Globalsecurity.org 的主管派克说，Google Earth 并没有收购什么新的图像，它只是对别人能够从其他地方购买的图像进行了简单的处理，因此如果说这些图像能够带来一些危害，也与 Google Earth 无关。

Google 的高级政策法律顾问安德鲁表示，在过去的数个月中，Google 已经与一些国家进行了谈判，其中包括泰国、韩国、印度。由于与巴基斯坦长期的不和、核武器、恐怖活动的卷土重来，印度对安全问题尤其敏感。自 1967 年以来，印度严格限制桥梁、港口、炼油厂、军用设施的航拍照片的使用，外资公司需要使用航拍照片则需要经过审批，高清晰度的卫星照片也面临类似的限制……但 Ramamurthy 承认，对于通过互联网向全球提供服务的海外公司，我们几乎无计可施。印度测绘局局长 General Rao 说，印度政府已经致函 Google，要求它以极低的分辨率显示我们列出的一些敏感地方。但安德鲁说，他还没有看到这样的信函。他说，与印度的谈判主要集中在克什米尔地区的边界问题上。安德鲁指出，与印度或其他国家官员的谈判并没有导致 Google 删除信息或降低信息的质量，美国政府也没有要求它删除任何信息。

Google Earth 软件的功能：

（1）"飞"向目标。在空格内填入你所希望寻找的地址，可以填入的包括国家、省份、城市、邮政编码，甚至是街道名称（精确到街区的搜寻只限于美国、英国和加拿大），点击"FlyTo"。

（2）特殊搜寻。Google Earth 还有一项特殊功能，能让使用者相当轻松地了解目标地点附近的商业设施情况。比如我们在旅游出发前，想了解目的地饮食情况，如意大利薄饼店，我们就可以在空格内添入"pizzainxxxxxxxx（地址）"，点"FlyTo"，Google Earth 将显示出非常详细的搜寻结果，包括店名、地址、电话等信息（只要这些商家曾在网上发布过这些信息）。然后你要做的就是逐个点开这些链接，了解这些店家的具体情况了。

（3）搜寻行车路线。点击"Directions"按键，在弹出的窗口内填写"FromHere"（出发地）和"ToHere"（终点），然后点击"Play"按钮，Google Earth 将带你沿路浏览，展示你所需要的行车路线情况。

3.3.3 Google Earth 系统介绍

1. Google Earth 免费版

从概念上讲是简单的，这是一个放在你个人机里面的地球。你可以点击和放大星球上你想要浏览的任何地方，星球图像和本地的信息可以缩小到视窗内。通过 Google Search 可以显示本地的感兴趣的点和信息，放大到一个具体的地址检查一个公寓或旅店，观察飞行方向，还可以沿着你的路径进行飞行。

Google Earth 免费版的主要特征：对个人用户免费使用；成熟的流式技术可以根据你的需要发布数据；图片和三维数据描述了整个地球-TB级的航空和卫星影像高精度的描述了全世界的各个城市。本地搜索可以让你查找饭店、旅馆和行驶方向，结果在三维的地球视图里显示出来，可以容易的进行多层搜索，把结果存到文件夹里，并和其他人共享；有显示公园、学校、医院、机场、商店等的图层；KML——数据交换格式可以使你和其他人共享由 Google Earth 的使用者创建的有用的注记和上千个点；可以利用它做旅游计划，获得行车方向，寻找房子或公寓，寻找本地的商业机构，浏览世界。

2. Google Earth＋

Google Earth＋是一个用于个人客户的、Google Earth 的、可选的升级版本。除了 Google Earth 免费版的基本的特征，Google Earth＋还包括：高速性能——增强了网络速度，GPS 数据导入——读入由 GPS 数据采集的路径和点，高分辨率的打印（精度高于屏幕），通过电子邮件的客户支持，注记——添加更丰富的注记的画图工具（可以作为 KML 共享），数据输入——从 CSV 文件读入点的地址。

3. Google Earth 专业版

Google Earth 专业版是针对专业和商业用途的。Google Earth 专业版使本地搜索和表现变得很容易。输入地址，Google Earth 从空间飞行到你查找的地点，并叠加道路、商业信息、学校和零售点到三维的卫星数据上。你还可以导入地址规划、属性列表或者客户地址，通过点击可以和你的客户或同事共享你的视图，并输出高质量的数据到文件或者网络。

Google Earth 专业版的主要特征：最快的 Google Earth 性能，改善的打印和保存能力（2400 像素），附加的注记工具（画有高程的多边形），附加的测量工具（平方英里、米、英亩、半径等），电子表格导入——通过地址或经纬度导入多达 2500 个地理位置，技术支持——电子邮件或电话，更高级的特征和数据例如电影制作器、高级打印、GIS 数据输入器。

Google Earth 专业版可以应用在很多商业领域，例如，商业房地产、居民房地产、建筑/建设/工程、保险、媒体、国防/智能、国家安全、州立和本地政府等。

4. Google Earth 企业版

Google Earth 企业版可以让你在你的企业中应用 Google Earth，把企业版数据和 Google Earth ASP 发布的数据结合起来，或者创建你自己的完整的数据集。无论你的组织是已经大量的投资在地理数据和系统上，还是刚开始使用地理信息，Google Earth 企业版解决方案都可以让你的工作更加的有效率。Google Earth 技术让非专业的用户更容易的和大量的卫星影像与 GIS 数据相交互，来使用数据集，并获得可以产生很大不同的知识。

（1）快速——Google Earth 利用成熟的流式技术可以以惊人的速度把丰富的地理数据发送给你的用户；

（2）完整——Google Earth 系统可以管理海量的数据库；

（3）灵活——Google Earth 企业版可以和多种传统的 GIS 系统一起工作，组织或政府 Google Earth 可以用来发布这些系统存储的数据。

Google Earth 企业版解决方案的主要特征：

（1）可海量放大建筑——一个服务器可以为数千个用户发布地理数据；

（2）三维视图——通过把图像、高程数据、GIS 数据和你自己的点和注记的集成提供一个你感兴趣区域的完整的图像；

（3）流畅和互操作——流式技术让海量数据集的浏览变的容易；

（4）协同和共享——可以利用灵活的 XML 格式通过电子邮件的方式发布视图、地标和注记。

Google Earth 企业版有 3 种解决方案：

（1）Google Earth 企业版＋为独立的地球数据库进行管理和发布的完整的企业版解决；

（2）Google Earth 企业版 LT 混合的解决方案使企业数据层（点、矢量或者移动物体）和 Google Earth 底图聚合；

（3）Google Earth Pr 集——如果企业部署数量很多，可以对企业版部署进行批量部署，有完备的发布 ASP 地理信息解决方案的方式。

Google Earth 企业版解决方案用于商业房地产开发商包括国家经纪人、建筑和工程公司、保险公司、媒体等。下面对 Google Earth 企业版解决方案的 3 个组成部分进行分别的介绍。

1）Google Earth Fusion

Google Earth Fusion 把你的地理数据集成到 Google Earth 企业系统中，例如、栅格、GIS 甚至是传统数据库存储的数据。数据集成后，它被 Google Earth 服务器发布到客户端软件，可以利用一个友好的图形用户界面进行数据集的选择和优化。对于更专业的用户和更复杂的集成，可以采用命令行的方式。Fusion 可以设定数据升级，这样 Google Earth 企业系统就可以发布最新的数据集。

Google Earth Fusion 的主要特征：①支持图像、地貌、多边形、点和线；②支持多个 CPU 和机器的分布式数据处理；③容易使用的 GUI；④隐式投影，对不同的数据集创建投影；⑤对嵌入图像进行重新投影；⑥虚拟镶嵌功能；⑦支持多边形填充和三维 shp 文件；⑧支持常规的栅格和矢量数据格式；⑨矢量和点：.shp、.map、NIMA MUSE、ASCII、GDT；⑩图像和地形：TIFF/Google Earth TIFF、JPEG、AALGRID、AIG、USGS、DOQ、DTED、ECW、GIF、GRASS、Erdas Imagine（HFA）、PNG、USGESDTSDEM、USGE ASCII DEM、Raw Binary Bil、bip 等。

2）Google Earth 服务器

Google Earth 服务器把 Google Earth 数据库发布到客户端软件，包括可选的支持服务，例如地理编码。数据通过 Google Earth Fusion 输入到 Google Earth 企业系统中，Google Earth 服务器可以被配置为一个叠加服务器（你的企业数据叠加到 Google 创建和发布的底图数据上）或者一个独立的服务器（全部数据集都有本地创建）。叠加的方式可以让你免费使用 Google 的丰富的数 TB 的底图，你的企业数据，车辆位置、属性、GIS 图层，可以在这个丰富的环境中显示。独立模式使拥有大量的地理数据的组织利用友好的界面对整个组织创建和发布数据，一个 Google Earth 服务器可以支持数百用户并发操作。

Google Earth 服务器的主要特征：①高效的设计支持快速访问海量数据；②一个服务器支持 250 个用户；③数据加密；④可以设计，测试并确认支持数万的并发用户的配置；⑤地理编码模块，支持道路级别的地理编码；⑥身份验证模块，支持 X509 证书或者是其他验证模式，和 LDAP 访问控制目录服务。

3）Google Earth 企业版客户端（Google Earth EC）

Google Earth EC 是 Google Earth 客户端软件，是在独立部署的企业版中连接 Google Earth Fusion 和 Google Earth 服务器的。Google Earth EC 包括 Google Earth Pro 的所有功能，还添加了支持连接多个服务器和企业版查询服务器的功能。当作为 Google Earth 企业解决方案的一部分进行部署时，Google Earth EC 能够在一个和因特网断开的独立封闭的网络里工作。

Google Earth EC 的特征：①快速，流畅的交互（每秒 30~60 帧）；②访问远程的 BT 级的图像、地形、GIS 数据库；③3D 图像和 GIS 图层的融合显示；④可以合并多达 256 层的 GIS 数据；⑤地理编码，道路级别的地址查询；⑥地标，容易的使用你选择的标志进行地址的标记，添加注记和超链接，按文件夹进行纠织。基于 XML 的格式（KML）可以用于和其他的应用集成；⑦动态数据——建立网络连接，可以动态地从网络中进行数据的升级，用来跟踪运动的对象（人、车辆），监测传感器，叠加实时的天气和交通状况；⑧定制标志——利用图像文件为任何地标容易地定制标志；⑨图像叠加——利用本地或网络数据自动和网络的数据合并，可以用 KML 描述和共享；⑩协同操作——通过电子邮件共享地标和视图；⑪旅游——容易地建立地标的旅游；⑫测量——方便地在三维空间测量线和面积；⑬显示任何点的经度、纬度和高程；⑭二维的全图地图窗口；⑮热键进行全屏显示模式；⑯打印高精度 3D 图像；⑰GIS 数据输入——支持传统的 GIS 文件直接输入到 Google Earth EC 中，这些会被转化为 KML 格式，你可以直接打开并浏览 SHP、TAB 和几十种其他 GIS 文件格式；⑱栅格输入——地理配准的图像文件，例如 Google Earth Tiffs 可以在本地加载，配准的数据可以叠加到底图上，没有配准的数据可以很容易的缩放和旋转，以调整到合适的位置；⑲电影制作——输出 WMV 或 AVI 电影。

3.3.4 Google Earth 的相关资源

除了以上介绍的产品，为了方便用户的使用，Google Earth 在网络上推出了一些相关的资源。

1. Google Earth 社区（Google Earth Community）

Google Earth 社区（http://bbs.keyhole.com/）是 Google 为了方便 Google Earth 的用户进行交流开设的 BBS。在这个论坛上，一方面，你可以与其他人交流使用 Google Earth 的各个产品中遇到的技术难题，得到的心得体会；另一方面还可以和其他人交换和共享模型、注记、图标等各种实用的资源。

2. Google Earth Sketch Up 和 Google 3D 仓库

Google Earth Sketch up 是一个用于创建发布在 Google Earth 上的三维模型的软件，它分为免费版和专业版。利用免费版可以容易地对世界进行三维建模，创建房屋、装饰、树木甚至是宇宙飞船等的三维模型，而且在创建它们以后，可以把它们放在 Google Earth 上，并上传到 Google 3D 仓库（Google 3D Warehouse）或者打印，这个软件是免费的。专业版是严格强大的三维建模工具，它可以进行专业的设计，输入和输出很多种数据格式，创建可以交互的表现形式，还可以进行高精度的模型打印。

Google 3D 仓库（Google 3D Warehouse）是 Google 开设的服务器，它存储了大量的 Sketchup 三维模型，都是由 Google Earth 的使用者上传，包括世界各地的房屋建筑、历史名胜和规划地点等。用户可以通过下载 Google 3D Warehouse 的链接在 Google Earth 中浏览各种三维模型，并可以根据需要把模型下载到本地。

3. Google Maps

Google Maps 是 Google Search 的重要组成部分。它免费提供全球的视图，包括地图、遥感影像、二者叠加 3 种视图方式。用户输入查询的信息，例如 hotel near California，就可以搜索到对应的地点，并显示该区域的地图。2005 年 6 月，Google 公布了 Google Maps 的应用程序接口（API）（http://www.google.com/apis/map）。这些 API 接口免费向所有用户开放，包括商业用户和个人用户。只要遵守一些条款，开发者们就可以使用 JavaScript 脚本语言轻松将 Google Map 服务嵌入到自己的网页中。此外，他们还可以在地图上制作标记或者信息窗口,就像 Google 所做的那样。

3.3.5 Google Earth 走进三维地图时代

随着 Google、微软、雅虎、亚马孙等公司的参战,地图搜索服务日趋火热。2005 年 6 月 29 日 Google 继推出 Google Map 服务之后不久,又推出最新的地图搜索服务 Google Earth,其最大特色是结合本地搜索和卫星图片,可以让用户看到建筑物或地形的三维图像。Google Earth 主要通过访问 Keyhole 的航天和卫星图片扩展数据库来实现上述功能。该数据库经常被更新,它含有美国宇航局提供的大量地形数据,未来还将覆盖更多的地形。

从概念上理解,Google Earth 与 Google Map 服务非常类似,但与 Google Map 近距离的指导本地方向、位置和目标而言,Google Earth 将显得更为大气,它提供远端的观测效果,并可自由变换观测角度。Google Earth 整合 Google 的本地搜索以及驾车指南两项服务,你可以得到一个地区的三维鸟瞰图,并对图片进行拉近、旋转等操作,它还可以为你提供驾驶路线的动态导航和视频回放。Google Earth 服务需要专用的客户端软件支持进行使用,目前 Google 官方网站已提供 Windows 版本软件免费下载。除此之外,Google Earth 还包括以下更多商业及付费版本:Google Earth Plus、Google Earth Pro、Google Earth Enterprise、Google Earth Fusion、Google Earth Server、Google Earth EC。

相关软件:

软件名称:Google Earth

软件版本:3.0.0336(beta)

软件大小:10.0MB

软件语言:英文

发布日期:2005.6.25

软件类型:网络工具/地图搜索

软件授权:免费

官方网站:http://earth.google.com

最低系统配置:

操作系统:Windows2000,Windows XP

处 理 器:Intel PIII 500MHz

内存空间:128MB

硬盘空间:200MB

显　　卡:3D 加速图形卡(16MB 显存)

显 示 器:支持 1024×768,32 位真彩

网络速度:128kbps

目前，Google Earth 服务已向因特网用户和手机用户开放，通过使用 Google Earth 的高级版本，用户还将获得兼容 GPS（全球定位系统）和注解等功能（需每年交纳 20 美元的使用费）。此外 Google 还推出了一个可以提供高清晰打印和其他专业工具的版本，售价每年 400 美元。

3.3.6　Google Earth 与免费漫游地球

使用 Google 最新推出的 Google Earth 软件。点击成功后，立刻就能产生"像神一样俯瞰大地"那样的感觉，从广州到纽约只要 1min。

该软件能让你看到地球上几乎每个角落的卫星和空中摄影照片：对于美国、加拿大和西欧的大都市部分地区，你可以定位并放大单个建筑物和房屋的图像；你还可以在上面添加街道，并标出餐厅、酒店等建筑的地理位置，甚至电话号码和菜单。至于其他地方，你只能看到城镇和那些显著的地理特征，如湖泊等。

Google Earth 能很快地从互联网上获取图像，然后带你从地球的一个角落"飞到"另一个角落，这一过程非常流畅，简直就是好莱坞的特技。举例来说，如果你正在鸟瞰威尼斯的圣马克广场（St. Mark Square），然后在电脑输入了波士顿的地址，Google Earth 会先缩小图像，似乎你正在空中飞翔，接着向西"飞过"大西洋至美国，"降落到"你家。

当你首次使用 Google Earth 时，你也许想输入所有去过的地方，看看它们的空中风貌，你也许还会召集家人和朋友一起欣赏这么酷的软件。我就是这样做的：看自己的家、办公室、大学宿舍以及儿时的住宅，我还输入了亲朋好友们的地址，让他们"飞上天空"，俯瞰自己的住处，大家兴奋不已。

Google Earth 适用于带 3D 显卡的 Windows 个人电脑，但它并非独一无二，卫星照片已经在网上问世好几年了。Google Earth 的原形是 Keyhole，这是搜索引擎巨擘 Google 去年收购的。微软进入这一领域也有很长时间了，目前正在开发一个名为 Virtual Earth 的同类产品，并定于今年夏季推出。

但 Google Earth 这个免费的卫星照片软件是我见过的最方便的环游地球的软件，它包含了各地企业及其他重要地址的数据库，因此你可以迅速在空中摄影照片上确定它们的位置。你可以搜索克利夫兰的干洗店，并很快看到带有干洗店标记的城市卫星地图。不过在你使用 Google Earth 的过程中，你也会发现一些奇怪的事情。例如，白宫上空就是一片空白，可能是有意遮掩安全保卫设施和易受攻击的地方吧。美国国会除了轮廓之外，也是什么都看不见，但五角大楼和中央情报局总部显示得非常清楚，包括细节。

有了 Google Earth，你可以在航空照片上添加自定义图标，为地址做上标记。你还可以收藏地址名单，只要轻点鼠标就可以找到。此外，你还可以存储、打印照片，并通过电子邮件发送。它有一个非常棒的功能，那就是标明道路驾驶方向，并在道路照片上显示线路走向。你可以点击一个类似录像机上的"播放"图标，在线路上进行模拟驾驶。

Google Earth 及同类软件的一大局限是它们只能显示建筑物的屋顶，没有正面和侧面的信息。Google Earth 试图通过对一些大城市添加三维图像来加以弥补，但效果不明显。微软公司打算在这上面领先一步。该公司的软件 Virtual Earth 将包含建筑物正面和侧面的实景照片，那些照片都是飞机通过多台能拍摄 45°视角的摄像机拍摄的。Google 表示自己正致力于解决这一问题，但尚未宣布推出日期。

在 earth.google.com 点选 Downloads，一个免费的 Google Earth 软件只有 5M 多一点点，用宽带下载起来相当迅速，但这不是主要问题，最重要的是如何使用它，达到坐在家中纵览全球的目的。这里有一些 Google Earth 的使用小 TIPS，能让我们更快地熟悉这款新奇的小软件。

3.3.7 Google Mars

罗杰·海菲尔德于 2006 年 2 月 14 日在美国《基督教科学箴言报》上发表的一篇叫作"Google Mars"的文章称：在 Google Mars 软件（marsgoogle.com）的帮助下，人们可以高空鸟瞰这颗红色星球上高耸的山峰层层叠叠的峭壁和蜿蜒的峡谷，参观奥林匹斯大火山（其高度是珠峰的 3 倍）和火星大峡谷如同火星的一道裂口或"伤口"，足有火星周长的 1/5，约 2500mi（相当于纽约到洛杉矶），厚 4mi，真是十分壮观。尽管 Google Mars 的分辨率不如 Google Earth，但火星的地貌特征，还是十分清晰的。火星的影像是一幅巨大的马赛克般的拼图，由亚利桑那州立大学和 JPL 将火星的 17 000 多幅照片精心拼合而成，照片是由亚利桑那州立大学研制的热辐射成像系统完成的。该系统是一种多波段太空照机，被安装在美国 NASA 的火星奥德赛探测器上。此外，Google Mars 还采用了"火星环球探测者"的探测器发回的信息而成。Google Mars 不仅提供了火星白天的景象，还提供了火星夜晚的景象，气温较低的地区呈现的色调要暗一些，而温暖地区的色调要浅一些，火山影像的空间分辨率为 750ft。

一直以来，生活在地球上的我们就对火星有着无限的遐想。从 19 世纪美国著名天文学家罗威尔（Percival Lowell）绘制的火星表面图，到无数描述火星的书籍和电影，人类在千年里一直关注研究着我们这个太阳系里的近邻，对它充满着幻想。经过美国国家航空航天局（NASA）学者 Noel Gorelick、亚里桑那州立大学（Arizona State University）的 Michael Weiss-Maiik 的共同合作努力，把 Google 地图技术和到目前为止一些最详尽的火星表面资料图整合起来，发布了 Google Mars（Google 火星）。可以用 3 种不同的方式来浏览这个红色星球：①火星的高低立视图（elevation map），用不同颜色标注了上面的山峰（peak）

和峡谷（valley）；②一个实际视觉图，显示你的肉眼能够真实看到的东西；③一个红外视觉图，让你看到肉眼可能遗漏的地方。

  2005年7月，为了纪念1969年7月20日美国宇航局的阿波罗11号飞船成功登上了月球成为了人类探索宇宙的新里程碑，Google推出了Google Moon。Google Moon是Google Maps和Google Earth的一个扩展，由NASA赞助影像，使用户能够在月球表面肆意遨游，并查看阿波罗宇航员登陆的精确位置。我们通过http：//moon.google.com这个地址访问Google Moon页面，通过大小调节按钮查看放大的月球表面，在最大显示率下可以轻松的看到月球表面的环形山和起起伏伏的表面岩石层。在阿波罗飞船落脚点还会给出着陆时间以及登录人员的姓名等信息。

3.3.8　Google Earth 的应用

1. 商业房地产

  Google Earth把重要的房地产信息放在你手边，简单的飞行和放大来浏览任何地点，在3mi半径内有多少竞争者？隔壁有没有小片的庭院？你不用上飞机就可以知道。Google Earth可以用于地址分析，利用内嵌的Google搜索查询竞争者的位置和存在的点，给客户和同事进行任何房地产展示，团队协作，电邮一副图像或者视图，剪切或粘贴图像到幻灯片。

2. 住宅房地产

  想像飞过你的家，沿途经过学校、公园和购物中心，然后放大到一个房间，并测量到最近的高速公路的距离。在直升机里吗？一个私人飞机？不需要，你现在可以利用你桌面上的Google Earth做到这些。Google Earth让你可以：

  （1）推销住宅——给买家做一个你的临近区域的飞行浏览，展示从零售到交通的每件东西。

  （2）寻找家庭——挑剔的买家是你最好的顾客，因为你可以对你出售的地点进行飞行，并检查各种准则，例如学校和购物。

  （3）新顾客的前景——哪些潜在的卖家要搬迁？哪些潜在的买家要进行买卖？现在你可以从空中进行预测，节省你在汽车上的时间。

  Google Earth专业版被全球上千的房地产机构和投资者应用。

3. 建筑和工程业

  Google Earth让建筑、工程和建设（AEC）公司对他们的项目有个新的远景。从选址研究到土地利用压力分析，AEC公司在规划和市场项目上大量的依靠于地理空间数据，Google Earth给决策者提供了最有效的数据分配方式。Google Earth为客户在开始项目前提供了一个快速地理分析的独立的视角，飞行到一个区域，对周围的地形有个快速的了解，测量地块的维数并知道它与周围环境的临近程度。在 Google Earth 里看你的数据会让你对这个位置实际上是如何的有个自然的认识，并了解当项目完成后它会怎么样，这和蓝图模式比较是一个更清晰的参照。通过对一个项目和它的环境的现场的飞行打动客户和规划委员会，Google Earth 非常的快速流畅，抓住观众的注意力，并加快客户和规划者等的熟悉过程。

4. 保险公司

风险管理和支出管理不再相冲突。Google Earth 减少了保险商在实地浪费的时间，并加快保险过程。通过提供关于一个财产相关信息一个完整的观点，Google Earth 给保险商在他们的桌面评估地点的能力，容易和快速的回答以下问题：

（1）一个多单元的居住建筑接近地震断层吗？
（2）一个商业开发计划位于洪水平原上吗？
（3）一些旅馆附近的相似的政策支持者申请可靠的地形吗？

利用 Google Earth 企业版解决方案，保险业人员可以把现有的信息管理系统中的信息直接叠加到 Google Earth 底图上，提供一个地理区域的风险模式视图，并达到建筑级的精度。政策数据库也很容易集成，提供任何区域内的一个展示，从一个城镇到一个城市街区。

5. 媒体

实际上对于任何一个剧情，本地的景象都是一个关键的元素。无论一个剧情在何时何地展开，Google Earth 是让制片商和拍摄商在数秒中内放大到地球上的任何地点的唯一解决方式，Google Earth 给媒体提供了实时的了解和联系故事情节的一个关键的工具。

（1）为飞行和打印应用提供了飞行的视觉展示。
（2）详细的地球数据，包括全球 100 多个城市的高精度影像，全部的美国/加拿大/欧洲的道路网络，数千商业的道路编码的黄页列表，加上邻居关键特征包括医院、教堂和学校。
（3）有价值的数据叠加，例如机场位置和政治界线。在伊拉克战争期间，CNN 和其他广播媒体利用 Google Earth 展示巴格达的空中卫星影像的时候，受到了广泛关注。今天，Google Earth 被全美和世界的广播和媒体应用，从 CNN 到纽约时报。

6. 国防和智能

当需要快速闪电决定时，高性能的系统本身是不够的，计算需要很容易使用并提供全景。Google Earth 对复杂地空数据的完好的以快速、流畅的方式显示提供了一个强有力的可视化的分析能力，没有其他的产品提供有 Google Earth 一样快速的反应能力。

Google Earth 打破了传统的"点击并等待"地图查询方式，用户可以以视频游戏的速度浏览海量的数据集，甚至当数据在一个被数百或数千用户访问的网络上时。利用 Google Earth 的集成工具，你可以扩展你现有的数据和系统，提供对更多人的更多数据的访问，把信息转化成理解。

Google Earth 技术对安全、防卫和智能用户提供关键能力，通过：

（1）增强的情况意识——没有比 Google Earth 更好的可以提供位置环境的工具；

（2）容易协同——利用一个点击，图像和视野可以被电邮、打印和共享；

（3）增加数据价值——通过添加和扩展你的系统到更多用户，Google Earth 帮你从现有的数据集提取更多的价值。

国防和智能应用包括任务规划、训练和模拟；航空数据对地理分散点的发布；对战场人员路径的可视化。

7. 国家安全

风险评估不是可选的，而是必需的，但是从政府和商业机构中筛选正确的信息完成评估的任务是一个很大的挑战。Google Earth 解决方案可以从地空数据集提取信息，并有效完成分析的任务。

Google Earth 让你对更多的人发布连接，提供从安全的网络中发布快速的流畅的交互的地球视图。通过融合图像、地形和 GIS 数据，Google Earth 让用户专注于手边的任务，而不是软件系统。更方便的是它让任何人在数分钟内进行浏览、获取和缩放地球图像 GIS 数据。加上一个丰富的工具包，用户可以观察和分析地理物体。作为唯一一个集成了连续美国影像、地物、道路和商业信息的全国数据库公司，Google Earth 不仅提供商业软件，还提供集成了数据的完全解决方案。Google Earth 让国家安全部门可以：

（1）聚焦——方便地使用意味着更多的关注于任务，而不足软件系统；

（2）协同——快速自然的共享视图，鼓励各方面的团队协作；

（3）理解——通过把信息放进环境，Google Earth 把数据转化成理解。

国家安全应用包括关键设施脆弱性评估和保护；第一响应站点的熟悉和规划；模式可视化和监视数据。

8. 联邦政府和非政府机构

Google Earth 是被证明可以满足国家政府机构和非政府机构需求的比例尺的地图解决方案，每天数千的 Google Earth 数据库的访问用户用行动证明了这一点。你的机构可能在数十年 GIS 的投资后收集了大量宝贵的地空数据，想想如果这些数据可以被所有用户共享的话，你可以做到什么呢。Google Earth 提供了容易把那些数据放到在任何环境中所有用户的桌面上的方法。

Google Earth 解决方案为联邦政府和非政府组织的决策者：

（1）证实的缩放性——Google Earth 已经证明可以缩放到数千用户和 TB 级数据；

（2）不匹配的性能——不同于其他任何网络解决方案，Google Earth 让用户交互，流畅三维动画的浏览地球影像；

（3）海量数据合并——把你所有的数据放在一个地点，使用一个简单的方式进行访问。

Google Earth 应用和客户包括：①联邦机构，监测各种自然资源和土地利用的环境机构；观看来自地球和其他星球数据的空间研究机构；需要快速和流畅进行数据库浏览的地质/土地管理机构。②非政府机构，贫困率可视化和健康设施和技术的接近性的理解；战争/冲突前夕和数据融合；环境规划可视化，例如 2002 年 8 月的世界可持续发展峰会，Google Earth 的产品被用来显示参加的国家。

9. 州立和本地政府

对于全国的州立和本地政府来说，Google Earth 是"救世主"。为了使得政府人员较快完成他们的工作，并做出更好的决策，Google Earth 在帮助政府机构及时并在预算内实现他们的目标。

同政府组织的很多主要人员一样，你可能听到这种抱怨，"只要每个部门更容易的获取我们的 GIS 数据，我们就可以让工作完成的更快速。"或者你听到过，"我们有那么多数据，但是不知道如何发布给我们的用户，而且我们的用户不知道需要什么。"Google Earth 解决方案很简单，让所有用户获取所有有意义的数据，建立地球的综合视图，让用户从他们自己的桌面，在任何时间飞行到任何他们想要的地方。

Google Earth 解决方案为州立和本地政府提供：

（1）简单性——不需要 GIS 经验，优越的可用性让任何人在数分钟内看到、得到和缩放地球影像和 GIS 数据；

（2）效率——所有部门一线的雇员都可以得到他们需要的信息，来使他们更快的完成他们的工作，并做更好的决策；

（3）可获取性——因为对海量数据库和重要 GIS 数据格式的支持，Google Earth 让你的数据可以被你组织的所有成员访问。

利用 Google Earth 解决方案的部门职能包括应急计划使第一反应人可以利用快速的容纳感熟悉区域，包括遥远的山区；区域和土地利用管理和规划可以看到在真实世界环境中的发展；经济发展、商业部和常规机构可以利用 Google Earth 作为市场工具；公共图书馆和博物馆可以利用 Google Earth 让市民从新的角度认识他们的城市。

10. 其他 Google Earth 商业

Google Earth 技术提供了从财产追踪到车辆导航的应用，灵活的部署和基于 XHL 的数据接口让 Google Earth 无缝的集成于一系列的过程和系统。

财产追踪——Google Earth 和 GPS、RFID 系统整合，可以直接在地球的真实影像上动态的显示财产位置，了解去处。利用 Google Earth 你可以看到：

（1）一个水上的货仓是否从存储地移动到了甲板上；

（2）卡车出货的路径；

（3）一个被偷的车藏在哪里，在车库、桥下或者街上。

Google Earth 在 PC 机上的高性能使得中心机构和协调者的部署非常容易。安全系统、监测系统变得更加复杂，用户需要警报或系统消息的确切的地址。Google Earth 有着高性能可缩放的解决方案，安全机构可以得到用于实时决策的地址信息。

3.4 Microsoft 公司的 Virtual Earth

3.4.1 Virtual Earth 平台

Virtual Earth 或 MSN Virtual Earth 平台是一系列的集成服务，这种服务结合了独特鸟瞰、航空航天影像和地图、地址和搜索功能。

利用 Virtual Earth 平台，公司可以为用户创建一种轻松查询、可视商业数据和相关信息的体验。将 Virtual Earth 平台集成到用户的网站和应用上，为用户提供更高级的视觉体验。

1. 特性

Virtual Earth 平台包括以下特性。

（1）鹰眼图像：对世界上任一位置提供鸟瞰视图，可以让观察者看到当地的真实情况。

（2）航空和卫星影像：从最好的图像提供商处获取高分辨率的航空和卫星影像。

（3）动态地图：轻松读取，精确的地图和影像，可以帮助你很容易找到位置。

（4）流畅的用户体验：利用 AJAX 技术，快速进行拖拽、放大缩小操作。

（5）定制静态地图：可以用超过 30 种地图样式进行定制地图，并利用网络服务动态的生产地图。

（6）地理编码：利用最高质量的地理编码器，获得最精确的位置。

（7）驾驶方向：利用步步说明提供最优化的驾驶方向。

（8）临近度查询：可以根据距离选择位置的临近度返回临近区域列表。

（9）灵活、标准的 API：利用面向服务架构（SOA），通过我们的 SOAP 和 JScript 支持多种平台。

（10）客户服务网站：管理服务、存储和处理数据，产生可以和商业智能应用结合的灵活报表。

2. 组件

Virtual Earth 平台面向服务的架构使得商业机构可以不必在复杂的 GIS 解决方案中投资过多，而简便高效的将位置服务集成到商业过程中。不需要建立昂贵的服务器基础设施或者从个人提供商那里购买图像、地图数据或内容图层。

公司可以用 Virtual Earth 平台获得以下服务。

（1）可视化服务：公司可以通过鹰眼图像为客户提供视觉的商业信息，并快速简便的发现相关信息。

（2）空间服务：公司可以为客户提供步步驾驶方向说明，灵活的地理编码和临近查询。

（3）数据管理服务：Virtual Earth 提供客户感兴趣点（POI）数据存储和批量服务，数据库可以存储数百个可以查询的属性。

3.4.2 Virtual Earth 解决方案

Virtual Earth 平台被设计为很宽泛领域的客户、公司和政府提供应用。下面的一些例子使用了相同的核心技术，并且很容易在组织中进行部署。

（1）网站商店定位器：Virtual Earth 平台最广泛的应用之一，为网站提供商店或机构定位器。处理 Virtual Earth 平台强大的地图和地理编码功能，它还提供基于地图的查询。鹰眼图像结合拖拽地图，可以让网站访问者在前往真实的地点前查询和观看。

（2）信息门户：基于地图的动态查询是信息门户的必须应用，Virtual Earth 让公司集成位置相关信息创建增值服务。

（3）旅游门户：通过将鹰眼图像和强大的地图能力结合，公司可以将虚拟旅游和旅游规划作为他们网站的一部分。可以获取扩展的感兴趣的数据集，例如，旅馆和饭店，及其他内容层，可以增加客户忠诚度，以使他们不离开旅游门户网站，就能查询相关信息。

（4）移动位置服务：当客户移动的时候，企业可以为客户提供能查询电影院、商店和其他位置联网的无线设备。Virtual Earth 平台可以给客户的无线设备发放驾驶方向和航空影像。

（5）呼叫中心应用：Virtual Earth 平台可以集成到呼叫路径机制，呼入的请求可以利用位置定位，例如，销售区域。另外，服务代表可以提供针对位置的信息，例如，客户报告丢失的电话，服务人员可以分析问题原因。

(6) 路径/资产追踪：Virtual Earth 平台可以用来将高质量的路径和地图集成到资产追踪应用中，例如，检测投递卡车或安装者。鹰眼图像可以让投递司机在到达目的地之前看到它，从而缩短了投递时间。企业还可以应用 Virtual Earth 创建多达 50 站的路径。

3.4.3 Virtual Earth 实例——Windows Live Local

Windows Live Local 是微软发布的基于 Virtual Earth 开发地图搜索服务的网站，可以在 http：//local.live.com 上访问它（图 3.2）。

图 3.2 Windows Live Local

2006 年 11 月初，微软对网站进行升级，发布了 Virtual Earth 3D，基于 Microsoft Live 搜索引擎的一项个性化地图服务。它的发布让 Microsoft 跟 Google 的竞争再次升级，从搜索引擎、e-mail、即时通信再到在线 office 套件。

如今微软公司发布了 Virtual Earth 3D 最新 V1.1 Beta 的软件服务（图 3.3），意在挑战 Google Earth。到底能否对 Google 造成威胁？还是跟着笔者亲身体验一下吧。

该地图服务 7，不仅包含常规地图、卫星航拍地图的检索功能，还可用 3D 的方式浏览地球上的任何一个地方，就如同 Google Earth 一样。只要进入 Windows Live Maps 之后，切换到 3D 检视就能够使用。并且是在浏览器里面直接执行，有着 B/S（浏览器/服务器）模式的外衣。在 Virtual Earth 3D 里面目前已经有十多个城市能够看到 3D 的建筑物：San Francisco, Seattle, Boston, Philadelphia, Los Angeles, Las Vegas, Baltimore, Dallas, Fort Worth, Atlanta,

图 3.3　微软 Virtual Earth 3D V1.1 Beta

Denver，Detroit，San Jose，Phoenix 和 Houston。除此之外还有很实用的小功能：线路查询、交通状况查询、用户所在区域导航以及虚拟广告牌等。

目前 Virtual Earth 3D 作为 Microsoft Live 一项个性化服务，可以通过 Windows Live Site 进行浏览，需求 IE 6 或者 IE 7 的支持。该款 Virtual Earth 3D 可以呈现完整交互式的三维图片，通过一个可下载的插件，使用者目前可以浏览美国 15 个主要城市的全方位 3D 图片。

微软公司计划在 5 年内扩展到全世界范围 5000 个左右的大都市，目前这点 Google Earth 已经相当成熟了。Virtual Earth 3D 的下一步计划就是能够完整呈现出美国主要城市的街道甚至商店标识，让你直接可以通过地图浏览整个美国的主要城市。微软公司的终极目标就是让 Virtual Earth 3D 和在线个人商店进行整合，让你可以坐在家里就享受整个逛街的过程，最后购买需要的商品。

1. 界面清晰，浏览易操作

Virtual Earth 的背景继续沿用非常漂亮的极光蓝，跟其他 Windows Live 产品色调一致。

界面设计清晰简洁，不失王者风范。界面布局采用上下框架，顶部框架为搜索框，提供对商业公司、寻人、地图搜索功能；下框架嵌套左右子框架，左侧为功能扩展区域，对搜索、菜单功能的进一步详细描述，右侧则是 Virtual Earth 3D 的主操作区。总的说来，功能操作上跟 Google Earth 非常相像，所以，相信大家上手应该是没有什么问题。

除了可以使用固定在地图左上方的控制手柄之外，还可以直接利用鼠标快速完成一些简单任务。比如对地图的放大、缩小，既可以通过双击的方式手动放大鼠标所在区域，还可通过控制手柄的加减号或者比例调节杆来控制，还可以通过鼠标滚轮来实现。使得整个地图的缩放操作变得十分方便。

同样地图的移动功能，除了可以通过控制手柄的指针罗盘来控制外，微软同样也将这项任务赋予鼠标。我们只需用鼠标在地图上拖拽，相应的画面便会随之发生变化。甚至，整个拖动过程颇具动画效果，使用起来感觉十分逼真。

2. 多样化地图演示

Virtual Earth 3D 从空间的角度给出了二维、三维两种演示形式；从地图载体的角度分为常规地图、卫星航拍地图、前两者混合模式3种。

对以上两大类的浏览方式进行组合，在处理自己的卫星地图不丰富这个缺点时，它很巧妙地将航拍图片与卫星地图结合了起来。当地图被放大到一定精度时，控制手柄中的"航拍模式"便被自动激活了。

微软毕竟还是微软，这样设计既丰富了地图软件的视觉效果，又满足了用户不同习惯和需求，并且依托 AJAX 等时下流行 web 技术切换起来十分迅速。

3. 3D 视图模式

3D 视图可以说是微软 Virtual Earth 3D 最有特色的功能了。和航拍模式不同，3D 视图下的每个建筑物，都是电脑根据实际尺寸自动渲染合成的。我们不仅可以任意改变观看的角度，甚至还可以清楚地知道建筑物之间的比例，而这点也正是卫星图和航拍图永远也无法达到的。

1) 3D 控件安装方法

用户可以在本文提供的高速下载链接直接下载安装，也可以通过以下方式安装。要求操作系统为 Windows XP SP2，Windows Server 2003，或者 Windows Vista。

点击控制手柄上方"3D"按钮，IE 会提示下载 3D 插件。而当插件安装完毕之后，Virtual Earth 会首先弹出一个选项页面，让我们选择 3D 模型的渲染级别。其实这个选项的含义非常简单，从左到右分别是"最低精度"、"中等精度"和"最高精度"，而它们之间的区别除了效果不同之外，对电脑的要求也是节节攀升的。

2) 3D 视角的随意切换

由于 3D 视图中的建筑物都是由计算机实时渲染出来的，因此我们也就可以随意切换视角。在 3D 视图模式下，画面中除了原有的控制手柄之外，还多出了一个指针罗盘。其实，这正是 Virtual Earth 在 3D 视图下所特有的视角控制器（图3.4），使用鼠标可以方便切换不同视角。

而除了上面这种任意视角之外，Virtual Earth 还预设俯视、斜视、水平三

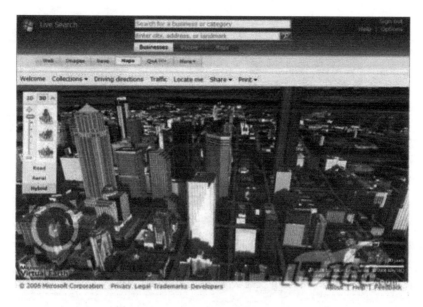

图 3.4 Virtual Earth 3D 视图

档默认视角，被顺序地放置在控制手柄上，使用起来非常方便。

4. 其他特色功能

当然，除了上面所说的这些功能之外，Virtual Earth 3D 的附属功能也一点不比 Google Earth 差。除了最基本的地址搜索服务，Virtual Earth 3D 还有一个非常实用的小功能：线路查询、交通状况查询、用户所在区域导航以及虚拟广告牌等。这些功能看似小巧，但足以显示微软的实力。

1) 线路查询

点击"Driving directions"按钮之后，Virtual Earth 便会在页面左侧打开一个对话框，我们只需将起始地点和目的地点输入其中，再选择是希望查询最短行驶时间还是最短路程之后，点击"Get directions"按钮即可开始查询，便可查看到线路的详细信息了。而如果您给出的地址信息不够详细，Virtual Earth 还会弹出几个更详细的地址供您选择。最后，查询出来的路线会用一条醒目的颜色标识出来。

2) 交通状况查询

交通状况查询"Traffic"就像本地交通电台播报路况信息一样，在 Virtual Earth 上也提供了一些事故通报、交通流量速度等路况信息。其中，事故通报的颜色非常醒目，在图中一眼就能看到，而我们只要将鼠标悬停于通报图标之上，便能看到它的详细内容了。遗憾的是，该项功能目前还仅能在美国的一些城市中使用，想要全球化确实不是件容易的事情（图 3.5）。

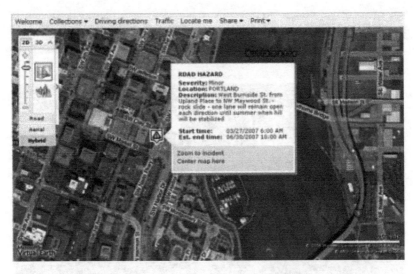

图 3.5　交通状况查询（gif 动画 2 帧）

3）用户所在区域定位

微软提供用户当前所在区域定位功能，通过下载 Location Finder ActiveX 控件，可以通过 Wi-Fi 访问节点或 IP 地址精确定位。如果用户不愿下载该控件，Virtual Earth 3D 会查询您的计算机 IP 地址来定位。前者通过 ActiveX 控件定位较后者更加准确。

4）虚拟广告牌

除了一些常用的地图服务功能外，微软还在这些城市 3D 建筑物上设置了虚拟广告牌，这是一个特色服务，微软可借此在虚拟世界中卖广告。

在领略了微软 Virtual Earth 3D 的丰富功能之后，确实为之赞叹不已。新技术、新概念的应用，给了它更宽广的发展空间，它脱离了应用程序的束缚，驾着 Web 服务的春风来到我们面前。

虽然在业界大名鼎鼎的 Google Earth 已经独占鳌头，但是 Virtual Earth 3D 创新 3D 视图模式还是给我们留下了很深的印象。不足之处就是微软 Virtual Earth 3D 的核心功能目前也仅限于美国本土的十几个大中城市，资源有待进一步补充。同时也希望尽快推出正式多语言版本。

如果您有幸去美国旅游或生活，相信还是能给您带来很大方便的。

5. 相关资源

http://www.viavirtualearth.com，介绍 virtual earth 使用的网站，包括技术文章，论坛，博客，资源，virtual earth 开发的网站集锦等。

http://www.mp2kmag.com

Map Point 杂志

http：//blogs.msdn.com/virtualearth/-

开发者博客

http：//virtualearth.spaces.msn.com

virtual earth MSN 空间，通常发布最新的 virtual earth 更新和相关的信息

3.5 NASA 的 World Wind

3.5.1 World Wind 概述

World Wind（WW）是 NASA 的 Ames 研究中心开发的一个可以让你从卫星的高度缩放到地球上任何位置的浏览器。添加了 Landsat 卫星影像和航天雷达高程数据，WW 可以让你以丰富的三维视觉体验地球的地貌，就好像身临其境。

虚拟的访问世界上的任何位置。穿过安迪斯山脉看到大峡谷，阿尔卑斯山脉或者非洲大峡谷。NASA 把 World Wind 作为一个开源的程序发布，以透过同仁的观点来改进它，并最大化 NASA 研究的理念和影响，并且加大 World Wind 对 NASA 的任务：激发下一代浏览器的宣传。2007 年 2 月 14 日，NASA 发布了最新版本的 World Wind 1.4。

3.5.2 主要功能

1. 三维引擎

World Wind。利用高精度的 Landsat 卫星数据和 SRTM 高程数据让用户身临其境的体验丰富的三维地球。

为了让所有年龄的人都可以方便地使用 WW，我们只需要用鼠标就可以控制 World Wind。通过一个简单的菜单，可以得到帮助和引导。可以利用鼠标的单击自动的进行浏览，或者输入任何位置信息，自动的缩放到这个位置。

World Wind 要在有 3D 加速功能的个人机上运行。

2. 蓝色大理石

World Wind 有一个完整的蓝色大理石的拷贝，一个 NASA 地球观测：蓝色大理石项目获得的全球真实颜色的图像。

把从 MODIS、Terra 等多种卫星上获取的数据拼接在一起，蓝色大理石总体可以获得每个像素 1km 的精度。

3. Landsat 7

利用 World Wind，你可以看到无缝拼接的 Landsat 7 的详细数据。

Landsat 7 是 1999～2003 年的每个像素 15m 精度的图像集。它包括其他波段，例如热红外波段。用户可以浏览不同的图像集。World Wind 可以自动的进

行改变和更新。

Landsat 7 的精度让你可以看到你自己的城市、邻居或附近的地标。这样可以把全球放在一个科学上精确的数据的大环境中。

完全的 Landsat 7 数据集对于单个机器来说太多了，所以 World Wind 仅仅下载你可以看到的部分，并在你的机器上存储一个压缩后的拷贝。

4. SRTM

把 LandSat7 和 SRTM 的数据组合起来，WW 可以显示地球的很近的视图。形象的说，用户可以沿着任意方向飞行。

另外 WW 可以夸张这些视图，这样用户更容易看到细节。

5. MODIS

中等精度图像光谱辐射计或者 MODIS，生产了一系列每天更新的与时间相关的数据。MODIS 记录了火灾、洪水、沙尘暴、烟、暴风雨甚至火山活动。

WW 生产了这些信息的定制的视图，并很容易直接在地球上进行标记。当这些编码的记号被点击时，它就下载全图，并显示它们。

MODIS 图像可以以一个像素 250m 的精度下载发布的材料。每天都有一个新的图像集供下载。

World Wind 还有一种"旅游模式"，可以自动的浏览任何数量的例子。

6. 全球

World Wind 可以浏览和显示任何用户想要的时间的全球数据，例如，用户可以下载今天全球的温度数据；可以浏览降雨、气压、云层覆盖等数据。每个示例可以用不同的温度尺度。

7. 地标集

World Wind 有显示地球上真实的三维地标模型的能力。这些地标让用户更容易了解他到过的地方的环境。

3.5.3 附件和插件

1. 附件

附件是一些不是 NASA 生产的 World Wind 的新功能。我们可以利用它看到其他星球，著名的探索者的旅途路径，放大到 NASA 数据覆盖不到的区域，和更多的功能。

很多附件是一个自安装执行文件，只要简单的下载它们，双击就可以安装。

一旦安装，在运行 World Wind 时，这些附加功能可以被自动加载，一些会在 World Wind 工具栏上添加图标。

还有一些附加功能需要从"图层管理器"激活。打开"图层管理器"，点击 World Wind 工具栏图标：

"图层管理器"显示了所有的插件和图像数据集的列表，从列表中寻找你需要的插件，并点击它旁边的方框，当它被选中时就被激活了。

下面介绍 5 个附件。

(1) 火星：利用这个附件，你可以看到红色的星球。这个附件包括相当高精度的火星图像和一系列的地名，所以你可以在 'Olympus Mons' 太阳系中寻找最大的火山。

(2) Demis 世界地图：这个由 Demis 生产的附加功能把 World Wind 变成一个三维的地图集，当你放大时，更多的细节会显示出来，例如，河流、铁路、主要道路和本地地名。

(3) 政治世界：这个附件把不同的国家分成不同的颜色，让我们更容易区别不同的国家。当使用这个附件时，最好打开地名功能，这样就就可以看到不同国家的名字。

(4) 一个地球：这个附件可以让你看到美国以外的各个地方的高精度影像，例如，德国的杜塞尔多夫。

(5) 伟大的探险家：这个附件显示了第一个做环球航行的费迪南德·麦哲伦的路线，把你的鼠标放在 'e' 这个图标上，就可以显示这个航行中发生的重大事件。

你可以在 World Wind 中心附件列表：http：//www. worldwindcentral. com/add-ons/list 下载附件。

2. 插件

插件和附件不同，尽管它们可以被看作是另外一种附件，但他们的功能更强大，所以安装起来也没有这么简单。它们是用 C♯，VB 或者 J♯ 写的一段代码，并且在 World Wind 运行时进行加载和编译，这样使得开发人员可以在不改变程序源代码的情况下，对 World Wind 添加新的功能。

一些插件是自安装的 exe 文件，只要双击就可以安装。还有一些是压缩的 zip 文件，要解压到 Program Files \ NASA \ World Wind 1.3. 下面的 Plugins 目录。

一旦插件安装后，要有一系列的步骤，在 World Wind 中使用他们。打开 Plug-Ins 菜单，点击加载/卸载。

然后点击你要加载的插件，点击加载按钮。

下面介绍几个非常有用的插件。

(1) 平面测量工具：平面测量工具非常有用。你可以用它测量 WW 任意两点的位置，这将是地理课上一个非常有用的工具。

(2) 实时地震标记：实时地震标记插件是一个必需的地理插件，它显示了地震发生的标记点。

(3) 立体影片 3D：如果你有一副立体影片眼镜，你一定要安装立体影片 3D

插件，安装了以后，带上立体眼镜，就可以看到真的三维地球影像，或者你想看的任何其他天体。

这些附件或插件都不是 NASA 生产的，它们是由 World Wind 社区的个人开发的。

3.5.4 相关资源

http：//worldwind.arc.nasa.gov World Wind 官方网站。

http：//www.worldwindcentral.com World Wind 中心，包含关于 World Wind 的各种知识，包括使用、开发等。

http：//www.worldwinddata.com World Wind 数据下载网站。

3.6 Skyline 公司的 Skyline Globe

2002 年底美国的 Skyline 公司推出了 Skyline 系列软件并申请了专利权，实现了大数据量的三维地形显示，并可在三维环境下进行编辑、分析。由此在 Google 公司收购 Keyhole 公司并推出 Google Earth 后引发了与 Skyline 公司的一场官司，事后，Google 胜诉，Google Earth 得以广泛传播。Skyline TerraSuite 系列软件为美国 Skyline 公司新一代 3D GIS 软件系统。Skyline TerraSuite 软件是利用航空影像、卫星数据、数字高程模型和其他的 2D 或 3D 信息源，包括 GIS 数据集层等创建的一个交互式环境。它能够允许用户快速的融合数据、更新数据库，并且有效地支持大型数据库和实时信息流通信技术，此系统还能够快速和实时地展现给用户 3D 地理空间影像。

2006 年 10 月，Skyline 公司又推出 Skyline Globe 的虚拟地球软件，具有的功能与 Google Earth 类似，但具有更强大的数据流技术、Oracle 与 ArcSDE 数据库的支持、完全真实的地表环境。

3.6.1 Skyline TerraSuite 软件简介

Skyline 的 TerraSuite 三维地形库建模与应用软件是业界领先的交互式三维地形库建模与应用软件。基于航片及卫星影像数据、地形数据和其他 2D、3D 矢量数据，Skyline TerraSuite 软件工具可交互式创建海量、具有影像实景效果的三维地形库场景（图 3.6），并提供场景浏览、规划、查询和分析等应用功能。

Skyline 软件可广泛应用于军事、国土资源管理与调查、城乡规划、旅游、电信规划、房地产和媒体等广泛领域。

1. 产品体系结构

2. 产品应用模式

本地及局域网环境应用模式（图 3.7）。

图 3.6 三维地形场景

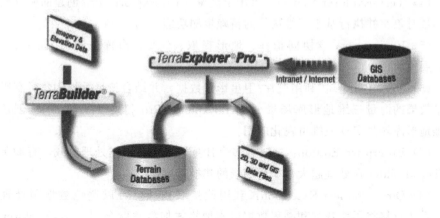

图 3.7 局域网环境应用模式示意图

3. 互联网环境应用模式（图 3.8）
4. 软件产品介绍

1) TerraExplorer Suite

（1）TerraExplorer Pro：运行地局域网或互联网环境下的多源三维地形场景的浏览、分析、编辑和发布环境。

（2）TerraDeveloper：在客户开发环境中利用 TerraExplorer Pro 的强大功能开发客户化三维地形场景应用系统。

（3）TerraExplorer Run Time Pro：基于 TerraDeveloper 开发的客户化应用

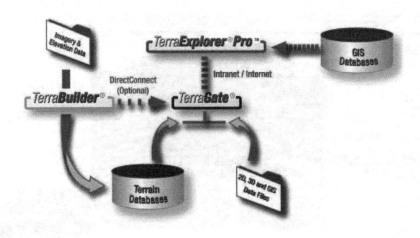

图 3.8 互联网应用模式示意图

系统的运行环境许可。

（4）TerraExplorer Viewer：可用于浏览 TerraExplorer Pro 创建的所有地形库场景对象，并执行基于三维场景的精确量测功能（图 3.9）。

（5）Extensions：含协同指挥、地形提取、GPS、指挥控制、Image Layer 等扩展模块。

（6）TerraBuilder：利用航片/卫星影像数据，并结合地形数据创建具有影像实景效果的海量三维地形库场景。TerraExplorer Pro 利用 TerraBuilder 创建的三维地形库场景实现三维可视化应用。

（7）Enterprise Edition：通过在多个计算机上均衡数据处理负载，有助于提高 TerraBuilder 在处理超大数据量场景的建模速度。

（8）DirectConnect Extension：利用此扩展模块，可以避免数据预处理环节，在线直接将影像数据和高程数据以本地格式加载并融合到 TerraExplorer 的客户端场景中，增加三维场景的实时性。

2）TerrGate Suite

（1）TerraGate Server：服务于三维地形库场景可视化应用的网络数据服务器软件。采用数据流方式管理和传递三维地形数据，支持多用户并发。

（2）FlyGen Server：集成基于 Skyline 的 TerraExplorer 和 TerraPhoto3D Viewer 创建的 Web 站点的服务器软件，可供 HTML 调用。

（3）TerraPhoto3D Server：通过桌面 PC 机、手持机和无线设备以 JPEG 图片形式，基于 HTTP 请求方式浏览 Skyline 创建的三维场景快照。

（4）HTML Viewers：包括"TerraPhoto3D Desktop Viewer"和"Terra-

图 3.9 地形库场景

Photo3D Mobile Viewer"两种,提供以 HTML 页面方式浏览 Skyline 创建的三维场景。

3.6.2 SkylineGlobe 三维数字地图服务简介

It's your world——www.skylineglobe.com

为了充分体现"It's your world"的主题,Skyline 提供了一套完整的可自己使用的三维可视化数字地球系统。SkylineGlobe.com 为公众提供所用的免费的全球可视化平台，提供开发自定义工具和应用软件的免费开放的 SkylineGlobe API 接口，而 SkylineGlobe Business Packages 可以为客户网站提供完整的私有的三维立体地图标签，同时，SkylineOnline Pro 是帮助你创造三维环境的网络工具，除此之外，Skyline TerraSuite 是你在线、离线、安全和移动环境下，创建和运行三维立体的企业版工具。

在如何利用 Skyline 来使用 SkylineGlobe.com 上，SkylineGlobe 给用户提供 3 种选择：在高端是需要每年缴纳年费的 SkylineGlobe 商业包，它允许用户使用自己的标志和内容自由运行。

然而，对 SkylineGlobe 感兴趣的大部分（80%）人更关注的是免费的 SkylineGlobe API。这部分内容可以让开发人员开发自己的工具集并且上传到 SkylineGlobe.com 供所有用户使用。

如果用户更关心的是将 Skyline 的工具集嵌入到自己的解决方案中，拥有它，开发人员可以在 3D 视频，桌面 GIS 或其他具有互联网接入的工具中给用户提供技术支持。

SkylineGlobe 的应用分析主要包括以下几个方面：

1. 界面风格（图 3.10）

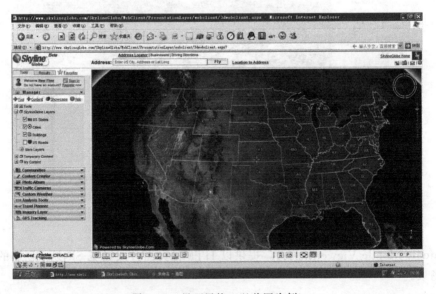

图 3.10　界面风格（以美国为例）

2. 实时的视频数据（图 3.11）

图 3.11　实时的视频数据

Skylinesoft 公司叠加了全美主要城市的交通视频监控，点击小摄像头样子的图标，即可读到当地实时的交通情况。

3. 餐馆、ATM 的查询（图 3.12）

图 3.12　就餐距离查询

4. 允许用户远程添加信息(图 3.13)

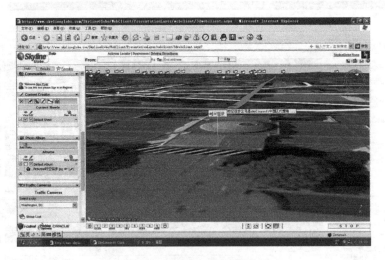

图 3.13 远程添加信息

5. 提供的量测工具

距离量测(图 3.14)。

图 3.14 距离量测

面积量测（图 3.15）。

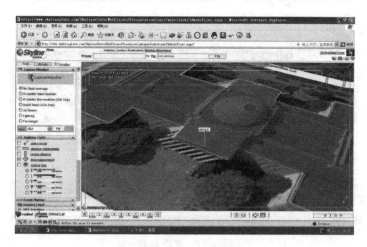

图 3.15　面积量测

6. 更新、叠加影像（图 3.16）

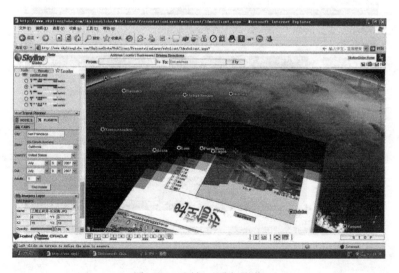

图 3.16　更新、叠加影像

7. 旅游计划（图 3.17）

图 3.17 旅游计划

8. 美国的人口分布分析图

各州的人口分布（图 3.18）。

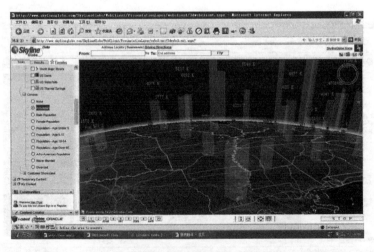

图 3.18 各州人口分布

未婚人口的分布：东海岸的未婚人士比率远比西海岸的比率高（图 3.19）。

2007 年 3 月，时空信步公司携 Skyline 三维地理信息系统软件中标江苏省 3DGIS 软件政府采购项目。

第 3 章　对地观测计划及应用技术系统

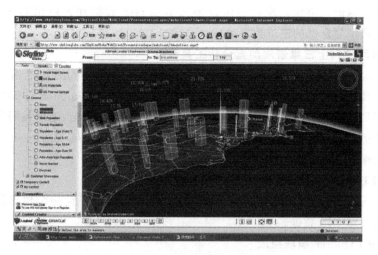

图 3.19　未婚人口分布

3.7　Leica 公司 Leica Virtual Explorer V3.1

2006 年 4 月，Leica 公司在推出 Erdas 9.1 的时候，发布了 Virtual Explorer V3.1 版本（图 3.20）。

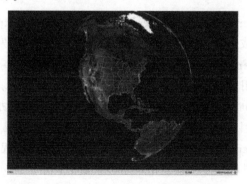

图 3.20　北美洲三维表达

Leica Virtual Explorer 创造了三维可视化的标准以及浏览、转换地球成为清晰和空间位置准确的数字现实。该直观系统可以将 TB 级的包括影像、地形、各种三维模型、GIS 在内的空间信息无缝地整合在一起成为一个具有非常丰富信息的数字地球，不需要任何预处理就能够快速实时打造三维景观，实现世界范围内成千上万用户的信息共享。使用太空星球视角的浏览环境，任何地方的用户都可以通过互联网，单独利用丰富的 GIS 和分析系列工具浏览和分析三维地形。用户的数据也能通过网络协议的方式共享，从而可以进行相互的浏览、聊天、网络会议、场景标记、协作，现场还可以加入本地 GIS 数据和客户化 GIS 数据层，从而创建属于你自己的三维数字地球。

1. 一个直观的网上三维景观浏览分析工具套件

Virtual Explorer 主模块加扩展模块可以让用户获取不同的 GIS 客户化的和共享的工具。不管是否有经验或者需要经验，Virtual Explorer 套件提供了三维的虚拟工具，集成了空间和基于空间的属性查询、编辑工具、地理编码和具有最新型的最优良的分发能力。在 GIS 数据的共享方面，Virtual Explorer 成为行业的一个新标准。

2. Virtual Explorer 数据共享的三维数字地球的解决方案

Virtual Explorer 产品套件的模块功能让用户跟世界任何一个角落的人以不同的方式共享 GIS 数据。

3. Virtual Explorer 模块组成

　　1) Virtual Explorer Architect 设计师

Virtual Explorer Architect 设计师是一种高级的三维虚拟程序包括全面的工具系列，可以创建并浏览通过影像构建的现实三维场景、GIS 数据层、地形和其他地理空间类型的数据。用户可以嵌入动画目标和动画层，甚至是触发按钮和超级链接。一旦场景建好后就可以保存并通过网络上传到 Virtual Explorer 的服务器上。

Virtual Explorer DVD 扩展模块：通过使用 Virtual Explorer DVD 扩展模块，以 CD、DVD 或以其他方式发布的文件介质进行传送或发布。

Virtual Explorer 普通客户端：Virtual Explorer 普通客户端是一个免费的分发应用工具，允许用户远程浏览三维场景，控制层的显示，录制喜欢的场景位置和注记。使用 Virtual Explorer 协作，用户间可以通过相互协作式的分析和聊天的方式对 GIS 的属性信息进行查询。

Virtual Explorer 专业用户端：不仅提供了简单的远程浏览，Virtual Explorer 专业用户端还可以授权远程用户通过全面的，附加的分析工具箱加入他们自己的空间数据分析现实三维环境。通过 Virtual Explorer 协作，用户可以把局部分析和客户化的 GIS 数据加入三维场景内并传送给其他用户。

　　2) Virtual Explorer DVD

Virtual Explorer DVD 可轻易地把丰富的三维景观变成有效的，以文件发布的优化格式刻成 CD 或 DVD 的形式进行发布。可简单地选择栅格、地形和纹理的压缩率以及可以通过 Virtual Explorer 客户端浏览显示三维场景。Virtual Explorer DVD 是 Virtual Explorer Architect 的一个扩展模块。

　　3) Virtual Explorer Server 服务器

Virtual Explorer 服务器在局域网或互联网上能快速高效地传送丰富的三维

地形环境到世界各地的 Virtual Explorer 普通客户端或专业用户端。服务器的管理工具允许客户具有全新的客户化权限和用户使用每个场景的特权。

4) Virtual Explorer Collaboration 协作

Virtual Explorer 协作可以在公共的或私有的协同任务里允许世界各地的用户进行远程协作、分析和编辑三维场景。用户能够在一个很安全的虚拟会议里对数据进行浏览并粘贴("attach to")到其他用户的视频位置，还可以和参与会议者聊天，共同分析和加入三维场景并共享客户化好地 GIS 数据层，可以很方便地就自己的空间信息向其他用户进行陈述。Virtual Explorer 协作是 Virtual Explorer 服务器的扩展模块。

4. 各组成部件主要功能简介

Virtual Explorer Architect 设计师包括基本的工具配置、全面的浏览管理器、三维地形解译工具。Virtual Explorer 设计师是唯一的一个三维分析桌面工具或者也可以说是一个可通过 Virtual Explorer Server 服务器向全球发布的三维场景创建者。使用 Virtual Explorer 设计师，用户可以执行以下系列任务：

1) 三维模型构成了图像现实的三维场景的内容

通过鼠标和键盘控制三维场景的浏览速度、飞行高度和视角。

用 Logo 层、文本包、二维的点来表示重要的信息以对三维景观进行客户化显示。

使用一系列的编辑工具和测量工具来表达空间关系的准确意思。

查询特征属性，使用属性显示特征的方法打开超级链接。

通过搜索街道的地址和区域代码，利用地理编码工具快速在全球中查找定位。

通过数据库的搜索工具来查询矢量数据库和其他 GIS 数据层。

对于在三维场景中加入的任何数据层、三维模型或物体，只要触发了它们的开关键就能不停地运动起来。

通过 Virtual Explorer Server 服务器对其他用户所定义的三维场景进行保存。

支持 Virtual Explorer DVD 扩展模块通过 CD 和 DVD 来发布三维场景。

2) 界面可客户化

设计师允许无需匹配的网络通信和 GIS 数据的请求，用户就可以通过一系列的强大编辑工具、分析工具和表达工具对三维虚拟进行整合。

(1) Virtual Explorer Client 通用客户端

Virtual Explorer 普通客户端是 Virtual Explorer 产品线构建虚拟感知的端口。Virtual Explorer 普通客户端具有普通的界面，能读取高分辨率的 Virtual Explorer 场景。不管是由 CD 或 DVD 发布的场景，还是通过因特网或局域网发布的场景都能读取。因为 Virtual Explorer 普通客户端是免费发布的，所以说只要是微软的 Windows 用户都可以浏览三维景观并且可以使用基本的分析工具集。

它具有以下特点：

可通过单独启动或关掉栅格层、地形数据层、矢量层和任意别的其他特征层来进行个性的浏览环境客户化。

用5个不同的导航模型，利用鼠标和键盘控制浏览的速度、高度和视角，可平滑地浏览三维场景。

指示好预先的路径，通过重叠工具（overlay tools）对感兴趣区域用手动铅笔沿着复杂的路径进行线、面的标注。

浏览/识别属性特征并可以打开超级链接。

录制飞行路径，播放预先定义好的动画。

保存自己最喜欢的路径索引以便以后快速打开三维场景进行浏览。

通过搜索街道的地址和区域代码，利用地理编码工具快速在全球中查找定位。

通过数据库的搜索工具来查询矢量数据库和查找特定的特征。

使用三维浏览的快照（snapshots），并可永久地保存为文件。

能加入任何 Virtual Explorer Server 服务器发布的三维场景。

加入 Virtual Explorer 协作会议可跟其他用户实时地进行交流探讨，实行多个发布方案选择。这些选择的方案对于那些需要免费获取高质量三维空间信息来表达数据的任何公共的或私人的应用机构来说都是一个很理想的解决方案。因此对于广泛的不同的商业和专业的应用来说，Leica Virtual Explorer 普通客户端所具有的用户友好界面和极大的灵活性不愧是一个很好的应用工具。

（2）Virtual Explorer Pro Client 专业客户端

Virtual Explorer 专业客户端构成 Virtual Explorer 数字化世界的通道。它允许地理空间用户进一步以个性化的虚拟感知来修饰三维景观。通过因特网或 CD 或 DVD 的形式发布，Virtual Explorer 专业用户端的用户能够结合他们自己当地的地理空间数据单独修改虚拟场景的内容。用户可以局部加入卫星影像，具有地理参考的地形数据层，GIS 矢量数据和三维地理参考模型，然后用地理空间分析工具进行远程导航和全面分析三维景观的空间关系。并具有以下特点：

可通过加入局部的地理空间数据（包括飞行景观的重投影）；单独启动或关掉栅格层、地形数据层、矢量层和任意别的其他特征层来进行个性的浏览环境客户化。

运用5个不同的导航模型，利用鼠标和键盘控制浏览的速度、高度和视角，可平滑地浏览三维场景。

空间关系的分析，如在三维环境测量坡度距离和沿着三维的表面测量直线地面距离。浏览/识别属性特征并可以打开超级链接。

创建飞行路径并播放预先定义好的三维动画，还可以录制成电影。

在三维场景中点击鼠标可以查询特征属性信息或者使用一个 CellArray™ 可以对属性进行过滤。

创建自己最喜欢的路径索引以便以后快速打开三维场景进行浏览。

通过搜索街道的地址和区域代码，利用地理编码工具快速在全球中查找定位。

通过数据库的搜索工具来查询矢量数据库和查找特定的特征。

使用三维浏览的快照（snapshots），并可永久地保存为文件。

加入 Virtual Explorer 协作会议，可跟其他用户实时地进行交流探讨。

在景观飞行过程中通过感兴趣区特征注记引导 Virtual Explorer Collaboration（协作会议）的进行。

因为具有远程客户化三维景观的能力以及与 Virtual Explorer 协作模块的兼容性，因此，Virtual Explorer 专业客户端适合于高水平的逻辑应用。

(3) Virtual Explorer DVD 扩展模块

Virtual Explorer DVD 具有非常吸引人和高度信息化的特点。用 Virtual Explorer，设计师可以建立一个可缩比的复杂的三维表述，通过 CD、VD 或其他文件存储介质的共享方式就可以很容易地进行地理空间数据传输。

无需购买额外的软件就可以进行无与伦比的地形导航和分析，只要有 Virtual Explorer，普通客户端就可以免费发布。

Virtual Explorer DVD 三维场景包括所有的可以通过 Virtual Explorer 普通客户端获取实时的三维地形浏览资源。

发布的场景保留了所有 Leica Virtual Explorer 设计师定义的特征，如动画、事件和属性。

(4) Virtual Explorer Server 服务器（网上发布）

Virtual Explorer 服务器相当于一个看门人，对于是否可以通过因特网发布数字三维景观到世界各地用户处具有绝对的权利。它具有最优良的服务器技术，通过网络可以快速高效地传送出大量的三维地理空间数据到众多的用户处。因此用户现场就可以单独浏览和分析地理空间数据。通过因特网或局域网高效地传送出三维地形景观。

TB 级的地理空间数据能有效地通过任何带宽的连接来进行传送从而达到最优化。同时支持很多个用户提供一个很好的可缩比的发布方案。

对于 Virtual Explorer 协作来说具有很强的计划性。

Virtual Explorer 服务器也包括了一个完整的管理工具，该工具对管理服务器的设置、三维场景和用户提供了一个高水准的管理平台。

(5) Virtual Explorer Collaboration 协同作业

Virtual Explorer Collaboration 协同作业在地理空间信息行业对"团队合作"重新赋予了新的含义。通过与 Virtual Explorer Server 服务器连接、扩展模块允许世界各地的用户同时参与协作会议，因此他们能够同时导入、编辑和标注三维场景数据。

通过在线聊天和实时地引导用户给予示范的方式进行广泛的空间信息交流。Virtual Explorer Collaboration 协作可以就需要进行陈述的内容向远程办公室那边需要学习的同事做个讲解，讲解的方式可以通过面向所有参与者上传数据并让陈述者围绕场景的内容来引导参与者，通过使用提示性文字和运动飞行中的量测指出三维场景中所感兴趣图形的特征，在让参与者浏览他们自己的三维场景之前通过聊天对话的方式回答问题。Virtual Explorer 协作支持所有的编辑工具，因此在协作会议的进行过程中用户的操作范畴只归结为他们的客户端级别。

特点：所有修改的场景内容都能被其他所有的参会者实时地看到，不管参会者的客户端是什么版本号。有了 Virtual Explorer，不管是公有的还是私有的协作会议都能主持。协作允许用户针对他们虚拟会议地点的安全级别进行全面地客户化。

不管多少个协作会议都能同时召开，空间设想/事态发展的实时传递和 Virtual Explorer 协作交流得到了加强，使得 Virtual Explorer 协作可以成为任何层次的、有条理的计划的理想空间工具。

3.8 Glass Earth Australia

Glass Earth（透明的地球）是由澳大利亚的 CSIRO（矿物探索和挖掘部门）于 2003 年提出的国家计划。该计划的战略目标是：将澳大利亚陆地表面 1km 深度范围内的地质构造、地层、岩性及矿床变成三维透明体，使下一代的矿床发现成为可能。

3.8.1 Glass Earth 计划内容

1) Glass Earth 的战略目标
（1）研发下一代的矿床探测技术；
（2）对地壳表层内和基岩以下的地质过程加强理解；
（3）加强对空间数据的管理、集成和理解；
（4）发现新的矿床理论和预测矿床的模型。
2) Glass Earth 探矿新技术的研发，包括：
（1）下一代的机载重力测斜仪和 Getmag 磁力测斜仪的开发；
（2）用于数据集成和解译的软件平台的开发，包括以 Google Earth 为基础的地表三维模型整合和地质钻探数据集成软件的开发。

3.8.2 Glass Earth 的研究与开发

（1）运用高光谱技术进行卫星矿物制图和卫星找矿的原型开发；

（2）建立"热年代学研究实验室"可以单个晶体推断年代；

（3）编制"盲矿体的地球化学手册"；

（4）研发基于分形空间信息技术（Frac SIS）的复杂数据集成，三维可视化和互操作的数据建设；

（5）针对成矿过程的多尺度模型的软件开发；

（6）建立三维和四维的预测岩层原型模型，生成一个内容丰富的四维澳大利亚地图，建立一个可视的、可扩展的网络服务系统。

思 考 题

1. "行星地球使命"（MTPE）与"新千年"（NMP）计划的主要涵义是什么？

2. "全球综合地球观测系统"（GEOSS）计划的内容与战略目标是什么？

3. 对地观测"卫星星座"（SG）与"卫星编队飞行"（FF）计划的目标与任务是什么？

4. Google Earth 的特点、作用和意义。

第4章 数字地球系统研究

4.1 数字地球原型系统（DEPS/CAS）

4.1.1 概　　述

1. 引言

　　数字地球原型系统是 1999 年中国科学院知识创新工程提出的目标之一，该目标的核心是开展数字地球理论和模型方面的研究，建立以 TB 级空间数据与相关数据的存储、查询、检索系统，为跨学科地球科学研究，地球各圈层动力学关联分析与数据融合、信息挖掘与知识发现、模拟与预测提供共享平台和国内外交流合作的基础平台。

2. 研究现状

　　建立数字地球是为了能够方便地、快速地使用遍布于 Internet 上的各种空间地理信息，因此要求空间数据、地图、服务和用户应用的软件系统之间具备互操作性。不管对于正式的政府标准还是一致的工业规范，空间互操作性都是基于这些共享协议来管理基本空间概念及其在通信协议、软件接口和数据格式等方面的具体表现。

　　1) OGC DERM

　　OpenGIS 协会数字地球参考模型（OGC DERM）是有关空间处理的结构化参考模型，用于指导数字地球的建设和规模。更广泛来讲，OGC DERM 详细的叙述了任一关于空间应用的软件是如何作为全球的"互操作性基础设施"的一个插件，来使用许多不同来源的数据和服务，来支持广泛多样化的用户群。

　　OGC DERM 主要由两个组织维护这些参考标准和规范：OpenGIS 协会（OGC）和国际标准化组织（ISO）和地理信息/Geomatics 技术委员会（TC211）。目前 OG CDERM 最高版本是 0.5。

　　OCG 协会的数字地球参考模型围绕 4 个主题及一个包括空间处理客户端、服务器端、中间件服务器的通用"堆栈"来进行结构化组织，如图 4.1 所示。

　　OGC DERM 按照实现规范和抽象模型两个不同级别组织和描述了整个标准，设计数据和数据访问、元数据和目录访问、地图及可视化、坐标参考系统和空间处理服务。

　　2) NASA 数字地球演示系统（NASA DEPT）

　　NASA 数字地球原型系统主要包括 5 类组成部分和 4 个接口，如图 4.2 所

第 4 章 数字地球系统研究

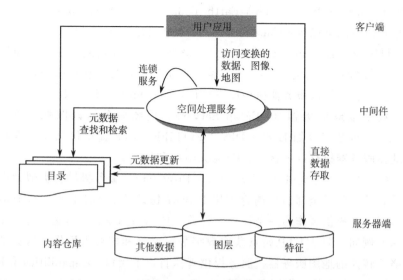

图 4.1 OGC 数字地球平均水平参考模型体系结构图

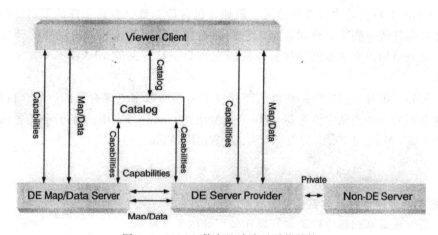

图 4.2 NASA 数字地球演示系统结构

示。整个体系结构成分涵盖了现时可用的各个元素，但是还需要进一步的归纳和提炼，从而完全实现数字地球远景。下面是 NASA 数字地球演示系统的体系结构。

（1）观察者客户端（viewer client）。观察者客户端是一个信息的消费者。VC 允许终端客户的请求、查看和浏览从数字地球获取的信息。更一般地，处理服务器可以使用作为实际观察者的相同接口来请求信息。观察者客户端向地图服务器请求信息（图像或数据和 Capabilities 元数据），然后在目录中搜索地图服务器，例如 Immersive Workbench \ Earth Today display \ web-based display。观察者客户端执行以下接口：Capabilities、地图和目录。

（2）目录服务器（catalog server）。目录是一个服务器或是一个分布层次的服务器组，与 OGC 目录服务器规范一致。目录允许观察者客户端查找地图服务器或服务提供者。目录服务器执行以下接口：Capabilities 和目录。

（3）数字地球服务器（DEMap Server）。地图服务器以图像（如 PNG、GIF、JPEG）或数字（如 EOS-HDF、GEOTIFF）形式提供信息层给观察者客户端。地图服务器执行以下接口：Capabilities 和地图。

（4）数字地球服务提供者（DEService Provider）。服务提供者类似地图服务器，但是它的一些或全部信息内容使用 Private 协议从非 DE 兼容的服务器中派生而来。服务器提供者作为一个代理允许数字地球访问没有直接融入体系结构的信息资源，例如，能从 FTP 站点获取数字数据文件和按要求操作子区设置、重采样和格式转换的地图服务器。服务提供者执行以下接口：Capabilities 和地图。

（5）其他非兼容的数据服务器（othernon-compliant data server）。非兼容数据服务器是一个信息来源，它不执行数字地球的接口，但服务提供者能够通过使用 Private 非特定的协议进行访问，例如，包含静态数字数据文件的 FTP 站点。国外还有其他一些数字地球原型，它们都是有关数字地球远景的现存的开发计划，例如由加州大学圣巴巴拉分校的研究协会主持开发的 Alexalldria 数字地球原型。

另外，国外一些软件厂商也已经开发了一些与数字地球有关的产品。目前，在这方面的一些产品主要有 Google 公司推出的 Google Earth、Microsoft 公司推出的 MSN Virtual Earth 以及 NASA 的 World Wind。

4.1.2 数字地球原型系统研究内容

1. 数字地球原型框架体系

数字地球基础理论框架和互操作模型如图 4.3 所示。

2. 软硬件环境

1）卫星数据接收系统

以 EOS/MODIS 数据为例。EOS 是美国长时间的地球观测系统，MODIS 传感器，即中分辨率成像光谱仪，其数据包括从可见光到近红外、远红外的 36 个波段，250m 和 1000m 的地表分辨率。EOS/MODIS 接收系统由以下几个分系统组成：天线与控制分系统、信道分系统、数据摄入分系统、接受与处理分系统、海量数据记录与存储分系统、高端数据产品分系统。

2）系统集成硬件环境

主机系统：SGI3200 超级图形工作站。

第4章 数字地球系统研究

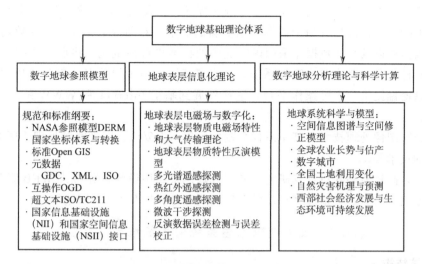

图 4.3 数字地球原型框架体系

控制与交互系统：方位跟踪器一套和 Crestron 集中控制系统一套。

投影系统：Barc0909 高档投影机 3 台。

其他设备：立体眼镜，SGI330NT 工作站一台，微机若干台，音响设备，以及高精度扫描仪、数码相机、刻录机、磁带机、360G 磁盘阵列等。

3）系统开发软件环境

编程语言：VC++6.0，Unix 环境的 C、C++、Motif 等。

仿真建模工具：Multi Gen Creator、Maya、3DMax、AutoCad 等。

场景驱动：Vega、OpenGL、OpenGL Performer 等。

3. 基础理论问题研究

地球信息科学的基础理论研究，包括地球信息形成机制，涉及地球科学的信息论、信息流、信息场、能量信息、图形信息及存储信息等。地球信息科学的基础理论涉及应用基础理论研究和技术基础理论。应用基础理论研究包括应用于地理信息系统的自组织理论、自相似理论、整体性与分异性理论、空间结构与空间功能理论、熵原理、承载力理论、突变与混沌理论等研究方法和技术。技术基础理论包括涉及图像信息科学的理论、面向对象理论、关系数据库理论、空间数据模型理论、信息综合模型理论、空间关系理论及 OpenGIS 理论等。

4. 关键技术问题

根据国内外发展状况和数字地球系统的研究情况，我国数字地球原型系统要解决的关键问题，主要在以下几个方面：

（1）数据仓库与数据交换中心的建设。我们现有的数据量达到 10TB，包含有大量的图像、地形图以及资源环境数据库等多种数据源，采用一个统一的数据库来管理太不现实。因此，建立一个统一标准、分布式的数据仓库系统不仅有利于数据的管理，而且有利于数据不断更新的需求。对图像数据库、GIS 数据库、模型数据库以及媒体数据库采用国际通用的标准进行规范化，将所有数据在 Intranet 上形成一套分布式管理系统，开发基于 Intranet 的数据接口和应用程序，为信息挖掘提供一个可操作平台，进而发展到基于 Internet 和 WWW 的分布式系统。

(2) 图像处理技术。基于图像分割的纹理图像复原、图像降维处理、图像数据查询技术等。

(3) 高性能和并行计算研究。并行处理体系结构设计，分布式 WEB 服务器的快速响应研究，自适应客户端的分区和进程计算以及 WEB 浏览等。

4.1.3 数字地球原型系统的系统结构与组成

1. 系统结构

数字地球原型系统采用三层体系结构，总体架构如图 4.4 所示。

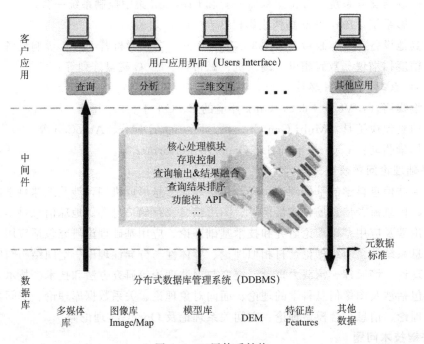

图 4.4　三层体系结构

系统采用三层架构可以解决：多种服务器，其数目种类超过 50 个；应用不同语言编写，多个异构数据源，如不同 DBMS 或文件系统；和高工作负荷，例如，每天超过 5 万事务处理或在同一系统访问同一数据库的并发用户数超过 300 个。

1) 数据层（服务端）

数据层就是 DBMS，负责管理对数据库数据的读写。DBMS 必须能够迅速执行大量数据的更新和检索。数据层主要支持多个来源于不同部门的空间数据服务器，包括遥感影像数据库、数字高程数据库、空间数据库（GIS）、多媒体数据库等。

2) 表示层（客户端）

表示层是最终用户部分，它担负着用户与应用间的对话功能，用于检查用户从键盘等输入的数据，显示应用输出的数据。为使用户能直观的进行操作，一般要使用图形用户接口，操作简单，易学易用。在变更用户接口时，只需要改写显示控制和数据检查程序，而不影响其他两层。检查的内容也只限于数据的形式和值的范围，不包括有关业务本身的处理逻辑。图形界面的结构是不固定的，便于以后能灵活的进行变更。

表示层的显示方式可分为文字图像、二维图形与三维仿真图形等。在有逼真感的三维仿真图形的基础上，又叠加了听觉和触觉通道的虚拟现实表现方式，营造了一种身临其境的氛围。

3) 功能层（中间件）

中间件指的是一些系统软件，它们能使最终用户和开发人员察觉不到应用程序所使用的各种服务和资源上的差异。如果一个计算环境由多个开发商提供的产品组成，那么这些差异可能是由开发商产品之间的差异或应用程序需求之间的差异造成的。中间件的目的是通过为异质计算环境中的服务和资源提供统一一致的观察结果，来简化用户界面。

工作流程：在客户机里的应用程序需要主流网络上某个服务器的数据或服务时，首先搜索此数据的应用程序需访问的中间件系统，然后该系统将查找数据源或服务，并在发送应用程序请求后重新打包响应，将其传送回应用程序。

它在数字地球中起连接不同的服务器的作用，将遥感影像数据、数字高程数据、空间数据、多媒体数据进行整合，提供给内部用户以及 WEB 用户使用。数字地球原型系统（DEPSCAS1.0）经过 5 年时间的建设，完成了数据接收与快速处理、网格计算、空间信息数据库、元数据服务、模型库、地图服务与虚拟现实等多个子系统的建立，在整个流程中，从数据获取到数据分析与显示表达，子系统紧密衔接，构成数字地球工作平台。

2. 元数据服务子系统

元数据服务子系统是参考了 FGDC 提供的用于建设空间信息交换中心的 ISITE 系列软件和由 Blue Angel Technologies 公司开发的 METASTAR 系列产

品后，设计并实现的。它主要包括服务器端的空间元数据服务器、空间元数据库管理器、客户端的空间元数据查询工具和空间记录管理工具。为了方便用户使用，服务器还提供了一个空间元数据网关，使得用户可以通过 WWW 网在浏览器中对系统进行查询和管理。

1) 系统结构与组成

元数据服务子系统的总体结构见图 4.5 所示。

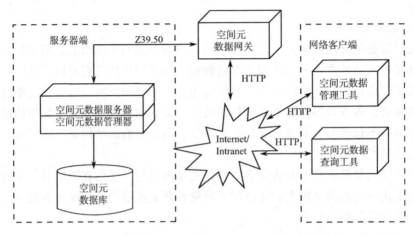

图 4.5　空间元数据系统体系结构图

a. 服务器端

空间元数据服务器：主要负责接收来自空间元数据网关的消息，经过解析后调用相应的功能模块，如果需要返回结果集，则将结果组织好后以 XML 文档的形式返回给客户端。另外负责空间元数据在 Internet 上的发布。

空间元数据库管理器：主要负责空间元数据的采集、存储、管理和维护，元数据的存储和管理主要由空间元数据库来承担。以 XML 文档方式确定的空间元数据数据结构和输入的空间元数据，可以通过空间元数据管理器，以 XML 和关系数据的合理映射，将其存放到关系数据库中，同时借助成熟的关系数据库软件，实现对空间元数据的有效管理。

b. 客户端

空间元数据管理工具：主要是提供给用户一个友好界面来管理元数据模块式信息、元数据记录以及各种映射关系，包括添加、删除和修改浏览元数据记录。

空间元数据查询工具：查询工具由用户界面模块和协议处理模块构成。用户界面模块负责与用户交互，输入查询条件和呈现查询。协议处理传输模块负责将用户界面模块收集到的查询参数组织成查询语句，通过 TCP/IP 协议发送给空间元数据服务器。

c. 网关

Z39.50 网关使用已有的免费软件。在某个意义上相当于客户端的协议处理传输模块的工作，它的主要功能是将用户通过 HTTP 协议传过来的一系列参数转化为满足协议的系统消息，然后发送到服务器，最后将结果以 HTML 格式的形式返回给浏览器。

2) 系统的主要特征

(1) 鉴于空间元数据标准的不统一，合理的空间元数据系统应该支持尽可能多的空间元数据标准。系统基于 FGDC 标准，保证对空间数据标准可扩展性的支持。

(2) Z39.50 协议是目前国际上广泛接纳的一种在客户服务器环境下计算机与计算机之间的通信协议，所以本系统支持基于 Z39.50 协议的查询。

(3) 系统服务器提供一个网关，使得用户可以通过 WWW 网来访问服务器。

系统的运行过程描述如下：在服务器端通过 Socket 建立监听组件，当接收到客户端的连接请求后，与客户端建立连接。然后客户端可以把查询请求通过 Socket 连接发送到服务器端，服务器端执行 ADO 执行数据库的查询操作，并把查询到的结果封装为 XML 的形式，通过 Socket 连接发送到客户端。最后客户端通过解析收到的 XML 字符串，得到所需的信息。

3. 数据接收与处理子系统

本系统以接收与处理星载中分辨率成像光谱仪（MODIS）数据为目标，用先进的集成技术，融国内外产品为一体，构建数字地球原则体系的航天数据支撑系统，开辟 MODIS 继承技术与数据产品的广阔市场。

1) 系统结构与组成

天线与控制分系统：主要由天线、馈源、伺服和控制单元组成。天线结构采用 X/Y 型座架和无配重技术。控制系统由天线控制单元（ACU）、天线驱动单元（ADU）轴角编码单元组成。步进跟踪接收机将下变频送来的中频信号进行检波，ACU 根据此信号进行轨道步进自动跟踪，提高天线跟踪目标的精度。X/Y 型座架保证系统的过顶跟踪能力。

信道分系统：主要由低噪声放大器、上变频器、下变频器、解调器组成。

GPS 时码单元：GPS 接收机，完成自动校时功能。

数据摄入系统：采用由国外引进的高速数据摄入板，数据摄入速率为 400MBPS，实现字位同步，能兼容多种遥感卫星数据的摄入。

接收与处理平台分系统：由工作站和接收处理软件组成。

数据记录和存档分系统：完成数据记录和归档功能。

2) 系统的主要特征

该系统绝大部分硬件实现了国产化，同时也部分地集成了国外的先进产品，如高速进机板。该系统的集成技术,转化为高技术产品,现已经为海军等单位研制了多套 EOS/MODIS 接收系统。运行实践证明,该系统运行稳定,接收图像清晰。与同类产品相比,该系统已达到国际先进水平。

4. 网格计算子系统

数字地球是由海量、多分辨率、多时相、多类型空间对地观测数据和社会经济数据及其分析计算和模型构建而成的虚拟地球,对遥感数据的处理是数字地球中的一个关键。网格计算子系统是一个基于网格技术,针对遥感数据的处理平台。

1) 系统的逻辑结构

网格子系统和两个外部模块有关:见图 4.6 所示。

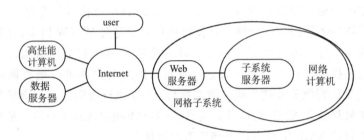

图 4.6 网格计算子系统和外部模块的逻辑关系

数据服务器:网格子系统本地只提供演示数据,其他数据需要从第三方的数据服务器获取。

高性能计算机:当某些处理任务过大,网格子系统处理困难时,将该任务移交给高性能计算机来处理。

2) 内部模块之间的逻辑关系 (图 4.7)

5. 空间信息数据库子系统

数字地球的实质是针对地球资源信息的标准化和模块化的应用,作为唯一可以多尺度的动态监测地表状况和反映记录地表信息的遥感技术,是数字地球框架的重要组成部分。数字地球原型系统中的空间信息数据库子系统的核心内容是对客观模拟和反映世界的遥感数据进行标准化处理、提取和分析,形成适宜多领域规模化应用的数据库。

由于遥感数据的多源性,遥感数据的标准化进程必须遵循一整套从规范化到标准化,进而上升到标准的技术流程。从数字地球的遥感应用数据建设的角度,就应着眼于建立一个可持续的、具有相当规模的数字地球遥感数据信息的支撑系统。

相比常规的数据库系统,空间信息数据库子系统侧重于数据的标准化加工与

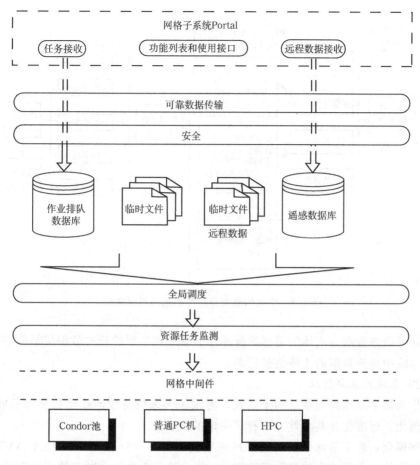

图 4.7 网格计算子系统内部模块之间的逻辑关系

凝练,同时具备常规数据库中的数据库维护、遥感数据查询、多源遥感数据对比分析、遥感数据应用定制服务等功能。组成框架如图 4.8 所示。

1) 系统的结构与组成

空间信息数据库子系统是一个基于 B/S 模式的分布式应用系统。由于遥感数据源的多源性、遥感数据格式的多样性,以及遥感数据在各个领域应用的偏重性,要求系统的数据库平台是一个分布式的数据库平台。在此平台上标准化加工并继承不同尺度、不同数据源的遥感数据,通过网络平台,由空间信息数据库子系统向数字地球原型系统提供标准遥感数据信息。如图 4.8 所示。

以"层"概念表达空间信息数据库子系统的结构,可以将它分为 3 层:第一层为集遥感数据的处理、提取和分析于一体的数据标准化层;第二层是包括遥感的基础数据、过程数据、分析数据、文档数据和元数据等的标准数据层;第三层

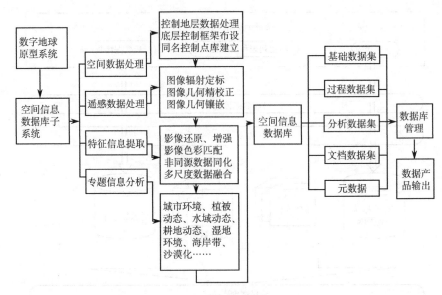

图4.8　空间信息数据库子系统的组成框架

是以遥感图像数据为主体的遥感数据库层。其中第二层的标准数据层是数字地球原型系统中遥感数据的主体信息资源。

2) 系统的主要特征

作为数字地球原型系统的子系统，着眼于未来可持续的遥感数据体系建设，在规模化、标准化和共享性方面有了一定的突破。

规模化：数字地球原型的基础遥感数据资源以 TM 系列、NOAA/AVHRR 系列为主体，数据的存储量已经达到 TB 级，基于 Internet 发布的遥感图像数据的总量也已经超过了 100GB。

标准化：标准化是该系统的核心内容，而遥感科学数据标准的研究是实现对地球资源信息的标准化构筑和规模化应用的基础性。该系统开展了遥感科学数据标准的研究，并系统的推出了各种遥感科学数据的系列标准，例如，遥感数据处理标准、精度检验标准、多尺度数据融合标准等。

共享性：数字地球框架中很重要的概念之一就是强调各种信息的共享，而科学数据的应用与共享是一项长期性的基础工作。实践证明，对数据标准化研究的重视程度是使之得到广泛应用的前提，而客观的科学数据应用的共享水平直接关系到各个学科和相关领域应用的进一步发展与完善。

6. 模型库子系统

模型是将原始数据处理成可用的信息和知识的中间过程，是数字地球应用的重要内容。数字地球原型模型库中收录了近年来国内自主开发的模型以及通用处理的模型，包括图像预处理、地面物质特性反演、数据融合和微波数据处理等。遥感模型库元数据是说明模型内容、质量、使用状况和其他有关特征的背景信息。该库采用了美国国家航空和宇宙航行局（NASA）DIF 标准。DIF 是目录交换格式（directory interchange format）的英文缩写，是由 NASA 发布的卫星遥感数据的实际应用的元数据标准。在 DFI 中，以下八字段是必需的：登录目录标识、登录目录名称、模型参数及其数学关系（公式）、原始模型引录、引录名称、数据集标识、联系人及模型概要等。下面遵循模型库建立的方法，对其中几个模型进行描述。

1) 高光谱遥感图像立方体模型

高光谱是高光谱分辨率遥感在特定的光谱域获得连续的地物光谱图像，高光谱遥感应用可以在光谱维上展开。高光谱影像中的像元由连续波段构成，一种表现这种光谱与地表先行关系的表达方式是建立图像立方体。在图像立方体中，X 轴和 Y 轴表示光谱的空间维，如图 4.9 表示一个农场；两轴由所有剩余波段组成，叠合方式如同书中的页。

图 4.9　图像立方体模型

2) 地表温度反演模型

改进地表温度反演的分裂窗算法，建立了不同观测角度和地表高程影响的分裂窗算法系列模型系数：①考虑不同卫星观测角时，因大气辐射路径带来的影响，在 0°～65°之间分别设立以下几个区间：0°～30°之间为 10°间隔，30°～65°为 5°一个间隔；②利用地表典型波谱知识库和植被冠层辐射传输模型，建立叶面积指数与像元比辐射率之间的关系，将这种关系作为先验知识，为地表温度反演提供像元级比辐射率值；③根据我国地形明显的三级台阶差异，建立不同海拔高度的算法模型系数。得到温度反演模型的公式如下：

$$T_s = \left(A_1 + A_2\frac{1-\varepsilon}{\varepsilon} + A_3\frac{\Delta\varepsilon}{\varepsilon^2}\right)\frac{T_{31}T_{32}}{2}$$
$$+ \left(B_1 + B_2\frac{1-\varepsilon}{\varepsilon} + B_3\frac{\Delta\varepsilon}{\varepsilon^2}\right)(T_{31}-T_{32}) + C$$

$\varepsilon = \frac{\varepsilon_1+\varepsilon_2}{2}$：两通道比辐射率的平均值；$\Delta\varepsilon = \varepsilon_2 - \varepsilon_1$：比辐率方差；$T_{31}$、$T_{32}$：两通道亮度温度；$C$为常数。

3) 雷达数据土壤水分反演模型

利用 Wolfsang 基于动态检测的模型，认为同一点的后向散射系数之间的比较可以获得该点的土壤水分信息（图 4.10）。对于同一个点，最大和最小的 $\sigma°(40)$ 表示最干和最湿的地表状态，分别用 $\sigma°_{dry}(40,t)$ 和 $\sigma°_{dry}(40)$ 表示，其中 $\sigma°_{dry}(40,t)$ 中的 t 表示最干的情况是随季节而变化的。假设 $\sigma°(40)$ 和表面土壤水分有一个线性关系，Wolfsang 的土壤水分获取模型表示为

$$m_s(t) = \frac{\sigma°(40,t) - \sigma°_{dry}(40,t)}{\sigma°_{wet}(40,t) - \sigma°_{dry}(40,t)}$$

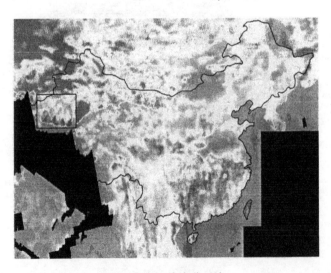

图 4.10　土壤水分反演

4) 植被指数与生物量模型

比值植被指数：NDVI＝（TM4/TM3）

S. W. Todd 等 1988 年利用 TM 数据对位于落基山（ROCKY）山区阴影区的已放牧和未放牧的矮草草原进行研究，其中放牧区的 NDVI 与生物量的相关系数为 0.812，未牧地区的 NDVI 与生物量的相关系数为 0.304，并建立了牧区

生物量的光谱模型。

生物量=60.86+352.71×NDVI，其中 R_2 为 0.66。

5）雷达干涉测量模型

合成孔径雷达干涉测量技术（1NSAR）是以同一地区的两张 SAR 图像为基本处理数据，通过求取两副 SAR 图像的相位差，获取干涉图像，然后经相位解析，从干涉条纹中获取地形高程数据新技术。干涉测量的基本模型：

$$\phi_p = -\frac{4\pi}{\lambda}\left(B\sin(\theta_p^0 - \alpha) - D_p + \frac{B_{1p}^0}{R_{tp}\sin\theta_p^0}H_p\right)$$

$$B_{\perp p}^0 = B\cos(\theta_p^0 - \alpha);$$

式中：B 为基线距离；θ_p^0 为根据参考体选取的初始相位值；H_p 为地形高度；D_p 为地表移动；α 为基线水平夹角。

雷达差分干涉测量（D-INSAR）：差分干涉雷达测量技术是指利用同一地区的两副干涉图像，其中一幅是通过形变时间前的两副 SAR 获取的干涉图像，另一幅是通过形变时间后的两幅 SAR 图像获取的干涉图像，然后通过两幅干涉图像差分处理，获取地表微量形变的测量技术。

7. 虚拟现实子系统

虚拟现实（virtual reality，VR），是一种可以创建和体验虚拟世界的计算机系统，虚拟世界是全体虚拟环境或给定仿真对象的全体。虚拟环境是由计算机生成的，通过视、听、触觉等作用于用户，使之产生身临其境的感觉的交互式视景仿真。因此，一个身临其境的虚拟环境系统是由包括计算机图形学、图像处理与模式识别技术、人工智能技术、多传感器技术、语音处理与音像技术、网络技术、并行处理技术和高性能计算机系统等不同功能、不同层次的具有相当规模的子系统所构成的大型综合集成环境。

1）系统结构与组成

数字地球原型系统虚拟现实子系统软硬件环境主要由计算机主机系统、控制系统、投影系统、交互设备系统和软件系统（科学计算软件、数据库管理、三维仿真软件）5 部分组成。

2）系统的主要特征

结合数字地球原型系统远景目标的要求，该系统的主要特征有：高性能的图形工作站，高亮度的投影仪及显示屏幕，边缘融合及色彩校正电子技术，集中式的数据、音频及光照控制系统，立体观察装置，先进的输出装置，高保真度、多通道的音频/视频回放系统，实时三维应用软件、工具包及实用程序，大型数据库管理系统和网络技术。

4.1.4 数字地球原型系统的应用

数字地球可以广泛应用于不同的领域，并可分为全球、全国、区域 3 个不同空间层次的应用。本书侧重介绍领域应用。

1. 数字旅游

　　数字黄果树三维仿真系统是数字地球原型系统在旅游领域应用的一个典型实例。该系统利用 3S 技术和虚拟现实技术对黄果树风景区进行数字化、网络化管理和三维仿真系统实时演示，结合黄果树新城的规划设计方案，建立了黄果树风景区 5 个区域的所有建筑以及周边区域建筑物的三维模型，合成了风景区的三维动画，建立了 GIS 信息查询数据库，并开发了针对风景区的单机程序以及网络浏览软件。

　　1）数据获取及实地调研

　　通过编程获取了黄果树风景区内，总计 $17.52km^2$ 的 0.61m 分辨率的 QUICKBIRD 数据，数据成像时间为 2005 年 2 月 23 日。另外获取了黄果树总计 $1453km^2$ 范围 1995 年的 30m TM 数据和 2000 年、2001 年的 15m 分辨率的 ETM 数据。工作人员对黄果树风景区的大瀑布景区、天星景区、石头寨景区、宾馆区，进行了大量的实景数据的采集，获取了这些区域建筑物、地面景观等图片、视频数据，约 10G。

　　2）三维仿真场景开发

　　三维景观可以给游客一个全新的视觉冲击，并可以进行风景区的事前准备。利用三维仿真技术可以再现城市景观，这种技术手段可以还原城市现状，还可以将规划方案与之嵌合，模拟方案实施后的城市景观，同时进行多视角和动态的城市设计分析及规划方案评价，为城市规划建设和领导决策提供比传统手段更直观、可靠、科学的技术手段。

　　黄果树风景区三维仿真系统为黄果树旅游集团公司建立了该区域范围内宾馆区、大瀑布景区、石头寨景区、天星景区和新城区 5 个区域的三维仿真模型，并按照功能区域，分别对 5 个区域进行了创作性开发。

　　3）场景数据库建设及仿真系统开发

　　采用 OSG 数据格式对全区区域仿真数据进行管理，该格式全面支持场景建模过程中的层次细节、自由度、声音、复制、光照、材质等基本概念，可以方便地实现地形数据的快速分块调用及多层次、多分辨率显示。利用 VC++开发，对所建立的三维仿真场景数据进行信息管理与分析，建立了仿真系统，初步实现实时三维场景的信息查询与分析、浏览控制、环境参数变化等。整个仿真程序以 VS.NET 为开发环境，以 OpenGL 为基本图形库，依托 C++语言开发完成。

　　4）WebGIS 系统开发

　　黄果树 WebGIS 开发基于美国 Minnesota 大学开发的开放源码 MapServer 的 WebGIS 工具，相比商业企业提供的众多 WebGIS 解决方案，MapServer 是开源项目，可以免费使用，自行修改、复制以及再分发。同时，该软件利用服务器端通过 CGI 应用程序连接 WebServer 和 GIS 空间数据库，客户端仅需要使用浏览器就可以对空间数据进行查询分析。另外，Map Server 还有众多的优点，支持开放 GIS 协会网络规范，如 WMS、non-transactional WFS、WCS 等。

2. 数字奥运

围绕 2008 年北京奥运的"绿色奥运、科技奥运、人文奥运"三大理念，落实"奥运科技行动计划"，面向数字地球、数字北京、数字奥运开展奥运环境遥感动态监测，服务于绿色奥运目标，重点对奥运实施过程中的环境交通、污染、场馆建设等焦点问题开展多目标的连续观测。建成奥运主场馆区工程环境高分辨率遥感监测技术系统与奥运工程环境虚拟仿真信息平台系统，形成一套分析体系，根据奥运主场馆区工程环境建设进展，定期提交监测报告。研究成果直接服务于奥组委的工程环境建设指挥管理，作为北京奥组委向国际奥委会等国际组织提交的工程环境建设进程、状况的重要科学数据与技术资料。

1）遥感数据获取

2002 年获取 4 架次奥运区 1:15000 天然彩色遥感图像和 1:50000 彩红外遥感图像；2003 年获取 6 架次奥运区 1:15000 天然彩色遥感图像、1:50000 彩红外图像和 1m 分辨率 KU 波段雷达遥感图像；2004 年 5 月对北京奥运场馆进行了航飞，得到可见光和近红外波段，分辨率为 4m 的图像；2005 年 5 月利用世界上第一套全数字多用途摄影仪，获取奥运场馆区航空影像，地面分辨率为 0.3m。

2）奥运专题信息提取

利用卫星遥感数据进行北京市耕地、城镇、绿地、水体变化检测统计，对近 20 年耕地、城镇、绿地、水体变化现状、类型、数量和分布等基本要素的变量提取、变更分析。同时，从 2002 年 11 月奥运场馆规划区开始拆迁起，即对拆迁过程进行了实时地面监测和航空遥感影像分析。2002 年奥运场馆规划区开始拆迁，航空遥感技术在奥运场馆规划、拆迁和建设用地统计等工程的监测、监理和监控中发挥巨大的作用，为朝阳区政府提供了亚运村及奥运规划区的真彩色影像图，结合地面调查与拆迁办合作，做了拆迁地区的用地分类、拆迁面积、人口等专题图工作，为首都机场扩建工程等提供了大量资料。

3）分析模型

利用美国 EOS-TERRA 卫星平台上的 MODIS 传感器数据反演监测奥运环境大气污染，利用 MODIS 对北京及周边地区的气溶胶的遥感监测分析，可以及时获得北京及天津等奥运相关区域的环境污染状况信息以及污染的分布规律，从而分析污染的原因，为治理污染提供科学依据，为创造良好的奥运环境服务。

4）奥运规划仿真平台建设

重点结合 2008 年奥运组委会的关于奥林匹克公园规划设计方案，主要完成了奥运规划区的三维方针场景开发，场景数据库建设及仿真系统的开发，建立了公园区规划的所有建筑物的三维模型，按照功能区域划分，分别对场馆区、商业区、奥运精神纪念公园区、文化轴线千年步道以及森林公园区域进行了虚拟场景开发。仿真场景反映了奥组委工程规划部的思想，体现了2008年奥运区域的基本风貌，为工程规划和新场馆规划方案的评价与决策提供基础。

3. 城市动态变化监测

围绕国土资源管理和基础建设中心工作，利用多种传感器、多分辨率遥感数据对城市进行连续动态监测，辅助更新土地利用现状图，监测土地利用变化类型、数量和分布状况等，为城市土地利用总体规划提供技术基础资料和相关应用的运行平台。以珠三角城镇群动态变化分析为例，研究包括卫星遥感影像制图、专题分类遥感制图和土地用途变迁分析3项内容。工作范围包括珠江三角洲的28个市县，选取1991～1992年，1995～1996年和2002～2003年3个时间段的遥感数据开展珠江三角洲地区短周期快速土地资源状况和动态变化调查（图4.11）。

图4.11 珠三角地区城市扩展动态图

该项目以系统的概念将珠江三角洲地区不同时间序列遥感图像进行一体化处理和分析，围绕市、县、镇三级城市建设用地和资源信息予以定量分类提取，并系统分析了土地用途变迁状况。在定量分析的基础上，就珠三角地区城镇群动态变化的特征得出以下结论：①城市建设用地增长表现出较强的经济中心指向、道路指向、海洋指向的空间特征；②建制镇的城市建设用地面积的增长高于县级以上城市的城市建设用地面积的增长。

4. 自然灾害监测

卫星遥感技术具有视域大的宏观特性，它的探测波段从可见光向微波和红外延伸，使人们对地物的观察和研究具有全天候和全天时的可能；另外，它还能周期成像，有利于动态监测和研究。

数字地球原型系统在研究过程中，综合应用多种遥感数据进行自然灾害监测，取得了众多的监测成果，监测区域包括我国大陆、台湾以及接壤国家的部分地区，在洪涝灾害、干旱、地址、沙尘暴、滑坡、泥石流、火灾等方面取得了成果。

1) 水灾监测

1998年夏季，我国长江流域、嫩江—松花江流域发生了历史罕见的特大洪涝灾害。在抗洪救灾期间，采用 NOAA/AVHRR 气象卫星数据、Radarsat 卫星 SAR 数据，开展了大量的灾情监测评估及灾情信息的网络服务，及时有力的支援了抗洪救灾工作。

1998年全国洪涝灾害发生发展的全过程已为多种遥感信息源及其时序数据真实记录和全面地反映。洪涝灾害淹没损失的动态变化遥感监测详细反映了洪涝灾害不同发展阶段淹没范围的界线及其位置和变化的规模，它们是进行灾情损失评估最原始的数据。这些连续不断的动态监测成果不仅在当时为中央和各省市防洪减灾决策及时地提供了科学依据，而且为灾后重建及研究1998年全国特大洪涝灾害特点、形成原因、现行治水方略的反思与今后对策积累了丰富的基础资料。

2) 林火监测

2002年盛夏，我国内蒙古、黑龙江与俄罗斯交界处，因雷电闪击，发生森林大火，灾情严重。利用 MODIS 数据对火灾进行了连续跟踪监测。首先，对 MODIS 数据进行预处理，根据像素的灰度，求算出观测点的辐射率，并将其转换为光学波段的反射率和热辐射波段的辐射率。然后，将满足一定条件的像素判断为火点。这种利用遥感影像对火点进行识别的方法，对林火的扑灭起到了相当有利的作用。

4.2 数字地球系统的模式框架（ESMF）

数字地球除了运用遥感技术以外，还有基于空间信息的格网技术（SI-Grid），甚至后者比前者更重要。Grid 不仅将成为数字地球的核心技术，而且所有的与数字地球有关的遥感、地理信息系统、全球定位系统也要靠 Grid 支持，才能充分发挥它的作用。因此建立数字地球系统的模式框架时，也要以 Grid 为基础，尤其要以 SI-Grid 为基础。讨论 SI-Grid，就需要讨论空间信息格网与空间信息网格的关系。

空间信息网格（spatial information grid，SIG），存在着两种截然不同的定义。第一种定义称 SIG 为"空间信息的 Grid 及 Grid Computing"，主张这一定义的人大多数从事计算机科学领域。第二种定义将 SIG 理解为"空间信息的标准采样单元"或"空间信息的标准网格类型"，如同地球与测绘制图领域中的"公里网格"，主张这类看法的大多来自测绘制图和地学领域的人。所以需要将 SIG 定义重新制订，并将它们加以明显的区别如下：

空间信息网格（SIG）指标准的空间信息单元或标准空间信息采样单元，如同地图与测绘中常用的"公里网格"和遥感影像的像素，或像元栅格。

空间信息格网（SI-Grid），指空间信息的 Grid 与 Grid Computing，如同 Grid 的 Data Grid 和 Info-Grid 相似。

4.2.1 空间信息网格（SIG）

空间信息网格（SIG）或空间信息栅格如同遥感影像的像元（素）栅格那样，是一个基于空间信息的单元，也和测绘地图的公里网格一样，是一个信息单元。遥感影像的像元栅格大小，受传感器技术的控制，而 SIG 如同公里网格一样，是由人们的需求所决定的。一般有以下 4 种标准的空间信息单元。

(1) 1m×1m：应用于城镇建筑物的调查；
(2) 10m×10m：用于农作物种类和林种的调查；
(3) 100m×100m：适用土地利用和土地覆盖的调查；
(4) 1km×1km：适用宏观土地类型和天气状况的调查。

不同学者有不同的认识，2002 年郁文贤认为 SIG 是指空间信息栅格。2004 年李德仁院士认为 SIG 是指按不同经纬网格大小将全球、全国范围划分成不同粗细层次的网格，每个层次的网格，在范围上具有上下层涵盖关系。每个网格以其中心点的经纬度坐标来确定其地理位置，同时记录与此网格密切相关的基本数据项。落在每个网格内的地物对象记录与网格中心点的相关的位置，以高斯坐标或其他投影坐标为基准。根据实际地物的密集程度，确定所需要的网格尺度（如 1m×1m，10m×10m，100m×100m，1km×1km 等），如地物稀疏的地点只需粗网格，而地物密集的地方则按细网格存储空间与非空间数据。我国空间信息多级网格的体系结构包括：空间信息多级网格的划分，每个网格点属性的确定，行政区划与空间信息多级网格对应关系的确定，基于网格计算技术的空间信息多级网格结构。这四项内容应当成为标准，数据采集、更新、维护、管理和使用部门均服从这个统一的空间信息多级网络标准，以利于网格（SIG）分布计算。2004 年陈述彭院士把 SIG 技术与地图学与城市规划中的格网地图集合起来，认为网格技术的发展，对下一代格网地图的发展具有非常重要的意义。陈述彭院士早在 1987 年，就运用公里网格作为信息单元对天津市的环境问题进行调查，并与

NOAA 的 AVHRR 遥感影像数据匹配解译，该项成果得到了联合国专家们的表扬和肯定。

4.2.2 空间信息格网（SI-Grid）

空间信息格网（SI-Grid），是指专门传输空间信息的格网（Grid），相当于 DataGrid 或 InfoGrid。SI-Grid 是一种提供空间信息或数据的格网平台或服务平台，为广大用户提供异地、异构的各类空间信息，如遥感和地图、专题图等所需数据，进行计算机网络技术应用和服务。SI-Grid 的实质是将空间信息的复杂性、空间语义和服务的复杂性和决策服务的复杂性减少的技术维。它不仅具有海量数据的传输功能，而且还有处理功能。用户可以利用异地、异构的计算能力，使闲置的、在线的微机、小型机、大中型机及超级计算机的计算能力为空间信息处理、特征提取提供服务，包括看见信息获取、访问和共享提供技术支持。SI-Grid 还是一个异地、异构大型数据库的管理的技术维，能为经授权的任何用户提供不管来自何方（何地）的信息，发送给任何地点的，只要所需用户提供空间信息服务。

2005 年唐宁认为，SI-Grid（他用 SIG）是以服务为中心的，应用与交互都是基于服务。SI-Grid 的服务是以独立于平台方式提供的，可通过接口访问一组空间信息操作，它实际上是特殊的 Web 服务。空间信息服务集成或综合是 SI-Grid 的应用关键。他认为 SI-Grid 是一个多层次的空间信息服务体系，主要由 3 个层次组成（SI-Grid 结构）：

(1) 空间信息资源，如遥感数据、地图和专题图数据；
(2) 空间信息一体化管理与处理平台；
(3) 面向应用领域的空间集成应用环境。

在 Grid 框架的 5 层结构的基础上，结合空间信息应用流程，SI-Grid 应用体系结构为 7 层：

(1) 空间信息获取与处理层；
(2) 空间信息连接层，包括传输、缓存等；
(3) 空间信息资源层，包括数据描述、分布和组织；
(4) 空间信息共享层，包括数据互操作与数据服务；
(5) 空间信息分析服务层；
(6) 空间信息集成或综合，包括服务集成、综合流程等；
(7) 空间信息应用层，指最终用户。

2003 年李琦指出，SI-Grid 是由一系列功能服务器组成的中间件组成，它是一套基于 Web service 框架的中间件，采用基于 XML/GML 的通信机制，为用户提供统一访问和一站门户界面，能够排除终端异构、数据异构、服务异构、通信异构、模型异构等的影响,为数字地球提供基础性、通用性和服务基础环境,并具有开放性、灵活性和可扩展特点的虚拟操作系统(VOS)。该维框架具有3层结构。

(1) 数据层:包括用于进行空间与非空间数据一体化管理的空间数据库服务器,用于解决数据异构的,自适应空间数据网关及实现空间数据与非空间数据相互关联、匹配、查询的地址地理编码服务器。

(2) 信息层:由管理维元数据管理及语义转换的元数据库(服务器解决数据异构和服务异构),进行应用服务集成的应用服务器、提供构件式地理信息维服务的 GIS 服务器、基于 Ontology 创建应用模型的模型服务器(用于解决模型异构)组成。

(3) 服务层:包括提供一站式服务的门户服务器、用于解决道信异构和终端异构的空间数据自适应适配器以及用于连同其他空间信息维及各类应用的 UDDI 中心。

2003 年李琦进一步指出,Grid 的概念模型由以下 3 部分组成:

(1) 空间数据 Grid(SD-Grid):旨在解决数据访问的一致性、透明性和高效性的问题。它的关键技术有:空间数据的一体化模型;以数据库、数据仓库为主的空间信息管理技术;基于空间数据格网(SD-Grid)的多源数据融合模型;数据的无缝访问技术;基于比例尺的空间数据模型自适应驱动方法。SD-Grid 是新一代的空间数据基础设施(SDI)。

(2) 空间信息 Grid(SI-Grid),旨在解决数据语意、信息融合以及信息之间的组织关系。SI-Grid 的关键技术,包括 SD-Grid 的空间信息集成、调度技术;地址地理编码模型、双向匹配、建库、更新等技术;基于元数据的信息资源管理技术;安全机制和访问控制。SI-Grid 的分类:国家 SI-Grid、区域 SI-Grid 和城市 SI-Grid。

(3) 空间数据服务 Grid(spatial data service grid,SDS-Grid)旨在解决如何将信息快速、便捷和智能的提供给用户。它的关键技术包括:基于 Web service 的空间服务注册、发现和调用机制;基于 Agent 和空间元服务的服务管理、调度和装配;基于 SDS-Grid 的应用系统集成。SDS-Grid 的典型应用有:位置信息服务(LBS)、公共危机应急响应和指挥系统。

4.2.3 地球空间信息的格网计算

地球空间信息(geo-spatial information,GSI)是指运用空间信息技术(包括各类遥感技术、遥测技术、卫星定位技术等)、地面量测技术、地面观测技术(包括各类观测站、监测站)、统计报表、调查及实验,运用各类传感器、仪器及人工方法所获得的资源、环境、经济和社会(含人口)等方面的海量数据,不仅可以实现数据共享，而且还可以实现在线的一切计算资源通信资源，传感器资源及其他仪器设备资源的共享，这是 Web 所办不到的。Grid 是一种空间信息基础设施，不仅可以实现各类信息的收集，进行综合管理和处理服务，而且通过 Computing 的巨大功能，运用在线（online）的一切包括传感器，仪器及设备的功能，可以扩大获得数据范围和类型，更提高了运算能力，原来认为不可能的事情，现在成为可能，这就是地球空间信息的格网计算（GSI-Grid Computing）。

在欧共体的 DataGrid 项目中，地球观测应用程序组件 WP9 工作包，为地球观测定义和发展了地球观测（EO）专用的组件来与 DataGrid 平台接口。同时将 Grid 感知应用的概念引入地学环境中，这为需要大的计算资源和需要在地理上分散的大型数据文件和文档访问的地球观测应用提供了很好的机遇，基于空间信息 Grid，即 GSI-Grid 使数字地球实现成为可能。

地球空间信息 Grid（geo-spatial information grid，GSI-Grid）是一种汇集和共享展示地理分布大数据量的空间信息资源，对其进行一体化的组织和处理，从而具有按需服务能力的，强大的空间数据管理和信息处理能力的空间信息基础设施之一，GSI-Grid 是一个创新性的体系框架，它为空间信息用户对空间数据进行获取、共享、访问、分析和处理等各种需求提供了实用的、可行的实施方案（http://www.csdn.net/subject/327/14965.html）。GSI-Grid 是一个分布式的网络化环境，连接空间数据资源、计算资源、存储资源、处理工具和软件以及用户，能够协同组合各种空间信息资源，完成空间信息的应用与服务。系统能够联合异地分布的数据、计算机、网络、处理软件等各种资源，协同完成多个用户的需求，确保来自任何空间信息源的空间信息，处理在任何时候发送并服务于在任何地点、任何需求，但有相应权限的用户。用户可以提出多种数据和多种处理的需求。GSI Grid 和用户提供了一体化的空间信息获取、处理与应用服务的基本技术框架，以及智能化的空间信息处理平台和基本应用环境。

1. GSI-Grid 应用研究进展

GSI-Grid 的应用指遥感对地观测数据、测绘数据、专题图数据及经济社会空间分布数据等，以及 Computing Grid、DataGrid、传感器 Grid 和仪器设备 Grid 的应用。主要有：

（1）I-WAY 项目是 Globus 的简化系统，用于气象卫星的实时图像处理。在应用过程中，将卫星的数据下载后，进入远程超级计算机进行对云层处理、分析，然后再由另一个图形处理机进行气象图的绘制。这些处理是分布在地球上的多台计算机上进行的，成功地验证了 Globus 系统的机制和功能。

（2）GUSTO 项目是 1998 年启动的 Grid testbed，它用 Internet 连接了 17 个站点，运用分别位于美国大陆、夏威夷、瑞典和德国等地的 330 台计算机和 3000 台处理器，进行天气预报实验。

(3) 美国 Earth System Grid (ESG) 研究。目的是进行天气分析、气候变化和全球气候模拟等，并提供无缝的高性能处理环境 (Chervenak, 2003)。到目前为止，已经研究了三大模型产品：①CCSM (commuting client system model)，是一个全球性的气候模拟模型，可以进行过去、现在和未来的气候模拟。②PCM (parallel climate model)，给多个实验室的气候协作研究模型及海冰模型。③SDPVS (scientific data processing and visualization software)，科学格网处理及可视化软件。

(4) 由欧盟主持的 DataGrid 是全球知名的 Grid 项目，它主要是针对 CERN 的高等物理应用而开发的，目的是解决大数量的存储和处理问题，同时将扩展到地球观测应用、生物应用等。DataGrid 的任务划分为 12 个工作区 (work package, WP)，分为 5 组。第 9 个工作区是对地观测领域的 DataGrid 及其应用研究，WP9 的目标是定义数据网格中对地观测的技术和应用需求，设计相应的网格中间件，构建对地观测的数据网格系统的原型环境。WP9 项目计划研究制定了 5 个工作任务：定义对地观测科学应用的需求，修改和增加相应的中间件，对地观测数据网格的应用交互界面开发，使用该系统进行 Ozone/Climate 天气变化实验研究，利用该系统进行对地观测全面应用原型研究。其中臭氧大气数据的分析作为整个 EDG 的实验床任务，供各个研究使用，主要测试海量数据的获取和使用技术。

WP9 的直接目的是建设面向对地观测应用，包括定义对地观测科学应用的需求，修改和增加相应的中间件，对地观测 DataGrid 的应用交互界面开发等。

(5) NASA 的信息资源 Grid (information power grid，IPG) 目的让人们使用计算资源和信息资源就像使用电力网提供电力资源一样方便。其中一个目的是为 NASA 科学家和工程师提供高性能计算和数据访问的 Grid 系统，IPG 采用 Globus 组件来提供多个独立的实验室的异构的数据访问和计算资源的管理。可以通过一个安全的统一的入口访问从属于访问 Grid 系统中的资源，NASA 机构之外的科学家在经过抽取认证之后，也可通过类似的界面访问到 Grid 系统资源，目前也有大量的科学家使用此系统 (http://www.nas.nasa.gov/pboul/legucy.Html)。

2. GSI-Grid 的结构

GSI-Grid 以一种新的结构、方法和技术来管理、访问、分析、整合异地分布的空间数据，充分利用空间信息系统的各种技术资源和信息资源，实现空间信息技术和信息的有效共享和互操作，并提供空间信息的联机处理、分析与服务。空间信息网络对空间信息资源的数据、信息和知识进行有效的描述、组织、管理、处理和交换。2004 年刘定生提出了一个 3 层体系结构：传统组件层、新增组件层和网络基础层。GSI-Grid 采用 OGSA 协议架构，在它的核心采用了

OGSA 的相关中间件和第三方中间体。在核心之外，修改和增加了新的 Grid 组件，如按照空间信息特点重新修改了资源发现服务（RFS），增加了两格应用运行环境（GARE），以后还会产生更多的核心组件（如安全、交易、数据传输等）进行修改，使它们更加符合空间信息的特点。GARE 实际上就是 GAPL 的解释运行工具，它来自 IBM 的 BPEL 语言，加上了很多修改，RFS（resource find service）主要针对 Grid 进行注册、搜索和获取服务。

核心的 Grid 组件和新修改的或增加的 Grid 组件，构成了 GSI-Grid 核心组件，在 GSI-Grid 核心的外围，根据空间信息的特点，增加了 Grid 代的工具族，如专门进行应用业务逻辑描述的 Grid 应用编程语言（GAPL）、界面系统（IS）、空间数据挖掘系统（DMS）和进行知识积累和挖掘的业务逻辑库。数据挖掘服务（data mining service, DM-service）在 GSI-GRID 中，空间数据本身无法成为 Grid 资源，它们实际上是 Grid 资源的执行结果。DMS 针对空间信息用户的特点，建立了专门的空间数据发现引擎，可以从任何注册的数据服务资源中查询用户关心的数据本身及利用 IS 来进行各种异质数据的显示或可视化，从而进行处理和交易服务。界面页面搜索服务（interface page service, IPS）对网格界面实现了类似资源和管理，它专门对 IP 进行搜索，为在 Grid 中构造可视化的应用过程提供了公共的界面服务。业务逻辑库（business logic library, BLL）是利用 GAPL 实现的应用过程控制代码。一个 BL 实际是对于具体应用的实现。BLL 建立了 BL 统一注册、存储、查询和执行的环境。这些工具的 GSI-Grid 核心一起构成了完整的 GSI-Grid 基础平台。

李国庆于 2004 年 GSI-Grid 的三层体系结构。

第一层：传统的 Grid 组件。

第二层：新的 Grid 组件，GARE（Grid 应用运行环境）、RFS（资源发现服务）。

第三层：Grid 工具，BLL（业务逻辑库）、IRS（界面页面搜索）、IS（界面系统）、DMS（数据挖掘服务）、GAPL（Grid 应用编程语言）。

3. GSI-Grid 的应用

GSI-Grid 要求能够对从 TB（百兆）到 PB（亿兆）量级的大数据量的数据进行实效、实时的处理、分析，能够实现应用层间的互联互通和各种异构资源（如高性能计算机，大数据量的存储系统，GIS 软件系统）共享，从而提高空间技术与空间数据的利用率；GSI-Grid 不仅可以用于构造新的、先进的空间信息系统，也可用于集成现有的空间信息系统，从而提供延续性、继承性、保护；大规模的空间信息应用与服务地域跨度大，涉及多个异地工作部门，需要提供远程访问数据服务，一站式、无障碍服务；GSI-Grid 系统的运行管理策略不断变化，使用模式不断变化，IT 产品技术不断升级，因此需要 GSI-Grid 具有适应变化的能力。GSI-Grid 的应用可以归纳为以下 3 方面（图 4.12）：

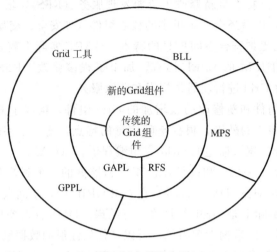

图 4.12　GSI-Grid

（1）Grid 的空间信息化，指对于适用的 Grid 中间体和相关的第三方组件进行改造，使它们可以适用空间信息的特点。如在数据管理方面，通用 Grid 的数据传输协议和复制协议就无法适应空间数据的复杂性和大数据量的分布特点。按照空间信息领域的具体特点对关键的 Grid 组件进行改造，从底层就大大提高对于空间数据和处理的支持能力，简化了很多应用层的工作。

（2）空间信息和处理的 Grid 化，指对各种空间数据和数据服务、空间处理等进行 Grid 化改造，实现 Grid 封装和 Grid 注册。空间信息和处理的 Grid 化的完善，可以丰富利用 Grid 空间信息资源，包括数据资源和处理资源，这些资源是 GSI-Grid 应用的基础。

（3）应用的 Grid 化是 GSI-Grid 的一个十分重要的方面。"应用"实际上一系列的资源调用的实现，以及资源调用之间的上下文关系。GSI-Grid 应用的 Grid 化，包含了以下几个方面：应用描述机制、建立应用开发平台、建立可视化界面系统等，这些方面的工具为构建大型复杂的 GSI-Grid 应用系统提供了必要的基础。

通用的中间件 Globus Toolkits 提供了便利的 Grid 开发环境和可靠的安全机制，但其只是一个基础工具，很难与遥感数据处理服务直接结合，必须通过进行联接和服务的进一步定义，如利用 GTE 的 Service Data 服务和通知机制功能进行遥感元模型的注册和更新，需要重新定义出描述遥感元模型的 Service Data 项的 Port Type，才能合理方便地描述资源。对于传统的遥感数据模型流程结构也要进行改造，以适应 Grid 环境下多机处理的需求。

4. GSI-Grid 的结构模式

GSI-Grid 的结构体系是开放式、可扩展和面向对象的。Grid 所要解决的主要是以广泛分布为基础的，能够方便、灵活地支持大规模、大范围的各类资源的共享问题，为此，必须设计优化的 Grid 体系结构并在此基础上发展 Grid 技术。

清华大学都光辉等认为 GSI-Grid 的结构体系分为 5 个层次：

（1）基础资源层，即可用于共享地理空间信息的 Grid 资源，指各类计算机及计算机群数据库，各类设备，包括存储、处理、网络、传感器等及各种软件等共享目标，要实现无缝集成和协同的计算环境，要允许异地用户对其登录、访问及操作。

（2）控制与分发层：它集合了 Grid 上的，即在线的所有资源，如一组机器允许用户借用它们当中未被使用或未充分使用的资源，而无需考虑它们的机器型号或硬件配置，甚至操作系统不同也无大碍，只要提供一套控制和分发 Grid 资源的功能就可以。控制是指对各种资源进行有序管理的机制，分发层对其后各层次的需求提供统一的接口，方便对资源的访问与使用。

（3）管理层是最重要的部分，是 Grid 的核心中间件，具有承上启下的作用。它既连接基础层和控制分发层的各类资源，又连接上层，如网络技术的开发、公布和应用作为上下的纽带，它可以有效管理分布在 Grid 上各类资源，为整个 Grid 应用提供安全、可靠、高效的服务，并能使 Grid 功能全面协调运行。

（4）环境与功能层，一个优化的 Grid 开发环境，可以更方便实现 Grid 的各种功能。将经常使用的 Grid 的可靠的功能，进行封装固化，方便使用。

（5）面向对象层，是指 Grid 的窗口，用户通过窗口来认识和使用 Grid 的。具体说 Grid 窗口就是利用与中心控制台通信的代理软件，访问 Grid 服务与资源的个性化 Web 接口。窗口的优点是界面友好，亲和度强，有针对性。首次使用无需知道资源位于何地，属于什么性质的，用户也无需了解 Grid 的结构、层次、技术、结点，只需要能为用户工作、学习提供方便，满足用户要求就可以。

（6）应用层，包括各种各样的应用，所对应的是 Grid 的最终服务对象和他们的各种需求。

4.2.4 基于 GSI-Grid 的地球系统模式（ESMF）

地球系统的模式框架（the architecture of the earth system modeling framework，ESMF）是美国 Chris Hill 等于 2004 年研发而成的，是为地球系统建模而开发的一种标准软件平台。这个标准定义描述了组件构架和支持性的基础架结，并在开放软件的实践中得到了发展，它的目标是进行地球变化研究的。

ESMF 是建立在综合的多组件模式（即多台计算机系统）和国家技术格网（NTG）基础上的，实现了计算水平和科学分析能力的提高。在 Grid 的支持下，它可以是跨机构和跨学科的关联性的和协同性的工作。ESMF 是一种标准的、开放源码的软件系统，其目的是增强软件的主要使用和提高组件的互操作性，加强性能的可移植性，使用户能方便自如地使用它，它是在 NASA 的支持下，由很多地球科学机构协作进行的。

ESMF 的目标是地球系统建模。ESMF 具有 15 个初始试验床（test bed），包括了地球物理流体力学实验室（GFDL）的灵活模式系统（FMS）、国家大气研究中心（NCAR）的公用气候系统模式（CCSM）、国家环境预测中心（NCEP）天气研究和预报（WRF）、NASA 的数据同化办公室（DAO）、洛斯阿拉莫斯国家实验室（LANL）、国家环境预测中心（NCEP）、NASA 季节和年际预报计划（NSIPP）等。这些试验床系统，包括各种离散网格（Grid）法、数值时间步进技术、软件编程范式和硬件平台，将它们通过 Grid 连接起来，希望能准确地预报海洋状况（如太平洋上的 El Nino 和 La Nina 现象），能提高陆地表面的可预测性（如土壤水分含量等），也可以使用 ESMF 来配置气候模式组件新的交换的互操作方法，提高气候预报的水平。

在地球科学界中，最初与 ESMF 有的具体的软件系统有：戈达德地球模拟系统（GEMS）、地球物理的灵活的模式系统（FMS）、MIT 包裹器工具箱、模式耦合工具箱（MCT）等软件。系统的特点是工作统一化、标准化。ESMF 吸收了上述系统软件的优点，成为更高性能，更加通用的平行系统。一些主流组件编程环境如 CORBA 和共同元件体系（CCP）的思想都融入到 ESMF 中，因为它们能够满足高性能地球科学模式的要求。

ESMF 具有"三明治"模式的特点，一种科学算法元素的用户代码组件必须位于上层结构和下层结构层之间。上层结构的作用是提供一种外壳，外壳能包含用户代码和能将组件间输入输出数据流相互连接，下层结构提供了一种标准支持库，开发者能使用它来加速构造组件，并能确保组件行为的一致性，如图 4.13

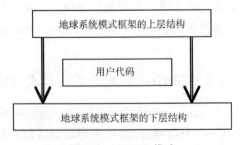

图 4.13　ESMF 模式

所示，由上层结构，用户代码和下层结构组件构成一个完整的、可操作的程序组合，共同组成了 ESMF 的应用标准模式。在 ESMF 环境中，把一个或多个数值模拟或其他用户代码组件结合起来,就可以形成一个应用模式。基础层的下层结构,加速了开发,保证组件间以及各硬件平台间的兼容性与一致性。

一个应用程序是由一个或多个 Grid 组件的耦合器组件集成而成,组件可使用 ESMF 下层结构工具箱,但所有的组件主要由用户编写。

地球科学界已经有大量的 Fortran 程序源代码,它比面向对象的编程语言要早,ESMF 允许把这些代码转变为组件,但它们在 ESMF 中的使用仅限于组件的实例在自己的进程中执行。代码既包括了单程多数据(SPMD)的应用,也包括多程序、多数据(MPMD),ESMF 支持这两种编程模式,所以从 SPMD 或 MPMD 代码得来的组件很容易适合这种构架。

1. 上层结构层

ESMF 的上层结构层提供了一个用户组件相互连接的统一环境,它为解决组件之间的物理一致性和灵活性奠定了基础,这些组件的功能是用不同的尺度或单位表示同样的数量,或在并行计算机上进行不同的物理分区以储存数据,在上层结构层中使用的网络,用格网组件(gridded components)和耦合器组件(coupler components),和状态(ESMF State)来表达灵活性。ESMF 内的用户代码组件为组件之间的数据交换使用特殊的对象,这些对象都是 ESMF 的状态类型,每一个组件接受一个或多个 ESMF 状态。网格组件类拥有一个用户组件,该组件接收 SESMF 导入状态,产生一个 ESMF 导出状态,这两个状态都在同一离散的 Grid 内。网格组件有陆面模式、海洋模式、大气模式和海冰模式等主要部件。在数据同化的优化过程中,使用线性代数计算用的组件也当作网格组件来创建。ESMF 的其他上层类就是耦合器组件类,它输入一个或多个 ESMF 状态,通过时空转换映射一个或多个导出 ESMF 状态。运用 ESMF 技术能在上层结构层内灵活地排列导入和导出状态以及网格组件和耦合器组件,配以单个耦合器组件的一套并发执行的网格,组件的配置是很容易得到支持的。从所有的网格组件传输输入,然后在一个地方将它们重新组合成新的 Grid。

2. 下层结构层

使用不同的网格耦合起来的网络组件,为了达到这种耦合,除了定义上部结构导入和导出 ESMF 状态对象外,需要能映射在不同网格间的耦合器组件,并可以在不同的单元和存储格式的约定之间映射,在一个并行的计算环境中,耦合器组件不得不在不同的区域分解之间重新分布。要及时正确跟上时间,时间分散的网格组件必须有时间兼容的概念,网格组件中的平行方法也必须是兼容的。下层结构包含一整套开发过程,对网格组件之间传递的数据重新网络或重新分布,掌管整个多组件复杂性系统。国家大气研究中心(NCAR)的大气组件用的是光谱风格,地球物理流体力学实验室(GFDL)的海洋组件用的是排斥大陆块的经纬度网格,NASA 季节和年际预测项目(NSIPP)的大陆组件用的是表现植物状况的栅格网络和表现河流流域的栅格网格。为了支持网格组体和耦合器组体概念 ESMF 定义了物理网格类，这个普通能容纳许多地球科学模式中常用的不同的离散三维坐标空间，包括经纬网格。ESMF 物理类能容纳足够的信息，包括容纳一些有关的垂直网格单元的信息。不同物理网络对象，包含光谱的、经纬度的、栅格的信息，每个网格对象的数值各不相同。经纬度物理网格对象，包含了元数据，该元数据表明了坐标空间的极值。对一个不规则的网格空间来说，网格的数据更广，要求知道每个网格维度有多少数组值。

ESMF 是在 NASA 地球科学技术办公室（ESTO）项目的支持下，由美国麻省理工学院 Chris Hill 等研究人员完成的。他们在 Grid 技术的支持下，将异地、异构和不同类型的网格数据进行统一（或融合），并进行分析，以达到解决复杂的地球系统问题的目的。这完全是一种创新性的科学试验，为后面的一系列的科学实验提供了新方法。

4.3 数字地球的 Grid Computing

目前国际上公认 Grid Computing 是解决数字地球最好的方法，众所周知数字地球难题的解决必须通过异构的计算资源，信息技术资源和异构的传感器、有关设备等协同工作，而这些资源都是异构的和异地的，只有 Grid Computing 技术才能解决。

4.3.1 数字地球的特点

数字地球模型是指精确地模拟近地表特征的数学模型，它具有以下特征：

第一，它是数字化的或数码化的，地球的特征均用数字形式表达。

第二，它是全球化的，它以整个地球作为研究对象。

第三，它是标准化的，为了达到全球共享的目的，它必须具有全球统一的标准。

第四，它是一种虚拟环境。虚拟环境提供了描述地球特征的丰富的形式，将多种类型的数据合成在一起，使复杂的现象用简单明了形式进行表达。

在 Goodchild 观点的基础上，加上 Grid 的新内容，认为数字地球应具有以下特征：

第一，数字地球的分辨率至少含有 5 个等级序列，从 10km 的分辨率到 1m 的分辨率之间，划成 5 个等级，如 1m、10m、100m、1000m 和 10 000m。

第二，数字地球都以用户为中心，尤其要能满足用户的需求为目标的技术系统，而以往传统的观念是以开发者或研究者的观点为中心。

第三，数字地球中的复杂性、模糊性问题，有希望在 Grid Computing 的协同工作下，有所缓和或部分解决。

第四，数字地球采用数码号符号表达地球系统的要素。

第五，数字地球系统应该了解和具有访问信息的权限的人和单位，因此在解决有关数字图书馆、数据交换中心（clearing house）和 Web Service 方面的技术问题时应考虑知识产权、信用和质量等问题。

第六，数字地球虽然具有虚拟环境特征，但其原理可以很好地用在传统结构上，即用户可以在计算机环境下操作。

第七，数字地球不仅仅是利用传统地球要素的数据，已突破了原来的框框限制，在技术上超过了传统的范围，它可以充分利用一切在线的计算能力、通信能力、传感器和仪器设备的能力。

第八，数字地球一定要建立在统一的标准和规范基础上，确保全球共享。

第九，数字地球需要得到新技术的支持，如 Grid 将推动数字地球的发展。

第十，数字地球要求传统技术更新和发展，如虽然卫星影像已覆盖了整个地球，但地形的信息在数量等级和可用性上变化很大，需要强大的空间数据基础设施（NSDI）的发展，需要合适的组织机构来协调。

数字地球必须通过人、计算资源、仪器及传感器资源间的相互联系才能实现，这些资源不论在地理上，还是组织上都是分散的。数字地球的数据包括多源的、多比例尺的、多个分辨率的、矢量和栅格格式的、历史的、现时的、多时相的数据。数据的组织是无缝的，不同的用户对不同的数据和信息具有不同的使用权限。数字地球开采用开放平台构件技术、动态操作等最先进的技术。

数字地球实现资源的高度共享，这种共享不是简单的文件交换，而是大范围的协作，对资源的直接访问，具有易于高度控制的特点。也就是应明确地划分资源的提供者和使用者，而且要明确共享的内容，允许共享的用户，在哪种情况下可以共享。数字地球是一个典型的虚拟组织（virtual organization）。

目前的分布式技术已不能满足数字地球的技术要求。如企业到企业的技术只能通过中心服务器实现信息共享，企业的分布式计算技术（CORBA）只能在简单的小组织内实现共享。传统的开放组织的分布式环境虽然可以实现数据的安全共享，但不够灵活。存储服务提供者（SSP）和应用服务提供者（ASP）只能通过有限的方式进行数据存储的计算。总之，上述这些技术，既不能提供大范围的资源，又不能对数字地球所要求的共享关系进行灵活的控制。构建数字地球，需要新的技术支持，如高分辨卫星遥感技术、宽带网技术、大数据量存储技术、异构数据计算技术、异地异构计算机互操作技术、元数据标准等技术、保证建立在不同计算机平台的、分布式的、异构的、不同数据源的能在网络环境中实现共享，只有 Grid 技术才能满足上述要求。

4.3.2 与数字地球有关的 Grid Computing

Grid Computing 作为一个重要的新兴领域出现，不同于以往传统的分布式计算，其重点在于大规模的资源共享、创造性的应用和在某些情况下高性能计算的应用。Foster 和 Kesselman 将 Grid Computing 问题定义为在动态个人集合、机构和资源（他们指虚拟的组织）之间的灵活的、安全的、协作的资源共享。"Grid Computing" 的术语是在 20 世纪 90 年代的中期提出的，用于高级科学和工程方面来表示分布式计算基础结构的，在基础结构的构造方面已经取得了比较大的发展。但是 Grid 的概念已经被合并了，至少以一种流行的说法来说，包含了从先进的网络到人工智能方面的所有东西。

Grid Computing 所涉及的用户群体包括从事实时再现和快速仿真赋值的计算机科学家和工程师，监测臭氧损失、气候变化、污染以及偶合的模型、知识数据库的环境学家，还包括致力于远程设备＋超级计算机先进的可视化方面的实验科学家，同时包括分布式资源（CPU、数据、人）的协作，全球性的企业，虚拟环境，计算机辅助设计公司和虚拟授课空间——分布式的用于培训和教育的课堂。

Grid Computing 通过认证、授权、协商和制定安全协议提供一种访问全球性的分布式计算环境途径。Grid Computing 通过资源发现来审查信息服务。通过监测工具能够查询目前的状态以便能够鉴别和分配信息源，并进行战略决策，例如通过流程传送数据或应用程序以及相互分配资源。而且，Grid Computing 进度任务和问题的分解使得在远端的机器上可以执行应用程序代码，可以传递数据或复制目录和更新目录，一旦问题出现就可以解决问题，监测问题的执行和解决，找回和分析结果等。

现在有许多可用的工具和工具包，例如 Globus、Condor、Legion、SRB、LDAP、OOFS 等。Globus 提供资源分配和管理（GRAM）、信息存储（MDS）和鉴定（GSi）等功能，Condor 通过具有检查站的分布式网络工作站提供巨大的计算吞吐量，Legion 是一个基于对象的大规模的分布式计算环境，它的设计是用来处理百亿数量级的对象的。资源存储中介件（storage resource broker）提供了一个管理包括多重拷贝的分布式仓库的便利工具。

Grid Computing 的应用领域从环境科学（有关长时间的高分辨的大气和海洋模拟）、生物学、天文学——虚拟的天文台到材料科学。这些应用涉及计算机建模、分散的群体和多学科仿真的数据分析、在线设备访问和实时分析、共享数据档案（EO 数据和染色体组数据）和协作性的可视化和分析，这就引发了下述问题：Grid Computing 是协作性，但是又面临着区域分散的世界范围的研究群体、从桌上型电脑到超级计算机的异构的计算机资源，多学科、有关的仿真模型/代码、数据文档，对大型数据源远程存储文法和对在线设备结果的数据返回的问题。

许多学科和工程分析需要 Grid Computing。许多异构的计算和数据资源需要统一的管理，现有的各种仿真和数据分析组件需要联合在一起通过分布式资源同步协同地工作。计算机和数据分析工具的界面必须为不同学科问题的解决者提供一个应用标准，在不同的地理位置，涉及许多计算和密集数据型步骤的工艺流程必须在分布式资源间进行安全和可靠的管理。自动纠错和恢复管理工具在应用程序和基础结构方面必不可少。大的复杂的数据文档，例如，几何学（结构）、飞机和涡轮机的运转，都需要有专门的学科专家在不同的地点进行维护，而且必须由合作的分析家进行存取和更新。庞大的数据设备是分布式的，必须进行有效的管理，这样在世界各地的科学家就可以进行共享和访问。从工具系统所得到的数据流必须通过计算机的数据数据分析系统进行实时的分析和管理，科学家与工程师必须能够安全地和有选择性的共享他们工作过程中所需的任何数据，应当有一个单一的安全机制，一旦被用户所激发，它就可获得访问解决一个问题所需资源的所有权限。

对于工具开发者——应用领域的计算机科学家来说提出了另外的要求，他们起初只是进行代码的编写和访问以及管理执行环境的。例如：①跨越所有系统的统一的大批量的队列管理；②使队列等待时间最少的工具；③计算资源共享管理工具，包括通过共享分配管理；④确保大量的有关的或相互依赖的工作使一个整体可靠地运行的工具；⑤使等待时间最少的文件定位管理工具；⑥描述特征和存储的编目机制；⑦独立于物理存储位置的数据体系数据设备。

技术的挑战跨越多国家和多管理领域方面的，例如，安全性、访问权限政策、费用的付还和无中心控制；资源的稳定性，如特征的时空变化；复杂的分布式的应用程序，例如，相互分配任务，高级预定和优化；确保从终端到终端的执行，如异构性、容错性、隐藏的复杂性的问题。

Jeffreys 也清晰的陈述以下技术上的细节，包括安全性、可信任性，例如，全球性到区域性制图……，基于 PKI（公钥基础设施）的安全性规则证明和区分了授权和认证之间的关系；数据管理问题，例如，高速存储，大吞吐量的数据传送元数据和对象；性能，例如，Grid Computing 的观点，应用的观点、多主机、多站点、非重复性和档案；工作负载，例如，多站点的预报式的资源描述以及先进的资源分配和预定方法；计算结构，例如，可测量性和容错性，服务对系统（群集）和群集隐藏的概念；信息服务，如资源发现和元数据归类。

1. 信息能源 Grid Computing

NASA 所涉及的大型科学和工程问题需要利用许多计算机和数据资源来解决，包括超型计算机和大型数据存储系统，这些都必须将那些由不同部门的研究人员开发的应用程序和从不同设备获取的位于不同的地理位置的数据集成到一起。

许多设备正被用于 Grid Computing，以达到资源的有效利用。信息能源 Grid Computing（IPG）是 NASA 全力推出的一种持久、安全、鲁棒性强的 Grid Computing。信息能源网格计算的目标是建立一个稳固的计算和数据网格，该网格提供一种统一的用于动态地、大规模地解决分布式和异构资源问题的环境。Grid Computing 是一种技术和新兴结构，该结构中包括多种类型的中间件，其在学科接口、应用程序和以下资源（计算机、数据、仪器）之间充当中介。Grid Computing 也可被认为是来自美国、欧洲和东南亚国家的成百上千的人，在全球网 Grid Computing 论坛上致力于实践和制定最优的标准。

信息能源 Grid Computing（IPG）目标是通过应用中间件服务使得科学计算在 NASA 的学科和工程方面发生革命性的变革，中间件提供大规模、动态地构造和解决分布式异构资源问题常规的短期的环境。这场革命性变化将使分布式资源满足常规应用，因此我们期待着科学家和工程人员在如何利用强大的计算系统、大型数据资料、科学仪器和协作工具方面有重大的突破。

Grid Computing 技术是现实的而且在目前是非常有用的。基础的 Grid Computing 服务用来实现为计算、数据和工具系统提供统一的安全的入口，对于地理位置和组织形式分散的计算、数据源、工作管理以及安全性提供一个统一的权限，安全性包括单一的签约（用户一旦签订则具有访问所有授权资源的权限）和安全的内部通信 Grid Computing 管理。Grid Computing 的执行管理工具（例如 Condor-G）目前正在被使用，提供对三重存储系统和全球元数据目录（例如 Grid FTP 和 SRB/MCAT）统一的访问入口的数据服务目前也被投入使用，支持应用框架和科学入口的网络服务也被做成原型，着眼于长远的基础设施也正在建设，基于计算和数据系统，以网格计算的原型产品为形式的 Grid Computing 服务也得到了维持和继续。PCI（公钥基础设施）提供支持简单签约的加密证明。资源发现服务正在维持和继续（Grid Computing 信息服务——分布式目录服务）。这些都已经出现了，例如，美国宇航局（NASA）的信息 Grid Computing（IPG）、能源部（DOE）的科学 Grid Computing、欧共体（EU）的数据网格计算、英国的 eScience Grid Computing、国家科学基金会（NSF）的全国工业生产咨询委员会和美国超级计算应用研究中心（NASA）。

信息能源 Grid Computing（IPG）通过提供服务推动这些变化，这些服务集成了用户工作环境，并提供标准的、高效的接口来访问 NASA 的计算机、数据和设备，而忽略这些资源的位置或类型特征。为达到这一点，IPG 过去的工作一直集中在基础 Grid Computing 服务和基础结构上。下一阶段，即在 CNIS 计划中，确定和处理缺失的部分工作，主要工作将集中在 Grid Computing 的大规模应用中。下一年的两个应用涉及一个大规模的计算机仿真,将会用到参数空间探测,重点在于高分辨率研究和一个复杂多成分的应用集,该应用集为下一代航天飞机制定一个中断-重入方案。两个子项目,即通用 Grid Computing 职务和信息环境,连同 Grid Computing 基础结构的产品支撑,促进 NASA 网格计算的形成。GCS 和 IE 都会致力于将应用和 Grid Computing 集成起来的工作,以及将 Grid Computing 功能通用化,并提供 Web Grid 服务和准则/应用入口。

2. 数据 Grid Computing

数据 Grid 项目将开发、实现和利用一个基于大型数据和 CPU 导向的计算机网格计算,这将允许那些由 3 个学科得到的分布式数据和 CPU 集约型科学计算模型在一个地理上分散的试验台进行验证。该项目将开发必要的中间件,与 Grid Computing 技术中的最前沿的核心技术协作,在欧洲和其他地方以往和目前的实践和经验之间充当杠杆的作用。该项目将补充和帮助几个正开展的 Grid 项目达到欧洲的水平。试验床会应用由其他研究网提供的先进的研究网络基础设施。该项目将通过提供欧洲企业进行开发所利用的扎实的基础知识和经验,来推广国际大型数据集约网格计算中的最先进技术。

Data Grid 项目中包括 4 个主要部分,分别是利用基于 GRID 的基本资源(计算结构、大容量存储、网络),开发通用中间件(安全性、信息服务、资源分配、文件复制),建立应用服务(工作安排、资源管理、过程控制)以及对 3 类科学应用的测试[粒子物理学(LHC)、地球观测和生物科学]。该方案结构工作如下:

(1) 定义 Grid 中间件的各部分为:WP1 Grid Computing 工作装载管理、WP2 网格计算数据管理、WP3 网格计算监控服务、WP4 结构管理和 WP5 大容量存储管理。每个部分本身可视为一个项目。

(2) WP6 综合试验床——产品质量国际基础组织,是项目成功的核心。正是该工作包整理、校核由技术工作包(WPs1-5)得到的所有成果,并将它们综合到连续的各软件版本中去。它还收集终端到终端的应用实验的反馈信息并传回到发者,进而将开发、实验和用户连接起来。

(3) WP7 网络服务将给试验床和应用工作包提供必要的基础结构,以确保终端到终端应用实验可以应用在即将出现的欧洲 Gigabit/s 网络中。

(4) WP8 高能物理应用、WP9 地球观测和应用和 WP10 生物学应用将提供和实施终端到终端应用实验,通过实验床工作包进行测试并将实践经验反馈给中间件开发工作包。

(5) WP11 信息传播和利用,WP12 项目管理将确保信息有效传播、项目结果的和理性及专业化管理。

每个工作包的开发都会从搜集用户需求阶段开始,然后是将初期原型交付给实验台工作包之前的初始开发阶段,将原型交付后紧接着就是对各部分进行实验和改进的阶段,一直到项目的结束。

4.3.3 空间信息 Grid Computing

地球空间信息(GSI) Grid Computing(GSI-Grid)是一种基础服务设施,用于空间信息收集以及为信息综合管理和处理提供信息共享。GSI-Grid 提供一种技术体系,用于空间数据收集,数据处理利用,以及提供一种智能空间数据处理平台和基本环境。

1. GIS Grid Computing

许多人造卫星正在日夜不停地收集着我们这个星系的信息,特别是地球的有关数据。卫星拥有许多用途,例如用于无线电通信、航空和航海系统以及环境监测等。然而,即使应用功能最强大的计算机来处理这些数据,仍是相当耗时的,代价昂贵。如果把这些数据处理任务分配到许多低成本的由网络连接的处理平台上,那么将会以较低的代价为许多空间应用提供巨大潜力。

欧洲航天局(ESA)的空间 Grid Computing(http://sci2.esa.int/Spacegrid)是由 ESA 资助的一个创新项目。该项目主要有以下几个主要目标:

(1)在许多环境的、地球科学和别的空间有关的学科中,应用网格计算,评估其对远程参与设备、电子文档、存取控制、数据传播、资源分布和调配,以及在线单用户界面下的分布式文件系统进行有机结合的可行性。

(2)研究 Grid 化和低成本大容量并行分布式计算在空间科学、应用和工程中的应用潜力。该项目旨在评估 Grid 技术如何满足种类繁多的空间学科的需求,描述了 ESA 范围内 Grid 基础设施的设计,在空间应用中促进协作和实现成果共享,分析在存取、利用和分配大量数据方面的高度复杂的技术,同时建立一个测试项目来了解 Grid 在完成地球观测、空间气候、空间科学和宇宙飞船工程中的特定任务的情况。

对于 ESA,这个项目还有另外两个特别重要的方面:一是找到一种方法,使那些由 Space Grid 处理的数据能够被公众和教育机构所应用;二是使 Space Grid 工作和其他主要的全球性工作相协调。在确认多学科的用户需求的基础上,需要开发少量的专用实验床或实验监测器,用以从设计和实现的角度来评价这个新兴的 GRID 环境。这项活动得到了 ESA 的"通用研究项目(GSP)"的资助,同时着眼于长远的发展制定总体目标,可能影响或支持未来的 ESA 和欧洲空间计划,甚至是提供新的机遇。这项研究将集中分析在 4 个不同的空间领域的当前和未来的需求:①地球观测;②空间研究;③太阳系研究;④宇宙飞船工程。

2. 环境 Grid Computing

环境 Grid Computing 的主要目标是使地学应用基础设施通用化,使 Grid 感知化,延伸 Grid Computing 的应用到欧洲环境和延伸地学应用到大的科学群体,以增加商业价值……而且为地学展示一个协作的环境。在环境 Grid Computing 地学应用框架结构中存在着一些挑战:一般性的应用组件模块和应用知识库的结合,遗传系统和监测设备的结合,地学的元数据和数据访问与商业价值增加的应用方面的结合。

3. 地球观测 Grid Computing/EO-Grid Computing

地学方面的应用指的是结合多重的数据源(例如空间、大气和地面)、模型(例如预报和评估),从中提取有用的信息和知识(科学工作者),以便为环境监测和自然资源管理(评价增加的合理的用户)提供服务。

在欧共体数据 Grid Computing 多项目中的一个科学应用是 WP9——地球观测科学应用程序组件,主要用于地球观测的这个工作包定义和发展了地球观测(EO)专用的组件来与数据 Grid Computing 平台接口,同时将 Grid 感知应用的概念引入地学环境中。这就为需要大的计算机资源、对地理上分散的大型数据文件和文档访问的地球观测科学应用提供了一个很好的机遇。另一方面在不久的将来,数据网格平台的概念将延伸到一个更大的科学群体中。我们不希望有专用的新的系统组件在地球观测应用实验床上得到发展。在应用程序组件(WP)中考虑的特定的应用组件(例如,应用平台界面)主要通过改造目前存在的系统和服务组件来实现。地球观测所需的规范以及它们的发展和贯彻是这个工作的核心。这些组件将会通过小的原型活动得到验证,而且通过运行有效的实验床得到巩固和强化。涉及应用大气的臭氧数据的一个完整的模型被挑选出来作为一个有效的实验床。用于满足地球科学和用户诸多要求的 Grid 环境的可测量性有待于研究,这就构成了针对于更大的计算和数据处理需求的实验床的发展基础。

所有的行为都要与其他有关的工作包同步协同处理,以便于使整个工作连贯。在欧共体 Data Grid 应用程序组件 WP1 到 WP5 中发展起来的开放的软件中间件将与目前存在的全新的非公开的应用程序代码(例如,与实验床接口的现存的地球观测应用程序处理方法)相连接或留有接口。

应用程序组件 WP9 将不再开发任何新的组件,它仅仅将 M/W 解决方案结合到地球观测环境中,使地球观测应用程序"适应"Grid 感知基础设施。总之,具有多源和复合格式数据存取需求的地球观测应用软件(EO)为分布式数据存取提供了一种通用的途径,而且地球观测科学(EO)满足了大范围的应用需求,从平行式计算(例如,大气建模)到分布式处理(例如大容量的数据处理)。

在英国,EO Grid Computing 项目由位于英国国家研究基金的中央研究实验室(CLRC)的阿普尔顿·卢瑟福(Ruther ford Appleton)实验室(RAL)的英国大气数据中心(BADC)承担,这个项目的目的是研究基于网格计算的技术,如何能用于推动 BADC 所提供的服务和支持,将 BADC 接入欧共体数字网格项目的地球观测组件中。这个项目汇报 BADC 如何利用 Grid Computing 的技术来科学地改善大型气象文档的接口,将要建立一个基于 Grid Computing 的项目用于使欧洲中期全球天气预报中心(ECMWF)的数据容易地在英国得到。

在地球观测社会团体的帮助下,将要完成一个概括英国应用数据要求的报告,数据是从欧洲空间局(ESA)2001 年中期发射的 ENVISAT 卫星星载设备上获取的,意图是利用网格技术通过改善这颗卫星接收数据的接口以使欧共体获得最大的利益。这个项目的成果计划应用 Grid 技术改善英国研究研究人员访问欧洲中期全球天气预报中心(ECMWF)的数据入口,来自英国方面不断增加的影响超过将来欧洲对于欧洲中期全球天气预报(ECMWF)数据访问的计划。这个项目接下来的阶段是执行这些计划和加强英国在欧洲开发地学研究网格计算方面的地位。

4. 远程通信地学处理

"远程通信地学处理"是一门建立在实时空间数据库基础上的新兴学科,为进行决策支持和实时控制,空间数据库必须能通过远程通信系统定期更新。远程通信的需求主要是由远程通信地学处理类型所决定的,有两种基本类型。

(1) 远程诊断:主要指可以通过共享图像、图形和地理信息来完成。通过这些信息使得距离现场很远的科学家,可以得出初步的分析、诊断的结果。

(2) 远程咨询:主要指可以相互共享图像图形和地理信息。通过这些信息,位于离现场很远的科学家作出初步的诊断,利用远程专家提供的诊断信息,为现场专家的诊断结果提供参考或咨询,从而形成正确的结论。同时还可以合开视频讨论会、协商会,也可以是音频会议。

Grid 技术可以为远程通信地学处理发挥主要的作用,包括遥感数据的实时处理和成像,实时空间数据结构、实时 GIS 检索,地理数据交换标准,平行和分布式 GIS,Web GIS,组件和 GIS 协助工作(CSEW),无线 GIS 映射等技术,及在任何地点,任何时间的地球观测数据和 GIS 的实时接口(Xue et al., 2002)。

4.3.4 在 Grid 环境下的遥感数据处理、服务和共享

在整个 Grid 系统中,遥感数据处理是其中主要的一个节点。本节主要讨论这个节点的体系结构。

1. 遥感数据处理节点的概念

作为遥感数据处理的专用的 Grid 节点,属于应用 Grid 研究范围,它有两个含义。

第一,物理节点含义,从构成整个 SIG 的基础设施的网络拓扑结构来看,遥感数据处理节点是位于网络环境下组成的 GSI-Grid 环境的物理资源实体,其

硬件包括一台或多台 PC 或高性能计算机、网络基础设施；软件包括用于遥感数据处理的软件资源、中间件资源（http://www.tgp.ac.cn）。

第二，节点在逻辑上的含义相当于虚拟组织，它可以跨越地域和组织机构共同处理遥感数据。它能实现异地、异构环境下的虚拟计算资源的管理和共享，通过上述资源的整合，对 SIG 提供完整的虚拟资源，完成统一的遥感数据处理功能。

2. 层次结构模型

作为 GSI-Grid 中的遥感数据处理节点的设计，必须是可扩展的、开放的系统结构，在此基础上，开发相应的中间件，包括以下内容：

（1）在 Grid 环境下，遥感数据处理节点的结构中，最底层是可以是异构、异地共享的计算资源和遥感数据处理模型算法资源。特殊硬件资源包括 PC 机、高性能处理器，以及由其组成的运算池。

（2）对于每一种特定的硬件和软件资源，都有管理它的操作系统，可以是 WinNT、AK Unix 家族分列，还可以是其他的异地的操作系统的资源相关层，除了底层的计算资源和算法资源外，网络基础设施也是构成资源相关层的主要内容。

（3）作为异构 Grid 资源，是不能被上层直接使用的，必须有相应的中间件来完成资源的整合。较为成熟的中间件有 Globus Toolkits。

（4）用于遥感数据处理的节点是要对外提供服务的，服务的发布需要一定的开发环境。作为以 DGSA 为体系结构的 Globus 为中间件的节点，其开发环境一般必须具有 Tava 的 Run Time 环境，还必须有 XML 的解析器和 Web 服务器。

（5）遥感数据处理节点的 Purtal 层，将汇集其他的各个层的能力，对外提供相当于 Grid 门户网站的功能。节点的用户网站提供了对于 SIG 的 CA 中心的资源认证，位于 SIG 虚拟组织中远程需求对于本节点资源的访问，调度能力及其对状态信息的监控。

3. 基于 Grid 的遥感数据处理节点的体系结构

在 Grid 环境的资源一体化共享，必须能够监测可用资源的详细的动态状况，因为用户提交的任务，由系统来分配资源，并控制运行，如分配在哪些主机上运行，启动什么样的遥感数据处理算法，何时开始运行等。

GSI-Grid 计算面向的是互联网上的大量的空间信息及其处理的资源，资源数目也是大量的，如果采用集中式任务管理系统，当工作结点和用户增多时，负责统一调度管理的计算机就成了瓶颈，其负载会变得很高，甚至可能因不堪重负而崩溃，因此 GSI-Grid 系统应具有多级调度和管理的能力，将集中式任务管理和分布式任务管理相结合。上层由分布式系统实现广域网上的管理和调度，底层采用集中式系统管理局域网中的资源，并对上层的任务进行再调度。

遥感数据处理节点作为 SIG 中的节点之一，必须提供开放式的服务，对位于 GSI-Grid 中的虚拟组织提供支持，同时必须能够有效地管理内部资源和调度任务，其内部资源和服务目录要 GSI-Grid 的注册中心注册。

Globus 作为 Grid 的中间件具有很大的优越性，它的功能与服务齐全，提供了较为完善的安全认证机制（GSI）、工作管理服务（managed job service）索引服务和数据服务。但 Globus 在应用方面存在不足，如 Globus 的信息服务器只能获得单机信息，这些影响了 Grid 的功能，因此需要重新设计整个节点的体系结构，才能克服以上缺陷。

遥感数据处理节点，必须具有计算资源、资源监测器、全局调度器、作业队列数据库、遥感处理算法和模型库、元模型注册服务器、Reliable File Transfer（RFT）服务器和系列的服务、如远程作业接收服务、资源监测服务等。

GSI-Grid 中的遥感数据处理节点，其安全性十分重要，因此一定要设有访问权限，必须通过认证的用户服务请求，将进入的作业队列排队等候，同时将所需要的遥感数据通过 RFT 服务转入。一旦作业开始，按照顺序，首先监测相应的计算资源、数据资源，一切就绪后，才提交任务，并进行任务执行情况的监测。

（1）Grid 安全基础设施认证：基于 OGSA 的遥感数据处理节点，其安全机制采用 Grid 安全设施（grid security infrastructure，GSI），安全机制 GT3 也是基于分解的基础设施，PKI 系统是一种信任层次系统，实现身份的标识和确认。

（2）元模型服务：遥感数据处理节点的遥感数据处理的模型和算法所能实现的功能以及这些算法适用的数据格式需要让用户知道，需要将这些信息以元数据的方式对外发布，并进行注册。用户可以通过对元模型注册中心的查询，获得模型算法资源的有关信息。

（3）数据传递服务：RFT 是 OGSA 体系结构的文件传输服务，是为 Grid FTP 进行第三方文件，传输的控制和监控提供接口。

（4）远程算法接收服务。计算资源包括计算人力资源和算法模型资源两大类型。远程算法接收服务是指完成接收用户所提供的算法代码，接收完代码后，将在作业队列中进行任务的排队，等待执行。

（5）资源状态监测服务。指用于节点上计算资源状况，如当前可用的计算机数目、机器性能、操作系统类型等。机器性能包括 CPU 类型、主频、内存以及硬盘等。

（6）任务调度器。Globus 遥感处理节点提供丰富的服务类，但它只提供了一个底层的中间件，而不能进行全局调度。全局调度器按照一定的算法，安排任务的进程，管理整个节点。

（7）作业队列数据库：对用户提交的任务，首先进行作业队列数据库。作业队列数据库将按照作业的类型进行归类，接受全局调度器按照一中定的算法进行的调度和作业的安排，任务以记录的形式进行组织。任务执行完毕之后，将作业队列数据库进行删除。

(8) 临时文件。此节点有两种类型的临时文件，数据临时文件和算法程序临时文件。数据临时文件是遥感数据处理模型和算法接收的数据，此数据由用户从 SIG 数据服务器检索，并由 RPT 服务器取得，传送到节点，由于节点不对此数据具有拥有权，用户的任务处理完毕后，此数据将删除，所以其为临时文件存放。

4.3.5 数字地球的 Grid Computing

戈尔明确指出，数字地球技术系统将成为开放的地球实验室，无墙的实验室，这个实验室必须通过异构计算资源，仪器及人之间的相互联系才能实现，而上述资源在地理分布上，组织关系上都是分散的。

数字地球的 Grid Computing 的目的是使一些常规的计算资源、空间信息资源形成一个无缝的集成协同计算环境。数字地球应用了网格感知结构，基于 GSI-Grid，即地理坐标和统一的标准与规范，整合与数字地球有关的所有的包括异地、异构的信息，实现任何地点，任何时间的共享操作。

"数字地球的参考模型"（DERM）基于 ISO/IEC10746，即开放的分布式处理参考模型。它提供的技术框架可以引导数字地球的开发，信息获取，标准议程的制定，交换数字地球设计信息，定义数字地球元系统（meta-system）的内容和功能。数字地球参考模型（DERM）与全球空间数据基础设施（GSDI）技术委员会的技术参考模型两者相近似，但不相同。开放式的地理信息系统协会（OGC）的 DERM 委员会主要致力于无缝链接、交互和集成。DERM 被更狭义地定义为支持早期的数字地球示范（图 4.14）。

"数字地球格网计算"（digital earth grid computing，DE Grid Computing 或 DEGC）的主要目的是使这些常规资源形成一个无缝集成的协同或计算环境，互操作性是 Grid 的核心。在 Grid 系统中，通用协议是互操作的关键，通过协议可以定义基本机制，包括管理、利用等。标准化又使得协议的定义功能变得更加强大，在标准化的协议之上，开发一系列的服务。APIS 和 SDK 可为数字地球应用程序的开发提供便利的条件。SIG 支持数字地球原型开发，在 Ian Foster 的 Grid Computing 框架基础上，数字地球格网计算（DEGC）或数字地球原型具有层次结构。

(1) 构造层（fabric），它的功能是提供 Grid 中可供共享的资源，它是一种物理的或逻辑实体。常用共享资源有计算资源、目录、网络资源、代码库和国际空间数据基础设施（global spatial data infrastructure，GSDI）。它由 4 部分组成：

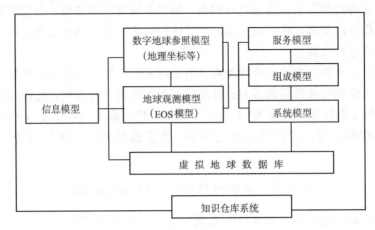

图 4.14 知识仓库

网络、数据、标准与管理，如下所述：①数据交互网络体系。包括作为网络节点的各基础 GIS 和空间数据通信网络。②基础数据集。包括空间定位控制数据、地形框架数据、土地利用土地覆盖数据、地籍测绘数据、遥感影像数据，以及其他与空间位置有关的基本自然的和经社的信息。③法规与标准。包括有关信息共享机制的法规和政策，及其标准和规范。④组织与管理。包括领导小组，负责组织与协调，维护和更新。

（2）连接层（connectivity），其功能是定义 Grid 中处理通信与授权的核心决议。提交的各种资源间的数据交换都在这一层控制下实现，各资源间的授权认证、安全控制也由这一层负责，除可以利用已存的网络通信协议外，还应开发基于供销协议的组件，提供通信协议、服务发现（DNS）、授权、认证等功能。

（3）资源层（resource），其功能主要是对单个资源实施控制，与可用资源进行连接，对资源进行初始化处理，监测资源的运行状况，对使用的有关数据进行统计和付费等，资源层应用这些协议和调用连结层功能，对所需资源进行访问和控制。在本层中实现资源注册，资源分配和资源监视组件，应该遵守协议，如 HTTP 的 Grid 存取和管理协议、Grid FTP 协议等。

（4）汇集层（collective），这层的作用是将资源层提交的资源汇集在一起，供数字地球虚拟组织的应用程序共享、调用。为了对来自应用的共享进行管理和控制，汇集层提供目录服务、资源分配、日程安排、资源代理、资源监测诊断、Grid 启动、负荷控制、账户管理等多种功能。

（5）应用层（applications），数字地球虚拟组织提供的中间件和服务，包括知识库、应用开发环境、GIS 服务、可视化、主题产品、目录访问、图像处理和操作系统模型等，必须以下述技术作为支持：①高性能的科学计算技术；②大数据量的存储和更新技术；③网络与互操作技术。

基于 SIG 的数字地球要件的中间件主要集中在应用层的上述的 3 个技术的支持，GIS 也是数字地球的中间件。

数字地球参考模型（DERM）是基于 ISO/IEC10746 的、开放的、分布式处理的参考模型，它提供的技术框架可以引导数字地球开发、信息获取，并将议程的制订。交换数字地球设计信息，定义数字地球元系统（meta-system）的内容与功能，评述关键数据及标准，并总结了工程和技术方面的选择方案。

思 考 题

1. 数字地球原型系统（CAS/DEPS）的主要特点有哪些？
2. 数字地球系统模式框架（ESMF）的主要特点是什么？
3. 数字地球的 Grid Computing 的特点与主要任务。

第5章 模拟与实验

5.1 地球系统研究计划综述

数字地球研究与地球系统研究,尤其与全球变化研究是分不开的、互为补充的,甚至地球系统的研究课题,也是数字地球的研究课题。同时,数字地球研究要为地球系统研究服务。

地球系统科学是由美国 NASA 顾问委员会的地球系统科学委员会(ESSC)于 1983 年正式提出来的,并很快被广大学者认可,同时还成立了地球系统科学联盟(ESSP)。国际科学联合会理事会(ICSU)与地球科学联盟(ESSP)等组织于 1986 年提出了五大地球系统的研究计划,包括:

(1) 国际地圈、生物圈计划(IGBP);
(2) 世界气候研究计划(WCRP);
(3) 国际全球环境变化人为因素研究计划(IHDP);
(4) 生物多样性研究计划(DIVERSITAS);
(5) 大洋钻探计划——综合大洋钻探计划(0DP-10DP)。

现在选择与数字地球关系更为密切的"国际地图、生物图计划"(IGBP)简介于下。

5.1.1 国际地圈生物圈计划

国际地圈生物圈计划(IGBP)是全球变化研究的重要组成部分。

IGBP 研究的主要目标是:10~100 年尺度的全球环境变化。在这一时空尺度上,控制和影响其变化的主要因素取决于气候系统,生物地球化学等循环以及它们之间的相互作用。

1. IGBP 研究的主要问题有

(1) 气候(特别是温度、降水、海洋风力)对微量气体变化的敏感性;
(2) 海洋环流对大气是如何响应的;
(3) 海洋环境变化怎样影响地面温度分布的;
(4) 海洋的热容量对全球变暖出现时间的滞后影响;
(5) 气候对海水和运送的敏感性如何;
(6) 植被和气候的相互作用;
(7) 生物地球化学的循环(人类扰动前),现在和未来状况;
(8) 物理气候系统的生物地球化学循环是怎样相互作用的。

2. IGBP 有 8 个核心计划
  (1) 全球变化与陆地生态系统 (GCTE);
  (2) 水循环的生物圈方面 (BAHC);
  (3) 全球大洋通量联合研究 (JGOFS);
  (4) 海岸带的陆海相互作用 (COICE);
  (5) 过去全球变化研究 (PAGES);
  (6) 国际全球大气化学 (IGAC);
  (7) 全球海洋生态系统变化 (GLOBEC);
  (8) 土地利用与土地覆盖变化 (LUCC)。

3. IGBP 的两个框架活动
  (1) 全球分析解释与建模 (GAIM);
  (2) 全球变化的分析研究与培训系统 (STPRT)。

4. IGBP 的核心计划 (1988 年)
  (1) 全球大气化学过程是如何被控制了生物过程在产生和消耗痕量气体中的作用？
  (2) 海洋生物地球化学过程是如何影响和响应大气的？
  (3) 土地利用是如何影响海岸的资源？海面和气候变化是怎样改变海岸生态系统的？
  (4) 植被与物理过程和水循环是如何相互作用的？
  (5) 全球变化是如何影响陆地生态系统的？
  (6) 过去发生了什么重大气候、环境变化？原因是什么？
  (7) 怎样将知识集成到具有预测能力的数学框架中的？

5. IGBP 的核心计划于 2003 年改变的有
  (1) 第二期国际全球大气化学 (IGACLL);
  (2) 全球变化与陆地、人类、环境系统 (Land);
  (3) 全球海洋生态变化与海洋地球化学和生态系统综合研究 (GLOBEC & IMBER);
  (4) 第二期海岸带陆海相互作用 (LDICZLL);
  (5) 陆地生态系统与大气过程综合研究 (ILEAPS);
  (6) 上层海洋与低层大气研究 (SOLAS)。

6. IGBP 的两个集成计划
  (1) 过去的全球变化研究计划 (PAGES);
  (2) 地球系统综合分析与模拟计划 (AIMES), 模拟整个地球系统从过去到未来的变化和地球系统的分析模拟。

7. IGBP 计划未来 10 年的科学研究目标

（1）关键过程研究：重点研究大气、陆地、海洋中的关键过程，第二期全球大气化学计划（IGAC-II）、第二期海洋生态系统变化计划（GLOBEC-II）、海洋生态地球化学和生态系统综合研究计划（IMBER）及陆地研究计划（LAND）等。

（2）圈层间相互作用研究：重点研究大气、海洋、陆地之间的相互作用，包括陆地生态系统与大气过程综合研究计划（ILEAPS），上层海洋与低层大气（SOLAS）和第二期海岸带陆海相互作用计划（LOICZ-II）等。

（3）集成研究：通过 PAGES、GAIM 及 ESSP 等联合研究计划，包括碳循环、全球水系统、全球环境变化与食物系统和人类健康等区域集成研究，将 4 个计划连接起来，开展综合研究，帮助人类对维持全球生命支撑系统的理解和维护。

5.1.2 全球变化的研究计划

为了强化对全球环境变化的综合研究，地球系统科学联盟（ESSP）提出了研究全球可持续性问题的四大联合研究计划。

（1）全球碳计划（global carbon project，GCP）：主要研究碳变化格局与变率，碳的"源"和"汇"的时空分布格局、过程、控制与相互作用，决定年际到千年际循环动力的人为与人的控制和反馈机制，预测未来全球碳循环的变化。

（2）全球环境变化与食物系统（global environmental change and food systems，GECAFS）：在食物需求改变时，食物供应方式及其脆弱性在不同地区和不同社会人群如何受气候变化的影响？不同社会人群和不同食物生产如何使其食物系统能够适应气候变化以应付基本需求的变化？食物系统的气候变化适应的环境和社会经济后果？

（3）全球水系统计划（global water system project，GWSP）：全球变化对局部和区域水系统的影响，水循环变化对全球水循环和地球系统的反馈，特别是局部与区域的累积作用和关键的阈值及变化特征，保证水系统可持续利用的主要措施。

（4）全球环境变化与人类健康计划（global environmental change and human health，GECHH）：其目标是更好地理解全球变化，包括气候变化、陆地和海洋等生态系统变化、生物多样性减少的变化、全球经济和社会变化等与人类健康之间复杂的关系。

除了以上由地球系统科学联盟（ESSP）提出的四大研究计划外，还有一些与全球变化密切相关的研究计划：

1. 全球气候变化的监测与预测研究

全球气候变化（CCC）计划与数字地球系统密切相关的，主要有以下几个方面：

（1）两极与高山冰雪覆盖变化的监测和预测研究，在"行星地球使命"（MTPE）计划的支持下，依靠 EOS 与 GEOS 技术平台和地理空间信息技术（GIT）、空间信息服务技术（Web Service）的支持下，运用干涉雷达（InSAR）成像技术和 D-INSAR 技术，具有精度很好的三维测量功能，能够对高山冰雪的变化及两极冰盖、冰块的变化进行动态的监测，并在多年监测数据的基础上，进行预测探索研究。

据现有的资料来看，高山冰雪的变化有增有减，具有不确定性特征，而北极的冰盖融化明显，南极冰盖四周出现了大量冰崩，但缺详细资料，有待做进一步调查。

（2）两极冻土地带植物及高山高原雪线附近的植物迁移的变化研究。北半球冻土地带的植物带向极地迁移，引起了驯鹿生态环境的改变，造成了生态危机。植被的变化可以运用 EOS 平台得到有效监测，甚至运用 NOAA 的 AVHRR 影像就可以监测。

2. 全球生态环境变化的动态监测研究

1）全球森林植被变化的动态监测

森林，尤其是热带森林，被誉为"地球之肺"，对吸收温室气体二氧化碳起着重要的作用。运用 EOS 平台中的遥感技术对全球的植被指数（VI）进行监测是十分有效的。亚马孙河流域、南亚地区、非洲中部的热带森林遭到了人为砍伐，以及温带地区的森林遭受酸雨的损害，使得全球的森林覆盖受到很大的损失。只有运用遥感技术和 GIS 技术相结合的办法，才能对全球的森林植被进行动态的监测。

2）全球荒漠化的动态监测

"荒漠化"是全球变化的重要研究对象之一，它包括了沙漠化和石漠化两个方面，是生态破坏的重要标志。运用空间信息技术，包括遥感和地理信息系统技术，两者相结合，可以精确地对荒漠化进行动态监测。荒漠化监测的重点地区是亚洲中部的戈壁与沙漠的四周边缘地区，是荒漠化易发生的地区，需要重点监测。

生态脆弱地带是另一个容易发生荒漠化的地区，该地带的植被本来就稀少，而且一旦被破坏后，很不易恢复，所以该地带也是重点监测地区。陡峻的山地，表土容易遭雨水冲刷掉，岩石裸露，植被不能生长，容易形成石漠。另外还有土壤侵蚀强烈的红土地区，表层土壤被冲掉后留下的红土，由于缺乏营养，植被不易生长，因此形成荒漠。这些都可以运用遥感和地理信息系统进行监测。

沙尘暴的遥感监测。沙尘暴与荒漠化关系密切，是荒漠化的形成动力，发生于每年的春季,尤其在北非与中亚地区最为严重,每年要发生 6～10 次。可用 NOAA 的 AVHRR 进行监测。

3) 全球海洋环境变化监测

运用海洋卫星和 NOAA 的 AVHRR 都可以对海洋环境进行动态变化监测,包括对洋流,尤其是暖流与冷流的动态监测,各种洄流与水温进行监测,对夏季的北极和南极流冰线(冰块漂流的界线)进行动态监测,这些都将影响到气候变化。

另外对海洋的"初级生产力"、"蓝藻"及"赤潮"等进行动态监测,它们都与温室气体二氧化碳的吸收有关。"海洋是另一个地球之肺",与"碳平衡"有关,它们也都可以进行动态监测。

2001 年 11 月 15 日,太平洋岛国图瓦卢的领导人发表了一份声明:国民由于全球气候变暖引起的海洋平面上升而造成的被淹没灾难防御努力已告失败,将不得不放弃自己的家园。澳大利亚政府拒绝了图瓦卢 1.1 万国民集体移民的要求,现在新西兰政府接受了图瓦卢全国移民的要求。2002 年图瓦卢开始全国迁移到新西兰。

太平洋岛国图瓦卢是第一个温室效应的受害国,第一个因为海平面上升而消失的国家。拥有 20 多万人口的马尔代夫,位于印度洋中的一个岛国,也面临着类似的困境,如果气候继续变暖,海平面继续上升,马尔代夫也将被海水淹没。

3. 全球核心资源的动态监测

(1) 全球粮食资源的动态监测。全球有几个重要的粮食生产区,如美国的大平原,加拿大的五大湖地区等地,运用地球空间信息技术对该地区的粮食播种面积、长势等进行动态监测,并与其资料相结合进行综合分析,可以对产粮进行估测;对农作物的生产过程中的洪涝、干旱灾害的监测尤为重要,因为它们影响产量,这些都是可以根据遥感数据知道的。

(2) 河流、湖泊及水库的淡水资源动态监测与能源一样重要。淡水资源将影响经济社会的发展和生活水平。运用地理空间信息技术对河流、湖泊及水库进行动态监测是可能的,它直接与水资源有关。

(3) 能源的遥感调查。①运用遥感技术对石油、天然气、煤炭资源调查、开采状况、油气管道的监测是很有效的,也为大家所熟悉。②运用遥感技术对水能资源,包括河流水能、潮汐水能及波流水能的调查也是很有效的。③运用 NOAA 的 AVHRR 对太阳能的分布,主要是日照日数的调查,也是十分有效的,可以绘制出全球太阳能的分布图。

5.1.3 探索和预测地球的环境与可居住性研究计划

美国国家科学基金会(NSF)提供了到 21 世纪初 10 年的地球科学的研究计

划：《探索和预测地球的环境与可居住性研究计划》的重点资助项目。它的科学目标是：

第一，促进对决定和影响地球环境过程和行星过程的因素的发现和理解；

第二，加强对决定行星地球的过去、现在和未来状态的变化性，控制地球上的生命形式的起源与现今状况，影响社会与行星过程的相互依赖性的、复杂的、相互作用过程的理解和预测；

第三，向社会提供有用的科学信息。

1. 研究的主要内容

（1）行星结构：通过改进的观测、理解和模拟能力，描述地球系统从内核到上部大气层所有部分的结构与成分的时空变化。

（2）行星热力学和动力学：理解地球的陆地和海洋生态系统及其演化，以及生物圈与地球系统过程之间的相互作用。

（3）行星生态学：理解地球的陆地和海洋生态系统及其演化，以及生物圈与地球系统过程之间的相互作用。

（4）行星新陈代谢：理解地球的物理、化学、地质、生物和社会系统之间的关系和反馈，以及它们的演化，及其对行星环境中生物复杂性的影响。

2. "为社会服务"确定了 3 个主要领域

（1）预测灾害事件：预测地球现状的主要变化。地震、暴雨、太阳风暴、生物入侵、气候造成的威胁，但我们有可能减轻它们对社会造成的破坏程度。行星极端事件的预测可以帮助拯救生命或减轻自然灾害造成的损失。

（2）评价环境质量：为评价自然和人为引起的潜在的环境变化，如空气质量和水体质量、海岸污染和侵蚀、土壤退化等提供科学依据。

（3）预测长期变化和变化率：提供可以减少损失，减轻不利影响，利用气候变化提供机会等的信息。

还有美国 NASA 的"地球科学风险事业"（ESE）计划，包括：ESE 研究战略（2000～2010 年）、ESE 应用战略（2002～2012 年）和 ESE 技术战略；英国的"量化并理解地球系统"（QUEST），德国的"地球工程学"，日本的"地球模拟篇与地球模拟实验"及英国剑桥大学的"全球气候变化实验"等，因为重要且内容丰富，将作专门介绍。

5.2 NASA 地球科学事业战略计划

5.2.1 了解地球系统

NASA 的地球观测卫星以及有关研究使科学家们能将地球看作一个系统——一个处于陆地表面、大气、海洋、冰盖以及地球内部相互作用中的动态系统。这一深刻的认识产生了一个新的跨学科领域——地球系统科学，其研究地球的方法关键是认识全球气候对地球作用力的响应，并将这种响应反作用于地球。

就大部分人类历史而言，人类一直致力于使自身适应于地球系统的模式及其变化——尤其是在气候方面。在过去的几百年内，这种人与地球的平衡因人类活动而改变，人类为实现自己的目的而努力适应自然界，尤其是在农业、交通和能源生产方面。最近这种平衡机制（循环）被打破了——人类活动现在已对地球产生了强烈影响，同时人类活动的影响早已在原有水平上明显地表现为我们现在所知道的全球尺度影响，首先是平流层的臭氧耗减和当前的气候变化。地球不断以地震、火山喷发、极端天气事件等其固有的形式造成破坏，提醒人类意识到自身的局限性。

众所周知，自然和人为影响造成的变化作用于地球系统，来自自然的力包括太阳辐射能量的变化，火山爆发而喷出的尘埃和气体进入大气层并弥散而对太阳辐射起到了遮蔽作用。来自人类的作用力包括毁林、化石燃料燃烧引起的碳释放、农业发展带来的甲烷与土壤粉尘化。由于各种化学工业引起的臭氧耗减，诸如大气水蒸气和云这样的内在气候因子产生的反馈也影响着气候强度的消长。气候系统在时空上呈现出明显的变化，表现为短期和长期变化以及不同的区域性影响。

地学研究者已经建立了模拟地球系统的计算机模型，并在寻求将各种潜在变化引入模型的可能性。这种将地球视为一个整体系统的研究方法对了解人类所居住的周围环境的变化是一种有效的方法。这种方法涉及地球科学的两个方面：首先需要描述作用于地球系统的力及其响应，其次，必须关注地球系统内部以了解其内部变化的原因：即构成系统的各部分之间复杂的相互作用。地球系统变化是一种全球现象，系统是由许多微小尺度过程组成的，最明显的表征是局域性的。因而，研究这样的变化需要具有鉴别区域分辨率基础上的全球视野，这也正是NASA因其显著的空间优势而具有的研究行星地球的独特能力之所在。通过将观测、研究与模拟相结合，NASA具备了预测地球系统变化的能力，这将有助于NASA的合作伙伴更好地进行地球变化预测。

1. 应用地球科学解决实际问题

人类所获得的有关地球科学的知识可以在许多方面得到实际应用，其中之一是改进对自然灾害的预警工作。20世纪90年代重大自然灾害发生的频率是60年代的3倍，灾害造成的损失则达到60年代的9倍之多。随着人口密度和财产经济价值的增长，区域自然环境日趋脆弱，自然灾害的风险性及其所造成的损失程度在不断增加。仅以美国为例，90年代所发生的一些历史上经济损失最严重的灾害就包括1992年的密苏里河洪水，1992年的飓风，以及1994年的Northridge地震，正因为这些频发的严重灾害，故自然灾害与气候及地球系统的其他变化间的联系是一个活跃的研究领域。

如果 NASA 能够了解导致地震、飓风、火山喷发、洪水及其他灾害的过程，就能够协助联邦及各州的有关机构通过改进规划，完善灾害响应机制，更有效地进行灾后恢复重建，从而减少灾害所造成的人员和损失。空间观测技术在减少各种不可避免的自然灾害方面具有明显的效果和巨大的潜力。ESE 的研究重点是模拟与灾害有关的地球系统过程以获得可靠的预测能力。ESE 已经和美国国家大气与海洋管理局（NOAA）合作展开了减灾方面的研究。NOAA 是担负天气和气候预报业务的联邦机构，因而 NOAA 能够将上述灾害模型的因子纳入其预报系统。NASA 还与美国地质调查局（USGS）开展合作，在洛杉矶盆地进行土地表面变化监测，并描绘全球陆地表面的特征。此外，NASA 与联邦紧急事务管理局（FEMA）的合作，旨在改进洪泛区制图及灾害预警工作。与灾害相关的某些传染病如疟疾、登革热、裂谷热（出血热的一种）的发生与传播是与地区性影响以及季节气候条件密切相关的。NASA 与国家卫生研究所 NIH 共同利用遥感数据进行预测，极有希望从源头上终止疾病暴发的情况出现。

2. NASA 的空间对地观测实现了对地球系统的研究

美国乃至国际全球变化研究的历史是与 NASA 的历史同步进展的。

人类的空间时代开始于第一个国际地球物理年——1957 年。从那时起，来自太空的科学观测仪器开始关注地球以及其他行星与星体。

20 世纪 60 年代初，NASA 发射了第一颗气象卫星。太空观测是人类研究全球现象的基础，气象卫星现在已实现了 3~5 天的天气预报。

20 世纪 70 年代初，NASA 开始了应用遥感技术获取陆地表面特征与植被信息的实验，陆地卫星（landsat）成为全球第一颗民用陆地成像卫星。陆地卫星现在已成为研究区域与全球土地覆盖变化的基本工具，被应用于协助解决诸如亚马孙流域和东南亚地区森林破坏率问题以及通过在作物生长期观测其绿度指数来预测作物产量这类问题。

20 世纪 80 年代，在星载地球辐射技术实验与其他能够进行太阳辐射和地球吸收与反射的研究基础上，构建了第一个地球能量收支模型。

在 20 世纪 70~80 年代之间，NASA 的臭氧总量制图光谱仪开始监测地球年度臭氧浓度与分布的变化，包括众所周知的南极臭氧层空洞的增大，这些观测研究工作导致了全世界几乎所有的国家承认并接受了防止臭氧层耗减的蒙特利尔协议书的签订。进入 90 年代，NASA 的上层大气研究卫星证实了臭氧耗减的根源是地球上化学产品的工业化生产。

20 世纪 90 年代初，NASA 与法国合作研制的 TOPEX/Poseidon 雷达高度计是地球遥感技术史上新的里程碑。这种雷达高度计向人类提供了第一张全球大洋环流地图，使很多国家能够监测厄尔尼诺/拉尼娜现象形成与消亡的过程，进而使对地球气候的预报周期提前到 12～18 个月。90 年代后期，NASA 与美国私人产业部门协作，使用一种被称为 SeaWiFES 的海洋水色（浮游植物群落浓度）测量仪器了解海洋从大气层输送二氧化碳的作用。NASA 与日本共同发射了热带降雨测量卫星（TRMM），TRMM 完成了首次全球热带降雨量测量，为了解全球淡水分布作出了贡献。

上述这些技术成就与其他探测卫星的观测结果产生了这样一个结论：认识气候变化必须将其置于陆地表面、大气层、海洋和冰盖以及地球内部相互作用的背景之下。

2000 年，NASA 将进入崭新的地球空间观测时代。这个新时代的标志就是 NASA 提出的地球科学事业（ESE）计划。ESE 涉及下列目标和研究领域。

3. ESE 的任务、目标与目的

提高人类对地球系统的科学认识，包括提高关于地球系统对自然与人为变化的响应的科学认识，改进现在和将来对气候、天气和自然灾害的预报和预测。

1) 科学

观测、认识并模拟地球系统，以便知道地球是如何变化的，这些变化对于地球上的生物的影响。

(1) 了解并描述地球是怎样变化的（variability：变化性）；

(2) 识别并测定地球系统变化的主要原因（forcing：驱动力）；

(3) 认识地球系统如何响应自然和人为变化（response：响应）；

(4) 确定因人类文明进程而导致的地球系统变化的后果（consequence：后果）；

(5) 实现对地球系统未来变化的预测（prediction：预测）。

2) 应用

扩大并促进地球科学、信息与技术的经济和社会效益。

(1) 证明科学技术能够开发出公众与私立机构决策所需的实用工具；

(2) 提高公众对地球系统科学的兴趣，并加深对其认识了解，鼓励青年学者以科学技术为终身职业。

3) 技术

(1) 开发和采用先进技术，保障卫星成功运行并为国家繁荣服务；

(2) 开发先进技术，减少地球科学观测的成本并提高观测能力；

(3) 与其他机构合作，在利用遥感对地球系统进行观测与预测的过程中发现和使用更好的方法。

5.2.2　战略计划的框架

ESE 战略计划的框架如图 5.1 所示。

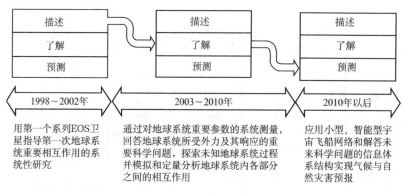

图 5.1 ESE 战略技术框架

5.2.3 NASA ESE 路线图

NASA ESE 路线图如图 5.2 所示。

5.2.4 当前的计划（2002 年）：描述地球系统的特征

1. 科学及应用成果

（1）对来自太阳和地球的行星的能量收支的辐射通量进行量化；

（2）建立了 26 年的全球土地覆盖的数据记录，来量化如亚马孙流域以及东南亚热带雨林的毁林状况；

（3）揭示了臭氧耗减和形成的原因，并证实了工业化生产的含氯化合物为观测到的臭氧耗减增加的原因；

（4）从卫星数据生成了第一张全球大洋环流图，使人们能够看到"厄尔尼诺"和"拉尼娜"现象的形成和消失的过程；

（5）确定了格陵兰冰盖的消长速度，并制成了第一张精确的南极雷达图；

（6）用干涉测量雷达和全球定位系统阵列在火山喷发前绘制了地震断层和地面的运动；

（7）揭示了高浓度的大气污染物能减少在污染源下风向区域的降雨；

（8）揭示了在北半球的高纬度地区过去几十年海冰厚度大大降低的现象。

2. 预期成果

（1）收集几乎每天的全球陆地和海洋生物圈测量数据，从中估算出大气中二氧化碳的吸收；

（2）建立全球和区域降水的测量标准，从中确定淡水资源的可用量；

（3）用卫星资料提供全球大气温度和湿度的精确测量，用以提高天气预报的准确性和延长预报周期，并且连续进行海洋风和地形的测量以增加天气预测的准

目的	2002年描绘地球系统的特征	2003~2010年了解地球系统	2010~2025年预测地球系统的变化
科学 · 了解地球系统的可变性 · 识别和测定变化的主要原因 · 确定地球系统是怎样响应的 · 识别文明化的结果 · 预测地球系统的将来变化	· 制定一个全球降雨量标准 · 从陆地生物圈的测量估测大气二氧化碳的吸收 · 提供全球大气温度和湿度的精确测定数据 · 对全球云的特性进行测量以确定地球对太阳辐射的响应 · 测量全球海洋风和地形以提高天气预报的准确度和时间长度并推动海洋模型的建立 · 制作我们居住的整个地球表面的三维图	· 达到对全球淡水圈的定量了解 · 用一个"高"或者"中等适度"的可信程度来量化地球系统主要的胁迫力和响应因素 · 量化陆地和海洋生态系统的变化和趋势；估测森林和海洋的全球碳储量 · 用相互影响的生态系统-气候模型来评价气候变化对全球生态系统的影响 · 把海洋表面风、海洋地貌、海洋表面温度以及降雨量纳入气候和天气预报	· 指导研究以示范以下能力： 10年气候预报 12个月降雨率 7天污染预报 60天火山爆发预测 15~20个月的厄尔尼诺预报 5天飓风轨迹预报 1~5年的地震预报（实验的） · 估算海平面的升高及其影响 · 预测十年气候变化的区域性影响
应用和教育 · 向公众和私人部门的决策者展示实用工具的科技能力 · 激励公众了解地球科学并鼓励他们从事科技事业	· 展示地理空间数据在农业、林业、城市和运输计划等方面的应用；收集地球系统科学数据并扩大商用系统的应用 · 与教育者合作开展以地球科学数据和发现为内容的新课程	· 开展使其具有7~10天的天气和季节降雨量预报能力的研究；使数据能广泛应用于精确农业 · 实现私人、政府和国际数据源与使用者之间的数据融合 · 把地球系统科学结合14岁以上以及大学水平的教育	· 开展10~14天的天气预报和年度降雨量预测能力的研究 · 使全球环境数据能广泛传播于商业供应和应用；把环境信息和经济决策结合起来 · 发起教育和培训计划培养下一代地球系统科学家
技术 · 为地球观测发展先进的技术 · 为地球科学数据发展先进的信息技术 · 与其他部门合作进行地球系统的监测和预测	· 实现卫星的编队飞行以提高科学回报；新千年计划要改善有效空间改革技术 · 为下一个十年的科学任务探索新的手段；使用尖端特大计算机来应对地球系统模拟的挑战 · 在任务的规划、发展和完成过程中与业务机构合作	· 发展并实现自动卫星控制；展示新一代小型、高性能的主动式、被动式的现场仪器工具 · 在地球系统模拟使用分布式计算机和数据挖掘技术 · 把先进的系统测量仪器转换到业务系统 · 发展高速率的数据传送与桌面数据处理和存储	· 使用合作型卫星星座和智能遥感器网站 · 为新的科学挑战设计仪器；采用先进的仪器以便把从近地轨道和同步轨道的观测有选择地转移到L1和L2传送器 · 发展合作综合环境以便于理解并能远程使用模型和结果 · 在国际全球观测和信息系统方面合作；用新技术改善业务系统

图 5.2 NASA ESE 路线图

确性和周期并驱动海洋对气候影响的模型；

（4）从全球云的特性（范围、高度、反射率、粒子物理学等）的测量来确定它们对地球入射太阳辐射响应和地球气候的影响；

(5) 把臭氧和气溶胶测量值作为对流层空气质量指标，对流层是人类生活和呼吸的大气部分；

(6) 制作一个 60°N 和 58°S 之间整个地球表面的数字地形图，可以广泛应用在自然灾害、水文学、地形学等方面，并提供来自 Terra 卫星的数字高程模型；

(7) 了解对火山和地震发生和形成起作用的过程。

3. 优先实施的任务

(1) 继续发展第一个 EOS 系列并选择地球探测任务；

(2) 提供一个功能数据和信息系统来支持地球探测任务的数据处理、存档和发送；

(3) 落实预定的航空遥感和野外监测活动，即开展太平洋对流层化学、亚马孙流域生态、南部非洲生物量焚烧的航空遥感研究；

(4) 继续收集和分析现有的 NASA 卫星数据，例如，全球热带地区降雨率和海洋浮游生物浓度的数据；

(5) 与联邦、州和当地其他机构建立联合应用示范项目（例如，FEMA 洪积平原制图项目、USDA 精准农业项目）；

(6) 与机构合作开展其他地球科学主要问题的研究，例如，与 USGS 合作进行地应力场的测量，与 NSF 合作开展 "Earth Scope" 项目；

(7) 支持美国全球变化研究计划（USGCRP）目标的发展和完成。

5.2.5 未来（2002~2010 年）：认识了解地球系统

1. 战略重点（图 5.3）

(1) 通过实施一个受人瞩目且有活力的研究项目来回答地球系统受力和响应的基本问题。

(2) 完成对科学界的承诺，通过以下方式提供长期的（15 年或更长）重要地球观测的气候记录：①通过购买商业数据提供除 EOS 第一系列以外的所需要的重要的系统测量数据，这些购买的数据既可以满足科学的需要又经济实惠；②把完成的主要的系统测量数据转换到国家和国际业务卫星系统。

(3) 指导探测卫星任务去探测我们还不熟悉的地球系统过程，如了解云层垂直结构和特性分布以及气溶胶的起源等在地球气候及其变化和地球表面变形中的作用。

(4) 完成开放的分布式信息系统体系结构，包括科学数据处理的提供者与主要投资人的交往过程，用较高水平的信息产品把不同的创造者和使用者联系在一起。

(5) 开发地球科学普及网络以便在州和当地层面上实现信息产品交换。与州和当地机构联合发起应用研究能够扩大地球科学知识传播所产生的社会效益。

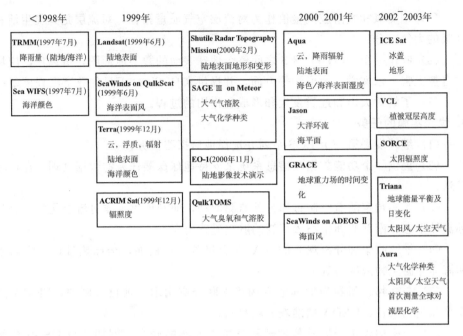

图 5.3　NASA 当前的地球科学任务是描述地球系统内的主要相互作用

（6）与业务任务机构和商业企业合作示范遥感技术，并入到决策支持系统。

（7）开发技术，改善仪器校准方法以降低数据解译的错误，改善天气及其他地球系统模型。

（8）购买能进行新的观测并具有分析能力的先进技术，并通过以下途径缩小卫星体积，降低研制成本，缩短系统卫星和探测卫星的开发时间。①开发先进组件；②开发先进的信息技术；③先进的组件和亚系统技术的开发和示范（例如，仪器孵化器传感器概念的发展）；④太空技术试验和校正（例如，新千年计划）。

（9）发展和验证模型与数据的同化过程，带来不同的观测数据并研究地球科学的基础问题。

（10）支持对气候变化结果及其对全球和区域以下几个方面的影响的科学评估。①食品和纤维生产；②淡水及其他自然资源；③人类健康和传染病蔓延；④道路、城市及其他基本设施的规划和发展。

2. 科学观测、理解和模拟地球系统以了解地球是怎样变化的及其对地球上生命的影响

目标 1：

1）地球是怎么变化的，它的变化对地球上的生命有什么影响？

（1）全球地球系统是怎样变化？

——全球降雨量、蒸发量及水循环怎样变化？

——大洋环流在年际、十年以及更长时间尺度上怎样变化？
——全球生态系统怎样变化？
——随着大量臭氧破坏的化学物质的减少和大量新的替代物质的增加，同温层臭氧怎样变化？
——地球上大多数冰盖会发生怎样的变化？
——地球及其内部是怎样运动的，对于地球的内部作用过程我们能得出什么信息？
(2) 地球系统的主要驱动力是什么？
——大气成分和太阳辐射以怎样的变化趋势驱动全球气候？
——全球土地覆盖和土地利用会发生什么变化？原因是什么？
——变形了的地球表面是什么样的？怎样能把这样的信息用于预测未来的变化？
(3) 地球系统如何响应自然和人为引起的变化？
——云和表面水文过程对地球气候产生怎样的影响？
——生态系统如何响应并影响全球环境变化和碳循环？
——气候变化怎样导致全球大洋环流的变化？
——同温层的微量元素会对气候和大气组分做出怎样的响应？
——气候变化对全球海平面产生什么影响？
——区域性空气污染对全球大气会产生什么影响，全球化学和气候变化又对区域大气质量产生什么影响？
(4) 地球系统的变化对人类的后果是什么？
——与全球气候变化有关的局地天气、降雨量，以及水资源怎样变化？
——土地覆盖和土地利用的变化对生态系统及经济生产力的可持续能力产生怎样的结果？
——气候和海平面变化以及日益增加的人类活动对沿海地区的后果是什么？
(5) 我们如何预测地球系统未来的变化？
——怎样通过空间观测数据的同化和模拟提高天气预报的持久性和可靠性？
——怎样能更好地了解和预测瞬时气候变化？
——怎样能更好地估算并预测长期的气候变化趋势？
——怎样预测未来大气化学成分的变化对臭氧和气候的影响？
——怎样通过地球系统建立碳循环模型，对未来大气中二氧化碳和甲烷浓度的预测的可靠性如何？
2) 变化性：全球地球系统是怎样变化的？
(1) 挑战
地球和太阳组成了一个极端复杂的动态系统，这个系统在所有的时间尺度上发生变化，从数分钟到数天的龙卷风和其他极端天气的扰动，乃至上百万年形成地球景观的构造现象和侵蚀，以及制约大气和海洋的生物地球化学过程。

(2) 我们对地球系统变化的了解程度

地球气候系统展示了复杂的变化性，像我们知道的短时间的天气系统的变化，中等时间尺度的厄尔尼诺/拉尼娜波动以及较长时间尺度的冰期。由 NASA 设计和 NOAA 管理的气象卫星已将短期天气预报拓展到 3~5 天。海洋雷达高度计的测量使研究人员能够追踪厄尔尼诺和拉尼娜现象的形成，而且模型的发展可以提前数月和几个季节对厄尔尼诺和拉尼娜等事件对地球气候的影响做出预测。最近的研究表明，城市以及工业污染所排出的大量烟雾抑制了污染源下风区的降雨（雪）量。

地球内部的热损耗引起地球重力场和磁场的变化，导致地球深部的对流运动。这些运动又是板块构造运动的成因，板块构造运动又引发了地震和火山喷发。重力场的变化也表现在地质过程中，例如，下沉、上升、冰川反弹以及侵蚀，冰川侵蚀直接影响海平面上升的速度。

(3) 目标 1.1：认识和描述全球地球系统的变化

地球内部的活动引起地震和火山等地壳与地球表面的变化。NASA 的卫星地基传感器可测量出地球的精确形状，并测量出诸如洛杉矶盆地等所选择地区的陆地表面变形。

厄尔尼诺和拉尼娜现象影响全球热带和中纬度地区的天气。NASA 和 NOAA 的仪器追踪观测这些现象的强势期和弱势期，这项工作也是未来预测任务的一部分。

预期成果举例（表 5.1）：
- 通过业务运行机构的海洋观测支持对厄尔尼诺/拉尼娜现象的实际预测能力。
- 局地降雨量的季节、年度变化观测、全球降雨强度的十年趋势预测。
- 有关陆地和海洋生态系统的组成及健康、生产力的变化和趋势的定量化知识（包括系统的吸收和碳输出）。
- 评估冰盖和冰川的增厚和消融及其质量平衡。

对国家实际效益举例：
- 提高了农业生产的效率，降低了季节降雨预报的成本。
- 评估农作物和渔业的健康和分布。
- 评估全球淡水资源的可利用性。
- 估算未来海平面的上升。

表 5.1 今后十年 NASA 的研究计划的要点（全球变化）

科学问题	需要的知识	EOS 时代（卫星名称）	2010 年（卫星名称）
全球降雨量、蒸发量以及水循环怎样变化？	大气温度 大气水蒸气 全球降雨量 土壤湿度	Aqua Aqua TRMM（热带降雨测量卫星）	NPOESS Bridge 卫星 NPOESS Bridge 卫星 未来全球降雨量卫星 土壤湿度探测卫星
全球大洋环流在年际、十年以及更长时间尺度上怎样变化？	海平面温度 海冰范围 海洋地形 地球重力场 地球的质心	Aqua Aqua Sea Winds TOPEX/Jason GRACE 地面网络	NPOESS Bridge 卫星 探测或者业务卫星 未来海洋地形任务 未来重力探测卫星 地面网络
全球生态系统怎样变化？	海色 植被指数	Sea WiFS, Terra, Aqua, Terra, Aqua	NPOESS Bridge 卫星 NPOESS Bridge 卫星
随着大量臭氧破坏引起的化学物质的减少和大量新的替代物质的增加，同温层臭氧怎样变化？	臭氧总量 臭氧廓线	TOMS, Triana, Aura SAGEIII	未来臭氧/气溶胶总量卫星 未来臭氧/气溶胶廓线卫星
地球上的冰盖会发生什么变化？	冰表面地貌 海冰范围	ICEsat DMSP, Quick SCAT	未来冰高度测量卫星 业务系统
地球及其内部是怎样运动的，对于地球的内部作用过程我们能得出什么信息？	地球坐标系统 地球磁场 地球重力场 应力场	VLBI/SLR 网络 磁力计/GPS 星座 GRACE ERS-I/-2	VLBI/SLR 地面网络 磁力计/GPS 星座 重力探测卫星 探测干涉 SAR 卫星

3）地球系统变化的主要原因是什么？

（1）挑战。

作用于地球系统的驱动力既有来自外部的也有产生于内部的，既有自然的力也有人为的力。当今人类所面临的最大挑战就是准确地量化来自自然和人为的驱动力，以此来发现气候和生态系统的变化趋势，并识别其变化模式。

（2）我们所知道的地球系统驱动力。

研究人员已确定出了气候的主要驱动力，并评估了这些力对气候变化的相应贡献。

近来，行星环境的最重要人为驱动力修正了大气的组成，引起对反射和辐射吸收气体的广泛关注，它们导致同温层臭氧层的破坏和大气温室效应的增强。莫纳罗亚山观测站和其他几个站点的测量结果可证明从工业革命开始，大气中二氧化碳浓度每年增加 1%，全球大气中二氧化碳总计增加了 30%。在气候研究中，对流层气溶胶对气候的直接驱动程度尚未确定，火山喷发的微粒和释放的气体对大气影响也很大，地壳运动引起的显著的地表变形和地形变化也会对陆地表面产生重要影响（表 5.2）。

表 5.2　近十年 NASA 的主要研究计划

科学问题	需要的知识	EOSEra	Thru2010
大气成分和太阳辐射引起的全球气候变化的趋势	太阳辐射总量 太阳紫外辐射 气溶胶总量 气溶胶廓线 气溶胶特性 表面痕量气体浓度 痕量气体源/二氧化碳总体积	ACRIMsat，SORCE UARS，SORCE Terra SAGE Ⅲ Terrestrial network Terrestrial network Terrestrial network	未来太阳辐射卫星（future solar irradiance mission） NPOESS Bridge 卫星（NPOESS bridge mission） PICASSO，SAGE Ⅲ（ISS） 陆地网络，对流层化学物探测卫星（terrestrial network，exploratory tropospheric chem Mission） 陆地网络（Terrestrial network） 陆地网络，空基探测系统（terrestrial network，exploratory space-based system）
全球土地覆盖和土地利用变化及原因	地表覆盖编目 火灾事件	Landsat 7．Terra Terra	国内外合作（domestic and/or international partnerships） NPOESS Bridge 计划（NPOESS bridge mission）
地表如何变形，这些信息可否用来预测未来变化	表面地形 变形和压力积累 重力场，地磁场 地球参考坐标	SRTM ERS-1/-2 Space GPS receivers Surface networks	干涉测量雷达或 SAR 探测卫星（exploratory interferometric laser or SAR mission） 空间 GPS 接收机（space GPS receivers） 地表网络（surface networks）

（3）目标 1.2：识别并测量地球系统变化的主要因素（表 5.3）。

表 5.3　近十年 NASA 研究计划的主要内容

科学问题	所需知识	EOS Era	Thru 2010
云和地表水文过程对地球气候的影响	云系统结构 云粒子属性和地球辐射收支 土壤湿度 雪盖与积累 地面冻融转化	Terra，Aqua Terra，Aqua，ACRIM Terra，Aqua Seawinds	NPOESS Bridge 卫星（NPOESS bridge mission） Cloudsat，PICASSO，未来气溶胶/辐射卫星（Cloudsat，PICASSO，future aerosol/cloud radiation mission） 土壤湿度探测卫星（exploratory moisture mission） 寒冷气候探测卫星（exploratory cold climate mission）
生态系统如何响应和影响全球环境变化和碳循环	生态系统垂直结构 沿海地区海洋生产力 碳源，碳汇	Terra，Aqua	植被恢复探测卫星（exploratory vegetation recovery mission） NPOESS Bridge 卫星（NPOESS bridge mission） 二氧化碳体积探测卫星（exploratory-columnmission）

续表

科学问题	所需知识	EOS Era	Thru 2010
气候变化如何引起全球海洋环流变化	海表盐度 次表面温度，洋流，盐度	In situ ocean buoys	海洋盐度探测卫星（exploratory ocean salinity mission） 实地测量海洋浮标（1d situ ocean buoys）
同温层示踪成分如何响应气候和大气成分变化	近对流顶层大气特性 选择性化学种类 选择性源气体	Aura Aura, SAGE Ⅲ Surface Network	Aura，未来同温层化学卫星（Aura, future stratospheric chemistry mission） 未来同温层化学卫星（future stratospheric chemistry mission，SAGEⅢ） 地表网络（surface network）
气候变化如何影响全球海平面	极地冰盖速度场	Radarsat	干涉测量雷达或SAR卫星（exploratory interferometric laser OI·SAR mission (S)）
区域性污染对全球大气的影响	对流层臭氧和物质	Aura	探索性对流层化学计划（exploratory stratospheric chemistry mission） 对流层化学探测卫星

预期成果示例：
- 量化每个确定的气候驱动力，并用高、中等级表示它们对地球气候的贡献。
- 量化气溶胶的主要人为来源及其对地球气候的影响。
- 定量评估全球海洋和陆地生态系统以及它们对地球系统碳循环的贡献。
- 周期性地完成全球土地覆盖、土地变化存档数据的季节更新。
- 发布大气臭氧和气溶胶在日出日落时间的变化的第一次测量结果以及与此有关的表面紫外辐射图。
- 获得地球应力场变化的时空连续观测。
- 开发地震、火山系统的定量化模型。

国家实际受益示例：
- 经济、政策决策者将拥有坚固的科学基础，可以比较相关活动与大气变化和自然灾害的相互作用过程。
- 各地区、州、地方政府和产业部门将具有基本科学知识和地球空间信息产品，可以支持他们的市政、交通、农业和开发活动。
- 卫生部门可根据地球表面紫外辐射图评估相关的健康风险。
- 精确的自然灾害地图（例如，火灾、地震、火山）将有助于改进建筑法规并改进有关措施，减轻灾害的影响。

4) 地球系统如何响应自然和人为变化（图 5.4）

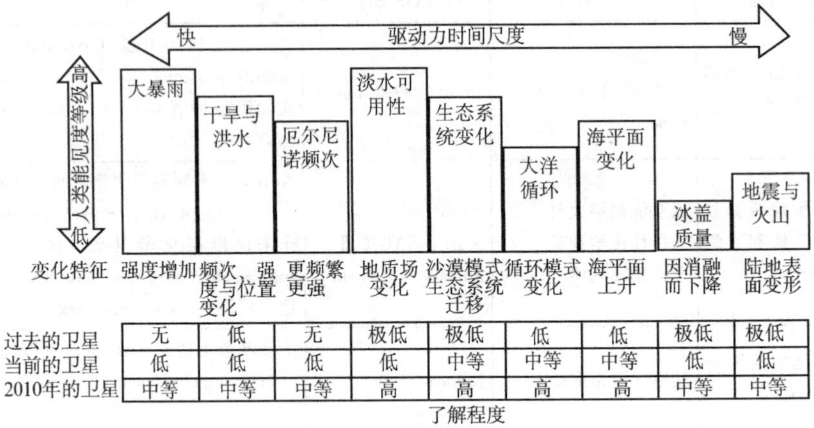
快
驱动力时间尺度
慢
低 人类能见度等级 高
大暴雨
干旱与洪水
厄尔尼诺频次
淡水可用性
生态系统变化
大洋循环
海平面变化
冰盖质量
地震与火山
变化特征
强度增加
频次、强度与位置变化
更频繁更强
地质场变化
沙漠模式生态系统迁移
循环模式变化
海平面上升
因消融而下降
陆地表面变形
过去的卫星 | 无 | 低 | 无 | 极低 | 极低 | 低 | 低 | 极低 | 极低
当前的卫星 | 低 | 低 | 低 | 低 | 中等 | 中等 | 中等 | 低 | 低
2010年的卫星 | 中等 | 中等 | 中等 | 高 | 高 | 高 | 高 | 中等 | 中等
了解程度

图 5.4　地球系统的主要响应参数

(1) 挑战。

考虑地球系统中较大的自然可变性，将地球系统的响应与它的多种驱动因素联系起来是一个困难的问题。反馈使这个问题更加复杂，反馈是对地球系统变化的响应，它能影响和反映系统的响应，就像大气中的水汽作用于温度一样。改进的关键是发展结合海洋和大气、陆地和大气的模型去探寻地球系统组分边界处的原因和影响。

(2) 地球系统对变化的响应。

已识别出主要的地球系统响应参数，它们发生的时间尺度及对人类显著性的一般特征，见表 5.3。

(3) 目标 1.3：确定地球系统如何响应自然和人为变化。

预期成果示例：

• 近十年，定量化每个识别出的气候响应，并用高、中等级确定其对气候变化的影响。

• 了解 CFC 替代物的化学影响和蒙特利尔协议书对于减少臭氧层破坏的功效。

• 提供全球的区域空气质量状况图。

• 首次估算全球森林和海洋的碳储量。

实际受益示例：

• 农业规划和洪水灾害评估中的季节和年度土壤水分变化监测。

• 基于燃料载荷和气候条件为森林牧场管理提供生成火灾灾害图的地球空间数据和决策支持系统。

- 空气质量管理决策的科学基础依据。

5) 后果：地球系统变化对人类文明的影响是什么？

(1) 挑战。

地球系统特性全球分布的很小变化，例如平均地表温度或海平面压力，会导致区域性天气、生产力模式、水资源利用和其他环境属性的显著变化。例如，我们已知厄尔尼诺暖洋流会阻断区域海洋生产和广阔的气候模式。厄尔尼诺出现多与太平洋的台风有关，而不是大西洋的飓风。拉尼娜气候现象，表现为东热带太平洋表面海水温度降低几个摄氏度，通常多与大西洋海域活动性的飓风季节有关，以较平常年份频繁的、强烈的热带气旋为特征。

(2) 地球系统变化的结果。

近年来，很多地方极端降雨事件（降雨量一天小于 2in）的频率增加，原因尚未确定。

在未来的 30 年，北半球中纬度地区的季节会增加 10~14 天。

(3) 目标 1.4：确定地球系统变化对人类文明的后果。

预期成果示例：

- 通过业务运行卫星得到高分辨率的全球海洋表面风场结构以增强短期天气预报。
- 完全交互式的生态系统-气候模型评估各种气候变化对生态系统响应的影响以及对他们提供的商品和服务的影响。
- 了解区域生态系统净初级生产力、地区农业和森林生产力的年度间变化。
- 定量评估全球土地覆盖变化及土地利用变化的结果。
- 了解全球陆地和沿海营养物和沉积物的交换。

国家实际受益示例：

国家、地方规划部门可根据地球空间信息和必要的工具应用于海岸带管理、交通、城市规划以及居住适宜地的辅助决策。

人类健康组织可通过地球空间信息、健康信息、数据分析、可视化工具评估气候变化对传染病扩散的影响。

6) 预测：如何准确预测地球系统的未来变化？

(1) 挑战。

地球系统科学的最终目的是发展基础知识，预测综合地球物理、化学、地质、生物状态的未来变化，评估这些变化带来的风险。尤为感兴趣的是一代人时间尺度的物理气候变化，例如，大气的化学性质和成分变化，生物地球化学循环和初级生产力的变化。预测未来地球系统变化的第一步是能够实际模拟当前状态和短期的全球环境变化。

(2) 未来变化的可预测性。

研究者描述了地球系统的主要循环，包括水和碳循环，并尝试定量化每种循环中的各个成分。这表现在各种气候模式中，他们使用卫星或其他来源的数据初始化模型。目前的研究聚焦于将模型和主要地球系统成分结合起来，例如，海洋-大气，陆地-大气相互作用表示气候系统的绝大部分。未来十年的研究主要是填补我们认识的空隙以减少目前认识的不确定性（表5.4，表5.5）。

表5.4 今后十年NASA研究计划的主要内容

科学问题	所需知识	Eos Era	Thru 2010
区域天气、降水、水资源如何与全球气候变化相关	全球降雨 海面风	TRMM GOES Seawinds LIS Jason	未来全球降水卫星（future global precipitation mission） 未来国家/国际合作卫星（future national/international cooperative mission） GOES w/改进（COES w/improvement） UNESS，过渡到业务卫星（UNESS, transition to operational missions） 未来国家/国际卫星（future national/international cooperative mission）
土地覆盖、土地利用变化的结果	初级生产力 土地覆盖变化	Terra Landsat 7 Terra	NPOESS Bridge卫星（NPESS bridge mission） 国内外合作（domestic and/or international partnership）
气候和海面变化以及海岸地区人类活动增加的影响	沿海区域特征及生产力	Landsat 7 Terra	数据的商业来源和/或探测卫星（commercial sources of data and/or exploratory mission）

表5.5 未来十年NASA研究计划的主要方面

科学问题	所需知识	EOS Era	2010年
如何通过新的空间观测、数据同化、模拟技术改进天气预报周期和可靠性	对流层风 海洋表面风 土壤湿度 海洋表面温度	Seawinds 业务卫星（operational satellite）	国内外合作 未来国家/国际合作卫星 土壤湿度探测卫星 业务卫星（operational satellites）
如何理解预测瞬时的气候变化	海洋表面风 土壤湿度 海洋表面温度 海面高度 深海环流	Seawinds Aqua Jason 现场测定（in situ measurement）	探测或业务卫星（exploratory or operational mission） 土壤湿度探测卫星 NPOESS预备项目（NPOESS preparatory project） 未来国家/国际在现场测量中的合作

续表

科学问题	所需知识	EOS Era	2010 年
如何评估预测长期气候趋势	模型中同化更多本次卫星所获得的数据	改进并应用耦合气候系统模型	同样,但是更高分辨率的、全球降水的分区化(same, but with increased resolution, and regionalization of global predictions)
如何准确地预报大气化学物对臭氧和气候的影响	模型中同化大气数据	改进并应用包括化学成分投射和反射的大气模型	同样,但是更高分辨率的包括对云、反照率间接影响的区域气溶胶模型(same, but with increased resolution; mode regional aerosols including indirect effect on clouds and albedo)
如何通过模拟地球系统中的碳循环,实现对未来大气中二氧化碳和甲烷浓度的可靠预测	由 DOE 估算说明古燃料消耗和甲烷的产生	在气候系统中耦合碳循环模型,用于未来的二氧化碳与气候计划(coupled carbon cycle models to climate system model and use to project future CO_2 climate) 对甲烷采用相同模型(develop similar for methane)	改进模拟未来二氧化碳、甲烷导致气候变化的能力(improve modeling capability to make future projections of CO_2 methane, and resulting climate, change) 提高模拟能力,预测未来二氧化碳、甲烷导致的气候变化

(3)目标 1.5:实现对地球系统未来变化的预测(图 5.5)。

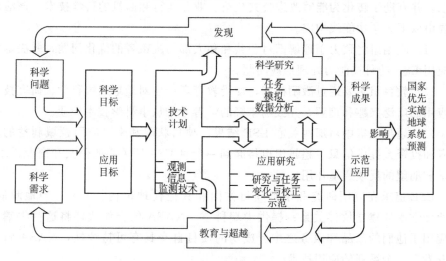

图 5.5 从科学问题到预测能力

预期成果示例:
- 在区域气候变化模型中,加入云的影响。
- 在气候和天气预报模型中,同化海风,海表温度;降水雷达观测数据。

- 在业务天气预报系统中，加入对流层风的观测。
- 展示了天气预报的精度，增加了3～5天的短期天气预报，进行增加精度示范。
- 显著提高对碳源和碳汇在陆地、大气、海洋循环中的认识。
- 获取并分析地球物理数据，明显改进对地震火山灾害的风险评估。

国家受益示例：
- 将大气预报周期扩展到7～10天的示范。
- 扩充了对生态系统健康的评估能力，有益于对疾病传播媒介的预测。
- 评估人类活动对地球气候和生态系统影响的科学基础。

3. 应用

目标2：扩大地球科学、信息、技术方面的经济和社会效益

企业及其社区股东发现在以下领域NASA的地球科学能够直接对国家的经济和社会发展作出实质性的贡献。

资源管理：农业、牧业、林业、渔业；

社区发展：交通业、基础设施、生活质量；

灾害管理：自然灾害、环境与健康；

环境质量：空气和水质量、土地利用/土地覆盖变化。

ESE计划的应用和教育部分有助于评价和优化反对ESE性能的应用和教育需求，并有助于转化为能够改进公共政策、业务运行和商机的科学技术。该活动主要由以下3条功能线构成。

(1) 应用组将致力于理解面对公共和私人部门决策者的优化问题，并决定如何应用ESE的科技能力处理这些问题。

(2) 教育组主要通过激励机制，使受教育者产生对地球系统科学、研究技术和应用的广泛兴趣和理解，并鼓励年轻的学者考虑从事科学技术职业。

(3) 超越组集中对那些关心ESE结果、项目状况和来自应用领域利益的决策者和投资人提供信息。超越组也将起到一个对ESE所关心的公共和商业需求、要求和期望的反馈通道作用。

ESE追求在应用研究和示范项目方面和其他代理机构、国家、当地政府、工业和学术界建立伙伴关系；提供尖端科技。NASA的合作伙伴将这些尖端科技应用于他们的产品和服务之中。成功的项目自身具有可持续性，NASA将转向开发下一个系列的应用技术。

1) 目标2.1 应用：能力转化为能够解决现实社会问题的实用工具

经过十年的发展，NASA已经在促进强有力的美国商业遥感行业方面取得了很大的成功，现在每年的收入用亿美元而不是百万美元来衡量。现在NASA作为与其他学术界、联邦、国家和当地政府的合作伙伴，从事这一行业来示范针

对实际问题的遥感数据应用技术。

区域性的应用：针对地理空间数据变化比较大的国家和用户，NASA 正在筹建一个可以培育有关地理空间数据发展和示范应用的项目。该项目是国家范围的，择优选用，并通过用户组织开展大量合作。

自然灾害方面的应用：在和联邦紧急事务管理局合作的过程中，NASA 率先利用卫星观测和自然现象模拟的方法进行灾害脆弱性的评估。高分辨率的地形制图系统被用来为国家洪灾保险项目制定更准确的洪灾保险速率图。

预期成就示例：

未来 5 年内：

ESE 的成果显示出它有助于在诸如环境质量评价、资源管理、社区发展和灾害管理等领域的决策；

协调和使 ESE 项目利益最大化的区域性基础设施已经在全国开始实施；

ESE 科技成果将被应用于支持地区和全国性的气候评估。

未来 10 年内：

区域性的地球科学应用成果已经在全国范围内通过社会组织推广并应用于社区的环境计划、多方管辖的减灾工作中。

2）目标2.2　教育：激发公众对地球系统科学的兴趣和理解，并鼓励年轻学者考虑从事与科技有关的职业

地球科学教育活动集中通过非正式或正式的学习途径和通过正式的课堂教学方法来交流 ESE 成果。这些活动将包括与以上方法相匹配的 ESE 内容材料的建立、开发、能增强 ESE 的作用和激发国外对之的注意和理解的特殊教育计划、把 ESE 回报和日常生活结合的新技能和培训的认定。

教学计划的目标：

提高公众对于作为一个系统的地球的功能以及 NASA 在认识地球系统中的作用的意识和理解。

能够在所有的教育层面的教学过程中利用地球科学信息及其成果。

能在各个教育层面上的教学过程中使用地球科学信息。

加强应用地球科学成果、技术和信息解决日常实际问题的能力建设。

预期取得的成就：

未来 5 年内：

在教育方面至少有 20 个一流的大学机构在地球系统科学领域获得未来高中科学教育工作者资格认证。

全美 1/5 的州的中学或高中应把地球科学作为毕业必备条件，5% 的教师取得地球科学资格认证。

20% 的美国成人平民了解一种地球系统科学现象或一个具体应用，并且知道

NASA 能够胜任地球系统科学的研究工作。

一个全国范围的典型鉴定计划，通过针对个体开业者的专业证书培训计划，在本科课程或假期教授地学遥感原理和技术。

未来 10 年内：

在教育方面至少有 30 个一流的大学机构在地球系统科学领域被授予能确保未来高中科学教育工作的认证。

2/5 的州的中学或高中应把地球科学作为毕业必备条件，在这一领域要有 30% 的教师取得资格认证。

在 SAT 和 ACT 测试中要提出一些有关地球系统科学的关键概念问题。

30% 的美国成人平民了解一种地球系统科学现象或一个具体应用，并且他们知道 NASA 能够胜任这一工作。

在一些地方建立一个有关地球遥感方面的全国性的资格认证和授权计划。

10% 的国家四年制硕士批准的大专院校在遥感课程方面有授予权，5% 的两年制研究所也应有授予权，5% 的实际工作者在工作场合使用遥感技术将获得认可。

4. 技术

目标 3：开发和采用先进技术使任务取得成功并服务于国家优先领域

科学带动技术进步为 ESE 向主动的地球系统预测能力的转变铺平了关键性的道路。ESE 寻求以更低的成本满足现在的观测需求并做出以前根本无法做到的观测。NASA 既是先进技术的提供者也是消费者，NASA 驱动和调控着 3 个正在进行中的对未来地球观测的技术革命。

(1) 地理空间：新型传感器技术采用了新的数据获取和观测技术。由被动式遥感体系（如陆地卫星）产生二维影像，主动式遥感体系（如雷达、激光雷达）使地表和大气产生三维的景观。我们将主动式传感器看作是用来测量重力场和磁场的"少光子"（photon-less）传感器。这将使我们看到地球的内部结构，借助这一工具，我们就能够研究世界淡水蓄水层的变化、对火山喷发做出可靠的预报，甚至有可能做出周边地带地震活动 1~5 年的预测。新型传感器技术有可能产生新的观测和数据。近地轨道飞行的传感器能够迁移到与地球同步的卫星轨道，甚至可以到达 100 万 mi 以外的 L1 和 L2 轨道。与那些从近地轨道获得的窄片和间断的重访时段相比较，这些传感器可以提供瞬时和全天的连续地球或陆地景观。最终，地理空间革命将包括以串联方式工作的传感器网络，形成智能化、可更换部件的星座，这些星座能对地球上的紧急事件做出快速响应，并在轨恢复工作。我们将通过"列队飞行"的几架 EOS 卫星和将这一组合视为一个单一的进行数据处理"超级仪器"，示范在 EOS 年代"传感器网络"的概念。

(2) 计算：满足这一体系的计算量是非常庞大的，需要从现在每天 10^{12} bit

的数据到将来的每天 10^{15} bit 数据量的发展过程。产业将提供更高级的计算，NASA 的工作就是将这些空间能力转化为能够进行在线数据处理和数据压缩的能力。NASA 也需要进行软件设计工作，这些软件将保证高性能计算机运行能实现预报的地球系统耦合模型。例如，我们想使天气预报达到理论极值（大约14 天），而不是局限于处理这些大量数据和所需的大量复杂模型计算的计算机容量。

（3）交流：为了广泛地接触知识需要进一步加强交流，NASA 的目标就是使地球科学预测更全面地服务于社会。在我们基于空间的观测背景下，它意味着在飞船上的数据融合允许特制的信息产品直接传送到用户终端，其费用不超过一次国际长途通话。随着计算技术的发展，产业将会提供许多工具。NASA 的作用就是集中在那些对地球科学具有特殊功效的方面，例如如同身临其境的新的可视化技术的知识展示，经过数据挖掘产生知识等。

1）目标3.1：开发先进技术减少成本并提升科学地球观测的能力

仪器开发策略将主要集中在更有能力解决科学任务的观测手段上，支持仪器的空间平台开发主要集中在减小体积、重量和操作的复杂性。此外，在任务实施阶段，集中在优先控制技术成本和进度的不确定性，使开发风险显著减少。仪器开发策略主要包括以下几点：

（1）更小的智能探测器阵列和被动遥感系统，它可以减少传感器子系统的质量和功率，简化校准、整合和操作的程序。这些将会充分利用整个电磁波谱的全部信息内容。

（2）空间激光雷达的主动式遥感器的设备结构，传感器使这些设备在寿命、效率和任务执行方面得到了改进，同时也减少了质量、体积和成本。

（3）能够显著减少寿命循环周期的平台结构的出现，它主要是通过减少质量、体积、能量和操作的复杂性与增加桌面操作的自动化程度来实现的。

（4）能使小型的科学考察的飞船飞行的技术和运算法则。

（5）先进的小型化技术将实现更小、更有用的亚轨道和基于表面的平台。

（6）发展机载、亚轨道和空基平台上的技术示范与试验台的校正。

例如，仪器孵化器计划的目的是减少由于革新和将与未来科学仪器子系统和系统融合的高失业率技术带来的风险。新千年计划是为新技术提供一个在轨道的确认试验台，这些技术必须适应独特的太空条件，并在融入科学任务的过程中评价其技术优越性是否存在。

2）目标3.2：信息技术——发展对地球科学数据的处理、归档、获取，可视化和交流的先进信息系统

允许千兆字节的数据传输和管理的先进计算技术和交流概念是一个全球性观测网络的 ESE 可视化所必需的。对全国范围的用户提供的信息将会促进一个全

球性社区的有关地球系统动力知识的重大飞跃。例如，这一先进事迹的信息网络将使数据采集和自然模拟活动成为可能，该模拟能区别地球系统中自然和人为引起的变化。

ESE 技术计划的信息系统内容主要集中在接近高科技的"端口对端口的设计"，即从信息开始传播的太空端口到知识提高的用户端。在硬件和软件方面的发展技术主要包括：

(1) 飞船上的硬件和软件结构，它可以引进诸如智能平台和传感器控制这类新任务的业务运行。这一计划的内容与 NASA 的太空运行管理组织（SOMO）相协调。

(2) 把多数据集和精确的、可视化的地球系统数据和信息连接起来的有效途径。

(3) 商业用户与当地用户通过采用适应各自用途的方式使其工具扩大了接触地球科学信息的范围。

(4) 把高性能的计算和交流（HPCC）概念翻译成未来太空/地面交流的基础设施成分。

3) 目标 3.3：监测和预报中的合作关系

作为一个研究型和技术型的机构，NASA 提供了一种新的工具和知识来提高地球系统变化和影响的评价和预报。NASA 首先利用气象卫星，现在继续利用可以从太空监测全球大气、海洋、陆地和冰面状态的卫星。其他机构（比较突出的是 NOAA 和 USGS）利用卫星空间观测来提高他们天气预测的业务能力和陆面变化的监测能力。NASA 的任务就是在高新技术方面帮他们做得更加有效。

例如，NOAA 和 DoD 致力于将他们各自的气象卫星计划集中起来。为集成国家极地轨道业务环境卫星（NPOESS），NASA 现在正与他们合作开发新的仪器。这些仪器将首次搭载 NPOESS Bridge 卫星飞行，该任务将被用于扩大对 NASA 的科学观测和减轻融入 NPOESS 的技术风险。这种合作将有助于增加短期天气预报的准确性和预报周期，为长期气候研究与监测建立重要的观测手段。

NASA 与 USGS 一道在陆地卫星和陆地表面遥感技术方面携手并进。例如，宇航局与 USGS 和 NSF 达成协议，就用来监测导致地震和火山的大陆和地层位置的 GPS 排列方面建立合作关系。

随着空基地球观测事业在私人部门中的发展，技术计划将强调探测器的发展、太空建筑和用来巩固能满足某些企业需求的商业性飞行体系的信息体系。在一些有特殊利益的地方，所追求是与国内和国际组织间的合作，主要是在激励对接近全球地球观测网络的传感器网络（Sensor-Web）分布产生兴趣的微型卫星技术方面的投资。

5. ESE 战略实施方法

1) 把各种不同的需求转化为整体计划（图 5.6）

(1) 美国全球变化研究计划（USGCRP）科学需求；

(2) 美国科学院的研究建议；

(3) 美国业务运行和卫星机构需求；

(4) 技术进步与 NASA 的能力；

(5) 国际间研究和观测活动；

(6) 日益增加的对应用的强调。

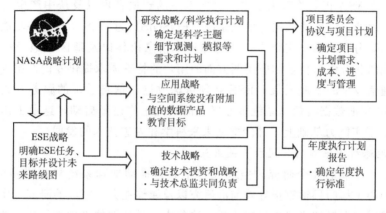

图 5.6 ESE 战略实施方法

NASA 的 ESE 计划承诺促进地球科学数据的广泛获取和应用，并为此制定了《ESE 数据管理声明》。

当这些数据能满足科学需求并且经济实惠时，ESE 就从商业的来源获取这些数据。商业数据购买的选择说明包括在所有公布的未来的机会通知中，根据相互可以接受的协议，ESE 将拥有从购买商用科学数据中分配数据的权利。

在发展 ESE 卫星任务和资助研究方面存在竞争。

ESE 将追求商业界、机构间和国际间的合作关系来发展任务，确保连续的长期观测并指导研究工作。

2) 服务于实现科学与应用目标的 ESE 观测与信息系统能力

为回答 ESE 提出的科学问题，需要研制下列 3 种类型的卫星以便提供研究所需要的各类观测：

(1) 系统性卫星（即陆地卫星，EOS 及其后续卫星）。①按照美国国家科学研究理事会（NRC）的要求，"考虑最重要的科学问题并仔细选择关键变量，优先识别并获取关键变量的精确数据"，应当重视那些不能从其他独立参数推出的参数；②高度关注连续数据集与校准的关系，并在卫星运行期间进行校正；③独立的相关技术的发展不亚于技术革命。

(2) 探测卫星［即地球系统科学开拓者（pathfinder）］。①专门为解决某一类科学问题而设计的一次性卫星，为完成试验而频繁地测量有关参数；②首先应用先进技术以新的方式解决问题。

(3) 业务先导和技术示范卫星（即对流层风和新千年计划）。①投资于传感器技术的改进和更为经济、更能有效进行观测的先进科学仪器的研制；②确定在研究和业务运行系统之间转换的桥式（bridging）卫星；③满足长期科学观测的需求。

目前 NASA 正面临着来自以上这些卫星的数据管理以及从中产生信息产品的挑战。地球观测系统数据与信息系统（EOSDIS）为 EOS 实现这一功能。一个由 EOSDIS 分布式活动文档中心、地球科学信息伙伴以及地区性地球科学应用中心组成的联合体为科学和应用两方面的用户的特殊需求提供专门性服务。随着信息和通信技术的不断发展，ESE 必须考虑改进其信息系统的服务方式。有关下一个 10 年的数据与信息系统服务概念的研究工作已经启动，这项工作建立在 NASA 的现实能力基础上，并能推动未来科学和先进技术的发展。

3) 地球科学中心的作用和有关卫星

NASA 下属的几个研究和空间飞行中心是推动地球系统科学进步的引擎，在上述中心工作的科学家指导着前沿研究以及能够在大学完成的研究工作。他们保证着美国的卫星和飞船项目的质量，这些中心是计划的管理者与执行者，承担着开发先进技术并集成技术成为科学研究卫星的任务。中心领导与地球科学总部办公室由资深管理团队构成，他们共同领导着 ESE 的规划和指导工作，每个中心的作用反映出其各自独特的专长。

4) NASA 的国内机构间合作

NASA 并非单独从事地球科学研究，ESE 是在广泛合作的基础上完成其任务的。这些合作伙伴以各自新的科学认识和观测能力为美国提供了更好的服务。

(1) NASA 为美国国家海洋与大气管理局（NOAA）研制了业务气象卫星。NOAA 与 NASA 协作开发气象卫星的气象预报模型，以提高天气预报的准确性和预报周期。NASA、NOAA 与美国国防部在桥式卫星领域的合作将会改进 Terra 和 Aqua 卫星气象观测与研究的连续性，这项合作同时也是 NOAA/DOD 气象卫星计划中的一个业务示范。NASA、NOAA 与美国海军合作共同研制和应用一种搭载于下一代静止轨道气象卫星的先进静止轨道上的傅里叶变换成像光谱仪。

(2) 美国地质调查局（USGS）与 NASA 在陆地卫星计划和南加利福尼亚洲集成全球定位系统网络（SCIGN）方面开展了合作。USGS 通过其地球资源观测卫星（EROS）数据中心获取和分发 EOS 与其他陆地遥感图像。

(3) 国家图像与制图局（NIHA）与 NASA 的合作是在航天飞机雷达地形学领域，合作加快了数据的处理与分发。

(4) 美国农业部（USDA）与 NASA 在农业、林业、牧区遥感应用方面展开合作，以提高食物与纤维的产量。

(5) 国家卫生研究所（NIH）与 NASA 合作利用遥感技术识别由于气候条件和生态系统条件导致的烈性传染病，如疟疾、登革热等这类随着环境变化蔓延或减退的疾病。

(6) 国家科学基金会（NSF）与 NASA 共同开展了南极、北极的极区研究以及海洋学研究。NSF 与 USGS 一起共同参与了 Earth Scope 计划，通过 SCIGN 研究地震动力学。NSF 与 NASA 分担飞行研究的航空资产费用。

(7) NASA 与美国交通部（DOT）共同探索遥感技术在交通管理方面的应用。

(8) NASA 还与其他 10 个机构通过美国全球变化研究计划合作开展地球科学研究活动（表 5.6）。

表 5.6　NASA 内部与 ESE 计划有关的机构

COE/机构任务 领导中心分派任务 科学作用 卫星的作用	戈达德空间飞行中心（ESFC-Greenbelt，UD） 地球科学 EOS/Earth Explorers/ES 技术计划/气象卫星/教育理解地球科学与跨学科的地球系统科学 技术开发（仪器、宇宙飞船、地面系统）/机械科学业务运行（Wallops）
机构任务 领导中心分派任务 科学贡献 卫星的作用	喷气动力实验室（JPL-Passadena，CA）仪器技术 仪器技术 海洋物理学和固体地球科学/新千年计划 海洋学，固体地球科学，大气化学 仪器开发
机构任务 领导中心分派任务 科学作用	斯坦尼斯空间飞行中心（SSC-Stennis，MS） 遥感应用 海岸带研究
机构任务 领导中心分派任务 科学作用 卫星的作用	兰利研究中心（LaRC-Hampton，VA） 大气科学 大气科学卫星 大气气溶胶与大气化学，地球辐射收支 大气科学相关技术，工程与仪器开发
COE 卫星的作用	德赖登飞行研究中心（DFRC-CA） 大气层飞行业务 机载科学业务运行

COE/机构任务 领导中心分派任务 科学作用 卫星的作用	艾姆斯研究中心（ARC-Moffet Field，CA） 信息技术/天体生物学/HPCC 陆地生态与大气评估 信息系统与技术/机载仪器开发
科学作用 卫星的作用	马绍尔空间飞行中心（MSFC-Huntsville，AL） 水文气象学/水文气候学，包括被动微波数据分析与大气电子学/陆地过程/区域应用仪器开发

5）NASA 的国际合作

地球科学所固有的国际性、全球性的科学问题需要全世界科学家共同合作来寻求解决。没有任何一个国家能够单独面对地球系统科学这样的复杂系统，世界各地的决策者都需要依据真实的科学知识来规划其行动，而科学知识的可信度取决于科学研究过程中的国际合作程度。此外，空基观测的校准/校正需要来自世界各地的当地专门化知识和实地观测数据，ESE 已与全球 45 个国家开展了合作。EOS 卫星任务中来自国际捐赠的金额达到 50 亿美元。与 NASA 开展国际合作的国家如下：

（1）日本是 ESE 目前最大的合作伙伴。主持热带降雨测量卫星（TRMM）工作，为 EOS 卫星提供仪器并在自己的卫星上搭载 EOS 仪器。

（2）法国与 NASA 在 TOPEX/Poseidon 卫星上的合作取得了极大的成功，该卫星的后续星还有 Jason-1 和 PICASSO-CENA 卫星。

（3）德国与 NASA 在飞船雷达实验室、CHAMP 和 GRACE 卫星方面开展了合作。

（4）英国、荷兰以及芬兰为 EOS、Aura 卫星赠送了仪器。

（5）加拿大为 Terra 卫星提供了加拿大雷达卫星（Radarsat-1）。

（6）巴西为 EOS Aqua 卫星提供了湿度探测器（HSB）。

（7）NASA 将要为阿根廷发射 SAC-C 卫星，该卫星同 EOS 的 Terra 卫星及陆地卫星 7 号一起形成陆地观测卫星星座。

（8）俄罗斯为测量大气臭氧浓度的 SAGEⅢ仪器提供了平台和发射运载平台。

地球观测卫星委员会推进了在构建综合性全球观测战略方面的国际合作。

许多国际研究组织和大型计划是 ESE 科学计划的发起者并且为 ESE 的研究与观测作出了积极贡献，这些组织包括：

（1）世界气象研究计划（WCRP）；

（2）国际地圈/生物圈计划（IGBP）；

（3）政府间气候变化小组委员会（IPCC）；

（4）联合国粮农组织（FAO）；

(5) 中尺度天气预报欧洲中心；

(6) 国际海洋委员会（IOC）。

6. 未来展望：预测地球系统的变化——2025 年的地球科学

1) 未来 25 年将会发生什么？
- 10 年的气候预报；
- 15～20 个月的厄尔尼诺预报；
- 12 个月的局域降雨率；
- 60 天的火山预警；
- 10～14 天的天气预报；
- 提前 7 天发出空气质量通知；
- 提前 5 天作出飓风轨迹预测，误差为±30km；
- 提前 30min 进行龙卷风预警；
- 1～5 年的地震实验预报。

2) 2010～2020 年技术进步展望

观测与信息技术的进步，科学研究和模拟手段的发展都是实现地球系统预测的长期构想所必需的，未来的观测系统将包括分布于各种轨道上的卫星。其中有搭载于低空轨道的智能化小卫星的遥感器网站（Sensor Web），有地球静止轨道上的大口径传感器，有离地球约 1.5km 的 L1 和 L2 上的侦察卫星，这种侦察卫星可提供遍及全球的大视野概要昼夜影像。桌面数据处理，高速计算机与通信技术使未来的用户仅用支付今天国际电话的费用就可直接使用来自卫星的定制信息产品。

为了确保实现未来的观测系统，NASA 将致力于向其主要合作伙伴 NOAA、USGS、USDA、FEMA 等机构与产业部门转移先进技术，形成新的能力。NASA 将向它们提供科学和技术工具并使这些服务广泛地用于全美（图 5.7）。

目前应进行的技术投资包括：

(1) 先进传感器——具有更高时空分辨率的主动式、大口径遥感仪器。

(2) 传感器网络——指能够自动运行的全球传感器网络，可根据用户需要进行改造，在传感器部件失效时可进行更换而继续运行。

(3) 信息综合与模拟——用可以改进预测模拟水平的计算机模拟系统来实现，以突破科学认识的局限性。

(4) 知识获取——能够迅速查寻、定制并向用户提供所需的专用信息产品。

ESE 将通过学术会议和与科学、应用、技术团体的其他形式的对话继续发展和完善这个 25 年的构想。

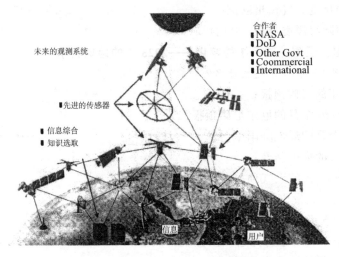

图 5.7　未来的地球观测系统

5.3　英国量化并理解地球系统计划

5.3.1　简　介

英国自然环境研究委员会（NERC）量化并理解地球系统计划（quantifying and understanding the earth system，QUEST）的目标是提高对地球系统中大尺度过程及其相互作用的定性和定量理解，特别是大气、海洋、陆地中的生物、物理和化学过程之间的相互作用以及它们对人类活动的可能影响。QUEST 计划将通过促进基于理论分析、定量模式的综合行动计划和跨学科行动计划，系统地开发观测和实验数据以评估和改进全球地球系统模式，从而解决地球系统科学中的一些重要科学问题。

QUEST 计划考虑了社会对气候变化及其对生态系统物品和服务、能源生产以及其他人类活动的影响的高度关注，因而是一个主题突出的研究计划。同时，地球系统科学提出了对其根本科学性质的交叉学科知识的挑战。这两个方面对那些从事交叉学科研究和跨机构研究的科学家既提供了挑战，也提供了机遇。

QUEST 计划的目标需要考虑一系列时间尺度，包括：地质时间尺度（特别是有连续的冰芯和沉积记录的过去 10 万～100 万年之间），这些地质记录可以帮助我们了解地球系统在各种条件下的"基线"（baseline）自然行为，以及它对地球环境变化的响应。当代时间尺度（10～100 年）提供了人类活动的全球印记的最有力的证据；过去几十年的大量地基和空基观测结果，为评估和改进陆地、海洋和大气等过程的模式提供了详细的手段。未来 100 年研究的重点将是大尺度的人类活动对资源可持续利用和人类发展的影响。未来的这些研究重点要求发展用于预测的地球系统模式，并尽力去描述全球尺度上人类活动与环境变化之间的相互作用。

QUEST 的研究计划主要有 3 个部分：①现今的碳循环及其与气候和大气化学之间的相互作用；②大气成分在冰期-间冰期和更长时间尺度上的自然变化；③全球环境变化对资源可持续利用的影响后果。此外，建立各种复杂程度不同的全球模式、建立描述自然界和人口特性及人类活动的关键参数的全球数据集，对该计划的成功也是非常关键的；因此，QUEST 将在地球系统模拟和地球系统图集 (earth system atlas) 领域开展跨领域的战略行动。地球系统图集也将提供向更广泛的公众宣传地球系统科学的途径。

QUEST 计划将广泛利用国际学术讨论会等机制，并建立与地球系统科学联盟 (ESSP) 的联系，在国内外建立新的和持久性的跨学科合作，以保证 QUEST 计划与世界一流科学家和研究机构之间的密切联系。QUEST 计划也将建立与政府和非政府利益相关部门的联系，从而为英国从事地球系统科学的决策者和科学家建立有效的交流渠道。

5.3.2 QUEST 计划的目标

"量化并理解地球系统" (quantifying and understanding the earth system, QUEST) 计划的目标是提高对地球系统中大尺度过程及其相互作用的定性和定量理解，特别是大气、海洋、陆地中的生物、物理和化学过程之间的相互作用以及它们对人类活动的可能影响。该目标包括以下几个时间尺度：

（1）地质时间尺度（主要是过去 10 万～100 万年）。这个时间尺度的古环境观测数据可以帮助我们理解自然地球系统的动力学行为。现今的人类扰动叠加于自然地球系统之上，并引起地球系统对其外部环境变化的复杂响应。

（2）当代时间尺度（现在和过去 10～100 年）。在该时间尺度上，可以通过直接观测和高分辨率的重建，确定人类活动在全球尺度上对地球系统的影响已经非常明显。

（3）未来一个时期（未来 100 年）。研究人类活动对全球范围环境变化的响应和减缓的人文因素。

QUEST 计划将通过集成的、跨学科的研究活动来实施，并将重点置于理论分析、定量模拟，以及系统应用观测及实验数据，以加强和改进地球系统模式。

考虑到 QUEST 研究结果的相关政策的潜在联系，QUEST 也将会与政府和非政府的利益相关者建立联系。因此，要实现其主要目标，QUEST 还将：①与那些从事对地球系统科学的发展有贡献的不同学科的研究者和研究机构建立新的和持续性的合作，主要是英国自然环境研究委员会 (NERC) 资助的研究机构，但也不仅限于这些机构；②建立与从事地球系统科学的决策者和科学家有效的交流渠道。

5.3.3 QUEST 计划的预期成果

QUEST 计划的预期成果将包括：

(1) 改进陆地和海洋生态系统及其与大气、海洋的物理和化学相互作用的全球过程动力学模式，包括依据大量的原地和遥感测量数据以及陆地和海洋上的相关野外实验结果对模式的"基准（benchmark）"评估。

(2) 复杂程度各异的，包括物理、生物和化学组成部分的地球系统模式体系，以反映人类对土地和海洋资源的利用状况以及与人类过程模式（如土地利用、农业和林业产品的贸易）相互作用的途径。

(3)（与国际伙伴合作完成）地球系统图集，为研究者提供"一站式"（one-stop shopping）地球系统的重要参数的、高质量的、经同行评议的和适当建档的全球数据集，包括古环境观测数据和社会-经济变量的数据等；同时，为广大公众提供经过良好处理的综合信息。

QUEST 也将在增进关于地球系统的知识和理解的基础上，出版有影响力的包括地球系统科学的下列主题在内（不仅限于此）的出版物：

(1) 陆地和海洋吸收人为产生的二氧化碳的格局、机制和预测；

(2) 南极冰芯中记录的温室气体的冰期-间冰期循环的原因；

(3) 全球环境变化对陆地和海洋生态系统的产物和服务的可持续性的潜在影响。

基于对现有的和阐述这些以及相关问题的新的科学的不断集成，QUEST 将给决策者提供有关 21 世纪温室气体排放的不同情景对人类环境可能的影响后果的信息。

5.3.4 研 究 计 划

基于 Town 会议达成的共识，QUEST 计划被设计成由多个研究机构合作开展的研究计划，主要集中于 3 个研究主题。下面只是对每个主题的研究热点作了简要说明，但它们包括了每个领域的一些最重要的突出科学问题。

在各种情况下，解决问题的最有效的方法很可能是将观测和/或试验数据的模拟和分析都包括在内。应严格关注 QUEST 计划所收集的新数据，并在全球的分析和模拟框架内验证数据，加强与现有观测项目和计划的协作。QUEST 计划的模式分析研究应使模式与经验数据和过程理解相一致，以评估和完善模式为取向。数据同化技术很可能在人为成因大气组分的源和汇的分析等研究中起重要作用。

主题 1：现今的碳循环及其与气候和大气化学之间的相互作用

QUZST 计划的主要目标是提高我们对物理、化学和生物学过程之间的反馈的理解，它们决定了当前大气温室气体的含量，并将影响 21 世纪大气温室气体的可能演化。需要研究的主要问题如下：

（1）陆地上和海洋中二氧化碳的源和汇的空间位置、时间变化及其原因；

（2）陆地生物圈中，全球碳汇转变为碳源的可能性、数量和时间；

（3）生物地球化学氮循环在改变陆地和海洋碳循环过程对变化的二氧化碳和气候的响应中的作用；

（4）下一代最重要的温室气体（甲烷、对流层臭氧、氮氧化物）的大气含量的控制因素，以及控制这些温室气体的丰度的自然和人为过程之间的相互作用；

（5）陆地和海洋生态系统过程在改变那些影响气溶胶含量以及大气氧化能力的活性痕量化合物的源和汇中的作用。

主题 2：大气成分在冰期-间冰期和更长时间尺度上的自然变化

冰芯记录提出的一个大的挑战是理解与过去 50 万～100 万年冰期-间冰期循环相关的大气成分大的变化、有时甚至是突变的原因；已有证据表明，在更久远的地质年代，大气成分甚至有更大的自然变化。QUEST 计划在该领域主要研究有以下方面：

（1）大气二氧化碳含量在冰期-间冰期循环的原因；

（2）冰期-间冰期时间尺度上，影响大气痕量气体成分的过程变化的格局和控制因素，如湿地的形成、火灾频率、陆地和海洋生物群落成分的变化等；

（3）全球风尘循环的变化对海洋和陆地的生物生产率、碳循环和气候的影响；

（4）陆地和海洋生态系统在气候变化中的生物物理反馈作用；

（5）在决定地球的长期可居住性中，地球化学机制与生物机制之间的相互作用。

主题 3：全球环境变化对资源可持续利用的影响后果

人类活动依赖于由陆地生物圈和海洋生物圈所提供的市场化和非市场化的"服务"。因此，亟须了解生态系统服务对变化着的环境的响应，并用全球一致的方法量化这些变化对人类活动的含义。QUEST 在该领域研究的典型问题如下：

（1）考虑到需求的潜在变化、气候变化对可利用淡水资源的全球格局的影响；

（2）考虑经济驱动因素及其对供给变化的响应，变化的环境对全球农业和林业格局的影响，快速变化的气候对全球生物多样性的威胁程度，减缓气候和土地利用变化导致的生物多样性损失的有关战略的可能效果；

（3）减缓全球气候变化的陆地和海洋生态系统管理措施的潜在效果和成本

效益。

除了以上 3 个主题所涉及的一系列的合作研究项目外，QUEST 还将包括下列战略行动：

1）地球系统模拟

模拟是"地球系统科学"研究的一个必要组成部分，不论研究的焦点是理解地球系统的过去、现在或未来。用于预测地球系统未来的模式的可信度依赖于模式正确描述地球系统当前和过去的状态的能力。QUEST 计划的一个战略行动是开发新一代的地球系统模式，该模式将表达海洋和陆地生物圈的过程以及它们与海洋和大气之间的物理和化学作用。这部分的研究以主题 1 的项目为基础。地球系统模式也将有与社会-经济模式的接口，这部分研究以主题 3 的项目为基础。社会-经济模式的接口包括描述土地和海洋资源利用过程及相关的活动如物品和木材产品贸易。

基于主题 1 的研究项目的部分工作，地球系统模拟研究活动将开发陆地和海洋生物圈过程及其与物理和化学环境之间相互作用的新的"群落模式"（community models），并将其结合到传统的耦合模拟框架之中。基于这些新的"群落模式"，将开发出评估陆地和海洋生物圈模式的标准"基准"，作为与海洋环流和气候相互作用的独立模式以及耦合模式的组成部分。这个基准将包括大量的原地测量数据和遥测数据，以及相关的野外实验结果。

耦合模式的开发，将不仅要基于海洋-大气环流模式，开发高时空分辨率的模式，还要成为一系列应用开发复杂和分辨率低的模式体系，这就要求有开展长期模拟和/或多种敏感性试验的能力。开发这种模式体系的关键是"可追溯性"（traceability）概念，即尽可能地让不同层模式的基本原则相同，从一个级别的模式到另一个级别的模式所做的简化应该是清楚的和透明的。地球系统模拟研究的一个重要组成部分是"科学信息化"（e-science），其实施非常重要的是要关注兼容性、模块化和透明性等问题。

2）地球系统图集

地球系统科学的分析和模拟研究主要依靠于高质量的全球数据集，然而，数据资源的可获取性及其相关知识，以及数据的可靠性和有限性却成为科学家开展跨学科研究的主要绊脚石。地球系统图集作为科学家的一种重要资源和作为交流的一种主要工具，IGBP 已明确了建立地球系统图集的必要性，并制定了地球系统图集发展的蓝图。地球系统图集将用"一站式"服务方式（one-stop shopping）为科学家提供地球系统重要参数的高质量的、经过专家审定的全球数据集，包括与自然地理学、生态学和气候等有关的变量的数据外，以及古环境观测数据和社会-经济变量（尤其是那些特别尖锐的问题）的数据。地球系统图集的开发对国际地球系统科学界的科学家以及 QUEST 计划而言，都是极为重要的。

QUEST 计划在创建和实施地球系统图集中发挥中心作用，与地球系统模拟一样，地球系统图集也有科学信息化部分。地球系统图集也将需要以战略性的方法来开展，并在整个地球系统科学界的指导下，确定和保留数据集成、存档和获取的标准。

3）集成研究活动

最后，集成研究活动将对 QUEST 计划起到特别重要的作用，因为各研究项目之间的联系和地球系统研究关注的焦点和方向的需求，要求具有不同知识背景和专业技能的科学家之间的合作过程来实现。QUEST 将广泛利用诸如国际多学科学术讨论会（包括来自 QUEST 计划的相关项目的科学家和仔细挑选的国外科学家参加的、有明确目标和后续活动"起作用的"研讨会）、研究访问、"全体人员"（all hands）科学会议等各种机制。

5.3.5 培 训

QUEST 将为研究生和博士后提供培训的机会。通过参与 QUEST 的有关项目，相关人员有机会从其他研究所和其他学科的科学家那里学到知识，并与国际上的科学家建立联系。此外，QUEST 每年为高年级的研究生和博士后组织一个夏季培训班。

5.3.6 涉及的学科

QUEST 计划的建立是基于英国在大多数学科领域所具有的研究能力。以下列出的是可能对 QUEST 计划的目标做出贡献的部分学科领域（没有排序）：

（1）海洋科学，特别是海洋生物地球化学、浮游植物生理学、海洋-大气痕量气体交换、遥感、渔业研究、海洋环流分析与模拟、区域和全球生态系统模拟等；

（2）陆地科学，特别是地表水文学、湿地研究、边界层对流过程、碳交换通量测量、大气-陆地痕量气体交换、遥感、生物多样性研究、农林作物研究、生物圈模拟等；

（3）气候模拟，包括气候、碳循环、气溶胶和大气化学的耦合模拟，季节预报，数据同化等；

（4）南极科学，特别是冰芯研究、冰冻圈-大气圈痕量气体交换、南大洋生物地球化学；

（5）大气痕量气体测量与大气化学模拟；

（6）古气候模拟，古气候数据分析与集成，热带地区和北半球第四纪古生态学；

（7）地球科学和自然地理学，特别是生物地球化学过程、同位素地球化学、古植物学和古海洋学等；

(8) 能源研究，包括可再生能源技术；

(9) 广义的"可持续性科学"，包括气候影响分析、综合评估、环境经济学、环境法律、国际政治、发展研究、社会人类学、经济地理、土地利用和适应性研究；

(10) 环境科学信息化（e-science），包括分布式数据的获取、基于网格的计算、地球系统模拟。

QUEST 计划的研究成果在政策领域的及时应用也依赖于环境科学界与相关政府部门之间的密切联系。

5.3.7 与其他计划的合作及联系

QUEST 计划的综合性和跨学科性意味着其与英国国内外的相关计划将有广泛的实质性合作。显然，QUEST 将需要建立与 NERC 研究中心、NERC 合作中心（包括地球观测中心、NERC 大气科学中心和海洋科学中心）、Tyndall 中心、Hadley 中心等的已有计划的联系，与 NERC 指导的计划包括 RAPID、UKSOLAS 的联系，以及大学发起的一些组织如环境变化研究所的联系。在国际上，QUEST 计划将对地球系统科学联盟（ESSP）做出贡献，特别是将对诸如 IGBP "全球分析解释与模拟"（CALM）（目前由 QUEST 计划的领导人 Colin Prentice 教授和 Tyndall 中心的研究主任 John Schellnhuber 共同担任主席）及其后续计划，以及 ESSP 的联合研究计划——全球碳计划（GCP）、全球环境变化及食物系统（GECAFS）、全球水系统计划（GWSP）等综合性的研究计划做出贡献。

QUEST 也将尽可能的与其他国家的一些机构和研究计划建立双边合作关系。现有的一些计划将是重要的潜在合作伙伴，如法国 Pierre-Simon Laplace 研究所（IPSL）与美国国家大气研究中心（NCAR）的"地球系统模拟计划"；美国国家科学基金计划 TERACC，该计划旨在将陆地模拟研究者与生态系统科学家集中到野外实验中。

5.3.8 经费情况

在前三年执行期中，QUEST 得到的经费是 1300 万英镑，在第四年和第五年的中期评估后，其经费将增加到 2300 万英镑。此外，QUEST 的 e-science 活动还将会有 200 万～400 万英镑的经费。

5.3.9 计划管理

QUEST 计划将由 Bristol 大学的 I. Colin Prentice 教授负责，他直接向 NERC 的首席执行官提供报告。QUEST 计划的领导受 NERC 的"科学和创新委员会"(SISB) 指导。NERC 的 QUEST 计划监督官员是 Phil Newton 博士。

Bristol 大学的核心团队将协助 QUEST 计划的领导开展工作。考虑到 QUEST 计划的广泛性和与政策的相关性，这二者都需要广泛的联系活动，因此将发展与科学界和用户界的有效联络机制。预计这些机制将包括形成独立的"国际咨询委员会"和"英国利益相关部门小组"，这将根据 NERC 的建议来任命。

5.3.10 数据管理

根据英国自然环境研究委员会（NERC）的政策，将提出 QUEST 计划的数据管理战略，以便 QUEST 计划内外的研究人员都能及时利用收集到和集成的数据（包括专用的模式输出数据）。数据管理战略也将有助于 NERC 保留这些数据，以便在 QUEST 计划结束后科学界还可以使用这些数据。

5.4 日本 JAXA 的全球变化与地球模拟研究

全球变化前沿研究中心（Frontier Research Center for Global Change，FRCGC）以阐明各种全球变化原因并能够预测这种变化为主旨，然而，因为所包含的地球过程的复杂，预测全球变化不是件很容易的事情。考虑到地球是一个整体，FRCGC 将研究大气、海洋和陆地之间复杂的相互作用，发展包括大气、海洋和陆地在内的数值模型，通过过程研究和模拟，最终建立一个综合的地球系统模型，实现对地球上各种现象的可靠的预测。

我们赖以生存的地球有着 46 亿年的历史。而近年来人类活动严重影响了地球，自然环境因为二氧化碳等温室气体的增加以及氟利昂气体的释放造成了平流层臭氧减少和森林覆盖率的降低，而且还经常受到火山、地震、气候异常等自然灾害的威胁。

为了保护地球丰富的自然和生态系统，建立与自然和谐的富饶社会，阐明全球变化机理并预测全球变化是十分有必要的。如果能够实现高准确率的全球变化预测，不仅能找到解决地球环境问题和自然灾害的对策，还能够有效利用各种自然现象。

5.4.1 全球变化研究计划简介

1. 气候变化研究计划

亚洲社会和居民在很大程度上受到厄尔尼诺和亚洲季风的影响。席卷日本南岸的黑潮的路径变化也是此类大尺度大气海洋变化的一个表现。伴随着社会的高度化，阐明这些现象的发生与物理变化过程以及对它们进行预测就显得更加重要了。

气候变化研究项目的目的不仅要分析地球大气和海洋上的观测资料，而且要作出短期预报和临近预报试验，这种试验主要利用各种大气与海洋模型，阐明亚太地区气候变化机制以及相关的大气海洋现象。研究重点是短期气候变化，例如，厄尔尼诺/南方涛动和印度洋偶极事件，以及黑潮和印度洋海流变异。这个项目还通过研究诸如能够影响北太平洋地区基本气候的北极和北大西洋振荡事件，来考察10年至数十年尺度的大气变异机制。

以这些主题为中心，在积极促进与WCRP国际合作研究的同时，与国内外相关机构合作，开发更高水平的大气海洋模型。

该项目设立了3个研究小组：①气候变化模型小组；②气候变化诊断小组；③气候变化可预测性研究小组。

2. 水循环研究计划

亚洲国家与夏季风和冬季风降水密切相关，同时，欧洲大陆的水循环也影响亚洲季风的变化，因此了解影响水循环变化的物理现象和机制是十分重要的。该项目的目的是预测亚洲和欧洲大陆水循环以及降水的季节和年际变化，同时，也要阐明大气和水系统中水分环流过程，发展过程模式以及建立必要的数据库。

水循环变化预测研究项目主要利用国际GAME（GEWEX，亚洲季风实验）观测数据、卫星数据以及高分辨率气候与水文模型，对欧亚大陆以及亚洲季风区域中的水循环、水资源的变化机理以及受人类活动的影响将如何变化的问题进行研究。

该项目设立了3个研究小组：①大尺度水分循环过程小组；②陆面水循环过程小组；③云和降水过程小组。

3. 大气成分研究计划

地球温暖化和全球大气污染等环境问题的直接原因是人类活动引起大气中微量成分的增加。微量成分主要有二氧化碳、甲烷、一氧化氮等温室气体以及气溶胶、臭氧、氮氧化物、硫化物、二氧化碳、VOC等大气污染物。这些微量成分在吸收并反射红外线和太阳光后引起气候变化的同时，也会对生态系统和人类造成环境影响。大气成分变化也称为大气质量变化，最近的研究揭示，该变化与气候变化之间有着极为密切的关系。

大气成分变化率如二氧化碳、臭氧和气溶胶通量是直接引起气候和空气质量变化的因素，是阐明全球环境变化机制的一个重要研究目标。大气成分研究项目旨在结合卫星和地面观测数据，研究阐明与大气环境变化如全球变暖和全球大气污染有关的大气成分的排放、输送、转换和清除的物理和化学过程，并发展从城市到全球尺度的化学天气预报系统，与空气质量-气候反馈路径相结合的化学气候模式，其目的是改善大气环境变化预报。

在进行这些研究的同时，还积极参加Transform项目（全球三维大气输送计划）以及大气褐色云团（atmospheric brown cloud，ABC）的UNEP新项目，为提高国际参与能力而努力。

该项目设立有3个研究小组：①化学传输模拟小组；②温室气体模拟小组；③大气成分观测与数据分析小组。

4. 生态系统变化研究计划

该项目研究全球环境和气候变化对生态系统的影响，以及生态系统如何对应气候和环境变化，例如，全球变暖的影响；其重点是物质循环模式和分布结构模式，个体有机生物作用以及生态参数化。时空动力学模式，低水平生态系统模式和物质（如碳）循环模式等若干海洋模型正在研制中。该项目的特色在于同时关注陆地和海洋生态系统。

生态系统尽管是环境变化的构成要素，但由于生态系统现象的局限性、非均一性和复杂性，与全球生态系统观测和模型化研究以及大气海洋其他领域相比研究比较滞后。建立全球变化综合模型，生态系统变化的模型化与数据收集是必不可少的。生态系统变化预测项目主要研究生态系统与全球环境气候变化之间的相互影响，解释这种机理以及生态系统的模型化。

生态系统变化预测领域在开发 Sim-CYCLE 模型（大气与环境对生态系统生产量和碳素收支影响的模型）和 Pipe-Tree 模型（环境与气候变化对个别树木生长影响的模型）的同时，还利用了卫星数据、地上和海上的实测数据，在评价陆地植被、积雪和海洋浮游生物、二氧化碳交换的空间分布及变化方面取得了一定的成果。

今后该领域的重点除加强以上的研究外，还应该加强各领域间的横向研究，并建立综合地球变化模型。

该项目设立了3个研究小组：①陆地生态系统模型研究小组；②生态系统空间观测与模拟小组；③海洋生态系统模型研究小组。

5. 全球变暖研究

该项目的目标是通过3个子计划建立一个可靠的、定量化的研究计划。第一个子计划是确定气候对大气成分如温室气体和气溶胶变化的响应，以阐明全球变暖的物理机制。第二个子计划是通过数值试验和与观测分析结果相比较，发展一个高性能的大气-海洋-陆地耦合模式。第三个子计划是探讨对地质尺度的气候变化响应的物理和化学机制。

伴随着产业的急剧发展，化石燃料的消费近年来也急剧增加，从而引起了地球平均温度的上升。全球变暖继而又引发了海面水位的上升、生态系统的变化，也会对粮食生产和港湾设备等社会基础产生不可估量的影响。

该项目是由全球变暖研究小组、耦合模型开发小组、古气候研究小组组成。全球变暖研究小组主要研究大气中二氧化碳的增加引起气候变化的机理并对其进行预测。耦合模型开发小组主要开发具有高预测能力、对客观分析数据与实验数据能够进行比较和验证的综合模型。古气候研究小组对古气候变化进行模拟，阐明其物理和化学机理，通过对过去发生的气候变化来模拟该综合模型。

6. 全球环境模拟研究

该研究项目是发展一个气候、碳循环和化学成分相结合的综合地球系统模式，设计成达到地球模拟器最大能力的下一代气候模式以及一个包含观测资料的同化系统。其目的是利用这些模式对全球变暖作出评估和探讨全球变化机理。

在大气、海洋、陆地的物理方程式基础上，利用计算机对气候及气候变化模型进行计算是现代气候研究的趋势。全世界各研究机构开发出气候模型用来分析气候变化原因和预测因温室气体增加引起的全球变暖和气候变化。地球环境监测项目自成立以来，利用地球模拟器开发出了新的、先进的模型，并利用这些模型开展了模拟活动。从1999年开始与东京大学气候系统研究中心以及国立环境研究所的合作，于2003年开发完成了世界上分辨率最高的大气-海洋-陆地耦合模型，开始了全球变暖的实验研究。该研究从2004年移交给全球变暖监测研究项目进行课题的研究工作。

最近，该项目正在开发能对水平网格5km以下的对流云直接进行计算的全球云解析模型（global cloud resolving model），下一步的目标是开发能够计算1000年以上的涡分辨率（10km网格）全球大洋环流模型。在FRCGC各领域的研究成果基础之上，以海洋、陆地生态系统变化和大气海洋化学成分变化为对象，开发了"全球变化综合系统"。FRCGC将利用人工卫星、浮标等观测到的海洋观测数据计划开发出可信度最高的海洋数据同化系统。

该项目设立了3个研究小组：①下一代模型开发小组；②地球系统综合模型开发小组；③海洋数据同化研究小组。

7. 人、自然、地球共生计划

1）高分辨海气耦合气候模式的未来气候变化预测计划

由于温室气体和气溶胶浓度的增加引起的人为气候变化已为全球所关注。该计划的目的是利用高分辨率海气耦合气候模式和世界上最快的超级计算机——地球模拟器，以减少气候变化预测的不确定性。这是与东京大学气候系统研究中心（CCSR）和国立环境研究所的一个合作项目。

2）发展全球变暖预测的综合地球系统模式

气候变化如全球变暖是气候、陆地和海洋生态系统相互作用的结果。该计划目的是发展一个全球变暖预测的综合地球系统模式，模拟这些相互作用并对全球气候变化作出可靠的预报。

3）大气-海洋物理过程的先进的参数化方法

收集中国山东泰山、陕西华山、安徽黄山和俄罗斯东西伯利亚Mondy等高山站的对流层臭氧观测资料，用于验证全球变暖综合模式的化学-气候子模式。

为了验证对流层光化学反应子模式，必须加强对光化学成分（包括 OH 和水原子）的研究。为评估全球变暖对对流层臭氧的影响，需要估算亚洲从现在到 2020 年臭氧前兆物和温室气体的排放量。

4）区域和中尺度水循环的先进预测系统及其计算方法

作为基础研究的一个实际应用，经观测资料和高分辨的模拟研究相结合，研究不仅影响亚洲大陆，而且也影响区域水循环的作为沿海沙漠形成原因的西亚气候变化。

5）发展气候研究资料四维同化系统及其数据结构

该研究目的是构建一个四维参数同化系统，以提供一个高质量的复杂的再分析数据集。它完全依赖于最近的地球观测系统和数值模拟以及地球模拟器计算能力的显著进展。它与先进的大气-海洋-海冰-陆地耦合模式相集成，将产生与时间同步变化的动态数据库。这个数据库对更精确的季到年际预报、更好描述全球变暖和水循环是十分必要的。

8. 国际合作

2004 年开始，根据《国际北极圈研究中心（IARC）和国际太平洋研究中心（IPRC）中日与美国的合作研究》的中期目标，独立行政法人海洋研究开发机构开始实施了在 IARC 与 IPRC 中进行的地球环境观测研究和地球变化预测研究。FRCGC 作为 JAMSTIC 的研究委托单位，通过前沿研究充实在 IPRC 和 IARC 开展的研究活动。

1）IPRC

（1）关于印度洋-太平洋气候研究：确定北太平洋海域大气海洋过程中 10 年尺度的变化原因和厄尔尼诺/南方涛动原因；阐明太平洋全球环流及其变化机理；研究印度洋海面温度的季节和年际变化特性。

（2）关于区域海洋现象的研究：研究黑潮、亲潮以及黑潮的扩展流向的机理和气候变化机理；研究低纬度海域的西岸边界流机理和气候变化；评价亚太地域东亚边界海域和印度尼西亚贯穿流对气候系统的影响。

（3）亚洲-澳大利亚季风研究：研究亚洲-澳大利亚季风 10 年际及年际变化与原因，季风的季节内振荡机理和可预测性，季风的季节变化的非对称性原因、亚洲夏季的全球性遥相关、季风降雨季节的可预测性、亚洲季风和北美季风变异的相关性、热带风暴的气候模拟、厄尔尼诺/南方涛动的非线性动力学。

（4）全球环境变化影响研究：阐明亚太地域全球气候变化中的区域结构，研究高分辨率全球气候模型在高分辨率模型下全球气候模型的性能。

2）IARC

（1）海冰-海洋-大气相互作用研究：其主要目的是阐明极地气候变化中海冰的作用。因此，首先要阐明海洋分布的时间变化机理，评价海冰对气候变化的影响。其次，还要对影响海冰冰层厚度分布的动力学和潮汐效果进行海洋观测和模拟研究。

(2) 北极圈气候的生化学研究：阐明北极圈与海洋生态系统中的碳迁移与转化机理，以提高北极圈气候模型中碳循环参数的准确度。还应该阐明水团示踪混合过程，以提高北极圈气候模型中海洋混合过程参数的准确度。

(3) 北极圈气候研究：为 MIROC3.1（大气海洋耦合模型）提供海冰模块，用于地球模拟器中的高纬度热力学过程的研究，北极圈中水收支量的掌握以及对气候变化的影响研究，利用全球气候耦合模型阐明大气海洋 10 年尺度的变化现象以及敏感度研究，研究海冰分布的时间变化和基础生产力变化情况。

5.4.2 日本地球模拟器及模拟实验计划

1. 概况

1996 年，日本科学技术厅航空与电子技术审议会地球科学技术分会的《实现全球变化预测》（"Toward Realization of the Global Change Prediction"）报告书中首次提出开发能预测地球环境变化研究的地球模拟器（earth simulator）。1997 年由宇宙开发事业团（National Space Development Agency of Japan）、动力反应堆及核燃料开发事业团（Power Reactor and Nuclear Fuel Development Corporation）对开发地球模拟器进行了经费预算，并成立了地球模拟器中心（The Earth Simulator Center）。1997 年 11 月，从众多关于地球模拟器概念设计的提案中选用了日本电气株式会社提出的计算机系统方案。1998 年由日本原子能研究所代替动力反应堆及核燃料开发事业团从事地球模拟器的研究开发工作。1999 年 2 月，海洋科学技术中心（现为海洋研究开发机构）也参加了地球模拟器的开发工作，并决定将地球模拟器中心建立在横滨市金泽区。从 2000 年 3 月开始进入地球模拟器的制造过程，由宇宙开发事业团、日本原子能研究所以及海洋科学技术中心 3 个法人单位承担此项工作。开发完成后，地球模拟器的运行由海洋科学技术中心承担。2002 年 2 月底，640 个计算结点开始运转，160 个计算结点的实测性能为 7.2 太拉 FLOPS（浮点运算/秒）（目标性能 5 太拉 FLOPS 的 1.44 倍）。2002 年 3 月，海洋科学技术中心地球模拟器中心正式运营，该中心的组织机构如图 5.8 所示。

地球模拟器的设备具有抗电磁波干扰和抗震等特点。地球模拟器大楼外部有 8 个独立的避雷塔，采用的是架空地线方式。避雷导线是 66kV 特高压电缆。模拟器大楼的免震装置是通过地下 11 个橡胶隔离器实现的（高 29cm，直径 1m，20 层）。大楼内配备有特殊的照明装置，灯管的直径为 255mm，长 44m，1 kW 的卤素灯，平均照明度为 300lx。

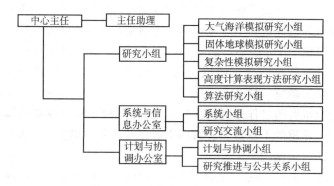

图 5.8　地球模拟器中心组织图

2. 地球模拟器中心研究小组设置

地球模拟器中心有 5 个主要的研究小组，即：大气与海洋模拟研究小组（AOSC），固体地球模拟研究小组，复杂性模拟研究小组，高度计算表现方法研究小组，算法研究小组。

1) 大气与海洋模拟研究小组

该小组设立了大气环流模拟研究（AFES）、海洋环流模拟研究（OFES）以及大气-海洋耦合模拟研究（CFES）3 个研究站点。

AFES 以 CCSR/NIESAGCM 为参考、利用光谱法建立的全球三维流体静力学模型，它可以对一年尺度的大气变化机理和可行性预测进行模拟研究。通过 AFES 与地球模拟器的结合，在世界上首次实现了 T1270L96 超高分辨率的全球大气模拟。当开通所有处理器（640 个结点，5120 个处理器）时，执行性能能够达到 26.58 太拉 FLOPS，是理论峰值的 64.9%。为了能有效利用地球模拟器的硬件资源，采用了 3 个并列程序。勒让德变换的计算量与切断波数的 3 倍成正比，为了实现高分辨率，以提高向量处理效率重点优化勒让德变化，其结果是勒让德变换的计算部分达到理论峰值的 90% 以上，而且具有较好的可伸缩性。利用 AFES 可以实现对全球大气的高分辨率的模拟，而且将地表分割为大约 $10km^2$ 的区域对大气及海流的变化情况进行模拟研究是世界上首次进行此类试验。在模拟地球上一天的大气流动情况时，地球模拟器只用了 40min 就处理完毕。地球模拟器现在正处于验证阶段，建立在地球模拟器基础之上的 AFES 模型实现超高解像度的模拟必定会遇到许多障碍，这是今后工作必将解决的课题。

OFES 海洋环流模拟模型主要研究中尺度现象对海洋大气循环和物质传输的效果。利用 OFES 模型对全球规模的海洋涡流进行分辨模拟。海洋对气候变化发挥着很重要的作用，因此建立具有高可信度的海洋模型是海洋学的气候研究人员最关心的事情。特别是在观测数据较少的海洋气候研究中，高可信度模拟是在已知数据基础之上为促进了解海洋全体影像的一种研究方法。根据最近的研究得知，为了再现西部边界流和中等规模涡流的活动，OFES 模型中设定的水平方向的计算网格间隔比 10km 还小，证明了在地表循环再现的地域性特征方面，全球海洋涡流模拟具有较高的分辨模拟功能。以美国大气海洋管理局（NOAA）和地球流体动力学实验室（GFDL）开发的世界标准模型 MOM3 为基础，开发出了能用于地球模拟器的最佳并列化代码 OFES。OFFS 模型成功的模拟了海洋高度的变化情况、赤道的不稳定波、海面水温以及西部边界流在水温中的反映、赤道太平洋中温跃层的结构等。

CFES 用来研究大气-海洋耦合系统的变化机理和预测的可行性。气候变化中存在许许多多自然要素的相互作用。在海洋方面，降雨会改变海水温度，而且海流发生变化直接关系到气候变化。南极和北极的冰和气候变化也紧密相关，可以说海冰的存在是将极地温度保持在一定状态的重要因素。在陆地上，山岳地形、冰川河流、森林、火山活动、河流、人类活动都会对气候变化产生影响。因为将以上所有影响因子模型化非常复杂，CFES 选取了其中对气候变化产生重要作用的大气、海洋和海冰因素。能够直接表现各种相互关系的大气-海洋-海冰耦合模型（图 5.9）对未来气候的预测是必不可少的，比如说随着全球变暖的加剧，厄尔尼诺会发生什么样的变化，以及厄尔尼诺会对日本的气候产生什么样的影响，等等。CFES 模型中采用了 AFES 和 OFES 模型，以及日本全球变化研究所与国际北极圈研究中心共同开发的海水模型，而且在计算方面充分显示了地球模拟器的巨大威力，多个过程可以同时进行，各个组成部分也可以单独运行。

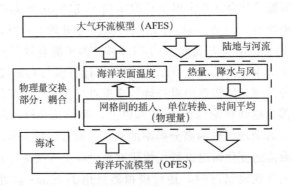

图 5.9　大气-海洋-海冰耦合模型

地球模拟器中心所做的一些气候变化预测尺度是数年到数千年的尺度。数年尺度的气候变化中，验证了秘鲁海湾的海水温度变化具有明显的厄尔尼诺现象。数千年尺度的现象虽然有温盐环流引起的气候变化，但是全球变暖对气候变化产生什么样的影响以及预测的可行性也是需要继续探索的，甚至从上万年尺度的古气候变化中学习到什么知识也是值得研究的。古气候变化观测是通过钻探冰河或冰床，对所得到的冰芯进行化学成分分析，从而能推测数万年以上的大气或海洋的情况，能够验证过去寒冷期和温暖期是以何种尺度变化的。这些验证结果能否用模拟来说明是值得研究的。

今后将通过国际合作来促进地球模拟器的利用研究。另外，CFES 在不远的将来也会公布一些源代码和实验数据。

2）固体地球模拟小组

固体地球模拟小组近年来开展的主要工作包括：利用阴阳格子开发地磁发电机代码；地幔对流模拟的高速解法算子开发；阴阳格子的开发；利用阴阳格子开发地核对流代码；地磁发电机的模拟研究。

（1）利用阴阳格子开发地磁发电机代码：地球模拟器是由 5120 个处理器构成的并列式计算机，因此在进行大规模的计算时必须将代码并列化。利用阴阳格子将代码并列化的方法有好几种。地磁发电机代码的并列化，是在水平方向（纬度和经度方向）上进行了二次元分割。每一个被分割开的领域中分配一个处理器，处理器之间的通信通过 MPI 实现。通过该种并列方式，利用地球模拟器的 400～500 个结点就能实现大规模的地磁发电机模拟。现在的网格点数为 511（半径）× 514（纬度）× 1538（经度）× 2（阴和阳），演算速度最高为 13.8 太拉FLOPS。

（2）地幔对流模拟的高速解法算子开发：地幔对流运动是非压缩的而且是黏性比较大、雷诺数比较低的流体运动。为了实现地幔对流的大规模模拟，研究小组开发出了新的方法。它不仅开辟了各领域中流体模拟的方法，而且还克服了地幔对流的困难。主要包括伪压缩法、空间变动的时间步进法（spatially varying time stepping）和多重网格法（multigrid）。

（3）阴阳格子的开发：阴阳格子的两个要素格子在方向上不同，性质完全相同，它与通常的纬度经度格子法相比，避开了坐标奇点及格子间隔极度不均匀等缺点。固体地球模拟小组和复杂性模拟小组利用阴阳格子分别开发出了地磁发电机代码、地幔对流模拟以及先进模拟程序模拟。

（4）利用阴阳格子开发地核对流代码：通过赤道面上的温度、涡度的等值面、流线、流场等向量表示对阴阳格子计算出的地核对流进行了可视化。

（5）地磁发电机的模拟研究：为了了解地球双极磁场的起源及磁极逆转现象开展了大规模计算机模拟研究。把地球想像成有外核、有两个球面的球壳状容器，内侧球面温度高而外侧球面温度低，如果要保持各自的温度，球的重心会在重力的作用下发生变化，用计算机模拟求解球壳容器内的电气传导性流体的热对流运动的时间发展规律。基础方程式是磁流体动力学方程。

3) 复杂性模拟研究小组

(1) 气候变化模拟。气候系统是由大气、海洋、陆地、海冰、生态等自然环境以及由人类活动释放出的多种化学物质及其之间复杂的相互作用组成。目前，用于气候变化预测的大气海洋耦合模型在世界上有40～50余个。例如，我们举例最多的全球变暖预测问题，不仅是科学和学术问题，同时也是社会问题。在2001年发表的IPCC第3次报告中，预测说到2100年，地球的平均温度会上升1.5～5.8℃。比较一下预测温度的最高值和最低值，使我们不得不重视全球变暖预测的不确定性问题。为了尽量减少这种不确定性，科研人员倾注了很多精力，但是为什么会产生这么大的偏离呢？关于这个问题有多种解释，其中认为在诸多模型中的参数化存在任意性，气候预测的结果自然会产生这么大的偏离。地球模拟器试图寻找一个新的突破口来减少各种模型的任意性。

(2) 全球、大气及海洋环流模型的现状分析。与传统的气候模型相比，利用地球模拟器建立的气候模型能将地表分割为大约$10km^2$见方的区域，从而可以对大气及海流的变化情况进行高分辨率的模拟，能够再现大气中的台风、梅雨以及海洋中的涡流传热等现象。而且传统气候模型的静力学平衡模式很难模拟出积雪、暴雨等猛烈现象的变化情况。地球模拟器是一个超级计算机，有助于理解这些物理现象的研究工作。当以某个限定的领域为对象时，如何设定其外部条件是个常见问题。为了能完整的捕捉全球尺度的气候现象，全球高分辨率的模拟是很有必要的。

(3) 整体气候模拟代码的开发。地球模拟器中心从2003年开始在地球模拟器上进行气候变化的整体模拟。开发非流体静力学的大气环流、海洋环流以及大气-海洋耦合模拟代码，水平分辨率为几百米至几千米，垂直分辨率为100～300层。此时空尺度包含了从局部现象到全球现象的模拟。

整体气候模拟代码开发的第一阶段目标是完成全球尺度的非流体静力学的大气-海洋耦合模拟代码。作为其构成要素的大气环流模拟代码和海洋环流模拟代码都采用了地球模拟器中心为固体地球模拟小组开发的全球准一级网格系统。通过导入该种网格系统，解决了代码南极和北极的奇点问题，大大节省了计算时间。处于开发中的地球模拟代码应该保持高的计算效率，整体气候模拟取得了地球模拟器60%的理论峰值。

4) 高度计算表现方法研究小组

高度计算表现方法小组可以更有效地将地球模拟器计算出的模拟结果可视化，更容易表现出模拟结果。这些模拟结果对于一般人也比较容易理解。进行可视化研究的原因有两个方面：①有必要开发能够有效利用大量计算结果的可视化系统；②开发容易理解并能表现精密计算结果的表现方法是很有必要的。在一般显示器的可视化基础之上引入了虚拟现实技术的可视化。一般情况下，可视化输出的画像是二次元画像，仅从一张二次元画像是不能了解到一个物理现象发生的全过程。在此，该小组引入了虚拟现实可视化装置 BRAVE（booth for resolving aspects of virtual earth），是 CAVE 系统的可视化装置。BRAVE 通过高速图像工作站（8 个处理器，主内存为 16GB，存储设备为 1GB）生成的立体映像输出到立方体的、各边长度为 3m 的大型屏幕上。利用者可以通过液晶眼镜以及与其同步的左右眼映像开关就可以完成可视化过程。

通过使用 BRAVE 可视化装置，就好像处在模拟实体中从各个角度观察并解析这些可视化模拟数据，很容易理解发生了什么样的现象。

5）算法研究小组

地球模拟器证明了模拟方法不仅在科学研究而且在预测人类未来方面都是一种重要的方法。但是由于自然和社会中的各种复杂现象包含不同尺度以及基础过程，实现包含所有微过程的模拟是不太可能的。整体模拟研究开发计划正是为了解决这种问题而开发的计划。

算法研究小组利用地球模拟器开发了新的方法论，在阐明宇宙等离子体现象等复杂机理的同时，也希望能在下一代超高速计算机的模拟研究上有所开拓。

5.4.3 2005 年开展的主要研究项目

2005 年，日本地球模拟器中心开展了以下模拟项目（表 5.7），其中，地球大气与海洋领域 12 项，固体地球领域 9 项，计算机科学领域 1 项，先进与创新领域 22 项。

表 5.7 2005 年地球模拟器中心项目表

大气海洋领域（12 项）	
项目名称	研究机构
全球变暖预测的高分辨率大气-海洋耦合模型研究	东京大学气候系统研究中心
用于全球变化预测的地球系统模型的开发	海洋研究开发机构地球环境前沿研究中心
各种物理过程的高度参数化	东京大学研究生院理学研究科
高准确率、高分辨率的气候模型的开发	气象厅气象研究所
四维时空数据同化系统的研究开发和初值化及再分析数据的建立	海洋研究开发机构地球环境前沿研究中心
广域水循环预测以及对策技术的精确化	日本环境卫生中心酸雨研究中心
利用化学输送模式研究大气成分的变化和气候影响	海洋研究开发机构地球环境前沿研究中心
重要大气海洋现象的理解与预测	海洋研究开发机构地球模拟中心
适用于地球模拟、非静力、大气海洋的模型开发	海洋研究开发机构地球模拟中心
气候与海洋变化机理的阐明以及预测可行性研究	海洋研究开发机构地球环境前沿研究中心
热岛数值模型的开发	建筑研究所
在地球环境前沿研究中心开发出大气-海洋-陆地耦合循环模型	海洋研究开发机构地球环境前沿研究中心

续表

固体地球领域（9项）	
项目名称	研究机构
地球弹性反应模拟	海洋研究开发机构地球内部变化研究中心
地球环境下的地球磁场与变化模拟	海洋研究开发机构地球内部变化研究中心
地幔对流的数值模拟	海洋研究开发机构地球内部变化研究中心
日本列岛地壳活动预测模拟	东京大学研究生院理学研究科
三维非均匀场中的地震波的传播及强烈地下活动的数值模拟	东京大学地震研究所
复杂断层系地震发生过程的模拟	名古屋大学研究生院环境研究科
固体地球模拟平台的开发	东京大学研究生院理学研究科
核幔动力学	海洋研究开发机构地球模拟中心
利用计算地球物质科学评价计算地球内部物质的物性	东京大学研究生院新领域创新科学研究科

计算机科学领域（1项）	
项目名称	研究机构
微观-宏观相互作用模拟算法的开发	海洋研究开发机构地球模拟中心

先进与创新领域（22项）	
项目名称	研究机构
火箭发动机内部流的数值模拟	宇宙航空研究开发机构
关于碳纳米管特性的大规模模拟	高度信息科学技术研究机构
用于虚拟验证实验的下一代计算固体力学模拟器的开发	九州大学研究生院工学研究所
利用地球模拟器研究格子上的基本粒子标准模型	筑波大学计算科学研究中心
太拉赫兹共振超导质子的大规模模拟	高度信息科学技术研究机构
宇宙环境模拟器宇宙飞行器电弧加热式发动机的等离子评价	京都大学生存圈研究所
利用DEM建立具有内部结构的复杂多相粒子模型	海洋研究开发机构地球内部变化研究中心
计算材料科学的物质信息构建方法的开发	CARP
宇宙形成及动力学	千叶大学理学系物理学教研室
湍流的世界最大规模直接计算及监测应用计算	东京大学研究生院信息学
生物模拟	生物模拟研究会
关于原子反应堆内复杂热流动预测的大规模模拟研究	日本原子能研究所东海研究所
溶液的第一原理分子动力学模拟	日本原子能研究所东海研究所
利用超导纳米制造研究新奇物性和中性子检测设备开发中的超导动力学	日本原子能研究所计算科学技术推进中心
放射线照射过程中材料的物性变化及破坏的微观模拟	日本原子能研究所计算科学技术推进中心
地下放射性核素迁移与地下水活动的大规模模拟技术的研究	东京大学人工物理工程中心
耐放射性SiC设备氧化膜的第一原理分子动力学模拟	日本原子能研究所高崎研究所
稠密格子燃料集合体中子通道内冷却材料直接湍流模拟	东京工业大学研究生院理工学研究科
关于药物传递系统（DDS）的大规模软材料模拟研究	高度信息科学技术研究机构
燃料电池电极反应的纳米模拟	产业技术综合研究所
高温等离子体中多物理场的综合模拟研究	自然科学研究机构核融合科学研究所
战略基础软件开发	东京大学生产技术研究所

5.4.4 开展的国际合作项目

地球模拟器是一个国际性的研究手段,利用地球模拟器进行研究的国外机构可以来到地球模拟器中心进行研究,近几年来,开展的主要国际合作项目主要如表 5.8 所示:

表 5.8 国际合作项目

研究内容	合作机构	合作签订日期/ (年-月-日)	研究进展及其他
区域气候模型的开发	美国 Scripps 海洋研究所	2002-12-27	从 2001 年开始,有 3 名研究人员来到地球模拟中心开展了相关工作
新气候模拟的开发	英国哈得莱气候研究中心与全球大气监测中心	2002-12-17	处于模型研究阶段。2004 年研究人员就地球模拟器的利用访问地球模拟器中心
气候变化模拟研究与观测研究	意大利航天局	2002-02-27	2005 年有 2 名研究人员到地球模拟器中心从事研究工作
台风模拟	加拿大气象局数值预报研究部	2003-04-15	2003~2004 年有 3 名研究人员在地球模拟器中心进行模拟工作
利用标准测试对地球模拟器进行正确评价	美国国家能源研究科学计算中心	2003-08-26	2003 年 12 月来到地球模拟器中心进行标准测试,2004 年 11 月公布测试结果
关于大容量数据的可视化方法研究	美国得克萨斯州大学计算可视化中心	2003-09-02	可视化软算法的研究中(没有利用地球模拟器)
关于大气-海洋-固体地球的模拟研究	法国国家科学研究中心、法国国家海洋开发研究院	2003-11-02	参观访问地球模拟器中心,研究实施内容
关于地球科学数据的可视化方法的研究	明尼苏达州立大学、地质学与地球物理学系	2004-07-27	关于可视化软算法的信息交换中(没有利用地球模拟器)
极地模型的开发	美国国际北极研究中心	2004-09-14	正在研究实施内容

注:数据来源于地球模拟器中心 2004 年 12 月的评价报告书。

思 考 题

1. NASA 的"地球科学事业"(ESE)计划的主要内容与特点是什么?
2. 英国的"量化并理解地球系统"(QUEST)计划的主要内容与特点是什么?
3. 日本 NASDA 的"地球模拟器"与"全球变化模拟实验"计划的主要内容与特点是什么?
4. 还有哪些值得介绍的全球变化模拟实验计划?

第6章 探索研究

6.1 数字地球神经系统

Bill Gates 曾提出:"数字神经系统"的概念,他认为只有驾驭数字世界的企业才能获得竞争优势。他说:如果企业的竞争在 20 世纪 80 年代的主题是产品的质量,90 年代的主题是企业的结构调整的话,那么 21 世纪企业经营管理的关键就是速度。这种变革的发生,完全取决于数字信息流。无论是文字、声音或影像都以数字形式通过计算机和通信网络进行处理、存储和传输。

JPL 于 1998 年提出了由各种传感器及数据采集系统,高性能计算机及宽带网三者共同组成的"数字地球神经系统"是科技发展的必然趋势。现在再加上 Grid 及 Grid Computing,地球的数字神经系统将成为现实。

美国《商业周刊》于 1999 年 8 月发表了一篇文章称,21 世纪将使地球覆盖上一层"电子皮肤",这个地球的电子皮肤将利用数以亿计的智能传感器、软件和网络布满全球,加上数十亿个"数字宠物",即电子传感器,组成"遥测纤维",实时或准实时获取整个地球的各类信息。现在精准农业的很多传感器,已经可以实时或准实时地获取土壤的各种物理的、化学的及生物的参数,包括营养成分和水分等。现在的 Grid 可将分布在全球的传感器连接在一起,形成地球的电子皮肤是完全可能的。

美国的"行星地球使命"(MTPE)计划,包括 EOS 和 GEOSS 等带有 40 多种对地观测仪器及欧洲最近发射的环境卫星(EnviSat)等多个卫星组成的星座对地球实现多分辨率的、多时相的、时间和空间连续的、全天候的、全方向的、全覆盖的、无缝的监测,已经成为现实,尤其是 EOS 和 GEOSS 对地球实现全面的监测已成为可能。

6.1.1 数字神经系统

数字神经系统(digital nervous system)是由 Bill Gates 首先提出来的新概念。美国专家 Harley Hahn 曾指出,由信息、计算机、连接物(外设)和人(操作者)共同组成的网络是一个独立的"生命体",他认为有生命的人们一旦产生了网络,它就有了独立的生命。但是它和一般的生命体不尽相同,它是属于一个无定形的生命体,处在不断的运动和变化之中。

数字神经系统是指:利用相互连接的计算机网络(如 Internet)和集成软件,创造新的工作方式,加速信息流通和保证准确性,以确保能做出快速、正确的决策。Bill Gates指出：如今商业中的任何事情都没有什么不同，一个公司的成功还是失败，取决于他们的管理信息的方式不同，取决于信息获得的数量、质量和速度的不同，以及根据这些信息人作出决策的正确性和速度。一个企业的成败取决于信息的管理方式。企业的竞争命运如何是由于信息不对称所造成的。从信息的获取到信息传输，到信息的决策，再经过传输到操作过程，如同一个生命体的神经系统过程，其中的核心之一是"信息"的正确性和全面性，之二是"网络"传输的畅通性和安全性。现代的计算机网络和神经系统相类似，作为节点的计算机和连接外设组成了计算机网络，而人体内的神经网络把神经（相对于计算机与外设）相互连接起来，构成了神经系统。互联网中的计算机如同神经网络中的神经元，完成刺激，即信息的存储和传递，而网络连接线正如连接神经元的神经，实现刺激，即信息在神经元（网络节点）之间的传输。如同人接受来自外部事物的信息对大脑神经产生刺激信号，人脑神经系统作为一个整体通过一系列思维活动，对其作出相应的反应。同样人们可以利用网络中的计算机输入问题信息，在经过与互联网服务相关的信息处理后，计算机给出问题的答案，这就类似于神经系统中的刺激与反应过程。

Bill Gates提出的企业神经系统就是指设在母国的总公司与分布在世界各地的许多子公司之间，通过计算机有线或无线网络相连接，不仅母公司与子公司之间相连接，而且子公司与子公司之间也实现相互连接形成网络，母公司与子公司都是网上的节点，相当于神经系统的神经元，而网络相当于神经。母公司与子公司之间，子公司与子公司之间实现实时或准实时通信，母公司实时掌握各子公司的业务状况，然后将决策实时传达到分布在世界各地的子公司，子公司的管理或经营经验，也可以及时在子公司之间进行交流，实现公司系统内管理一体化，提高管理水平。

Bill Gates在他的著作《以思维的速度运作企业：利用数字神经系统》书中指出：企业的数字神经系统就像人类的神经系统一样。企业通过它把井然有序的信息流适时地提供给公司适当的单位。数字神经系统包括数字流程，借此了解环境，作出回应，也能察觉竞争者的挑战和顾客的需要，适时提出对应措施。

Bill Gates于1999年在《未来时速——数字神经系统与商务新思维》（Business The speed of Thought using A Digtal Nervous System）书中指出：如果说20世纪80年代是注重质量的年代，90年代是注重再设计的年代，那么21世纪的头10年是流动速度的时代，是企业本身迅速改造的年代，是信息渠道改变消费者的生活方式和企业期望的年代。在即将出现的高速商业世界中，应具备与对手竞争需要的反应速度，为此开发了一种新的数字式基础设施。它就像人的神经系统，能够做出快速反应。企业数字神经系统是由布满企业的各种传感器和信息采集系统与网络共同组成，提供了完美的、集成的信息流，在正确的时间到达系统的正确地方。企业数字神经系统由数字过程组成，这些过程使得企业能迅速感知其环境，并做出正确的反应，察觉竞争者的挑战和客户的需求，然后组织及时的反应。企业数字神经系统是由硬件和软件组成，能够提供精确、及时和丰富的信息，以及这些信息带来的可能的洞察力和协作能力。

与企业数字神经系统十分相似的叫敏捷虚拟企业（agile virtual enterprise，AVE），是指以"市场响应速度第一"的企业，包括以敏捷动态优化的形式组织新产品、新服务的开发和经营，通过动态联盟，具有先进的柔性生产技术和高素质人员的全面集成，迅速响应客户需求，及时交付新的产品，推出新的服务并投入市场，从而赢得竞争优势。

信息化企业是以互联网为核心的信息技术进行商务活动和企业资源管理，尤其是高效地管理企业的所有信息，创建一条畅通于客户、企业内部和供应商之间的信息流，并通过高效的管理、增值和应用，把客户、企业、供应商连接在一起，以最快的速度，最低的成本响应市场，及时把握商机，提高竞争能力。

企业数字神经系统的目的是利用网络最大限度地满足客户的需求，利用先进的信息技术，正确分析客户需求，为客户提供服务，建成一个收集、分析和利用各种方式获得的客户信息的系统，准确了解客户的需求，及时地提供个性化的服务，并且在最大范围内抓住客户。

企业数字神经系统需要及时沟通从客户到仓库、分销中心、生产部门和供应商之间的信息，通过严密的供应链计划，供给管理、物料管理、销售订单管理、售后客户服务管理、质量管理，使所有的供应链信息与企业管理信息同步，提高企业与供应商的协作效率，优化企业采购过程，降低采购成本，提高原材料的质量，为整个企业提供一个统一的、集成的环境，准确掌握企业的需求、供货、存货及供应商的资源状况，通过基于网络的供应链简化供货进程，最大限度地降低采购成本。

企业数字神经系统首先需要整合与业务相关的所有系统，否则，快速反应市场便为一句空话。通过整合企业信息，让客户、企业雇员、供应商能够从单一的渠道访问所需的个性化信息，利用这些个性化信息作出合理的业务决策并执行这些决策，这就需要企业能够建立资源管理系统、客户关系管理系统和供应商管理系统等所有与企业业务过程相关的系统和紧密集成，并把它们全部延伸到互联网上，让客户、供应商通过互联网与企业进行互动的、实时的信息交流，形成一个以客户为核心进行业务运作的虚拟企业，最大限度地满足客户需要，最大限度地降低企业成本，实现从传统的4P（产品、价格、渠道、促销），即以推销产品为中心的模式，转变到现代营销理论上所强调的4C（客户、成本、便利、沟通），即以客户为中心的模式上来，直接面向客户、定向服务、快速反应，从而赢得商机。

企业电子市场（eMarketplace）：它营造的虚拟空间让买卖双方在彼此不见面的情况下进行采购、交易、谈判，很像现实中的市场。它是在一对一的初级电子商务无法满足企业需要的情况下产生的。由于它是依托在互联网上，所以具有任何企业在任何时间和地点均可以在其上进行采购、交易的特性，可谓永不关门的大市场。它的特点是可以帮助买方控制采购过程，优化业务流程，进行供货商业链分析。它可以帮助卖方将大量的订单方便地汇聚在一起，便于进行用户分析，降低开发新客户的成本，细分客户群，帮助企业制定连续性的促销及互销等战略及连锁店的空间地理布局（要用 GIS 协助）。对企业而言，电子市场更大的好处还体现在节约成本上。调查表明：54％的企业认为可以节约成本，42％的企业认为可以实现产业流程自动化，36％的企业认为可以扩大供应商和客户范围。根据国外企业的经验，电子市场可以改善企业采购流程，包括从订货到交易处理，到售后服务，而且还可以开拓新的供货渠道。（商祺网络，2000.9）

信息（数字）企业是国家信息化的重要组成部分，是电子商务的基础，是企业升级的保障，企业信息神经由企业地理信息系统、管理系统、电子商务和企业数字神经系统（敏捷虚拟企业）等组成。在信息化企业中，空间概念十分重要，Web GIS 将有很大的应用前景。

企业信息化已经成为不可阻挡的大趋势。在目前至少 1000 万个企业中，实现信息化的还不到 1％，大有发展余地，没有信息化人才与技术的企业可能在 2/3 左右。

6.1.2 数字地球神经系统

数字地球技术系统和人体神经系统具有很多的相似之处。它是一个复杂的、开放的系统。它是由数据采集系统、计算机处理与存储系统、高速通信网络子系统和无数个分布式数据与 Web GIS、Mobile GIS、Grid GIS 组成节点的网络系统，并合理地分布在地球各地。

(1) 数据采集系统，相当于神经系统中的神经末梢、感觉神经，包括：①各类遥感卫星或遥感飞机组成的"EOS"、"IEOS"及其组成的星座系统；②全球卫星定位导航系统（GNSS）、测地卫星、重力卫星等；③地表各类敏感元件组成的数据自动采集与传输系统；④地面各地的生态站、环境监测站、水文站、海洋站、气象站、农业监测站的数据采集与传输系统。

(2) 地面接收、处理、分析、存储及管理系统，也就是分布式数据库与信息处理分析中心，也就是信息节点，相当于神经元。

(3) 通信网络系统，尤其是 Grid，即神经系统，它的分布遍及全球的各个部位。

数字地球神经系统，就是利用轨道的空中的和地面的各种传感器，如同人体的神经末梢一样，获得全球各部位的及外界环境的信息，将这些信息通过网络，相当于人体的神经传给遍布全身的网络节点，相当于神经元，经过集成处理后再通过网络传送到信息中心，相当于人体的神经中枢（大脑），经过集成、分析和决策后，再通过网络反射到节点，到神经元，并采取各种应对措施。信息中心，即神经中枢将分布于全球的节点采集来的信息进行集成和分析，将决策支持的软件进行集成，并共同组成协同方式的运作，确保决定的正确性和传输的准确性。

在第一次海湾战争时，从侦察卫星获取战场信息到设在美国的指挥中心作出决策后，将决策信息返回到海湾战场的指挥员那里时需经历 3h，而现在却不到 3min 的时间，将来可能只要 3s，如同人体的神经系统一样迅速。

地球神经系统是数字地球发展的高级阶段，也是数字中国发展的高级阶段，我们坚信这个战略目标一定能够实现，而且很快就能实现，尤其是 Grid 及 Grid Computing 发展的必然结果。

随着科学技术的飞速发展，各类敏捷的、廉价的传感器或敏感之件越来越普及，例如精准农业方面，土壤湿度分析、土壤养分分析，原来是非常复杂的，现在则变得十分简单，该测试敏感器随着拖拉机翻地的过程和速度，不仅可以将该地块的土壤湿度、土壤养分和拖拉机耕地的速度同步测定，而且一块地翻耕完毕时，该片耕地的土壤湿度和土壤养分分布的制图工作也同时完成。同样收割机在进行收割的同时，每一块地的粮食产量或棉花产量的分布图也同时完成。加上计算机网络技术，包括无线网络及卫星网络技术，可以将这些数据实时或准实时地传到应该传送的任何地方，这就是地球神经系统。

同时对于河流、湖泊、水库及任何水体中的污染状况进行自动、快速检测的仪器，可以将任何地点、任何时间的水质污染状况通过无线网络，通过卫星传送给任何需要的地方，这就是地球神经系统。

2005 年出现了一种十分廉价的、敏捷的一氧化碳检测仪，和卫星定位仪一起，只要放在一个小包中，人走到哪里就测到哪里，如果是驾车的话，随车到哪里就测到哪里，同时还生成一张一氧化碳气体浓度分布图。如果还带有无线通信设备的话，可以将检测的结果和污染分布图实时传送到该传送的地方。如果把这种廉价的传感器布置在任何需布置的地方，就可以实时检测到污染气体的分布状况，这就是地球神经系统。

这些敏感的电子传感器中，按照 Moore 定律，每隔 18 个月就减价一倍的原理，很多检测仪器降价的速度很快，可以实现地球"电子皮肤"的构想。

6.2 数字地球工程

数字地球（DE）的战略目标是：从系统描述地球，即理解地球，最后落实在科学地管理好地球。科学地管理好地球，并不是指"人定胜天"、"扭转乾坤"、

"改天换地"和盲目地改造大自然,而是科学地、在遵循地球系统的规律的大前提之下,运用现代的科学技术,如地球空间信息技术、生物工程技术,改造某些可能改造的、危及人类生存的自然现象和过程,采取合理的工程措施还是可以的。数字地球工程(DE-Engineering)的目的是在地球系统规律的大前提下管理好地球。第一,保护好地球,严禁有损于地球系统的事情;第二,采取适当的措施改善那些可以改造的生态条件。这就是"数字地球工程"(DE Engineering 或 DEE)。

6.2.1 德国研究联合会的《地球工程》

2000年德国研究联合会(DFC)推出德国未来15年的大型地球科学研究计划——"地球工程学"(Geo Technolo Gien)的国家目标,在社会需求和市场驱动的互动作用下,以"从地球系统过程认识到地球管理"为主题的地球科学发展战略目标。

1. 地球工程学的目标和特点

目标:从地球系统过程的认识到地球系统的管理,包括维护、改造在内。

特点:从认识自然的传统研究形态,逐步演绎到社会公益型复合形态;从地球系统过程认识到实施地球管理主线贯穿计划的始终。其最终目标在于实施对地球进行有效的管理,并认为"唯有在对全球付诸实施的"地球管理,才可以行有公正合理的责任和义务,以保护作为人类共同的家园和唯一的生存与发展的空间——地球,并为子孙后代留下一个适宜生存的基础。

2. 地球工程的框架结构

在上述的认识下,把地球系统的结构划分为以下4个层次:①地球系统过程—资源—管理;②地球系统认识—利用—保护;③国家目标—社会需求—市场驱动;④自然科学—工程技术—工业企业这些不同的互动关系融合在一起,

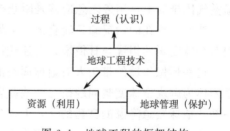

图6.1 地球工程的框架结构

从传统的自然规律研究转向解决紧迫的经济和社会发展问题(图6.1)。

3. 地球工程所要解决的主要问题

(1) 地球内部驱动力及其地质过程;
(2) 从宇宙空间观测地球;
(3) 从超声波测量即实时监测;
(4) 大陆边缘:地球系统的潜在用地与潜在危险的集点;
(5) 沉积盆地:人类最大的资源所在地;
(6) 地球:生命耦合系统中生物圈变化与全球环境控制;

(7) 全球气候变化的原因与结果;
(8) 物质循环中地圈与生物圈之间的链环;
(9) 天然气水合物:能源载体与气候要素;
(10) 矿物表层:从原子方法到地球技术;
(11) 地下空间的监察、利用和保护;
(12) 地球管理预警系统;
(13) 地球管理信息系统。

地球工程的任务是对经济和社会发展紧迫的重大问题如资源和生态环境等做出贡献,并对地球进行科学管理的理论和技术奠定基础。

6.2.2 清洁能源与降低气候变暖工程

将地球上多余的、使气候变暖的太阳能转化成为清洁能源。用太阳能来发电,这是一举两得的事情,既缓和了气候变暖给人类带来的不利,又可获得大量的清洁能源。

近些年来,少数几位科学家为应对全球变暖而提出了一些宏大且着眼于未来的解决办法,如在地球轨道上搭建"遮阳棚"以让地球降温、调拨更多云层来反射阳光、让大海吸收更多散热的温室气体等。

他们的建议最终沦落为气候学科中的旁门左道,为人所不屑一顾。几乎没有一家科学杂志愿意发表他们的相关文章,几乎没有一家政府机构愿意拨款就此进行可行性研究。环境保护主义者和主流科学家称,人们应该把注意力集中在减少温室气体排放上,当务之急应该是阻止全球气候变暖。

然而,现在的情况却急转直下,世界上一些最为著名的科学家表示,由于人们对全球变暖的担忧与日俱增,上述建议值得认真研究。

这些环保领域的带头人对地球面临的潜在危机忧心忡忡,呼吁各国政府和科学团体为解决全球变暖问题研究一些新颖的办法。他们认为,如果地球最终需要一剂让地球紧急降温的良药的话,上述建议不失为最终可求助的办法。

这些计划以及相关研究是被称作"地球工程学"的一个颇有争议的领域的一部分。地球工程学的意思是要对地球环境进行大规模的调整以适应人类生活的需要。大气化学家、华盛顿国家科学院院长拉尔夫·奇切罗内将在 2005 年 8 月一期的《气候变化》杂志上细化自己的观点,以支持对地球工程学的研究。

拉尔夫·奇切罗内还鼓励起学术带头人作用的科学家也加入到地球工程学的研究中来。2006 年 4 月,受其邀请,亚利桑那大学著名天文学家罗杰·安杰尔论述了一项在地球轨道上安装透镜片的计划,以从地球上折射太阳光。据他现在估计,大约需要安装数万亿个透镜片,每个宽 2ft,非常厚,但很轻,跟一只蝴蝶的分量差不多。

科学家早在20世纪60年代就开始悄悄研究对策,因为他们认为,人类排放的温室气体导致的全球气候变暖有一天可能构成严重的威胁。但是直到20世纪80年代,也就是全球气温开始上升的时候,在这一领域也没有取得多大成果。

有些科学家认为,地球将接收到的大约30%的太阳光反射到太空中,吸收了其余70%的太阳光。他们的推论是,略微增加地球的反射率可以轻而易举地抵消温室气体带来的影响,从而让地球冷却下来。

还有人说想在海水中加养分,让海洋植物大量生长,从而吸收二氧化碳气体达到减少温室气体的目的。还有人主张在沙漠或其他不毛之地,铺设大量的太阳能发电装置,吸收大量的太阳能并转化为电能,不仅降低了地表温度,而且增加了电力供应等。

到1997年,给地球降温的设想得到了一位知名人士的支持,他就是氢弹的主要发明者之一爱德华·特勒。特勒在《华尔街日报》上撰文说:"向平流层投放能够散射太阳光的微粒似乎是一种有效的办法,为什么不尝试一下?"

但是政府部门通常不愿让研究人员去研究这些不切实际的课题,哪怕这些课题与地球的关系较为密切。全国大气研究中心的大气物理学家约翰·莱瑟姆说,他和同事多年来一直想尝试能否通过向海上低空云层喷洒盐水的方式来增加云层的反射率,但没有成功。

还有各种各样的计划,比如在沙漠上覆盖反射膜,或者用白色塑料制品做成岛屿,漂浮在海面上,这两种方法都是为了将更多的日光反射到太空中。

反对通过这些人为方式给地球降温的人认为,想办法避免让全球气候变暖比采取危险的补救措施更有意义。他们呼吁减少对能源的使用,开发其他发电途径,控制温室气体的排放。

但是迄今为止,像《京都议定书》这种国际社会为减缓全球气候变暖所做的努力并没有取得多大效果。科学家预计,21世纪地表温度最高可能上升5℃左右。

把造成气候变暖的太阳能用来转化为发电的建议越来越受到广泛的重视。据科学家的测算,太阳能是巨大的,每个平方公里的土地上,来自太阳能的能量,相当于150万桶原油。德国科学家格哈德·克尼斯博士和弗朗茨·特里布博士估算,只要用一种叫做太阳能聚热发电技术,覆盖全球0.5%的炎热的沙漠,就可以满足全世界的用电需求,而且太阳能发电厂还能生成淡水,这也是宝贵的资源。

太阳能聚热发电技术中的反射镜非常大,并使反射镜下面形成阴影区,这些阴影区还可以种植各种植物。太阳能发电过程中生成的淡水,可以作为沙漠地区的生活用水,还可以用来灌溉植物,发电厂生成的冷水还可以用于空调制冷。太阳能用来发电之后,还能降低大气的温度,降低气候变暖的程度。

随着太阳能聚热发电技术水平的不断提高，工业成本会不断下降，约为现在采用的太阳能热水器成本的 1/2 以下。

所谓"地球工程学"是指对地球环境进行大规模的人为干预以适应人类生活需要的工程技术科学。它是由大气化学家、华盛顿国家科学院院长拉尔夫·奇切罗内在《气候变化》（2006 年 8 月）首先提出来的。亚利桑那大学著名的天文学家罗杰·安杰尔认为只要在地球轨道上空安装数以万亿个每个 2ft 直径的透镜片，就可以从地球上折射太阳光，从而减少气候变暖的机会。《地球工程学》的观点还得到了诺贝尔奖（1995）得主，德国的马克斯·普朗克化学研究所的保国·克鲁岑大气学家的支持。爱德华·特勒则认为"只要向平流层投放能够散射太阳光的微粒就可以减少太阳对地球的照射"。大气物理学家约翰·莱瑟姆认为通过向海上低空云层喷洒盐水就可以增加云层的反射率，来达到降低地表温度的目的。还有人主张在沙漠上覆盖反射膜，或专用白色塑料制品做成海面漂浮物，将太阳光反射到太空中去。

风力发电、水力发电（波浪、潮汐与河流梯级发电）、生物能源、地热能利用，也是地球工程的重要内容。最近英国对于风能的利用，挪威对于水能的利用，意大利等国对于地热能的利用给予了很大的重视。

6.3 e-Science 与 Geo-e-Science 进展

6.3.1 e-Science 综述

"e-Science"是建立在广域分布式高性能计算环境或计算机功能集成网络（简称格网，Grid）基础上的，跨越地理界限的，将入网的或在线的（online）不仅是计算机及通信技术的硬件、软件、数据/信息及一切外部设备外，而且还与计算机及网络有关的各种仪器和设备，如电子显微镜、天文望远镜甚至对撞机或各种模拟实验设备在内的技术集成系统，并能搜集各种用户所需的数据和各种 Grid Computing，并为各种基础科学工程技术科学和应用领域提供支持和服务的科学工程。"e-Science"是由多种技术、多种数据集成、百万兆级（T级）高速计算、共享和高性能可视化表达的，能推动科学技术发生质的变革的科学信息化工程。

近年来"e-Science"受到国际上许多国家的高度重视。美国从 20 世纪 90 年代初即开始进行国家高性能计算环境（网格）的研究。美国政府用于网格技术的基础研究经费高达 5 亿美元，其中美国自然科学基金委员会（NSF）的信息部拿出 1500 万美元，支持高能物理学家发展 Grid。NSF、美国国家能源部（DOE）和欧洲核子研究中心正在探讨共同投资 5000 万美元，利用欧洲核子研究中心正在建造的大型强子对撞机（LHC）作为新一代环球网格计算的试验平台。美国军方对 Grid 更为重视，正规划实施一巨型网格计划，名为"全球信息网格（Global Information Grid）"，预计在 2020 年完成。身为该计划的一部分，美国海军陆战部队另推动一项耗资 160 亿美元、历时 8 年的项目，包括系统研发、制造、维护及升级。欧盟于 2000 年和 2001 年分别投资 1000 万和 2000 万欧元，启动了欧洲网格计划（Euro Grid）和数据网格计划（Data Grid），拟于近期内使 Grid 在一些重要研究领域，如生物医药、高能物理、天文学等实现具体应用。在 Grid 的基础上，英国科学家率先提出 e-Science 的概念和研究思路，引起了政府的关注，并成立了 e-Science 研究中心。2001 年英国政府投资 1.2 亿英镑，企业匹配 2000 万英镑，设置了三年的攀登（outreach）研究发展计划。其中生物、医药和环境科学研究理事会投入 2300 万英镑用于生物、医药和环境科学研究。英国 e-Science 研究计划在 2001 年开始启动之后，一年来取得了很多的进展，已经初步建成了英国 e-Science 研究网格。目前已经有了 10 个 e-Science 研究的网格节点，分别分布在爱丁堡、伦敦、格拉斯哥、牛津、比尔法斯特、卡地夫、曼彻斯特、纽卡索、剑桥和南安普敦。曼彻斯特则正在筹建英国最大规模的超级计算中心。在 e-Science 研究框架下，许多区域性的、规模适中的研究项目已经启动，有些已经取得了很好的阶段性进展。其中英国剑桥大学基于高性能计算网格实施远程学术交流的 Access Grid，英国帝国理工大学基于高性能计算网格开展生物学知识发现研究的 Discovery Net，英国曼彻斯特大学建立了生物信息学数据库和计算网格 My Grid，罗斯林研究所基于网格的生物信息学研究也已粗具规模。e-Science 在亚太地区近年来发展也非常快，2002 年初由美国国家自然基金会支持，由圣地亚哥超级计算中心牵头组织了亚太地区 10 个国家建立了一个亚太联盟组织，即 PRAGMA（Pacific Rim Application Grid Middleware Assembly）。中国科学院也积极加入 Globus、Access Grid、PRAGMA 等项目和组织。

Geo-e-Science 是 e-Science 的地学领域的分支。"Digital Earth"和美国的"地球科学风险战略目标计划"（ESE 计划）、日本的"地球模拟器计划"、英国的"全球规模的天气预报模拟实验"及"地球神经系统计划"都是 Geo-e-Science 的重要组成部分。

6.3.2 英国的 e-Science 状况

英国政府于 2002 年 4 月 16 日正式宣布成立"国家 e-Science 中心"（National e-Science Centre），并决定在今后的三年之内在 Grid Computing 方面提高英国在该领域的作用。该中心是分布在全球的此领域专家为提高计算能力而共同努力的一部分。该中心以 Edinburgh 大学为基础，联合 Glasgow 等大学组成，是几个区域的 e-Science 中心之一。这些中心位于牛津，伦敦和剑桥还有其他地方，这些中心都通过 Grid 与其他国家的同行们进行 Grid Computing 方面的合作研究。这些活动包括第五届全球 Grid 论坛和 11 届 IEEE 国际会议，都进行了高性能分布式计算的专题讨论。英国 Glasgow 大学的 Grurdon Bruwn 名誉校长在中心成立会上指出，当科学家们能够运用分布在全球的数据库时，e-Science 将改变英国对科学的理解。

这些年来，科学在互联网技术的应用方面已经取得了显著的成绩，但是这些努力都是分散的和不可靠的（unreliable），位于日内瓦的欧洲原子能研究中心的 CERN LT 部的知名科学家 David Williams 指出："这些努力是形成不了规模的，需要有一些智慧的研究者协同工作才成"。

Grid 的全球研究者将分布在各地科研机构的数据和处理设备进行协同研究具有可能性，不管这些研究机构分布在何地，属于哪一个国家或部门，都可以实现共享，也不必去问这些数据及计算能力来自何地和由哪一个科研机构所提供。

Grid Computing 技术已经被很多企业采用，Web 已经变为大量运用的工具。例如，IBM、SUN、Micro soft 和 Hewlett-Packard 等公司在全球的商业活动中采用了 Grid Computing。

NcSV 通信部负责人 Dr. Mark Parsons 指出，现在科学家在全球合作中不仅仅需要运用 E-mail，而是需要 Grid Computing，例如建造一座建筑物，不是一个公司就能建成，而是需要很多公司协作，将来运用 Grid 技术就可以构成协同工作。将来会有很多国家和机构会利用 Grid 技术，即使他们不称为"Grid"的话，也会运用与 Grid 相同的技术。

2006 年或 2007 年 CERN 的 Large Hedron Collider（LHC）机构，会生产大量的、任何组织需要的数据供大家拷贝，很多政府机构将运用 Grid Computing 技术获取。LHC 如同欧洲的 Data Grid，将研发从全球任何地点希望从 LHC 机构获取数据所必需的共享软件，将有很多的、不同的组织协同工作，美国就是合作伙伴。

科学家很早就有关于 Grid 协同工作的梦想，那时网络将成为一个方便的、普及的生活和工作的必需品，正如 Nese 的负责人所说的"那时，只要工作可以了"（http：//zdnet.co.uk/storg/at269-s2109180.00.html）。

6.3.3 Geo-e-Science/互联网地理学

——The Internet Galaxy 对互联网、商务和社会的思考（manuel castells）

内容简介

该书在实际调查和理论思考的基础上，论述了互联网、经济和社会的相互交互作用。该书各章涉及了互联网用户应用的一些最重要的领域。第一，作者回顾了互联网产生过程中的历史和文化背景，这是我们从技术和社会意义上理解互联网的定义和内涵的基础。第二，作者论述了互联网在新涌现的新经济中的作用，认为互联网改变了商务管理、资金市场、工作和技术革新的过程。第三，我们把互联网在经济上的应用转入到社会学方面的应用，在一些实例分析的基础上探讨了网络社会和虚拟社区。第四，我们在互联网的社会学意义的基础上分析了互联网的政治意义，这部分首先研究了新形式的市民参与方式和组织的根基。其次，分析了政府、商业和基于互联网通信过程中的自由和隐私问题。为了对新形式的通信方式有一个很好的理解，我们对多模式的超文本的模式进行了探讨。然后，归根到底，互联网与地理有关，在互联网地理学的基础上我们探讨了互联网地理学对城市、区域以及和我们城市生活的影响。最后，我们对全球范围内动态的数字鸿沟问题进行研究，涉及互联网时代的不平等问题和社会隔绝（social exclusion）问题等。

第一章：互联网的发展历史（略）

第二章：互联网文化（略）

第三章：电子商务和新经济（略）

第四章：虚拟社区还是网络社会（略）

第五章：互联网的政治学（略）

第六章：互联网的地理学

信息时代曾经被认为是地理学的终结，这种结论显然是错误的。实质上，互联网本身具有地理学特征，互联网地理学是研究信息流动的网络和节点的空间分布。流动的空间是网络时代的一种新型的空间也是网络时代的特征。它同样也是与空间和位置相关的，通过具有远程通信功能的计算机网络系统和智能交通系统与一个具体的地方相联系。流动的空间重新定义了距离但是没有取缔地理学。本章作者首先在研究互联网自身地理学的基础上探讨了流动的空间的轮廓，然后分析了信息和通信技术对城市和区域空间状态的改变。其次，作者还探讨了时间在信息时代中新的含义，在对实际城市案例分析的基础上探讨由于远程通信导致的特定的工作地点的消失。再次，作者探讨了由于互联网应用对我们家庭环境带来的可能的变化。最后，作者探讨了网络地理导致的社会分化。

第七章：全球范围内的数字鸿沟和挑战

由于使用网络和计算机机会的不平等导致了"数字鸿沟"的产生。数字鸿沟的出现，加大了现有社会不平等和社会隔离程度，加剧了全球范围的社会分化。由于远离计算机和网络将使一些人和国家被隔离。该部分作者从两个不同方向来探讨"数字鸿沟"导致的相关问题。首先作者在对美国现有的一些资料分析的基础上探讨了数字鸿沟的不同含义和其与社会不平等根源的相互关系。其次作者探讨了全球范围角度下的数字鸿沟。

思 考 题

1. "地球神经系统"与"地球电子皮肤"设想的主要内容与特点有哪些？
2. "地球工程"设想的主要内容与特点有哪些？
3. 还有哪些关于全球变暖对策的构想？

主要参考文献

陈述彭. 1998. 地球系统科学——中国进展·世纪展望. 北京：中国科学技术出版社
承继成等. 1999. 国家空间信息基础设施. 北京：清华大学出版社
承继成等. 2000. 数字地球导论. 北京：科学出版社
承继成等. 2003. 数字城市——理论、方法和应用. 北京：科学出版社
程鹏飞等. 2005. Grid GNSS——风格化全球卫星导航系统. 测绘科学，(2)：42～45
方全云，何建邦. 2002. 网络 GIS 体系结构及其实现技术. 地球信息科学，(4)：47～49
龚强. 2005. 关于地理空间信息网格结构层次的设计与研究. 测绘科学，(4)：36～42
郭华东. 2001. Radar Remote Sensing Applications in China. Taylor & Francis Books Ltd
郭华东. 2001. 空间信息获取与处理（系列丛书共 11 本）. 北京：科学出版社
国家标准化委员会. 2002. 电子政务标准化指南（上、下册）. 北京：中国标准出版社
黄鼎成等. 2005. 地球系统科学发展战略研究. 北京：气象出版社
姜永发，闾国年. 2005. 网格计算与 Grid GIS 体系结构与关键技术探讨. 测绘科学，(4)：16～19
蒋景瞳，何建邦. 2004. 地理信息国际标准手册. 北京：中国标准出版社
蒋景瞳，何建邦. 2004. 地理信息国内标准手册. 北京：中国标准出版社
李德仁. 1994. 论自动化和智能化空间对地观测数据处理系统的建立. 环境遥感，(1)：1～10
李德仁，沈欣. 2005. 论智能化对地观测系统. 测绘科学，(4)：9～11
吕新奎. 2003. 中国信息化. 北京：电子工业出版社
宁津生. 2004. 测绘科学技术进展. 测绘科学，(4)：1～5
沈占锋等. 2003. 网格 GIS 的应用架构及关键技术. 地球信息科学，(4)：57～62
信息产业部. 2004. 中国信息化. 北京：电子工业出版社
Beiriger J, Johnson W, Bivens H. 2000. Constructing the ASCI Computational Grid, Proceedings of the Ninth IEEE International Symposium on High Performance Distributed Computing
Boyd D. Introduction to Grids. http://www.science.clrc.ac.uk
Boyd D. The Grid-an Overview and Some Current Activities. http://www.escience.clrc.ac.uk
Brunett s. 1998. Application Experiences with the Globus Toolkit, Proceedings of 7th IEEE Symp. On High Performance Distributed Computing, July 1998, 81～89
Foster I. 2003. 《The Grid 2》- Blue print for a new computing infrastructure. Morgan Kaufman
Foster L, Kesselman C. 2001. The anatomy of the grid. Intl J. Supercomputer Applications
Fusco L. 2001. GRID: Earth and space science applications perspective. In: Proceedings of Space GRID KO meeting. http://www.esa.int
Goodchild M F. 1999. Implementing digital earth: a research agenda. In: Proceeding of the International Symposium on Digital Earth-Towards Digital Earth. Bei Jing: Science Press
Guo H D. 1999. Building up an earth observing system for digital earth. In: Proceedings of the International Symposium on Digital Earth -Towards Digital Earth. Bei Jing: Science Press
Johnston W E, Gannon D, Nitzberg B. 1999. Grids as production computing environments: the engineering aspects of NASA's information power grid. In: Proc 8th IEEE Symposium on High Performance Distributed Computing. IEEE Press
Van Gendem J L. 1999. The potential of virtual reality imagery to the Digital Earth Concept. In: Proceedings of the International Symposium on Digital Earth -Towards Digital Earth. Bei Jing: Science Press

Xue Y. 2002. TGP-A prototype telegeoprocessing system. *In*: Proceedings of The 2002 International Conference on Imaging Science, Systems, and Technology (CISST'02), 764~770

Xue Y, Cracknell A P, Guo H D. 2002. Telegeoprocessing: The Integration of Remote Sensing, Geographic Information System (GIS), Global Positioning System (GPS) and Telecommunication. International Journal of Remote Sensing, 23: 1851~1893

附 录 A

A.1 国家空间信息基础设施的框架体系简介与汇编

1. 国外主要国家的"国家空间信息基础设施"的框架体系

1) 美国的 NSDI 框架（NSDI→NSDG，GEgrid 缩写）
(1) 地理空间数据框架；
(2) 地理空间数据交换网络；
(3) 地理空间数据协调管理体制与机制。

2) 英国的国家地理空间数据框架（NGDF）
(1) 数据基础设施；
(2) 地学信息的国家标准与规范；
(3) 促进地学信息的应用与共享，如元数据的应用；
(4) 地理空间信息的管理政策与法规。

3) 加拿大地学数据基础设施（CGDI）
(1) 建立地理空间数据框架，分布式数据库及管理系统；
(2) 联结分布式数据库的网络系统，连接联邦、省、地方的数据库；
(3) 互操作、共享及方便查询、应用及综合分析，为经济社会的可持续发展服务；
(4) 制订统一的标准与规范；
(5) 重视技术创新、管理创新和应用创新及人才培养等能力建设。

4) 欧共体空间信息基础设施（INSPIRE）
(1) 元数据；
(2) 空间数据集和空间数据服务的协作；
(3) 网络服务；
(4) 数据共享和重用，数据共享协议，查询和使用；
(5) 协调和监督体制与机制，流程和程序。

5) 全球空间数据基础设施（CSDI）：1996 年成立，设在澳大利亚，由澳大利亚资助
(1) 地理空间数据框架；
(2) 地理空间数据交互网络；
(3) 地理空间数据标准与规范；
(4) 地理空间数据协调和管理的体制与机制；

(5) 地理空间技术及数据开发应用及产业化。

6) Al Gore 在"数字地球"的框架体系中，分为两大部分

(1) 技术部分：①宽带网；②卫星遥感数据；③海量数据的存储及管理；④科学计算；⑤互操作与共享；⑥元数据。

(2) 应用部分：①指导虚拟外交；②打击犯罪；③保护生物多样性；④预测气候变化；⑤增加农业生产。

2. 国内主要单位的"国家空间信息基础设施"的框架体系

1)"关于促进我国国家空间信息基础设施和应用的若干意见的通知"（国办发 [2001] 53 号文件）

(1) 加强对国家空间信息基础设施（NSII）建设和应用的宏观指导与协调：①加强政策引导，促进信息共享，保障信息安全。②加强统筹规划，由国家地理空间信息协调委员会牵头，制定 NSII 建设和应用总体规划，统筹协调各地区、各部门大型地理空间信息系统和应用工程建设，促进各部门地理空间信息的合理布局和高效利用，避免盲目投和重复建设。③高度重视人才培养，增强我国的自主开发能力，创新能力和国际竞争能力。同时，充分发挥应用示范成果的作用，广泛开展多层次的应用技术培训，促进成熟技术的普及应用。

(2) 加快国家空间信息基础设施建设：①加强 NSII 中的标准化工作，包括数据标准、系统标准、共享（元数据）标准、安全与保密标准、应用标准等；②加强地理空间信息资源建设，特别是加强四大数据库建设，分布式数据及其管理系统建设；③建立统一的全国性地理空间信息交换网络体系，要充分利用和依托现有的国家公用网络设施，特别是高速宽带传输网，坚持分层次、分等级、分步骤建设的原则。

(3) 促进 NSII 的应用：①支持基础性、业务化地理空间信息系统应用工程的开发；②支持 NSII 关键技术的开发和产业化。

2) 国家发改委的"国家空间信息基础设施"框架体系

(1) 国家公用地理空间信息获取、处理及分布式数据库建设；

(2) 国家地理空间信息网建设；

(3) 国家地理空间信息的标准与规范、安全与保密、政策与法规的制订；

(4) 管理体制与机制建设。

3) 陈宣庆与曾澜的"国家空间信息基础设施"的框架体系

(1) 信息及信息系统的标准与规范的制订；

(2) 地理空间信息交换网络建设；

(3) 完善自主的对地观测体系，提高信息获取和处理能力；

(4) 开展应用示范工程，促进传统产业的改造和高技术化；

(5) 支持关键技术的开发及产业化。

4)《中国信息化》(国信办、信息产业部,2004)

(1) 国家信息化 6 要素：①信息网络；②信息技术应用；③信息资源开发与示范应用；④信息化政策与法规、标准与规范；⑤信息人才培养；⑥信息技术开发与信息产业。

(2) 信息化 4 个工作体系：①领域信息化；②区域信息化；③企业信息化；④社会信息化。

5)"数字中国"地理空间基础框架

(1) 基础设施：①宽带网；②关键技术；③地理空间数据信息系统（平台）；④经济、社会信息平台；⑤政策、法规与标准体系。

(2) 应用系统：①政府应用系统；②企业应用系统；③社区应用系统；④个人应用系统。

3. "国家空间信息基础设施"的空间范围

(1) 美国 FGDC 将 NSDI 的应用分为 3 个层次：①全球；②国家；③地区。

(2) 国家测绘局将 NSII 的应用分为 3 个层次：①数字中国；②数字省；③数字城镇。

A.2 移动通信卫星资料

(1) 移动广播卫星（MBSat）是由日本移动广播卫星公司委托美国劳拉空间系统公司研制的，已于 2004 年发射，成功地完成了向个人或移动载体，如汽车、船舶及飞行器提供音频、图像及数据等多媒体数字移动广播服务。目前此卫星已经开始向国土厅野外调查队、地质矿产勘探队提供免费便携式终端，为他们提供多媒体移动通信服务。气象厅的天文气象台站利用 MBSat 的移动广播服务系统进行气象数据的接收和传送以及气象会商。全国各地震网点已利用它接收传送各种地震图像数据和进行会商。在大医院的急救车上也已应用移动广播卫星服务系统，日本政府重要阁员的专车上也已安装了 MBSat 移动广播服务系统，确保了信息畅通与实时互通信息。

(2) 全球宽带区域移动通信服务（BGAN）是美国移动卫星业务运营商（inmarsat）于 2005 年 11 月推出的全球移动通信服务。BGAN 是通过轻巧的终端设备，向全球用户提供语言和数据连接的移动通信服务和拓展 VSAT 市场。它适用于陆地、海洋和空中的交通工具上进行移动通信服务，可以覆盖全球面积的 85%。

A.3 中国 Grid 发展大事记

(1) 1999~2001 年，在教育部支持下，清华大学李三立院士组织 Grid 研究小组进行了先进基础设施（advanced computational infrastructure, ACI）的研究。ACI将分布了北京和上海的两台自主研制的超级计算机连接成为聚合计能力达到4500亿次的网络计算平台，并提供网页访问界面，让分布于名地的用户能够在家中获得超级计算能力。ACT开发的中间件，包括资源管理系统、任务管理系统、用户管理系统及安全服务与监控系统，并开发了多个应用系统，构成了跨地区、跨学院的"虚拟实验室"研究环境。ACI系统于2001年6月通过鉴定、验收，是中国第一套通过验收的Grid系统。

(2) 1999~2001年，中国科学院计算所李国杰院士联系十几家科研单位，承担了"863"主要项目——"国家高性能计算环境"（NHPCE）项目，目标是建立一个分布式环境下支持异构平台的计算机网络示范系统。它把我国的8个高性能计算中心通过Internet连接起来，进行统一的计算资源管理、信息管理和用户管理，并在此基础上，开发了多个计算型Grid应用系统，取得了一系列的研究成果。在此基础上，又开发了"服务型的Grid"，并称它为"织女星Grid"（Vega Grid）。它的目标是使同一个平台同时具备以下几种能力：大规模的数据处理能力，高性能计算能力，资源共享和提高资源利用率的能力。

(3) 2002年，科大计算机科学与技术系、网络信息中心和国家高性能计算中心（合肥）三方共同组建中国科学技术大学Grid研究队伍，承担了863重大专项"国家863高性能计算机及其核心软件"子课题"Grid结点——合肥Grid结点的建设及若干典型的Grid应用"和国家自然科学基金项目。在短短三年之内，整合了校内已有的高性能计算能力、海量存储能力，连接了校内主要的高性能科学计算研究机构，形成了聚合计算能力10 000亿次/s、聚合存储能力6TB的高性能Grid计算实验床，成功开发出瀚海Grid科学计算软件平台USTC Grid Portal 1.0和生物信息学Grid原型系统，发表了一批质量较高的学术论文，在国内Grid研究方面有一定的影响。此次中国国家Grid合肥中心正式挂牌，标志着中国科大Grid研究走上了一个新阶段。

(4) 2002年4月5~6日，科技部召开了"Grid战略研讨会"，确定将Grid开发研究到的"863"的专项。任务是研发面向Grid的万亿次级的高性能计算机，具有数万亿次聚合计算能力和高性能计算环境；开发具有自主产权的Grid软件，建设科学研究、经济建设、社会发展和国防建设急需的主要应用Grid；制订若干Grid标准，并参与制订Grid的国际标准，开发一批具有自主产权的软件，形成独立自主的"中国国家Grid"（CN Grid——China National Grid）。CN Grid将在全国设立多个结点，并在中科院计算机网络中心的超级计算机（4万亿次）与上海的超级计算机（10万亿次）上实现联网，建立具有高性能的CN Grid。

(5) 2002年8月建立了"中国Grid信息中转站"（http://www.chinagrid.net）。它已成为国内最大的具有影响力的Grid网站，提供了大量的Grid文档、期刊、会议的论文专辑及最新的 Grid 信息。还有论坛，注册会员超过 1500 人，十分活跃。

(6) 2002 年 10 月"科学数据 Grid"项目正式启动，并于 2004 年 11 月得到滚动支持。该项目的主要研究内容包括：构造科学数据 Grid 的系统平台；开发科学数据 Grid 所必需的中间件软件；开发科学数据 Grid 的学科示范应用系统——虚拟天文台、宇宙线数据预处理系统和中医药虚拟研究院。科学数据 Grid 系统平台包括 59 个结点的联想深腾 6800 超级服务器、20TB 磁盘阵列和 50TB 磁带库等计算和存储资源，数据资源来自中国科学院科学数据库，截至 2005 年 10 月底，达到专业数据库 503 个，总数据量 16.6TB。2005 年 4 月起，科学数据 Grid 系统平台正式提供服务，目前结点使用率 79.7%，盘阵使用率 95.5%，带库使用率 72%。

(7) 2002 年 12 月，上海市成立了"e-研究院"（e-Institute），是以信息 Grid 为平台，全新的、具有可变性的、超大容量的虚拟研究机构。

(8) 2002 年由李三立院士为成立了"上海高校 Grid"，它把上海交大、复旦、华东、理工、上海大学等的网络聚合在一起，实现资源共享和协同教学与科研工作。

(9) 2003 年 9 月，中国 Grid 论坛（China Grid Forum Ⅰ，CGF）第一次会议在北京召开，有 100 多名 Grid 专家参加并宣告"中国 Grid 论坛"正式成立，成立了 4 个工作组：体系结构工作组，信息 Grid 工作组，数据 Grid 工作组和 Grid 应用工作组。

(10) 2003～2006 年，中国教育部与 IBM 合作共建"中国教育科研 Grid"（China Grid），有 12 所大学参加，IBM 为该项目提供了 Grid 的中间件、服务器及全面存储方案，并在大学原有的网络发展成具有开放性的 Grid 服务结构等标准建立的应用联合中心。2006 年正式通过验收，达到了国际领先水平。

(11) 2003 年 11 月，在人民大学，首届"Grid 主题日"召开，是由中国 Grid 中转站与中国 Grid 论坛联合召开的，到会有 300 多人，决定每年举办 1～2 次。

(12) 2003 年 12 月 7～10 日，第二届 Grid 与协同计算国际会议（GCC 2003）在上海交大举行，来自 20 多个国家近 500 名专家参加。会上 Grid 界的知名专家 Carl Kesselman 等人作报告，就 OGSA，UNICORE，MP 等问题进行了发言，还讨论了 Globus 能否会像 Linux 一样被广泛接受等问题。

(13) 2004 年 4 月，以 Grid Computing 为主题的"Grid Computing & Grid China 2004"国际会展在北京举行。讨论会由美国国际数据集团（IDG）主办，中国 Grid 信息中转站协办，就 Grid Computing 的技术发展趋势，标准化，技术架构，应用实施，企业成功应用实例等进行了演讲，有 1000 多人参加了会议。

(14)《上海高校 Grid-e-Grid 计算应用平台》是上海市教委启动的重大项目 Grid 技术 e-研究院项目之一,旨在把上海超级计算中心的曙光 4000A、上海大学的自强 3000 和上海华东理工大学的 Sim-Farm 等分布在不同单位、不同地理位置的四台超级计算机连接,形成 Grid 节点,构建上海高校统一的 Grid 计算平台(或 Grid 计算系统),以促进上海各高校间开展跨学科、跨地区科研合作与交流,增强承担重大科学研究任务的能力。该项目研究于 2004 年启动,2005 年 12 月完成并通过专家鉴定。

(15) 2005 年 11 月 24 日,由中国科学院计算机网络信息中心承担的"863"计划重大专项"高性能计算机及其核心软件"应用 Grid 项目——"科学数据 Grid"验收会在中国科学院网络中心召开,专家们对该项目取得的科研成果给予较高评价。

(16) 科学数据 Grid 软件采用面向服务的架构(SOA),通过元数据的规范化与基于元数据的资源发现,使用户能够以两阶段查询方式实现对分布式异构数据资源的统一访问。截至 2005 年 8 月,先后发布了科学数据 Grid 软件包 SDG1.0、SDG2.0、SDG2.1 三个版本,并在中国科学院科学数据库 45 个建库单位中推广部署,软件使用情况良好。2005 年 11 月 24 日发布了科学数据 Grid 软件(SDG2.1)光盘。

(17) 在天文、高能物理、中医药 3 个学科领域中,科学数据 Grid 已经取得了良好的应用效果,分别开发了虚拟天文台系统、宇宙射线数据预处理系统、中医药虚拟研究院,为相关学科提供面向科研的数据服务,同时积极与科学家合作开发针对科学问题的应用工具或服务。今后,将进一步在更广泛的领域和更深入的层次上推进科学数据 Grid 相关成果的应用。

(18) 2005 年 12 月 21 日,中华人民共和国科学技术部徐冠华部长、中国科学院施尔畏副院长以及英国政府首席科学家大卫·金爵士(Sir David King)到中国科学院计算机网络信息中心视察中国国家 Grid 工作,并为中国国家 Grid 运行管理中心揭牌。中国国家 Grid(CNGrid)是国家"863"计划"高性能计算机及其核心软件"重大专项的环境建设目标,它是聚合了高性能计算和事务处理能力的新一代信息基础设施的试验床,以技术创新,推动国家信息化建设及相关产业的发展。中国国家 Grid 运行管理中心依托在中国科学院计算机网络中心超级计算中心,负责中国国家 Grid 的日常运行管理,同时作为中国国家 Grid 对外的门户,与国际有关 Grid 基础设施相联通,实现更大范围的资源共享和协同工作。

(19) 2005 年 4 月,《数字化学习 Grid 支撑环境与关键技术研究》通过了教育部主持的科技成果鉴定,该研究得到国家自然科学基金资助,在国内外率先将 Grid 计算技术应用于远程学习评价研究,研究成功服务国家远程教育的学习评价 Grid(LAGrid)。该项目由清华大学、华南师范大学、中央广播电视大学和电大在线远程教育技术有限公司等合作完成，以全球最大的远程教育体系——中央广播电视大学系统作为应用背景，研究远程教育 Grid 支撑环境与关键技术，已经在 Grid 体系结构、Grid 中间件技术以及基于 Grid 计算环境的资源共享与协同工作平台研究等方面取得重要进展。

（20）记者从中国科学技术大学获悉，"中国国家 Grid 合肥中心"挂牌仪式日前在中国科大网络信息中心隆重举行。中国国家 Grid（China National Grid）是 2003 年建立的，是我国在 Grid 研究方面与国际保持同步的最大平台，目前有中国科学技术大学、中国科学院网络中心、香港大学、上海超算中心、清华大学、西安交通大学、国防科技大学、北京应用物理与计算数学研究所 8 个成员结点。

中国科大从 2000 年就开始了 Grid 技术的研究，在国内起步较早，研究水平和成果目前在国内处先进水平。

（21）2006 年 1 月 24～25 日，欧中 Grid 项目启动会在雅典召开，由欧盟资助的欧中 Grid 项目正式启动。在此后两年内，国际专家组将连接欧洲与中国的 Grid 基础架构，使其具备互操作与协同工作的能力，从而使中欧之间围绕 Grid 这一新兴科技，建立起一套协同工作网络。2006 年 6 月 12～14 日，欧中 Grid 第一次工作研讨会在北京举行。这是欧中 Grid 项目首次举办工作研讨会，在为期三天的会议中，与会的高水平发言者将就欧洲与中国之间的 Grid 基础架构与应用项目现状作一一陈述，讨论将重点关注高能物理、计算生物学、生物信息学与健康护理等前沿领域内的 e-Science 应用项目。欧中 Grid 项目旨在将欧洲用于 e-Science 的 Grid 基础架构推广到中国。欧中 Grid 项目的首要任务是在中欧已有良好合作关系的首批应用领域中推动科研数据的传输与处理。这些应用示范项目将从这个新的 Grid 基础架构中受益，进而将成为推动中欧高效 Grid 架构测试与部署的驱动力。

（22）2006 年 7 月中旬，清华大学、北京大学等全国 12 所知名高校联合承担的教育部"中国教育科研网格（China Grid）"项目宣告完成。经过 10 多位专家近 3 年的联合攻关，该项目已整合了全国 13 个省市、20 所重要高校的大量 Grid 资源，聚合计算能力超过每秒 16 万亿次，存储容量超过 170TB（1TB=1024GB），成为世界上最大的超级网格之一。

"中国教育科研网格（China Grid）"是教育部在"211 工程"公共服务体系建设中设立的重大专项，力图解决中国教育科研网（CERNET）中网络计算面临的无序性、自治性和异构性等问题，将 CERNET 上分散、异构、局部自治的巨大资源整合起来，通过有序管理和协同计算，消除信息孤岛，发挥综合效能，满足高校科学研究的迫切需要。目前，项目组已成功开发和部署了生物信息学、图像处理、计算流体力学、海量信息处理和大学课程在线 5 类应用 Grid。生物信息学 Grid 提供了 120 余种生物信息学软件工具、35 种相关数据库服务和全基因组序列图谱组装等 6 种典型 Grid 应用；图像处理 Grid 提供 14 类 35 种图像处理服务，约 10 万张医学图像、1 万份诊断资料，支持数字化虚拟人等 3 种典型 Grid 应用；计算流体力学 Grid 集成了 30 多种流体力学软件，提供 40 多种 Grid 服务，支持飞行器优化设计等 4 种典型 Grid 应用；海量信息处理 Grid 整合了 18 个大学数字博物馆的资源，提供四大类 10 万余条数字标本，支持西藏羊八井宇宙线 ASγ 实验等 3 种典型 Grid 应用；大学课程在线 Grid 提供近 300 多门大学课程和 3500h 的课程录像，通过 17 个城市的 22 台服务器联合提供 Grid 环境下的教育视频点播服务。

参与该项目研究的 12 所高校是：华中科技大学、清华大学、北京大学、北京航空航天大学、华南理工大学、上海交通大学、东南大学、国防科技大学、西安交通大学、东北大学、山东大学和中山大学。

(23) 国土资源部 5 日公布了十大重大科技专项：土地资源可持续利用预警、土地资源与生态环境监测平台、地壳探测工程、中国大陆重要成矿带及矿集区成矿动力学、矿产资源快速调查与深部勘查技术集成、边缘海地质构造演化及其资源环境效应、海域天然气水合物评价与勘查开发关键技术、华北平原含水层精细探测与地下水合理利用、地质灾害监测预警预报关键技术与平台、国土资源空间信息 Grid 体系。

原有的网络发行成具有开放性的 Grid 服务结构等标准建立的应用联合中心。2006 年正式通过验收，达到了国际领先水平。

(24) 2006 年 7 月 28 日，"播存 Grid 工程构思"咨询项目研讨会在中国科技会堂召开。会议由李幼平院士主持，邬贺铨副院长、李国杰、胡启恒、韦钰、俞大光、刘韵洁、张信威、宋家树等院士及有关专家参加了会议。在研讨会上，6 位专家作了学术报告，分别从播存 GridBS-01 的工程方案、播存 Grid 的参数测量探索、播存网络理论意义、群体兴趣网模型实验、双结构万维网的理论依据、用 UTI 技术实现播存结构等方面对播存 Grid 进行了介绍。在理论研究方面，专家们讨论了在复杂网络理论的框架内，是否存在比"小世界"更小的网络结构；在实验研究方面，讨论了如何通过栅格测试（grid test）统计 Web 服务的用户行为；在工程研究方面，讨论了如何形成整合 Web 服务与 TV 服务，创建"数字文化村村有"的大环境。

(25) 2006 年 9 月 28 日，国家高技术研究发展计划（863 计划）信息技术领域"高效能计算机及 Grid 服务环境"重大项目实施方案在北京通过科技部高新司组织的可行性论证。论证专家组由来自国内相关科研院所、高等院校、部门行业的技术和管理专家共 19 人组成。

"高效能计算机及 Grid 服务环境"是针对国家重大需求而设立的"十一五"

863计划重大项目，是落实国家中长期科技发展规划纲要的重要举措。项目实施方案中提出了研制百万亿次高效能计算机系统、突破千万亿次高效能计算机关键技术、构建基于自行研制的高效能计算机和 Grid 软件的 Grid 服务环境、开发面向行业应用等项目总体战略目标，确定了研发重点之间结合、产学研结合、技术创新与应用结合、加强国际合作等实施原则，提出了项目课题队伍组织、实施管理的一系列措施。项目所要求突破的高效能计算机关键技术将会有力推动我国高效能计算机和相关产业的发展，构建的 Grid 服务环境将成为我国信息化新型基础设施，开发的应用系统将会促进和带动相关行业和领域的信息化，对提高我国高效能计算和 Grid 技术的研究和应用水平，提高我国综合国力和国家科技竞争力有重要的战略意义。

论证专家组听取了项目实施方案编写组的汇报，审议了项目2006年度课题申请指南的说明，经质询和认真讨论，认为项目战略目标明确，研究内容设置基本合理，任务分解和课题设置适当，实施原则可行，组织管理措施得当，项目经费安排较为合理，在人才、技术、环境、实施经验和经费配套等方面具有良好基础，同意通过项目实施方案和2006年度课题申请指南，并建议尽快组织项目实施。

（26）2006年10月29日，《国家"十一五"科学技术发展规划》发布。其中"地球观测与导航技术"部分将围绕国家综合地球观测系统、月球探测、载人航天等重大工程以及行业重大应用需求，突破一批核心技术，建立若干国家级应用节点的地球观测 Grid 体系，形成若干重大应用示范系统，大幅度提高国产空间信息处理软件的市场占有率，重点研究新型遥感器、地球空间信息系统等技术。

A.4　102个数据库名录

1. 资源类

（1）全国1∶50万地质图数据库（1999年完成）（国土资源部）地理底图数据库（居民地、首都、省会、市、县、镇、镇以下；河流1～6级，湖泊1～4级；界限、国界、省界、地区界、县界、海岸线；交通、铁路、高速公路、国道、省道、其他公路；其他、山峰、高程点）。

（2）全国1∶250万地质图数据库（国土资源部）。

（3）全国1∶50万土地利用现状数据库系统（国土资源部）229幅1∶50万图像，基础类：居民地、道路、水系、行政界线、地貌，1∶25万 DEM，注记。土地类，八大类46亚类。以此为基础建立了《变更调查统计汇总数据库》。

（4）国家土地利用规划管理系统（国土资源部）。第一层次全国范围1∶400万，第二层次31个省区1∶50万图像，第三层次81个50万人口以上城市地区。

（5）全国土地利用遥感动态监测数据库，重点监测65个城市，9类土地变更，采用 1：2.5 万～1：5 万地形图、TM 图像（Landsat 与 Spot 融合）（国土资源部）。

(6) 天然林保护数据库（国家林业局）。

(7) 全国森林资源连续清查数据库（国家林业局）。

(8) 全国主要农作物遥感估产业务运行系统抽样调查以 1：10 万图和分片进行（农业部）。

(9) 全国农业资源农村经济信息系统（农业部）。

(10) 全国 1：10 万耕地分布数据库，中国科学院遥感所利用"土地利用"资料和 DEM（中国科学院）。

(11) 全国耕地、城镇动态遥感采样数据库（中国科学院）

(12) 全国七大流域水资源数据库，包括 1：25 万，1：5 万数据，水质水流、水土保持、植被覆盖数据（水利部）。

(13) 西南铀矿资源（储量）数据库（中国核工业集团总公司）。

(14) 长江三峡地区资源与经济开发地图集（1：90 万）（中国科学院）。

(15) 长江上游地表覆盖和土地利用图（1：25 万）（中国科学院）。

(16) 全国土壤资源管理系统（二次普查成果）（全国农业技术推广中心）。

(17) 山西水资源环境综合管理信息系统（1：50 万空间信息数据库）。

(18) 海岸带资源环境综合管理信息系统（1：500 万）（国家海洋局）。

(19) 黄淮海平原综合开发决策支持系统（中国科学院）。

(20) 黄河中上游流域管理信息系统（水利部黄河水利委员会）。

(21) 黄河河口地区地理信息系统（水利部黄河水利委员会）。

(22) 西双版纳自然保护区地理信息系统。

(23) 全国上百个城市建立的地籍数据库（城市土地部门）。

(24) 重点产粮区农作物估产系统（农业部）。

(25) 全国土地资源利用数据库（科技部）。

2. 生态环境类

(1) 中国西部地区生态环境现状调查，环保局与测绘局共同组织。12 个省区，六大类 25 小类，利用遥感卫星影像数据和 1：10 万地形图资料。分耕地（水、旱地）、林地（有林地、灌木林地、疏林地）、草地、水域、城乡、工矿、居民用地、未利用土地。

(2) 重点流域水环境地理信息数据库（国家环保总局）。

(3) 环境监测地理信息系统（重点区域、城市）（国家环保总局）。

(4) 1：5 万海洋资源环境数据库（国家海洋局）。

(5) 1：25 万中国近海基础地理数据库（国家海洋局）。

(6) 全国生态环境综合数据库（1：25 万、1：10 万，1：5 万 DEM，卫星影像，土地覆盖，六大类 25 小类）（中国科学院）。

  (7) 全国土壤侵蚀数据库（中国科学院）。
  (8) 全国生态环境背景数据库（中国科学院）。
  (9) 中国沼泽数据库（中国科学院）。
  (10) 沙漠化监测基础数据库（国家环保总局）。
  (11) 青藏高原冻土监测数据库（中国科学院）。
  (12) 长江三峡生态与环境地图集（1∶75 万）（中国科学院）。
  (13) 全国生态监测网络信息系统（中国科学院）。
  (14) 塔里木盆地可持续发展地理信息系统。
  (15) 全国植被数据库（中国科学院）。
  (16) 桂林市资源与环境信息系统。
  (17) 三北防护林信息系统（国家林业局）。
  (18) 全国湖泊数据库（中国科学院）。
  (19) 澜沧江中下游信息系统。
  (20) 西双版纳生态本底数据库。
  (21) 南沙海区资源环境综合数据库（中国科学院）。
  (22) 黄河流域土壤侵蚀数据库。

3. 人口、灾害类

  (1) 七大江河重点防范区 1∶1 万数字正射影像数据库（国家测绘局）。
  (2) 七大江河重点防范区 1∶1 万数字高程模型数据库（国家测绘局）。
  (3) 水利部重点河流防洪数据库，包括蓄洪区，低防堤设施（1∶25 万，1∶1 万）（水利部）。
  (4) 城市防洪风险数据库（1∶2000）堤坝（水利部）。
  (5) 江苏省实时水情图形显示分析信息系统（基础图层为 1∶100 万电子地图，地、市、县、镇，包括行政区界线，水系图、水库、湖泊、滞洪区）（江苏省水利厅）。
  (6) 广州市人口地理信息系统。
  (7) 铁路灾害地理信息系统（铁道部）。
  (8) 大庆油田防震减灾信息系统（国家地震局）。
  (9) 天津防汛信息系统（天津水利局）。
  (10) 水利部实时水情广域网数据库系统（水利部）。
  (11) 海滦河流域实时雨情分析系统（天津水利局）。
  (12) 甘肃省森林防火地理信息系统（甘肃水利局）。
  (13) 全国堤防信息数据库（水利部）。
  (14) 临潼区震害预测系统（陕西地震局）。

4. 交通、公安类

(1) 全国1∶100万公路交通数据库（以1∶100万地形数据库为基础）（交通部）。

(2) 导航电子地图，城市智能交通电子地图比例尺为1∶5000、1∶1万，城市之间使用1∶5万、1∶100万图。需表示的基础地理信息有：道路，各级道路、街道、道路附属物桥梁、隧道、车渡；铁路，相应桥梁，隧道；地物，著名高大的标识物建筑；境界，市区界；植被，绿地、大面积树林、灌木、草地。

(3) 北京公交地理信息系统：北京风貌，公交线路状况，公交企业，旅游景点。

(4) 公路信息综合管理系统（交通部）。

(5) 铁路行车技术装备地图信息管理系统（1∶50万矢量交通地图）（铁道部）。

(6) 铁路计划管理信息系统（铁道部）。

(7) 四川省交通信息系统（四川省交通厅）。

(8) 郑州市公安信息系统（郑州市公安局）。

(9) 上海市110报警指挥信息系统（上海公安局）。

(10) 辽宁省公安厅预警信息系统（辽宁公安局）。

5. 邮电、通信类

(1) 移动通信专题地理数据主要用于基站设计高程模型数据，采样间隔分5M（高密集城区，微蜂窝网络建设），20M（城市市区，网络优化），50M（城市郊区，网络规划），100M（偏远山区，草原与荒漠区域）。

线状地物LDM数据，包括主要道路、街道、行政界线、铁路、水系、机场等7类。DOM地面覆盖数据，工商用地（大型低矮建筑）郊区低密度建筑群。全国大中城市均已建立了移动通信地理信息系统。

(2) 四川省长途电信线路综合管理地理信息系统（1∶50万电子地图）。

(3) 光缆自动监测系统（全国1∶100万电子地图）。

(4) 邮电系统"97工程"（信息产业部）。

(5) 深圳电信管网信息系统。

(6) 泸西供电局地理信息系统。

6. 城市规划、公共市政类

(1) 城市地籍管理信息系统（城市土地管理部门）。

(2) 城市规划管理信息系统（城市规划部门）。

(3) 城市管网信息管理系统（城市市政管理部门）。

(4) 天然气调度管理信息系统（中国石油天然气总公司）。

(5) 昆明市城市地理导游系统包括旅游信息查询，购物查询，宾馆、酒店查询，文化娱乐查询，采用 1 : 5000～1 : 10 000 地图。

(6) 青岛市经济技术开发区规划土地管理信息系统。

(7) 全国行政区域界限数据库（民政部）。

(8) 呼和浩特地下综合管理信息系统。

(9) 西安市人防管线信息系统。

(10) 合肥市规划与建设管理信息系统。

7. 电子商务类

(1) 物流智能配载调度系统。

(2) 电子商务信息系统——天津可口可乐饮料有限公司电子地图。

(3) 北京"小红帽"地理信息系统。

(4) 北京市商业地理信息系统。

8. 电子政府类

(1) 国务院综合国情地理信息系统（国务院秘书局、中国测绘科学研究院）。

(2) 省情地理信息系统（各省政府办公厅）。

(3) 我国陆地边界谈判与管理信息系统（外交部、国家基础地理信息中心）。

(4) 中国公路边防边境管理信息系统（公安部、国家基础地理信息中心）。

(5) 税务管理信息系统（国家税务局）。

(6) 重庆长安汽车公司地理信息系统。

(7) 攀枝花城市可持续发展信息系统。

(8) 湖南省旅游咨询信息系统（湖南旅游局）。

(9) 黑龙江省扶贫专题地理信息系统。

(10) 苏州市投资环境信息系统。

(11) 海洋功能区划管理信息系统（国家海洋局）。

附 录 B

B.1 国际数字地球学会

国际数字地球学会（International Society for Digital Earth，ISDE）是在中国、加拿大、美国、日本、俄罗斯、捷克等 10 余个国家专家、学者的共同倡议下，由中国科学院联合该领域国内外机构、学者发起成立的非政府性国际学术组织。该组织已在民政部注册，秘书处挂靠在中国科学院遥感应用研究所。全国人大常委会副委员长、中国科学院院长路甬祥教授被选为国际数字地球学会创始主席，两位副主席分别由加拿大和捷克学者担任，委员来自 16 个国家和国际组织。

国际数字地球学会的宗旨是在"数字地球"理念指导下，促进国际间的学术交流与项目合作，推动数字地球技术在国民经济和社会可持续发展、环境保护、灾害治理、世界遗产与自然资源保护，以及反恐维稳等诸多方面发挥更加重要的作用。该组织的建立必将促进数字地球的发展，提高我国的国际声望和国际地位。

2006 年 5 月 21 日在北京隆重地举办了"国际数字地球学会（ISDE）揭牌仪式暨 2006 数字地球学术论坛"。国际数字地球学会中国国家委员会的揭牌仪式也在会上举行。此项活动由中国科学院、国家发改委、科技部、国家航天局、建设部、国土资源部、国家环保总局、国务院信息化工作办公室、国家基金委、中国气象局、国家测绘局、中国地震局、国家海洋局共同主办，中国科学院遥感所承办。会上有来自美国、加拿大、日本、英国、法国、德国、新西兰、捷克、澳大利亚等 10 余个国家和联合国教科文组织的代表共计 20 余位外国专家，以及我国各相关部委局、高校、院所的专家学者和学生近 300 人。

国际数字地球学会主席路甬祥教授在致词中说：地球是目前人类唯一赖以生存的星球，合理开发与利用地球资源，有效保护与优化地球环境，是全人类共同的责任。信息时代和知识经济时代的来临正在悄然改变着人类的生存方式，未来的发展无不与数字和信息相关。无论是保持社会的可持续发展，不断提高人类的生活质量，还是推动科学技术进步，"数字地球"均具有重要意义。在此背景下，国际数字地球学会应运而生。中国政府已把数字化和信息化置于新时期科技发展的突出地位，希望国际数字地球学会对"数字地球"的发展作出新的贡献。ISDE 中国国家委员会名誉主席徐冠华院士代表国家科技部并以他个人名义向国际数字地球学会致意良好的祝愿，并祝贺 ISDE 中国国家委员会成立。他说：相信国际数字地球学会的成立，对加强全球性信息资源共享和利用，推动数字地球的发展，对增强该领域内各国的合作会起到重要作用。中国科技部将努力支持ISDE 的建设和发展，并衷心祝愿 ISDE 发展成为该领域内政府、企业界、科技教育界和全社会高度信赖的国际学术组织。

国际数字地球学会发展背景

1999 年 11 月 29 日至 12 月 2 日在北京召开了由中国科学院主办、19 个部委和机构协办的第一届数字地球国际会议（International Symposium on Digital Earth, ISDE）。国务院李岚清同志在会上致词，指出无论是社会的可持续发展还是提高人们的生活质量，无论是推动当前科学技术的发展还是开拓未来知识经济的新天地，"数字地球"都具有重要意义，中国实现可持续发展是对全球可持续发展的重大贡献，中国现在和未来的社会需求是发展数字地球的巨大推动力。路甬祥院长作为大会主席作了关于"合作开发数字地球，共享全球数据资源"的主旨发言。大会还特邀了 10 位国际知名专家作了大会报告，各相关部委的领导、专家出席了会议。这是世界上第一个以数字地球为主题的国际性会议，来自 27 个国家 500 余名代表围绕数字地球的概念和认识、理论与技术、应用前景等方面开展了交流和热烈的讨论，出版了由徐冠华部长和陈运泰院士主编的会议论文集。会议结束时通过了《北京宣言》，通过了每两年举办一届国际会议的决定，确定第二届数字地球国际会议于 2001 年 6 月在加拿大举行，并将会旗交给了加拿大的代表。为了推动数字地球的发展，2000 年成立了"数字地球国际会议"国际指导委员会及秘书处，由路甬祥院士担任国际指导委员会主席，郭华东研究员担任秘书长。在国际指导委员会的领导下，分别于 2001 年、2003 年、2005 年先后在加拿大、捷克、日本成功地召开了第二、三、四届国际数字地球会议。

第二届数字地球国际会议于 2001 年 6 月 24~28 日在加拿大的弗雷德里克顿市举行。我国代表团一行 19 人出席了此次会议。会议主题为超越信息的基础设施。会议围绕对数字地球认识、对信息基础设施的支持作用、虚拟现实技术、数据标准和互操作性、空间数据仓库等 25 个主题开展了研讨，来自 30 个国家的 200 余名代表参加了会议。会议期间，郭华东代表路甬祥主席主持 ISDE 国际指导委员会会议，确定了下届 ISDE 的举办方。

第三届数字地球国际会议于 2003 年 9 月 21~25 日在捷克的布尔诺市召开，来自 34 个国家 250 余名代表参加了会议。会议主题为：数字地球——全球可持续发展的信息资源。代表围绕全球可持续发展、全球社团对话、网络知识社会、数据、信息、技术等多方面开展了讨论。会议期间，由郭华东主持召开了包括指导委员会成员和来自美国 NASA、日本、匈牙利、俄罗斯、挪威等国 26 名代表参加的数字地球国际指导委员会扩大会议，会上匈牙利和日本代表分别提出举办第四届数字地球国际会议的书面申请，经国际指导委员会成员投票表决一致通过 2005 年 3 月在日本东京举办第四届数字地球国际会议。

第四届数字地球国际会议于 2007 年的 3 月 28～31 日在日本东京召开，来自 36 个国家的 345 名代表出席了会议。此次会议由日本庆应大学（Keio University）承办。开幕式上，郭华东秘书长宣读了路甬祥院长和徐冠华部长写给大会的贺信。庆应大学资深教授高桥润二郎先生、日本宇宙航空开发机构代表、日本地理信息系统协会会长、国际制图协会主席分别致词。这届大会的主题是：全球共享的数字地球。代表从数字地球概念、内涵等 25 个专题进行了探讨。陈述彭院士、日本地球模拟中心主任 Tetsuya Sato 先生、国际制图协会主席 Milan Konecny 教授、郭华东研究员、亚洲遥感学会秘书长 Shuji Murai 教授、ISPRS 主席 Ian Downman 教授、马里兰大学 John Townshend 教授、日本地理信息系统协会会长 Etsuo Yamamura 教授及 Intergraph 公司的执行董事 Richard Simpson 先生分别作了精彩的大会特邀报告。我国代表在会上作的"数字地球的网格系统"、"数字铁路"、"数字国家公园"等报告都得到了极大的反响。会议期间有近千名观众参观了遥感、GIS、GPS、虚拟现实等高技术参展产品。

我们可喜地看到，来自匈牙利、澳大利亚、美国、香港、新西兰 5 个国家和地区的代表向国际数字地球学会提出主办 2007 年第五届数字地球国际会议的申请，经申请者的陈述和 ISDE 国际指导委员会的认真讨论，决定 2007 年 6 月 5～8 日在美国旧金山举办第五届数字地球国际会议，并于 2006 年 8 月 27～30 日在新西兰首府奥克兰举办数字地球可持续发展高峰会议。大会闭幕式上，举行了隆重的会旗交接仪式。郭华东秘书长从本届会议主席 Hiromichi Fukui 教授手中接过 1999 年在北京制作的"数字地球国际会议"会旗，交给下届会议主办国美国的代表。系列数字地球国际会议的召开表明我国发起的 ISDE 会议正在持续健康地发展，彰显了数字地球发展的巨大潜力，也为国际数字地球学会的创建打下了坚实的基础。

近期，国际著名出版公司 Taylor & Francis Inc 与 ISDE 签订协议，自 2008 年 1 月起正式出版国际数字地球杂志（International Journal of Digital Earth，IJDE）。IJDE 的出版将会大力促进数字地球的发展。

B.2 关于欧洲议会和欧盟理事会在欧共体内建设空间信息基础设施指令（条例）的提案和 EEA 相关的文本

欧洲议会和欧盟理事会根据成立欧共体的条约，尤其是它的 175 条第 1 款，欧盟执委会的提议，欧盟经济暨社会委员会的观点，欧盟区域委员会的观点，并按照条约第 251 条规定的程序执行，鉴于：

（1）有关环境政策必须考虑共同体内区域的多样性，致力于高水平的环境保护。在制定环境政策时，共同体必须根据可用的科学技术数据以及共同体内不同区域的环境状况，并考虑共同体经济和社会的整体发展和区域间的平衡发展。对一个宽广的环境政策而言,许多和空间属性有关的信息是必需的,而且按照共同体条约第6条规定,必须整合环境保护需要的其他政策的形成和执行,空间信息也是经常需要的。为了促成这种结合,需要在信息提供方和用户之间关于这些主题建立一个协调标准,以便来源不同的信息和知识能被融合。

(2) 由欧洲议会和欧盟理事会2002年第1600号决议采纳的第六环境行动计划需要给予充分考虑,以确保各种环境政策是基于一种综合的方式并考虑区域的差异性而制定。该计划进一步强调欧洲采取行动提高公众和地方当局环境意识的重要性,以及改善环境科技知识和环境状态及趋势信息的重要性。它也需要下面的行为优先进行:政策措施的事先和事后评价,在信息、培训、研究、教育和政策领域架起环境和行为人的桥梁,确保常规信息和其他的事情传播给更广泛的公众及定期的监测和报告系统。它尤其需要在未来的环境法规中和支持各成员国搭建足够的数据收集系统的地球观测应用和工具的逐步发展中,被有效地提出。要实现第六环境行动法案中提出的目标,关于所需空间信息的可用性、质量、组织和可获得性等方面还有很多严肃的问题存在。

(3) 关于空间信息的可用性、质量、组织和可获得性等问题,对很多政策和信息主题都是一样的,在政府当局的各种层次都会面临。要解决这些问题需要在不同层次的政府当局之间以及其各个部门之间推行能够交换、共享、获取和使用统一标准的空间数据和空间数据服务。因此,非常必要在共同体内搭建一个空间信息基础设施。

(4) 欧共体空间信息基础设施,或者叫INSPIRE,应该基于各成员国通过共同标准产生的空间信息基础设施,而且这些信息基础设施能以相同的规则相互兼容,采取共同体水平上的措施用于增补。这些措施应该保证由各成员国创建的空间信息基础设施能相互兼容并能被跨国界使用。

(5) 各成员国的空间信息基础设施在设计时应该确保空间数据在最适当的层次上被存储、使用和维护;将来源不同区域的空间数据以一种相容的方式整合起来,并在不同用户和应用程序之间共享是可能的;通过一个层次的政府部门收集的空间数据可以在不同层次的政府部门之间共享是可能的;使空间数据在不限制其扩展使用的条件下可用;而且发现可用的空间数据,并评价这些数据的目标适用性以及它们的使用条件是容易的。

(6) 关于公众获取环境信息,本指令涵盖的空间信息和由欧洲议会和欧盟理事会在2003年1月28日发布的2003/4/EC号指令所涵盖的信息之间有一定程度的交叠。然而,空间信息在技术和经济方面阻碍了它在支持环境政策以及把环境问题纳入其他政策的使用。因此,在谈到责任、例外和保护时,非常有必要制定具体的规定。除了关于提出进入空间数据的限制基础和避免过度使用的进入性限制要制定特定的规定外,本指令对2003/4/EC号指令并无影响。

(7) 关于公共信息的重复使用方面，该指令对欧洲议会与 2003 年 11 月 17 号欧盟理事会形成的 2003/98/EC 号指令并无影响。那些指令应该是本指令的有效补充。然而，执委会应该采取进一步措施去解决本指令提到的公共信息特定种类的重复使用问题。

(8) 在欧共体内建一个空间信息基础设施不仅会对其他机构产生重要附加值，同时也会得益于这些机构。比如欧盟理事会 2002 年 5 月 21 签署的第 876 号理事会规章 (No876/2002)，关于建立伽利略联合企业和全球环境和安全观测部 (GMES)，到 2008 年为止，建成 GMES 能力。为了利用这些机构间的协作优势，各成员国应该考虑使用来自伽利略和 GMES 中心的数据和服务，尤其是和伽利略有关的时空信息。

(9) 在国家和共同体水平上，许多行动被采取用来收集、协调和组织空间信息的分发和使用。这些行动可能通过共同体立法来创建（比如，通过执委会 2000 年 7 月 17 日关于欧洲污染排放名册执行的决议，该名册由欧盟理事会 96/61/EC 号指令第 15 条关于综合污染防止和控制的条款提出，欧洲议会和 2003 年 11 月 17 号召开的欧盟理事会关于在共同体内监测森林和环境相互作用的第 2152/2003 号规章。在共同体资助计划的框架下（例如，CORINE 土地覆盖，欧洲交通政策信息系统）或者在国家或区域层次上开展的。该指令不仅通过了能使它们相互协作的框架，并且该指令建立在既有的经验和行动之上，而非重复已有的工作。

(10) 该指令应该适用于由政府当局提出或代表政府当局的空间数据，适用于政府当局履行其职责过程中对空间数据的使用。然而，根据特定条件，如果需要的话，也应该适用于由自然人和法人而非政府提出的空间数据。

(11) 该指令不应该对有关环境状态的新数据收集工作提出要求，也不应该向执委会报告这些信息，因为那些事务应该由和环境有关的其他立法来制定。

(12) 国家基础设施的执行应该循序渐进，因此，本指令涉及的空间数据主题应该符合不同的优先层次。执行应该考虑在不同政策领域的宽广应用需要的范围，考虑到在寻找既定的空间数据和发现是否应用于特定目的时，时间和资源的损失对可用数据的全面挖掘是一个关键障碍。因此，各成员国应该在元数据表中提供可用空间数据集的详细描述。

(13) 因为空间数据在格式、组织和获取结构等方面的多样性限制了有效的形成、使用、监测、评价间接和直接影响环境的共同体法律。

(14) 网络服务在共同体内不同等级的政府之间共享数据是必要的。那些网络服务应该使空间数据的查找、转换、浏览、下载和调用以及电子商务服务可行。为了确保由各成员国建立的基础设施能相互适用，这些网络的服务应该根据共同协商的规格和最低执行标准工作。这些服务的网络也应该包括上传服务以使政府当局能够让其空间数据集和服务可用。

（15）成员国的经验表明，要使一个空间信息基础设施成功运行，向公众提供最低量的免费服务非常重要。因此，各成员国应该提供一个最低限免费的空间数据集的浏览和查询服务。

（16）和直接或间接影响环境的共同体政策有关的某些空间数据集和服务由第三方提出和执行。因此，假如由那些基础设施提供的空间数据和空间数据服务并不因此受到损害，各成员国应该向第三方提供对国家基础设施作出贡献的可能性。

（17）为了帮助将国家基础设施集成到共同体的空间信息基础设施中，各成员国应该通过一个由执委会提供的地址口进入空间信息基础设施，或者通过他们自己实施的入口点。

（18）为了使来自不同政府层次的信息可用，各成员国应该去除由政府当局在国家、区域和地方层次上，履行其可能对环境产生直接或间接影响的公共任务时所面临的各种障碍。在政府当局执行商业行为和公共任务的地方，各成员国应该采取适当的措施防止竞争的歪曲。

（19）政府之间空间数据的共享框架应该不仅在一个成员国内的政府之间，而且在各成员国之间以及共同体内的各机构之间。因为共同体的机构和实体经常需要整合和评价来自各成员国的空间信息，所以他们应该能够根据相互协调的条件，获得进入和使用空间数据和空间数据服务的权力。

（20）用一种通过第三方刺激附加值服务的发展，为了政府和公众的利益，提供进入和重复使用超越行政和国家边界的空间数据是必要的。

（21）基础设施和空间信息的有效使用需要协调，或者是信息的贡献者或者是使用者。

（22）为了从欧洲标准协会的相关经验中受益，执行本指令的必要措施能够根据欧洲议会和1998年6月22日的欧盟理事会制定并由欧洲标准协会采纳的标准执行的程序98/34/EC，产生了一个程序技术标准和规章的领域条款，同时被欧洲标准协会所采纳的标准支持。

（23）因为欧洲理事会规章1990年5月7日关于欧洲环境机构的建立，欧洲环境信息和观察网络向共同体提供在共同体水平上的客观的、可信和可比较的环境信息的任务，而且12月10日建立起来的欧洲环境机构。

（24）作为一个框架性的指令，它的执行需要进一步的决定，该决定要考虑进化的政治、制度和组织背景和快速的技术进步关于空间数据系统和服务。这个执行本指令的必要措施因此应该被采纳，根据理事会决议1999年6月28日制定的程序1999/468/EC，在执委会上协商的执行力。

（25）关于本指令执行的决定的预备工作和共同体内空间信息基础设施的未

来演进需要本指令执行的持续监测和规则报告。

(26) 该指令的目标，即在共同体内建立空间信息基础设施，因为跨国界的原因和在共同体内一般需要协调获取空间信息的条件，并不能被各成员国有效地获取。因此，它能在共同体水平上很好地获得，共同体能根据在条约的第 5 条中设立的补充原则采取措施。按照同样条款中的比例原则，本指令为了获得那些目标并没有超过必要的条件。

为此通过本指令（条例）：

第一章 总 则

第一条

1. 该指令提出了在共同体内建立空间信息基础设施的总则，其目的在于指导共同体内对环境有直接和间接影响的活动，并制定相关环境政策。

2. 共同体空间信息基础设施将基于各成员国建立运行的空间信息基础设施之上。

3. 基础设施的主要组成要素包括元数据、空间数据集、空间数据服务；网络服务和技术；共享协议，访问和使用；协调和监督机制，流程和程序。

第二条

1. 该指令包括可识别的空间数据仓库，即下文中提到的空间数据集，它满足以下条件：

(a) 和一个成员国管辖权下的区域有关，或者和它唯一的经济区域/搜寻和营救区，或者其他相当区域有关；

(b) 它们都是电子格式；

(c) 它们拥有下面中的一个：

(i) 政府当局，由政府提出或接受，或者被其授权管理或更新；

(ii) 一个代表政府的自然人或法人；

(iii) 根据本指令第 17 条第 3 款上传服务的第三方；

(d) 和附录 1、2 或 3 罗列的一个或多个主题有关。

2. 除了第一段中提出的空间数据集外，本指令将包括通过调用计算机程序能执行的和空间数据有关的各种操作，下文称为空间数据服务。

3. 谈到空间数据集，它和第一段 (c) 提出的条件相适应，但是第三方掌握知识产权，政府只有在第三方的同意下，才能在本指令的框架下采取行动。

4. 附录 1、2 或 3 要根据第 30 条第 2 款提出的程序来适应执委会，并且考虑空间数据的深度需求，以支持直接或间接影响环境的共同体政策。

第三条

1. 该指令对 2003/4/EC 号指令并产生不影响。

2. 该指令也不影响 2003/98/E 号指令的作用。

第四条

在谈到由政府按照第 2 条第 1 款（c）目提出的空间数据集时，该指令仅仅适合于空间数据集，即便这是一个成员国内最低级的政府，空间数据集的收集和分发是由另一个政府或者在法律的许可下被协调的。

第五条

从本指令的目的出发，下面的单位被认为是政府当局：

（a）政府和其他的公共行政部门，包括国家、区域或地方层次的公共咨询实体；

（b）任何一个在国家法律下执行公共行政职能的自然人或法人，包括和环境有关的特殊职责，行为或服务；

（c）在（a）或（b）范围内的控制下，任何一个有公共责任或职能，或者能提供公共服务的自然人或法人。

成员国或许能提供这些，当实体或机构在一个法定框架内行事的时候，根据本指令的目的，它们并不被认为是政府当局。

第六条

按照本指令的目的，以下定义将应用：

（1）"空间数据"指任何和区位、地理区域数据直接或间接相关的数据；

（2）"空间对象"指和地理空间有关的真实世界的抽象代表；

（3）"元数据"是指描述空间数据集和空间数据服务的信息，它能帮助查找、存储和使用数据；

（4）"第三方"是指除了政府当局之外的任何自然人或法人。

第七条

成员国将根据本指令建立和运行空间信息基础设施。

第二章 元 数 据

第八条

1. 成员国要确保空间数据集和空间数据服务的元数据产生和更新。
2. 元数据将包括以下信息：

（a）空间数据集和在第 11 条第 1 款提到的执行规则的适应性；

（b）使用空间数据集和空间数据服务的权限；

（c）空间数据的质量和有效性；

（d）政府当局建立和管理维护发布空间数据集和空间数据服务的责任；

（e）根据本指令的第 19 条，公众获取空间数据集的限制及限制的理由。

3. 成员国采取必要的措施确保元数据的完成和质量。

第九条

成员国将根据下面时间表产生第八条中提到的元数据：

（a）本指令生效后的第三年完成附录 1 和附录 2 中罗列的一个或更多主题相符的空间数据集；

（b）本指令生效后的第六年完成附录 3 中罗列的一个或更多主题相关的空间数据集。

第十条

执委会将按照第 30 条第 2 款规定的程序，采取第 8 条执行规则。

第三章　空间数据集和空间数据服务的协作

第十一条

1. 执委会将根据第 30 条第 2 款规定的程序，采取以下执行规则：

（a）协调空间数据标志；

（b）空间数据交换的安排。

2. 由于它们在空间信息基础设施中的角色，对空间数据感兴趣的人们包括用户、制造商、增值服务提供者或者协调人将被给予机会参与到第一段中提到的执行规则的制定中。

第十二条

1. 在第 11 条第 1 款（a）目中提出的执行规则要设计成能确保空间数据集可集成，空间数据服务可相互作用，以这种方式得到的空间数据集和空间数据服务的集成就是连贯一致的，代表了附加值，并不需要人为和机器的特殊处理。

2. 在第 11 条第 1 款（a）目提出的执行规则将涵盖和空间数据有关的空间对象的定义和分类，以及空间数据被地理参考的方式。

第十三条

1. 提到和附录 1、附录 2 中列出的一个或多个主题清单相关的空间数据集，由第 11 条第 1 款提出的执行规则将遇到第二、三、四段提出的各种条件。

2. 执行规则将指出空间数据的以下方面：

（a）空间对象的独立识别系统；

（b）空间对象间的关系；

（c）关键属性和相关的多意辞典惯常需要广泛的主题政策；

（d）在数据的时间维上的信息交换方式；

（e）数据更新的途径必须是可交换的。

3. 设计执行规则时，要确保在提及同一区位或者不同尺度下提及同一对象时，信息条目间的一致性。

4. 设计执行规则时，关于第 12 条第 2 款和本条第二段提到的方面，要确保源于不同空间数据集的信息是可比的。

第十四条

第 11 条提出的执行规则将要按照下面的时间表执行：
(a) 该指令产生效力后的第二年完成附录 1 罗列的一个或多个主题；
(b) 该指令产生效力后的第五年完成附录 2 和附录 3 中罗列的一个或多个主题。

第十五条

根据第 11 条第 1 款（a）提出的相应规范的采纳日期，成员国要确保至少每两年采集和更新一次的空间数据集要么在适应性上，要么在格式转换上符合规范。

第十六条

1. 成员国应该确保在第 11 条第 1 款提出的任何需要遵从执行规则的信息或数据按照不限制使用目的的条件为政府当局或第三方所用；
2. 为了确保和空间特性有关的空间数据横跨两个成员国之间边界，各成员国要在适合的地方对共同属性的描述和定位相互认可。

第四章 网络服务

第十七条

1. 成员国要建立和运行装载服务，以便通过第 18 条第 1 款提到的服务产生元数据和空间数据集和空间数据服务。
2. 第一段提到的装载服务要对政府当局可用。
3. 假如它们的空间数据集和产生关于元数据、网络服务和协作性规范的执行规则一致，第三方可以根据需要使用第一段提到的装载服务。

第十八条

1. 成员国要建立和运行为空间数据集和空间数据服务的服务网络，其元数据要按照以下指令被创建：
(a) 发现服务，使基于相应元数据的内容和显示元数据内容寻找空间数据集和空间数据服务成为可能；
(b) 显示服务，使最小化、显示、浏览、放大/放小、平移，或者叠加空间数据集和显示图例信息和任何相关的元数据内容成为可能；
(c) 下载服务，使完整的或部分的空间数据集的备份可被下载。
(d) 转换服务，使空间数据集可被转换格式；

(e) 调用空间数据服务的服务，使数据服务可被调用。

这些服务要容易通过 Internet 或者任何其他适合公众可用的通信手段使用和进入。

2. 要实现第一段（a）点提到的服务，至少要执行下面的联合搜索标准：

(a) 关键词；

(b) 空间数据和服务的分类；

(c) 空间数据的质量和精度；

(d) 在第 11 条中提到的协调标志的一致程度；

(e) 地理位置；

(f) 申请进入和使用空间数据集和空间数据服务的条件；

(g) 政府当局建立和管理、维护分发空间数据集和空间数据服务的责任。

3. 第一段（d）点提到的转换服务要和同段中提出的其他服务结合起来，以使所有的服务能和第 11 条提出的执行规则一致起来运行。

第十九条

1. 通过 2003/4/EC 指令的第 4 条第 2 款和本文的第 18 条第 1 款，成员国可以限制公众在第 18 条第 1 款（b）点和（e）点提出的服务的进入权限，或者限制进入第 20 条第 1 款提出的电子商务的服务的权限。

(a) 政府当局会议记录的机密性，这种机密性要通过法律确立；

(b) 国际关系，公共安全和国防；

(c) 公正行为，任何人接受公平审判的能力或者政府当局传票罪犯或者训诫自然人的能力；

(d) 商业或者工业信息的机密性，国家和共同体法律保护合法的经济利益，包括在维护统计机密和税收秘密时的公众利益；

(e) 个人数据的机密，或者和一个自然人有关的没有征得本人同意公布于众的文件的机密性，该机密由国家和共同体法律保护；

(f) 和环境保护有关的信息，比如稀有物种的位置。

2. 限制进入的基础，正如在第一段提出的，将被解释以一种限制方式，通过将提供这种进入公众利益被服务的特殊案例考虑进去，在每一个特殊案例中，向公众公开服务的利益和通过限制或条件进入被服务的利益要反复权衡。成员国不可以利用第 1 段中的（a）（d）（e）和（f）限制环境排放信息的进入。

第二十条

1. 成员国要确保第 18 条第 1 款（a）和（b）提到的服务对公众免费。

2. 在政府当局对第 18 条第 1 款（c）和（e）提到的服务征税时，成员国要确保电子商务服务可用。

第二十一条

1. 执委会要建立和运行一个共同体的地址入口。
2. 成员国要通过共同体的地理入口提供第 18 条第 1 款涉及的各种服务。
3. 成员国也可能通过他们自己的入口节点提供入口。

第二十二条

执委会要根据第 30 条第 2 款提到的程序采取本章的执行规则，尤其要制定以下几种规范：

(a) 第 17 条第 1 款和第 18 条第 1 款以及第 20 条第 2 款中涉及的服务的技术标准，考虑到技术的进步，要制定这些服务的最低执行标准。

(b) 第 17 条第 3 款提到的义务。

第五章 数据共享和重用

第二十三条

1. 各成员国要采取措施促进政府之间空间数据集和空间数据服务的共享。这些措施要能使各成员国的政府部门、共同体的有关机构得到获取空间数据集和服务的入口，并能使用和交换这些数据，以便服务于对环境有直接或间接影响的公共任务。

在第一段中提到的措施要在使用上排除任何限制，尤其是交易上的、程序上的、法律上的、制度上的或者金融上的。

2. 在第一段中提到的空间数据共享的可能性要对通过国际协议建立的实体开放，该实体中，成员国和共同体是其成员，因为任务的执行可能对环境产生直接或间接的影响。

3. 成员国要采取适当的措施防止竞争的恶化，以免政府当局也执行和他们任务无关的商业行为，要使这些措施公开。

4. 共同体的机构和实体要能进入第一段提出以外的空间数据集和服务，执委会要按照第 30 条第 2 款提出的程序，采取执行规则管理入口和相关使用权限。

第二十四条

执委会要根据第 30 条第 2 款提到的程序，采取执行规则增加被第三方重复使用空间数据和服务的潜力。这些执行规则可能包括建立共同的注册条件。

第六章 协调和补充措施

第二十五条

成员国要指定适当的组织和机构来协调所有在空间信息基础设施上利益相关体的贡献，比如用户、生产者、附加值提供者和协调机构。这些贡献将包括用户需要的识别，关于执行本指令的反馈的规定和现存实际应用的信息规定。

第二十六条

执委会在共同体内要对共同体层次上协调空间信息基础设施负责，为此目的，要受欧洲环境保护局的帮助。

每一个成员国要指派政府机构负责关于该指令和执委会的联系。

第二十七条

根据 98/34/EC 号指令规定的程序，由欧洲标准委员会采纳的标准也支持本指令的执行。

第七章 最 终 规 定

第二十八条

1. 各成员国都要监测空间信息基础设施的使用和执行。

2. 第一段提到的监测要按规则执行，该规则是由执委会按照第 30 条第 2 款提到的程序采纳的。

3. 第一段提到的监测信息要永久性地为执委会可用。

第二十九条

1. 关于本指令的执行和应用过程中获得的经验，成员国要向执委会提交报告，该报告要包括以下内容：

（a）空间数据集和服务的提供者和使用者及其中介如何被协调地描述，和第三方关系的描述，关于质保机构组织的描述；

（b）政府当局或者第三方对空间数据基础设施的协调和功能的贡献的描述；

（c）空间数据集质量和可用性的概述和空间数据服务的执行；

（d）关于空间信息基础设施使用信息的概要；

（e）政府当局之间的共享协议的描述；

（f）执行本文件的成本和效益的描述。

2. 第一段中提出的报告每隔三年要送给执委会，从本指令开始生效时开始。

3. 执委会要按照第 30 条第 2 款提出的程序采取第一段中的执行规则。

第三十条

1. 执委会要受委员会的支持。

2. 对本段的参考书目，1999/468/EC 号欧共体决议的第 5 条和第 7 条将适用，并考虑它的第 8 条规定。在 1999/468/EC 号决议中的第 5 条第 6 款规定的期限设为 3 个月。

3. 委员会要采纳它的程序规则。

第三十一条

执委会要在条款形成效力后的第 7 年向欧洲议会和欧盟理事会做一次报告，此后，每隔 6 年要提交一份关于本指令执行的书面报告。只要需要，报告可附带要共同体采取行动的提议。

第三十二条

1. 成员国要在本指令正式生效后 2 年内使遵守本指令必要的法律、规章和行政条例生效。他们要立刻向执委会传达有关规定以及这些规定和本指令的关系表。

当成员国采纳这些规定的时候，他们要包括一个本指令的参考说明，或者在他们的官方出版物出版时附带一个参考说明，并且由各成员国决定这些参考书如何制作。

2. 在本指令所涵盖的领域内，各成员国所实行国家法律的主要规定的有关文本，要被传送到执委会。

第三十三条

该指令在它于《欧盟官方杂志》公开发行后的第 20 天开始正式实施。

第三十四条

本文件被送往各成员国。完成于布鲁塞尔，致欧洲议会主席，致欧盟理事会主席。

附 录 1

和第 9 条（a）、第 13 条第 1 款和第 14 条（a）相关的空间数据主题

（1）参考坐标系：基于测量学的水平和垂直数据，一套坐标集（x, y, z）和（或）经度、纬度和高度唯一标定空间位置信息的系统。

（2）地理格网系统：有一个共同的原点和标准栅格单元尺寸和位置的多分辨率格网。

（3）地理名称：地区、区域、地点、城市、郊区、城镇和居民点，或者任何公共或历史名胜的地理或地形特征。

（4）行政区划单元：国家版图被分成地方、区域和国家政府的行政单元。行政单元由行政界线分割，也包括国家版图界线和海岸线。

（5）交通网络：道路、轨道、航空和水运网络及相关的基础设施，包括不同网络间的连接，也包括在 1692/96/EC 号决议中定义的和未来修正过的跨欧洲的运输网络。

（6）水文：水文要素，包括自然和人工的河流、湖泊、过渡水体、水库、蓄水层、运河或者其他的水体，在此，它们适合以网络以及和其他网络连接的方式存在，包括 2000/60/EC 指令中定义的流域和子流域。

（7）保护区：获得特定保护对象的指定或者管制和管理的区域。

附 录 2

和第 9 条（a）、第 13 条第 1 款和第 14 条（a）相关的空间数据主题

（1）高程：土地、冰和海平面的数字高程模型，包括陆地高度、测海深度和海岸线。

（2）财产标识：基于地址标识的财产地理区位，通常为道路名称、建筑编号或者邮政编码。

（3）地籍斑块：有特定的合法所有权益，由地籍界线标定的区域。

（4）土地覆盖：地球表面的物理和生物覆盖，包括人造表面、农业区域、林地、半自然区域、湿地和水体。

（5）正摄影像：来自卫星或者航空传感器，地球表面有地理参考的影像数据。

附 录 3

在第 9 条（b）和第 14 条（b）提到的空间数据主题

（1）统计单元：用于人口普查或者别的统计信息的单元。

（2）建筑：建筑的地理区位。

（3）土壤：按照深度、纹理、结构和颗粒内容、组织结构、石砾含量标定的土壤和亚土壤，意味着坡度和预期的蓄水能力。

（4）地质：根据组分和结构标定的地质，包括岩床和地质形态。

（5）土地利用：根据目前和未来的功能维持社会经济目标标定的陆地（比如居民地、工业用地、商业用地、农业用地、林业用地、娱乐用地等）。

（6）人类健康和安全：直接（流行病、疾病传播，由于环境压力的健康影响，空气污染，化学或者臭氧层损耗，噪声等）或间接（食物、基因修改的有机体、压力等）和环境质量有关的疾病发生地的分布。

（7）政府服务和环境监测设备：政府的服务点，医院和医疗机构位置，学校，幼儿园等，包括下水道，能源设施，垃圾处理设施，由政府运行或政府的环境监测设施。

（8）产品和工业设施：工业产品位置，包括提水设备、采矿和存储点。

（9）农业和水利设施：农耕设备和产品设施（包括灌溉系统、温室和马厩）

（10）人口分布——人口统计学：按格网、区域、行政管理单元或者其他分析单元合计的人口地理分布。

（11）区域管理/限制/调节区和汇报单元在欧洲、国家、区域和地方层次上，受管理、约束或者使用需要汇报的区域，包括垃圾堆放点，水源保护区，硝酸盐脆弱区，海上管制航道或者大的内陆水体，垃圾倾倒区，噪声限制区，矿采允许区，流域区，OSPAR报告区和海岸带管理区。

（12）自然风险区：根据自然风险，比如水灾、滑坡、雪崩、林火、地震和火山爆发，划定的脆弱区（所有大气的、水文的、地震的、火山的和火灾的现象，因为它们所处的位置、严重性和频率存在严重影响社会的可能）。

（13）大气条件：大气自然条件，包括基于测量的空间数据，基于模型的空间数据，以及测量和模型集成的空间数据，也包括测量位置。

（14）气象地理特性：天气情况及其度量；降水、温度、蒸发、风速和风向。

（15）海洋地理特性：海洋的自然条件（包括洋流、盐度和浪高等）。

（16）海域：海和被共同特征划成区域和亚区域的咸水体的自然条件。

（17）生物地理区：具有共同特征的具有相对同质生态条件的区域。

（18）栖息地和生境：由物种的生态条件和支撑有机体生存其中为标志的地理区域，包括地理上区别开的陆生和水生区域，生物和非生物特征，纯自然或者半自然，包括农村景观的小特征：灌木篱墙和小溪等。

（19）物种分布：通过格网、区域、行政区域或别的分析单元合计的动物和植物物种出现的地理分布。

B.3 美国等八国《全球信息社会冲绳宪章》

2000年7月21~23日，美国、日本、德国、英国、法国、意大利、加拿大和俄罗斯八国领导人在日本冲绳举行了首脑会议。会议期间，八国领导人发表了旨在促进信息技术发展，缩小国家间、地区间信息技术的发展差距（被会议称为"数字化鸿沟"），推动全球信息、社会建设的《全球信息社会冲绳宪章》。

信息通信技术是21世纪社会发展的"最强有力"的动力之一，其革命性的冲击不仅极大地影响着人们生活、学习和工作的方式以及政府与文明的互动关系，而且正在迅速地成为世界经济增长的重要推动力。信息技术使全球各地的企业家、公司和社团能够以更高的效率和更丰富的想像力解决经济和社会问题。我们将抓住和共享这巨大的机遇。

信息通信技术所带来的经济与社会变革的实质就是在于帮助人和社会更好地使用知识和智慧。在我们看来，信息社会是一个使人类能充分发挥其潜力，实现其抱负的更好的社会。

为此，我们必须确保信息通信技术能为下列关联的目标服务：
- 创造可持续的经济增长；
- 增加公共福利；
- 增强社会的凝聚力；

- 充分发挥其加强民主的潜力；
- 增强管理的力度和责任心；
- 促进人权；
- 强化文化的多样性；
- 促进国际和平和稳定。

要达到这些目标和解决由此产生的种种问题需要行之有效的国内和国际战略。

在追求上述目标的时候，我们重申对包容原则的承诺：任何人在任何地方都能分享全球信息社会的福利，不应将任何人排除在外。

信息社会的省略依赖于促进人类发展的民主价值，例如，信息和知识的自由流动、相互容忍和尊重多样性。我们将率先推动政府营造合适的政策和法规环境，以便激励竞争和创新、确保经济和金融的稳定、推动各有关方面的协调合作以优化全球网络、打击破坏网络整体性的违规行为、缩小"数字化鸿沟"、向人民投资、促进全球的利用和参与。总而言之，本宪章号召所有人，无论他来自公营部门还是来自私营部门，都要为缩小信息和知识的国际"鸿沟"而努力。一个可靠的信息通信技术政策和行动框架能够改变我们互动的方式，在全世界提供更多的社会和经济机会。

各有关方面之间有效的合作（包括政策方面的共同合作）也是推动一个全球信息社会稳定发展的关键所在。

抓住数字化机遇

信息、通信技术在鼓励竞争、提高劳动生产率、推动和保持经济增长、创造就业机会等方面的作用有很大潜力。我们的任务不仅是鼓励和促进向信息社会的过渡，而且要充分获取其经济、社会和文化方面的利益。要达到此目的，建立下列主要基础是十分重要的：

- 进行经济结构改革，以营造一个开放、市郊、竞争和创新的环境，其政策重点是灵活的劳动力市场、人力资源开发和社会凝聚力；
- 稳定可靠的宏观经济管理，以帮助企业界和消费者充满信心地规划未来和利用新信息技术的优势；
- 通过竞争性的市场条件以及网络技术、网络预备和网络应用方面的有关创新，开发能提供快速、稳定、安全和用户负担得起的信息服务网络；
- 通过教育、终生学习开发能适应信息时代要求、满足各行各业对信息通信技术专业人才需求的人力资源；
- 公营部门积极地利用信息通信技术，报动以在线方式提供服务，确保所有公民能得到更好的政府服务。

在信息社会中，私营部门在开发信息通信技术方面起着主导作用。但是，要靠政府来营造一个信息社会所必需的透明的、可预测的和非歧视的政策法规环境，过分的法规干预是十分重要的，因为这种干预会妨碍私营部门创建一个 IT 友好环境的主动性，应该确保与信息通信技术的规定和举措能适应经济交易中的技术变化，同时要考虑透明度、技术上中立和保持公私部门的有效合作。这些规定必须是可预测的，并能增强企业界和消费者的信心。为了最大限度地获取信息社会的经济和社会利益，我们就下列主要措施达成了协议：

- 继续开放信息市场，电信产品和服务市场，包括非歧视性的、面向成本 (cost-oriented) 的基本电信互联，并鼓励这方面的竞争。
- 保护与信息通信技术有关的知识产权对于推动与信息通信技术有关的创新、竞争和推广是重要的。我们欢迎各知识产权保护机构之间正在进行的合作，并进一步鼓励专家们讨论这一领域的未来发展方向。
- 各国政府重新承诺其软件的使用完全遵守保护知识产权的规定也是十分重要的。
- 电信、交通运输和配送等服务，对于信息社会和经济是重要的，海关以及其他与贸易有关的手续对于营造一个 IT 友好环境也是十分重要的。
- 在 WTO 框架上通过进一步推动网络以及相关服务和程序的自由化和改善来促进电子商务；继续在 WTO 的贸易原则下应用于电子商务。
- 根据惯例制定电子商务税务措施，其中包括中立、平等、简单和其他经济组织通过的原则。
- 继续实施对电子交易不征关税的举措，在下一次 OECE 部长级会议上暂不加以评估。
- 推行由市场驱动的标准，其中包括可互操作性的技术标准。
- 根据 OECD 的指导方针促进消费者对电子市场的信任，于在线环境下为消费者提供与离线环境下同等的保护，其中包括通过有效的自律措施（如在线行为规范、信誉标记）；运用灵活措施，包括利用其他解决纠纷的机制，减少消费者在跨国境纠纷中所面临的种种困难。
- 制定有效的、有实际意义的保护消费者个人隐私的措施；在保证信息自由流动的同时，在处理个人数据的过程中保护个人隐私。
- 进一步开发和有效地发挥电子认证、电子签名、加密技术以及其他确保安全交易手段的作用。

我们必须保证打击电脑网络犯罪的有效措施（如"OECD 信息系统安全"指南中规定的那些措施）能够到位。我们将在最近"政府-产业电脑网络安全和保密对话"巴黎会议取得成功的基础上进一步推动与产业界的对话。要强化八国在"跨国有组织犯罪 LTON 小组"政策框架内的合作。我们将与产业界和其他有关方面保持接触以便保护关键信息基础结构。

缩小"数字化鸿沟"

缩小国家内部和国家之间的"数字化鸿沟"具有十分重要的意义。所有人都应能够使用信息和通信网络。缩小国家间、地区间在信息技术发展上差距的关键在于使世界上所有人能够接触和应用新的信息技术,并能够负担得起所需费用。我们将继续努力:

- 促进市场条件的发展,使之有利于提供人们负担得起的通信服务。
- 探索包括提供公用电脑通信设施服务在内的其他补充服务途径。
- 优先改善入网条件,尤其是在那些通信设施欠发达的地区。
- 特别关心社会弱势群体,残疾人和老年人在这方面的需求与困难,积极协助他们使用通信技术服务。
- 鼓励开发包括移动互联网接入服务等在内的"无障碍","用户友好"的技术,鼓励更多地利用免费、公开、能适应信息时代需求的人力资源作为后盾。我们承诺为所有公民提供通过教育、终生学习和培训来了解和掌握通信技术的机会。我们将继续朝着下列宏伟目标前进。
- 让所有中小学教室和图书馆上网。
- 让教师掌握信息通信技术和多媒体资源。

我们将为中小企业和自营企业有效地使用互联网提供支持和优惠的举措,我们还将鼓励利用信息通信技术开展创新的终生学习。

推动全球参与

对新兴经济和发展中国家来说,通信技术蕴藏着极大机遇,能成功地驾驭其潜力的国家就有望跨越基础结构建设的障碍,从而更有效地达成其最重要的目标(例如,减贫、健康、卫生和教育),并从全球电子商务的发展中受益。有些发展中国家已经在这方面取得了显著的进展,但是缩小国际上信息和知识"鸿沟"的任务不容低估,事实上,那些未能跟上通信技术创新快速步伐的发展中国家有可能丧失充分参与信息社会和信息经济的机会。

我们认为,必须考虑到发展中国家千差万别的条件和需求,没有一个"包治百病"的解决方案。发展中国家通过制定下列明确的国家战略来掌握自主权是至关重要的:

- 营造IT一个友好、鼓励竞争的环境;
- 利用信息通信技术来达到发展和凝聚社会的目标;
- 开发掌握信息通信技术的人力资源;
- 鼓励社区计划和本土企业家。

未来之路

缩小国际"鸿沟"的工作必须依靠各有关方面的有效协作。在建设开发信息通信技术所需要的基本条件时,双边和多边的援助将继续起着重要的作用。国际金融研究院（IFI）、世界银行、国际电信联盟（ITU）、联合国贸发会议（UNCTAD）和联合国开发计划署（UNDP）等国际组织也能发挥重要作用。在发展中国家，私营部门是推动信息通信技术发展的核心力量，他们能为国际上缩小"数字化鸿沟"的努力作出显著贡献。非政府组织能够为人力资源开发和利用发展作出贡献。

我们同意组建一个"数字机遇特别工作小组"（Digital Opportunity Taskforce）。这个高级别的小组的主要任务是：

· 促进与发展中国家和相关国际组织和机构的讨论以推动国际合作，目的在于帮助发展中国家制定相关的政策法规，建设必需的网络系统，改善联网设施，增加上网机会，降低费用，培训人才以及鼓励参与全球电子商务网络；

· 鼓励八国在信息通信技术试验计划和项目方面的合作；

· 推动合作伙伴之间的政策对话，提高全球公众对机遇和挑战的认识；

· 审议私营部门和其他利益集团的意见；

· 在下一次日内瓦会议上向八国首脑的私人代表汇报工作结果和活动情况。

B.4 美国提出新一代 GPS 建议

2005 年 11 月 23 日美国国防科学委员的特别任务组，经过 1 年半的调研，向国防部长拉姆斯菲尔德提交了关于《未来 GPS》的最终报告。报告评估了 GPS 的现状与存在的问题，下一代 GPS 的升级战略及其技术选择的策略。研究的重点是欧洲伽利略全球导航卫星系统 2010 年前后投入运营后可能对美国 GPS 在商业部门、军事部门和民用部门造成的影响与冲击。

这项研究报告指出，虽然 GPS 似乎到目前为止一直很成功，但调查显示 GPS 的运作与管理依然存在严重问题，其中涉及军用、民用性能的竞争力和控管权问题。如果这些问题不解决将会影响到它的未来竞争力和生存能力，需要请领导层采取行动加以改正。最终报告针对未来 GPS 的发展提出了如下 6 项建议：

1. 改善 GPS 星座的可用性和导航精度

报告指出，按照 GPS 目前的研究进度和未来投资计划，要维持 GPS 满星座运行将面临重大风险。美空军已提出保持 GPS 星座长期运行只需 24 颗卫星，而研究报告建议未来的第三代 GPS（GPS-III）星座应采用 30 颗卫星组网，并从目前的 6 个轨道面改为 3 个轨道面，卫星重量也要减轻到允许一箭双星发射。这样做将有助于既能保持 30 颗卫星星座又能保证控制所需的总成本，而更多卫星组成的星座不仅增强了 GPS 系统的坚固性，还能从根本上改善地面作战旱井下的 GPS 性能，把容许的遮蔽角从 5°提高到 15°，解决部队目前在城市高楼林立和高山地形作战时经常遇到的某些信号遮挡问题。

2. 增强 GPS 的功能性，加速改善 GPS 地面控制段和其卫星控制能力

面对当前 GPS 操作控制段发展过程中不断出现的难题，美国国防部应提供一个近期工作区（work around），以允许所有新的卫星信号一旦在轨出现就能及早和连续地投入运行。此外，空军还应当对目前 GPS 主控站实行的一整套"蓝套装"（blue Suit）操作实践进行重新评估。建议部分操作任务改用外包方式，或是选择性的让承包商保障人员介入，这将有助于确保 GPS 长期连续运行。

3. 调整 GPS 接受机采购政策，加速增强 GPS 军用设备的抗干扰能力

研究报告虽然没有建议放弃现行 GPS 的排他性，但认为 GPS 僵硬、刻板的应用政策会影响美国未来从不同星座接受混合信号而带来的潜在利益。该报告建议调整现行 GPS 接收机采购政策，允许更灵活地采购 GPS 用户设备。其意图：一是要为军事指挥官在关键时刻对关键资产采取"蓝色干扰"（即始料不及的干扰）留下开放的选择空间；二是在没有实施干扰时，能采用别国导航信号改善可用性，以拓宽拥有定位、导航和授时能力军队的作战基础。此外研究报告还建议在 GPS 卫星上增大信号的灵活性，可以在较长期的竞争中对其排他性作出选择。

4. 提高 GPS 系统的抗干扰能力

美国军队能在敌意干扰条件下进行导航、定位和授时能力是绝对必要的，目前首先要克服的是针对广泛扩散、移动的、价格低廉和功率较小的干扰机对 GPS 的威胁。当前的规划无法对 GPS 提供为期 15 年左右的战场抗干扰能力，因此该报告建议美国国防部应启动一项积极进取的计划，尽快在相应的军用接收机和在研的 GPS-III 卫星上采取提高空间信号功率等措施来增强 GPS 系统的抗干扰能力。

5. 应对伽利略的挑战

伽利略系统作为 GPS 的潜在对手或竞争伙伴尚未成为现实，欧盟也还没有完全建立起来将伽利略带入持续运行所必需的财政机制。因此研究报告建议，在美欧 2004 年 6 月签署的 GPS-伽利略合作协定的框架下，保留对伽利略开放的态势，促进合作机会；强力促进真正的民用互操作性；坚持完全透明开放的民用信号结构；继续执行 GPS 和伽利略相互独立的战略，以便为实现美国的全球利益而提供一种超级军用和可接受的民用导航、定位和授时能力，并使 GPS 成为支援军事作战的核心能力。面对即将出现的竞争环境，该研究报告认为美国政府应做好准备，考虑采取 GPS 财政拨款的替代措施，以及确保国际上更好支持 GPS 组织管理体制。

6. 改善 GPS 的协调机构与管理

在这项报告启动之初，特别任务组还有人对 GPS 的管理深表担心，但在研究报告的进行过程中，美国总统布什签发了《天基导航、定位与授时政策》，该政策旨在加强各部门间的协调与管理，尤其要求对美国天基导航、定位与授时政策每隔5年修订一次。因此研究报告相信,如果上述政策措施能严格执行,将为GPS提供合适的管理手段。但是,美国国防部内部对GPS的政策与工作职责在过去几年已被各项管理决定变得分散,研究报告建议在国防部内将这些GPS的管理职责明确划分和定位。

B.5 伽利略验证卫星 GIOVE-A

2005年12月28日,由俄罗斯联盟-FG火箭运载的伽利略首颗验证卫星Giove-A (GSTB-V2/A)从位于哈撒克斯坦的拜科努尔航天中心发射升空,欧洲伽利略导航卫星计划迈出了重要一步。

Giove-A卫星由英国萨瑞技术公司研制。2003年7月11日,欧洲航天局与萨瑞公司签订了卫星研制合同,合同金额2790万欧元,2005年7月交付欧洲航天局,2005年11月欧洲空间技术中心完成了卫星的前面测试,进入发射状态。

Giove-A卫星质量600kg,轨道高度23258km,轨道倾角56°,设计寿命卫星的有效载荷主要有:2部原子钟、2部L频段信号发生器、星上转换器、固态功率放大器、天线、一部GPS接收机和后向激光反射装置以及空间环境测量装置。

2台小型化、高稳定性的铷钟,日稳定度10ns。

2部信号发生器产生伽利略导航信号,经处理、放大后,经天线发射。

2部空间环境探测装置分别为萨瑞空间中心和萨瑞空间技术实验室研制的宇宙发射线能量累积探测装置(CEDEX)和 IinefiQ 公司提供的墨林(Merlin)装置。两部仪器同时进行带电粒子监测、质子流测量和电离状态评估,为伽利略系统的运行提供重要的空间环境数据。

Giove-A卫星的主要任务是:在国际电信联盟规定的最后期限前,以伽利略申请的频率发射导航信号,以保护伽利略的频率资源。

测量MEO轨道的环境辐射数据。

确认和验证伽利略有效载荷关键技术。

为试验、验证的需要,提供参考空间信号,最终完成伽利略信号定义工作。

Giove-A卫星是一个技术验证平台,不能将前面代表用于导航服务的伽利略卫星。

Giove-A卫星以GEMINI卫星平台为基础,该平台是按2001年英国国家空间中心的合同,由萨瑞公司开发的,采用模块化设计的GEO/MEO通用卫星平台。采用该平台充分考虑了导航覆盖、频率申请活动和伽利略项目关键技术验证的要求。

Giove-A卫星的电源子系统采用模块化、可升级设计,为有效载荷提供1~1.25kW的电源功率,供电电压为50V和28V。电池为AEA技术的锂离子电池,太阳电池为Dutch航天公司的产品。

星上的后向激光反射器阵列由向 GPS 和 GLONASS 卫星提供激光反射器的俄罗斯公司提供,其阵列的尺寸是 GPS 卫星的 2 倍,它与 GPS 接收机一起为卫星提供高精度的定位能力。

按计划,欧盟将于 2006 年初发射由伽利略工业集团研制的第 2 颗伽利略验证卫星。该卫星安装有第 1 部用于卫星的无源氢钟,氢钟项目被视为伽利略系统最为关键的有效载荷技术。无源氢钟已经完成了大量的地面实验,结果十分令人满意。

B.6 遥感平台及传感器列表

遥感平台及传感器列表见附表 1 至附表 6。

附表 1 星载激光雷达系统一览表

传感器	遥感平台	国家/组织	发射年份	研究内容
Apollo 15,16,17	航天飞机	NASA	1971~1972	激光测高
Clementinel	卫星	NASA	1994	测高
LITE	航天飞机	NASA	1994	大气分布测量
Balkan	Mir 空间站	俄罗斯	1995	分布测量
ALLISSA	Mir 空间站	法国、俄罗斯	1996	分布测量
NEAR	航天飞机	NASA	1996	测距
SLA-01	航天飞机	NASA	1996	测距
MOLA II	火星探测卫星	NASA	1996	测距
SLA-02	航天飞机	NASA	1997	测距
Icesat/GLAS2	Icesat 卫星	NASA	2002	测距+分布测量
Caliop	Calipso 卫星	NASA	2004	大气垂直分布测量
ALADIN	ADM 卫星	ESA	2006	分布测量
CDL	JEM 空间站	日本	2006	分布测量

附表 2 机载激光雷达一览表

系统	平台	国家/组织	类型	波长/nm	扫描角/(°)	重复频率/kHz	飞行高度/m	扩束角/mrad	脉冲宽度/ns
ALTM 1020	A/H	加拿大	光机扫描	1 047	0~40	0.1~5	330~1 000	0.3	10
TopEye	A/H	瑞典	光机扫描	1 064	0~40	≤6	A200~1 000 H60~500	A1,2 H1,2,4	7
TopoSys I	A/H	德国	光机扫描	1 540	14	83	60~1 000	0.5	
FLI-MAP I	A/H		光机扫描	900	60	8	20~200	2	6
ScaLARS	A	德国	光机扫描	810	27.2 和 38	7.7	150~700	2	
AeroScan	A		光机扫描	1 064	1~75	15	305~3 000	0.33	12
ALTMS	A	美国	光机扫描	1 064	36	0~30	450~1 500	1	7

续表

系统	平台	国家/组织	类型	波长/nm	扫描角/(°)	重复频率/kHz	飞行高度/m	扩束角/mrad	脉冲宽度/ns
Nakanihon	H	日本	光机扫描	1 062	0~60	20	50~400	2.5	
Larsen 500	A	美国	光机扫描	1 064 532	0~40	0.02	500	4	12
SHOALS	A/H	美国	光机扫描	1 064 532	0~40	0.4	200~800	2~15	6
HawkEye	H	美国	光机扫描	1 064 532	0~40	0.2	50~800	2~15	7
机载三维	H	中国	光机扫描	1 047	45	10	1 000	1	7
MAPLA	A	美国	推帚式	1 064	14.44	0.032	1 000	0.5	3
SOE	RPV	美国	推帚式	850	40	9	≤500	3	6

注：A 为飞机；H 为直升机；RPV 为遥控飞行器。

附表 3　星载微波系统一览表

传感器	遥感平台	国家/组织	仪器描述	仪器性能
EOS-SAR	特定卫星平台	美国	成像雷达	包括 L、C、X 3 个频段。L 频段包括 4 种极化，其余两频段为两种极化。具可变空间分辨率和像幅能力
AMI	ERS-1、ERS-2	欧洲空间局		
ASAR	ENVISAT	欧洲空间局	C 频段、相控阵、高分辨率成像雷达（SAR）	ASAR 共有五种操作模式：成像，宽像幅，交叉极化模态，海浪模态，全球监视
ALT	TOPEX/POSEIDON	美国、法国	双频雷达高度计（ALT）	ALT 能提供海洋冰层地形图，海面形貌图，海潮模型，沿轨迹风速，沿轨迹方向浪高等数据产品
SeaWinds	ADEOS-II	仪器为美国制造	风向测量微波雷达	风速精度：当风速 3~20m/s 时，2m/s（RMS）
AMSR	ADEOS-II	日本	被动式微波遥感仪器	通过圆锥式扫描方法，以 1600km 像幅宽度获取空间分布信息，扫描地面
AMSY-A, MHS	METOP	欧洲、美国	微波湿度探测器、先进风散射仪	AMSU-A 为 15 通道穿轨扫描微波仪器，工作频段：24GHz 到 89GHz；MHS 为 5 通道自校准微波扫描辐射计
SAR	RADARSAT	加拿大	合成孔径雷达	具有 7 种模式、25 种波束，不同入射角，具有多种分辨率、不同幅宽和多种信息特征
SRTM	奋进号航天飞机	美国	双频单通道干涉合成孔径雷达	C 波段和 X 波段两套雷达，水平精度小于 20m，垂直精度 16m，空间分辨率 30m
PALSAR	ALOS	日本	L 波段合成孔径雷达	精确成像模式空间分辨率为 10m 扫描方式空间分辨率 100m
SAR	JERS-1	日本	L 波段 HH 极化合成孔径雷达	轨道高度 570km

附表 4　机载 SAR 系统一览表

传感器	国家/组织	波段	极化	视角/(°)	方位分辨率/m	距离分辨率/m	像幅/km	视数	高度/km	研制年份	飞机机型
AIRSAR	NASA/JPL	L、C、P	四极化	20~50	2	7.5	7~12	1或4	8	1988	CD-3
P-3SAR	美国	L、C、X	四极化	11~79	2.24	8.5	6~13	4	7~8	1988	海军 P3
CARABAS II	瑞典	VHF 20~2	H						1.5~10	1996	Sabreliner
EMI SAR	丹麦	L、C	四极化	20~80	2	2,4,8	12,24,		12	1997	G3jet
IMARC	俄罗斯	X、L、P	四极化	60~83	4~15		24	4	0.5~5		TU134-A
GROB ESAR	加拿大	C、X	四极化	0~85	6	6,20	22,62		7	1994	CGRSC
E-SAR	德国	L、C、X	HH,VV	20~50	2.5,4.5	2.5,4.5	4	4	8	1988	Dornier Dornier
L-SAR	中国	L	HH,VV		3~10	3~10			6~10		

附表 5　星载高空间分辨率成像传感器一览表

传感器	卫星平台	国家/组织	波段模式/μm	空间分辨率/m	像幅/km
AVNIR-2	ALOS/HIROS	日本	0.52~0.77	2.5	35
Pan	QuickBird	美国	0.45~0.9	0.82	30
Pan	GEROS-1	GER 公司	0.4~1.1	1.5	18
Pan	EROS	以色列	0.5~0.9	0.82	20
Pan	IRS	印度	0.45~0.68	2.5	30
Pan	IKONOS	Space Imaging 公司	0.45~0.9	0.82	11
Pan	OrbView	OrbImage 公司	0.45~0.9	1	8
KVR-1000	SPIN-2	Space Information 公司	0.49~0.59	2	160
HRV	SPOT	法国	0.5~0.73	10	60

附表 6　星载高光谱传感器一览表

传感器	国家/组织	波段数	光谱范围/nm	IFOV/m	FOV/km	发射时间
MODIS (EOS-AM1) (EOS-PM1)	NASA	36	415~1 640 2 130~4 565 6 175~14 235	250 1000	2 330	1999 年(AM1) 2000 年 12 月 (PM1)
ARIES	澳大利亚	105	400~1 050 1 050~2 500 940~1 140 PAN	30 30 大气校正 10	15 或 430 (侧角 30°)	2000 年

续表

传感器	国家/组织	波段数	光谱范围/nm	IFOV/m	FOV/km	发射时间
HYPERION (Eo-1)	NASA	233～309	400～2 500	30	9.6	1999年12月
HS (Warfighter-Ⅰ)	美国空军	200	450～2 500	8	5	2000年
FIHSI (Mightsat-Ⅱ)	美国空军	256	350～1 050	0.5	1.75	2000年1月
COIS (NEMO)	美国海军	210	400～2 500	30～60	30	2000年6月
UVISI (MSX)	美国空军	400	380～900 110～900	100～1 000	25	1996年4月24日
VIMS	NASA	320	400～5 000	0.5	70pixels	2001年3月